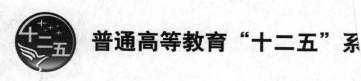 普通高等教育"十二五"系

电力用油（气）

编著　汪红梅
主审　罗运柏

中国电力出版社
CHINA ELECTRIC POWER PRESS

内 容 提 要

本书以基础知识—理论知识—应用实例的思路进行编写，全书共分为九章，主要内容包括电力用油基础知识、电力用油的性质、变压器油的监督与维护、油浸式变压器气体监督和潜伏性故障的检测、六氟化硫（SF_6）绝缘气体、汽轮机油的监督与维护、磷酸酯抗燃油的监督与维护、电厂辅机用油的监督与维护、油的净化与再生处理等。

本书重在培养学生运用理论知识解决实际问题的能力，同时兼顾油务监督和管理人员的从业特点，既注重专业理论知识的系统性，又重视现场的操作实用性。凡是开设《电力用油（气）》及相关课程学员都可以选用，既可作为高等院校应用化学（电厂化学方向）、热能动力工程、电气工程与自动化等相关专业的本科学生、研究生的专业教材；也可作为电厂化学、供配电行业从事变压器类设备油务处理、变压器运行维护的工程人员、研究人员等学习、培训教材和参考用书。

图书在版编目（CIP）数据

电力用油（气）/汪红梅编著 .—北京：中国电力出版社，2015.3（2023.1重印）

普通高等教育"十二五"规划教材
ISBN 978-7-5123-7277-1

Ⅰ.①电… Ⅱ.①汪… Ⅲ.①电力系统—润滑油—高等学校—教材②电力系统—液体绝缘材料—高等学校—教材③电力系统—气体绝缘材料—高等学校—教材 Ⅳ.①TE626.3

中国版本图书馆 CIP 数据核字（2015）第 039498 号

中国电力出版社出版、发行
（北京市东城区北京站西街 19 号 100005 http://www.cepp.sgcc.com.cn）
三河市百盛印装有限公司印刷
各地新华书店经售

*

2015 年 3 月第一版 2023 年 1 月北京第三次印刷
787 毫米×1092 毫米 16 开本 23.75 印张 580 千字
定价 **68.00** 元

前　　言

电力用油（气）是指蒸汽轮机、水轮机、燃气轮机和燃气-蒸汽联合循环涡轮机发电机、变压器、断路器、组合电器等多种发电、供电主要设备的用油（气），还包括水泵、风机、磨煤机、空气预热器、空气压缩机等电厂辅机用油，其内容涉及电气设备制造、电力行业、冶金行业、石油化工等领域。油（气）质量直接关系到相应设备的安全经济运行，国内外各行业都十分重视对油（气）质量的监督。电力行业尤为重视油（气）监督与管理工作，历来把它纳为化学监督和绝缘监督的重要内容。

随着电力工业的迅速发展和技术装备水平的提高，以及大容量、高参数发电系统用油、供电系统用油（气）设备的投入使用，从 2008 开始，国家标准化管理委员会、电力行业及石油化工行业等机构对油（气）近 50 个相关标准进行较大幅度的修订。为培养适应我国"十二五"电力用油（气）监督与管理人才，本书根据该课程教学大纲的要求，以培养学生运用理论知识解决实际问题的能力，兼顾油务监督和管理人员的从业特点，贯穿"理论联系实际"的编写原则，以目前最新的标准为依据，认真总结电力用油（气）教学、培训和科研中理论与实践成果编写而成。

本书主要介绍了电力用油的基础知识、性能、监督与维护和油的净化与油的再生处理等内容。在编写过程中力求内容的"新"和"全"，"新"体现在紧密结合电力用油（气）采样、试验方法和用油（气）设备运行中维护措施的最新方法标准和研究成果，"全"则表现在首次介绍电厂辅机用油的监督与维护，将汽轮机润滑油系统的防腐与化学清洗作为汽轮机油的监督与维护的内容。本书既对专业知识进行了系统阐述，又突出了现场操作的实用性。

本书既可作为高等院校应用化学（电厂化学方向）、热能动力工程、电气工程与自动化等相关专业的本科学生、研究生的专业教材，也可作为电厂化学、供电行业从事输变电设备运行监督维护的工程人员、研究人员等学习、培训教材和参考用书。

本书由汪红梅编著，任乔林、李行、黄云光、肖维学、朱怡霖、白彪、何维民、李霜霜、李洋、孟维鑫等参与编写。本书由武汉大学罗运柏主审，在此衷心感谢罗教授提出的宝贵意见和建议。本书在编写过程中得到了国网孝感供电公司、湖南益阳发电有限公司、广西电网公司电力科学研究院、湖南中心试验研究所、宁夏电力科技教育工程院等单位，以及上海电力学院储文玉和东北电力大学鲁敏等的帮助和指导，书中查阅和参考了国内相关的标准、书籍及期刊等文献，限于篇幅，未在参考文献上一一列出，在此谨向作者致以诚挚的谢意。

由于学识有限，书中不妥之处在所难免，恳请专家、同行和读者给予批评指正。

汪红梅

2015 年 1 月

目　录

前言

绪论 ………………………………………………………………… 1
第一章　电力用油基础知识 ………………………………………… 4
　第一节　石油及石油产品 ………………………………………… 4
　第二节　电力用油的化学组成 …………………………………… 13
　第三节　石油的炼制及电力用油的生产工艺 …………………… 16
　第四节　电力用油的作用 ………………………………………… 30
　思考题 …………………………………………………………… 42
第二章　电力用油的性质 …………………………………………… 43
　第一节　油品的物理性能 ………………………………………… 43
　第二节　油品的化学性能 ………………………………………… 84
　第三节　油品的电气性能 ………………………………………… 101
　思考题 …………………………………………………………… 122
第三章　变压器油的监督与维护 …………………………………… 125
　第一节　绝缘油的质量标准 ……………………………………… 125
　第二节　变压器油的监督 ………………………………………… 136
　第三节　运行中变压器油维护管理 ……………………………… 140
　思考题 …………………………………………………………… 155
第四章　油浸式变压器气体监督和潜伏性故障的检测 …………… 157
　第一节　变压器的产气故障 ……………………………………… 157
　第二节　变压器油中溶解气体 …………………………………… 165
　第三节　气相色谱法分析变压器油中溶解气体 ………………… 176
　第四节　变压器潜伏性故障判断 ………………………………… 183
　第五节　变压器油中溶解气体的在线监测 ……………………… 204
　思考题 …………………………………………………………… 213
第五章　六氟化硫（SF_6）绝缘气体 ……………………………… 216
　第一节　SF_6 绝缘气体的基础知识 …………………………… 216
　第二节　SF_6 绝缘气体的实验室检测技术 …………………… 223
　第三节　SF_6 电气设备现场检测技术 ………………………… 240
　第四节　SF_6 电气设备内部故障的诊断技术 ………………… 253
　第五节　SF_6 绝缘气体的质量监督和管理 …………………… 259
　思考题 …………………………………………………………… 273

第六章　汽轮机油的监督与维护···275

　第一节　涡轮机油的质量标准···275

　第二节　汽轮机油的监督···288

　第三节　汽轮机油的维护管理··292

　第四节　汽轮机润滑油系统的防腐与化学清洗··305

　思考题···314

第七章　磷酸酯抗燃油的监督与维护···315

　第一节　抗燃油的基础知识···315

　第二节　磷酸酯抗燃油劣化因素和机理··324

　第三节　运行磷酸酯抗燃油的维护管理···328

　思考题···335

第八章　电厂辅机用油的监督与维护···336

　第一节　电厂辅机用油的质量标准···336

　第二节　电厂辅机用油的监督与维护··345

　思考题···350

第九章　油的净化与再生处理···351

　第一节　油的净化处理··351

　第二节　废油的再生处理···357

　思考题···366

附录　电力用油（气）标准汇编···367

参考文献··371

绪　　论

电力用油（气）主要是指电力行业使用的几种主要的绝缘介质、润滑介质和液压传动介质等。其主要包括绝缘油（气）、涡轮机油、合成抗燃油、电厂辅机用油等。它们好比是机器中的血液，可以说没有上述油（气），相应的发电、供电设备就无法投入生产。

一、电力用油（气）种类及作用

1. 绝缘油（气）

绝缘油是电力系统中重要的液体绝缘介质，根据油品应用的具体电气设备又分为变压器油、开关油、电缆油、电容器油等。变压器、断路器、电流和电压互感器、套管等中大都充以绝缘油，以起绝缘、散热冷却和熄灭电弧作用。因此要求绝缘油具有优良的理化性能及电气性能，特别对超高压用油，更有其特殊性能要求。该类油品的用量较大，例如，一台300MVA 的主变压器需 30~50t 变压器油。

近几年来国内外某些充油电气设备，已采用性能较好的合成有机绝缘液和 SF_6 绝缘气体。SF_6 绝缘气体已广泛应用于断路器、组合式电器（GIS）、电力变压器、高压电缆、互感器、粒子加速器、X 光设备、超高频（UHF）等系统领域，在设备中起着绝缘和灭弧的作用，其优点是不燃烧，绝缘灭弧效果好，同时使电气设备的体积及占地面积大大减少。

2. 涡轮机油

涡轮机是利用流体冲击叶轮转动而产生动力的发动机。涡轮机油，也称透平油或者汽轮机油。根据流体的性质，涡轮机油又分为汽轮机油、燃气轮机油和燃气/汽轮机油。是电力系统中重要的润滑介质，主要用于汽轮发电机组、水轮发电机组及调相机的油系统中，起润滑、散热冷却、调速和密封等作用。该类油品的用量较大，例如，一台国产 300MW 机组一般需用 35t 左右的汽轮机油。对汽轮机油的质量无疑是有严格要求的，为了保证汽轮机组的安全运行，对 300MW 及以上机组的调速系统，已采用合成抗燃油代替矿物汽轮机油。

3. 合成抗燃油

合成抗燃油又称合成的抗燃液压油。一台 300MW 机组电液调节系统用抗燃油量为 0.8~1t。我国主要采用三芳基磷酸酯抗燃油，其具有难以燃烧及不沿油流传递火焰等性能，甚至由分解产物构成的蒸气燃烧后也不引起整个液体的着火，主要用于大型发电机组的调节系统中，起着传递能量、调节速度的作用。

4. 电厂辅机用油

电厂辅机用油主要包括发电厂（火力发电厂、水力发电厂及核电厂常规岛）水泵、风机、磨煤机、空气预热器、空气压缩机等设备的用油。除汽轮机油外，还包括液压油、齿轮油、空气压缩机油和液压传动油等。电厂辅机用油主要起润滑、减摩及冷却作用，借助液体的动能起传递能量等作用。

按油产品来源途径不同，燃料油分为石油基油（来自石油炼制产品）和合成油（气）。早期电力系统所用的合成绝缘油有硅油、二氯联苯（PCB）等。随着石油工业的发展，当前国内外电力系统，无论是绝缘油、润滑油都普遍使用石油基油产品。目前，电力系统设备使用的典型合成油有磷酸酯抗燃油。六氟化硫气体也是化学工艺合成产品。

二、电力行业油务监督

电力系统的油务监督是化学监督的一项重要内容,其工作内容是坚持以"预防为主"的方针,认真贯彻国家和电力行业有关标准,广泛加强油 (气) 质量监督、开展气相色谱检测,以排除油 (气) 设备内的潜伏性故障,防止油 (气) 品质劣化,并围绕电力用油 (气),对试验方法、新材料、新技术进行研究开发,制订和采取油 (气) 维护有效措施等。

1. 基建阶段的油 (气) 质量监管

在油 (气) 的储存、运输中,应特别注意油品的错混和防止水分和杂质的渗入。桶装变压器油严禁与润滑油或其他的油桶混放。对于大批量桶装到货的油品,应逐桶核对标签牌号,确认无误后才能进行采样验收;若要存放一段时间必须用防雨篷布盖住桶盖,或者将油桶倾斜,防止桶盖处聚集雨水,使水分渗入桶内。

2. 新油 (气) 质量的验收和运行油 (气) 的监督与维护

按相关试验方法及标准,对新油进行取样、化验、验收及保管。在购买新油时,必须有供油单位的化验单及验收单位提供的化验单,否则不应购买。

定期监督运行油 (气) 的指标,根据试验结果研究油 (气) 质量存在的问题,提出处理意见。并与有关部门协作,保证不因油质问题而引起发、供电设备事故。

对油浸式变压器气体进行监督和潜伏性故障检测。对变压器运行绝缘油中溶解气体进行气相色谱监督试验,根据试验结果,检测充油电气设备内的潜伏性故障。并与有关部门协作,及时消除充油电气设备内部潜伏性故障。

对主要设备应有防止油质老化的技术措施,并认真做好监督维护工作,以延长油质的使用寿命。对再生油的质量应进行全面分析,以达到合格标准。

设备及油系统在检查前有关部门不应消除设备内部的附着物及进行检修。对新安装的设备,应协助有关部门对将投运设备的油系统根据要求制订技术措施。

3. 油务管理与试验研究

油务管理包括油 (气) 的采购、储存、发放工作,防止油 (气) 的错用、混用及油质劣化;油库、油处理站及其所辖油区应严格执行防火防爆制度,从事接触油料工作必须注意有关保健、防护措施。

建立健全技术管理档案:

(1) 设备卡包括机组编号、容量、辅机类型、油量、油品规格、设备投运日期等。

(2) 油 (气) 的质量台账包括新油 (气)、补充油 (气)、运行油 (气)、再生油 (气) 的检验报告等。

(3) 建立各种油务监督、运行维护的记录、档案、图表及卡片,以掌握油 (气) 质量运行工况、积累运行数据、总结油 (气) 运行规律。

开展相关的试验研究工作,进一步提高油 (气) 质量检测技术,开发更有效的防止油 (气) 质量劣化的措施,延长油 (气) 的使用寿命。

三、电力行业油务监督的重要性

运行油 (气) 质量好坏直接地影响着设备和系统的安全运行和使用寿命;反过来设备和系统由于设计、制造、安装检修方面的原因,也会加速运行油质的劣化,形成恶性循环,从而缩短油品和设备的使用寿命。

　　目前，电力系统中使用的绝缘油和汽轮机油，绝大多数是矿物油。由于受运行条件的影响，油（气）在运行中不断老化。油（气）的分解产物会损坏设备，威胁机组安全运行，严重的会造成设备事故。油务工作直接关系到电力系统用油（气）设备的使用寿命和电力生产的安全经济运行。如果油（气）质量监督维护不当，就会使油（气）严重劣化，从而产生严重危害。

　　一是加速油（气）本身劣化，使油（气）及设备的寿命缩短；二是造成油（气）设备的损坏。

　　油品（气）质量的好坏直接关系到电力设备的安全经济运行，因此做好电力用油（气）质量的检测、监督和维护管理是十分必要的。

第一章 电力用油基础知识

电力系统常用的变压器油、汽轮机油、断路器油等主要由天然石油炼制而成。为了深入了解电力用油的性质及使用性能，本章主要介绍石油及石油产品、电力用油的化学组成及其表示方式，石油炼制及以石油为原料电力用油的生产工艺，电力系统中常用油的分类及主要作用。

第一节 石油及石油产品

石油又称原油（Petroleum），属可燃性有机岩，由植物或动物等有机物遗骸形成的可燃性矿物质，是一种黏稠的、深褐色或暗绿色的液体。史上记载最早提出"石油"一词的是公元 977 年中国北宋编著的《太平广记》。正式命名为石油是根据中国北宋杰出的科学家沈括在所著《梦溪笔谈》中这种油"生于水际砂石，与泉水相杂，惘惘而出"而命名的。在石油一词出现之前，国外称石油为魔鬼的汗珠、发光的水等，中国称石脂水、猛火油、石漆等。

石油有"工业的血液""黑色的黄金"等美誉。日常生活中到处都可以见到石油或其附属品的身影。如汽油、柴油、煤油、润滑油、沥青、塑料、液化气、纤维等，这些都是从石油中提炼出来的。

一、石油的元素组成

石油是一种液态的、以碳氢化合物为主要成分的矿产品。原油是从地下采出的石油，或称天然石油。人造石油是从煤或油页岩中提炼出的液态碳氢化合物。石油的主要化学元素组成见表 1 - 1。

表 1 - 1　　　　　　　　石油的主要化学元素 （质量百分比，Wt）　　　　　　　　%

石油产地	比重	C	H	S	N	O	灰分
克拉玛依	0.8679	86.01	13.03	0.04	0.25	0.28	0.005
胜利	0.9005	86.26	12.20	0.80	0.41	—	—
大庆	0.8601	85.74	13.31	0.11	0.15	—	0.0027
大港	0.8826	85.67	13.40	0.12	0.23		0.018
格罗兹内	0.850	85.95	13.00	0.14	0.07	0.74	0.10
杜依玛兹	—	83.90	12.30	2.67	0.33	0.74	
文都拉（美）	0.912	84.00	12.70	0.40	1.70	1.20	
宾夕法尼亚（美）	0.810	85.80	14.00	—	0.06	—	—
埃及	0.907	85.15	11.71	2.25	0.89		
墨西哥	0.970	83.00	11.00	4.30	1.70		
伊朗	—	85.40	12.80	1.06	0.74		

组成原油的主要元素是 C（83%～87%）、H（11%～14%）、S（0.06%～0.8%）、
N（0.02%～1.7%）、O（0.08%～1.82%）及微量金属元素。其中主要元素 C、H 共占
96%～99%；次要元素 O、N、S 合计小于 1%；非金属元素有 Cl、S、I、P 等；微量金属
元素有 Fe、Cu、Zn、Ca、Mg、K 等。石油中 N 和 S 的含量因产地不同而异，如杜依玛兹
原油中含 S 约 2.67%，N 约 0.33%；而我国胜利油田的原油中含硫量比较低，约 0.80%，
但含氮量较高，约 0.41%。不同的原油在炼制、精制的条件和催化剂的选择等方面各异，
都有各自的特点。石油中各种元素并非以单质形式存在，而是以各种不同形式互相结合组成
极为复杂的烃类（约占 75%以上）及非烃类化合物。烃类的结构和含量决定了石油及其产
品的性质。我国原油的一般性质及类别见表 1-2。

表 1-2　　　　　　　　　　　我国原油的一般性质及类别

原油名称	大庆原油	长庆原油	任丘原油	中原原油	南阳原油	二连原油	大港原油	辽河原油	江汉原油	胜利原油	新疆原油	管输油
API 度	33.1	35	28.2	35.9	33	25.9	30.4	28.7	29.7	25.4	33.4	27.6
密度（20℃，kg/cm³）	855	846	882	841	856	895	870	879	874	898	854	885
黏度（50℃，mm²/s）	20.19	6.7	43.38	10.1	24.6	83.6	10.83	17.44	21.9	74.20	18.8	34.05
凝点（℃）	30	17	34	32	39	26	23	21	26	27	12	27
沥青质（C,%）	0	0	0	0	1.85	0	0	0	1.11	0.4	—	0
胶质（%）	8.9	5.7	25.7	8	12.6	20.6	9.7	11.9	22	18.6	10.6	15.2
蜡含量（%）	26.2	10.2	23.8	21.4	26.7	16.6	11.6	16.8	10.7	14.6	7.2	15.6
残炭（%）	2.9	2.3	6.7	3.6	3.1	6.8	2.9	3.9	4.33	6.3	2.6	5.4
S（%）	0.1	0.08	0.29	0.45	0.15	0.16	0.13	0.18	1.83	0.73	0.05	0.69
N（%）	0.16	0.1	0.28	0.15	0.3	0.44	0.24	0.32	0.3	0.44	0.13	0.36
Ni（%）	3.1	1.8	1.8	2.5	8.9	45.8	7	29.2	12	30	5.6	12.4
V（%）	0.4	0.4	0.73	1.1	0.1	0.43	0.1	0.7	0.4	1.8	0.1	1.5
原油类别	低硫石蜡基	低硫中间石蜡基	低硫石蜡基	低硫石蜡基	低硫石蜡基	低硫石蜡基	低硫石蜡基	低硫中间石蜡基	含硫石蜡基	含硫中间基	低硫中间基	含硫中间基

二、石油的烃类组成

石油及其成品油的烃类主要包括饱和烃［烷烃（分子通式为 C_nH_{2n+2}）和环烷烃
（C_nH_{2n}）］和不饱和烃［烯烃（C_nH_{2n}）、炔烃（C_nH_{2n-2}）和芳香烃（C_nH_{2n-6}）］等，这些烃
类的组成和含量在不同的石油及其馏分中各不相同。

1. 石油馏分

石油中所含化合物种类繁多，必须经过多步炼制，才能使用，主要过程有分馏、裂化、
重整、精制等。石油中的烃类的沸点随碳原子数增加而升高，在加热时，沸点低的烃类先气
化，经过冷凝先分离出来；温度升高时，沸点较高的烃再气化、再冷凝，借此可以把沸点不

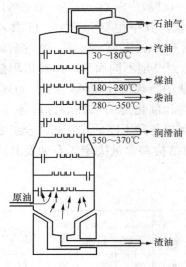

图 1-1　分馏塔示意图

同的化合物进行分离，这种方法叫分馏，所得产品叫馏分。分馏过程在一个高塔里进行，如图 1-1 所示，分馏塔里有精心设计的多层塔板，塔板间有一定的温差，以此得到不同的馏分。分馏先在常压下进行，获得低沸点的馏分，然后在减压下获得高沸点的馏分。每个馏分中还含有多种化合物，可以进一步再分馏。石油馏分沸程分布可采用气相色谱法测定，如 SH/T 0558—1993《石油馏分沸程分布测定法（气相色谱法）》（2004 年确认）适用于常压终馏点不高于 538℃，蒸气压低到能在室温下进样和沸程范围大于 55℃ 的石油产品或馏分。NB/SH/T 0829—2010《沸程范围 174℃～700℃ 石油馏分沸程分布的测定　气相气谱法》适用于常压下初馏点高于 174℃ 且终馏点低于 700℃（C_{10} 到 C_{90}）的石油馏分。

在石油炼制过程中，沸点最低的 C_1～C_4 馏分在常温、常压下是气态烃，来自分馏塔的废气和裂化炉气统称石油气。在 30～180℃ 沸点范围内可以收集 C_5～C_6 馏分，是工业常用溶剂，称为溶剂油。在 40～180℃ 沸点范围内可以收集 C_6～C_{10} 的汽油馏分。按各种烃的组成不同又可以分为航空汽油、车用汽油、溶剂汽油等。提高蒸馏温度，依次可以获得煤油（C_{10}～C_{16}）和柴油（C_{17}～C_{20}），它们又分为许多品级，分别用于喷气飞机、重型卡车、拖拉机、轮船、坦克等。沸点在 350℃ 以下所得各馏分都属于轻油部分；在 350℃ 以上各馏分则属重油部分，其碳原子数在 18～40 之间，又分为润滑油、凡士林、石蜡、沥青等，各有其用途。沸点小于 200℃ 称低沸点馏分，如汽油；沸点在 200～350℃ 称高中沸点馏分，如煤、柴油；沸点在 350～500℃ 称高沸点馏分或润滑油馏分。变压器油和汽轮机油等皆以润滑油馏分精制而成。

2. 烃类组成的表示法

（1）单体烃。以单个烃的含量表示石油及其馏分中的烃类组成。此方法一般适用石油气和低沸点馏分。

（2）族组成。用烷烃、环烷烃，芳香烃等烃类化合物的总含量表示石油和其馏分中的烃类组成。由于所用的分析方法不同，中沸点以上馏分的族组成通常以饱和烃（烷烃和环烷烃）、轻芳香烃（单环芳香烃）、中芳香烃（双环芳香烃）、重芳香烃（多环芳香烃）等的含量表示，见表 1-3。该方法简单且实用。

表 1-3　　　　　　　　　汽油馏分、减压馏分的族组成

原油名称	馏分	沸程（℃）	族组成（%）					胶质
			饱和烃		芳香烃			
			烷烃	环烷烃	轻芳香烃	中芳香烃	重芳香烃	
大庆原油	汽油馏分	初馏～180	57.0	40.0	3.0			
	减压馏分	350～400	86.5		7.5	2.1	2.4	0.7
		400～450	84.0		8.6	2.1	2.7	1.6
		450～500	76.2		9.9	3.8	3.2	3.7

（3）结构族组成。由于高沸点馏分中烃类结构复杂、性质相近，很难定量分析出所有的单体烃，而且某些单体烃还具有混合结构，如β-壬基四氢化萘，它是由环烷基、芳香基和烷基侧链所组成的混合烃，很难决定属于哪一族烃，因此无法用族组成表示。为此，提出一种具有实际意义的结构族组成表示法。该方法是把整个馏分（各种烃类分子的混合物）当作一种"平均分子"组成，并认为它是由某些"结构单位"（环烷环、芳香环和烷基侧链）所组成，用"平均分子"中的环数以及每种"结构单位"在"平均分子"中所占的分量，即每个结构单位的碳原子占总碳原子数目的百分数来表示其组成。例如，若测定某高沸点馏分"平均分子"为β-壬基四氢化萘，可将其看成由三个"结构单位"组成，即

该化合物中碳原子的总数为 19，其中芳香环上的碳原子数为 6，环烷基侧链上碳原子为 4，烷基侧链上的碳原子数为 9。若用 C_A、C_N 和 C_P 分别表示芳香环、环烷环和烷基侧链上碳原子的百分数，则其结构族组成表示：C_A 为 31.6%，C_N 为 21.0%，C_P 为 47.4%；总环数 R_T 为 2，芳香环 R_A 为 1，环烷环 R_N 为 1。

测定石油及其馏分结构族组成的主要方法有 n-d-M 法、红外光谱法、高效液相色谱法和高分辨核磁共振法等。SH/T 0729—2004《石油馏分的碳分布和结构族组成计算方法（n-d-M 法）》，此标准主要通过测定折射率（n）、密度（d）和分子量（M）计算无烯烃石油馏分的碳分布和环数；DL/T 929—2005《矿物绝缘油、润滑油结构族组成的红外光谱测定法》规定了分子量为 290～500 的矿物绝缘油和矿物润滑油结构族组成的红外光谱测定方法，适用于新绝缘油、润滑油及其运行油结构族组成中 C_p、C_A 和 C_N 的测定。GB/T 7603—2012《矿物绝缘油中芳碳含量测定法》规定了相对分子质量范围为 290～500 和芳碳含量在 2%～35% 范围内的矿物绝缘油芳碳含量的红外光谱测定法。润滑油馏分脱蜡油的结构族组成见表 1-4。

表 1-4 润滑油馏分脱蜡油的结构族组成

原油名称	沸程（℃）	结构族组成					
		C_P（%）	C_N（%）	C_A（%）	R_N	R_A	R_T
大庆原油	350～400	62.5	23.8	13.7	1.21	0.51	1.72
	400～450	63.0	23.8	13.2	1.78	0.67	2.45
	450～500	60.5	25.0	14.5	2.10	0.92	3.02
胜利原油	350～400	66	21.8	12.2	1.0	0.5	1.5
	400～450	64	25.0	11.0	1.7	0.5	2.2
	450～500	60	27.5	12.5	2.3	0.7	3.0

用结构族组成表示烃类组成时，并不表明石油及其馏分中的每个分子都具有其结构族组成所示的结构，而只表示其中所有分子的平均结构，因此，环数有可能出现非整数值。

三、石油中烃类和非烃类的分布

原油除含有由烷烃、环烷烃、芳香烃和混合结构的环烷芳香烃组成的烃类外，还含有少量的非烃类化合物，主要是指含氧、硫、氮等杂原子的有机化合物，它们多以胶质、沥青质

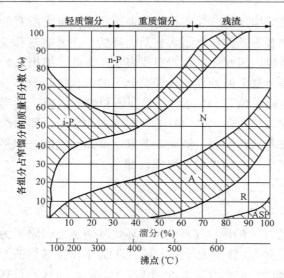

图 1-2　原油组成分布图

n-P—正构烷烃；i-P—异构烷烃；
N—环烷烃；A—芳香烃；R—胶质；ASP—沥青质

的形态存在于原油中，这类非烃类化合物在原油中的含量虽低，但因其化学稳定性、热稳定性及光稳定性都很差，是形成油泥沉淀的主要组分，对石油的加工和产品的使用都有一定的不良影响，应尽量除去。

原油组成分布如图 1-2 所示。各种烃类所覆盖的面积和区域，代表着该类烃在该原油中的总含量和分布状态，它们随原油基和产地的不同而不同，但也反映了各种烃类和非烃类的一般分布规律，即在润滑油馏分中，含有较多的正构烷烃，残渣润滑油馏分中正构烷烃分布很少；异构烷烃的分布随沸点的升高变化不大；环烷烃和芳香烃主要分布在润滑油馏分中；饱和烃（烷烃和环烷烃）是润滑油馏分中的主体烃；胶质在轻质油中基本不存在，主要分布在高沸点馏分中，且随馏出深度的增加而急剧增加；沥青质则主要分布在原油的残渣中，胶质大部分分布在原油的残渣中，成为石油沥青的主体组分。

四、石油及其产品和电力用油的分类

石油产品的分类是按照一定的标准进行的，而标准是为了在一定范围内获得最佳秩序，经协商一致制定并由公认机构批准、共同使用和重复使用的一种规范性文件。标准一般按其适用范围可分为国际标准、区域性标准、国家标准、专业标准、企业标准等。与石油产品相关的包括国际标准化组织织（ISO，International Standards Organization）、国际电工委员会（International Electrotechnical Commission，IEC）、美国材料试验委员会（American Society for Testing and Material，ASTM）、美国石油学会（American Petroleum Institute，API）、法国（NF）和英国（BS）等国外标准。我国石油产品和润滑剂及其测试方法的行业标准随管理部门的重组发生变化。20 世纪 80 年代以前为石油部标准（SY、SYB）；1987～1988 年改为专业标准（ZBE）；1992 年以后，改为行业标准 SH 或 SH/T，原部颁标准有电力系统油质试验方法（YS）、水电部（SD）和专业标准（ZBE）。随着使用年限，标准一般情况下每隔 5～10 年更换或修订一次。

（一）石油及其产品的分类

石油及其产品的分类繁多，这里仅介绍与电力用油工业有关的部分。按烃类组成的含量多少，大致可以将石油分为石蜡基油（烷烃含量超过 50%）、环烷基油（环烷烃含量超过 50%）、混合基油（含有一定数量的烷烃、环烷烃和芳香烃）。对于石油产品的分类，我国参照采用了 ISO 8681—1986《石油产品和润滑剂　分类法　等级的定义》（见表 1-5），制定了 GB/T 498—2014《石油产品及润滑剂　分类方法和类别的确定》（见表 1-6），润滑剂和有关产品（L 类）的分类见表 1-7。

表 1 - 5　　　　　　　石油产品和润滑剂的分类方法和类别的确定

类别	相 应 的 含 义
F	燃料（Fuels）
S	溶剂和化工原料（Solvents and raw materials for the chemical industry）
L	润滑剂、工业润滑油和有关产品（Lubricants，industrial oils and related products）
W	蜡（waxes）
B	沥青（Bitumen）

注　依据 ISO 8681—1986。

表 1 - 6　　　　　　　石油产品和润滑剂的总分类

类别	F	S	L	W	B
含义	燃料	溶剂油化工原料	润滑油及有关产品	蜡	沥青

注　依据 GB/T 498—2014。

表 1 - 7　　　　　　润滑剂和有关产品（L 类）的分类

组别	应用场合	组别	应用场合
A	全损耗系统（Total loss systems）	P	气动工具（Pneumatic tools）
B	脱膜（Mould release）	Q	热传导（Heat transfer fluid）
C	齿轮（Gears）	R	暂时保护防腐蚀（Temporary protection against corrosion）
D	压缩机（包括冷冻机及压缩泵）［Compressors (including refrigeration and vacuum pumps)］	T	汽轮机（Turbines）
E	内燃机（Internal combustion engine oil）	U	热处理（Heat treatment）
F	主轴、轴承和离合器（Spindle bearings，bearings and associated clutches）	X	用润滑脂场合（Grease）
G	导轨（Slideways）	Y	其他应用场合（Miscellaneous）
H	液压系统（Hydraulic systems）	Z	蒸汽汽缸（Cylinders of steam machines）
M	金属加工（Metalworking）		
N	电器绝缘（Electrical insulation）		

注　依据 GB/T 7631.1—2008《润滑剂、工业用油和有关产品（L 类）的分类　第 1 部分：总分组》（IDT ISO 6743—99：2002）。

（二）石油添加剂的分类

我国石油化工行业标准 SH/T 0389—1992《石油添加剂的分类》中按应用场合的不同，将石油的添加剂分为润滑剂添加剂、燃油添加剂、复合添加剂和其他添加剂四种。类别名称用汉语拼音字母"T"表示。电力用油中所使用的添加剂大部分都属于润滑剂添加剂。石油添加剂的种类及分组情况见表 1 - 8。其名称用代号表示。名称中第一个（或前两个）阿拉伯数字表示该品种所属的组别。如常用的 T501 抗氧化剂，其中"T"表示类别，即石油添加剂类；"501"表示品种，即抗氧化剂和金属减活剂中的 2，6-二叔丁基对甲酚，而 "5" 则表示润滑剂添加剂部分中抗氧化剂和金属减活剂的组别号。再如，常见的汽轮机防锈剂十二烯基丁二酸的代号为 T746，抗泡沫剂甲基硅油的代号为 T901。

表 1 - 8　　　　　　　　　　　　　　石油添加剂的分组和组号

项 目	组 别	组号	项 目	组 别	组号
润滑剂添加剂	清洁剂和分散剂	1	燃料添加剂	消烟剂	20
	抗氧防腐剂	2		助燃剂	21
	极压抗磨剂	3		十六烷值改进剂	22
	油性剂和摩擦改进剂	4		清洁分散剂	23
	抗氧化剂和金属减活剂	5		热安定剂	24
	黏度指数改进剂	6		染色剂	25
	防锈剂	7	复合添加剂	汽油机油复合剂	30
	降凝剂	8		柴油机油复合剂	31
	抗泡沫剂	9		通用汽车发动机油复合剂	32
	其他润滑剂添加剂	10		二冲程汽油机油复合剂	33
燃料添加剂	抗爆剂	11		铁路机车油复合剂	34
	金属钝化剂	12		船用发动机油复合剂	35
	防冰剂	13		工业齿轮油复合剂	40
	抗氧防胶剂	14		车辆齿轮油复合剂	41
	抗静电剂	15		通用齿轮油复合剂	42
	抗磨剂	16		液压油复合剂	50
	抗烧蚀剂	17		工业润滑复合剂	60
	流动改进剂	18		防锈油复合剂	70
	防腐蚀剂	19			

（三）电力用油的分类

1. 矿物绝缘油的分类

对于矿物绝缘油的分类，我国根据 IEC 60296—2003《Fluids for electrotechnical applications—Unused mineral insulating oils for transformers and switchgear》制定了 GB 2536—2011《电工流体　变压器和开关用的未使用过的矿物绝缘油》。该标准将矿物绝缘油分为变压器油和低温开关油两类。按抗氧化剂含量将矿物绝缘油分为三个品种：U（Uninhibited oil）类——抗氧化剂含量检测不出；T（Trace inhibited oil）类——抗氧化剂含量小于 0.08%；I（Inhibited oil）类——抗氧化剂含量在 0.08%～0.4% 之间。矿物绝缘油除标明抗氧化添加剂外，还应标明最低冷态投运温度（Lowest Cold Start Energizing Temperature，LCSET）。LCSET 是指矿物绝缘油的黏度不大于 $1800mm^2/s$，且在 $-40℃$ 时，黏度应不大于 $2500mm^2/s$ 时所对应的温度。LCSET 是区分绝缘油类别的重要标志之一。应根据电气设备使用环境温度的不同，选择不同的 LCSET，以免影响油泵、有载调压开关（如果有）的启动。

与 GB 2536—1990《变压器油》相比，GB 2536—2011 取代了原变压器油按其低温流动性分类的方式（10 号、25 号和 45 号三个牌号），而是以其 LCSET 进行划分，LCSET 下变压器油的最大黏度和最高倾点与 GB 2536—1990 中牌号的对应关系见表 1-9。LCSET 比最高倾点低 10℃。

表 1-9   **变压器油的 LCSET 与最高倾点、原牌号的对应关系**

LCSET（℃）	最大黏度/（mm²/s）	最高倾点（℃）	GB 2536—2011 标准中的牌号
0	1800	−10	10 号
−10	1800	−20	25 号
−20	1800	−30	—
−30	1800	−40	45 号
−40	2500	−50	

变压器油产品依次标记为品种代号、最低冷态投运温度、产品名称、标准号，示例如下：

品种代号	最低冷态投运温度	产品名称	标准号
U	0℃	变压器油（通用）	GB 2536—2011
U T	−30℃	变压器油（通用）	GB 2536—2011
I	−40℃	变压器油（特殊）	GB 2536—2011

国内外部分变压器油品种和牌号对照见表 1-10。我国将专门用于 500kV 变压器中的变压器油称为超高压变压器油，用在 330kV 及以下变压器中的变压器油称为普通变压器油。

表 1-10   **国内外部分变压器油品种牌号对照表**

产品名称	品种牌号
长城	原 25 号、原 45 号
昆仑	CHPE T 25K&45K、CHPE T 25L
英国 BP	Energol JS—A
加德士	Transformer Oil、Transformer Oil BSL
嘉实多	Castrol Insulex T（BS148 Class 2）
埃索	Univolt52、Univolt 60、Insulating Oil HV
日本能源	JOMOHS、Trans NO. 2、Trans Eletus
壳牌	Shell Diala A、B、D、G、AX、BX、DX、GX
道达尔	Total IsovoltineⅡ、Isovoltine KA 7—4

2. 涡轮机油的分类

依据 ISO 8068—2006《润滑剂、工业用油及有关产品（L 类）—涡轮机（T 组）—涡轮机润滑油规格》（Lubricants, industrial oils and related products（class L）—Family T（Turbines）—Specification for lubricating oils for turbines, NEQ），我国制定了 GB 11120—2011《涡轮机油》，该标准规定了在电厂涡轮机润滑和控制系统，包括蒸汽轮机、水

轮机、燃气轮机和具有公共润滑系统的燃气-蒸汽联合循环涡轮机中使用的涡轮机油，其他
工业或船舶用途的涡轮机驱动装置润滑系统使用的涡轮机油的产品品种及标记。涡轮机油的
产品品种见表 1-11。

表 1-11　　　　　　　　　　　　　　涡轮机油的产品品种

品种代码	品 种 含 义	适用范围
L-TSA	含有适当的抗氧化剂和腐蚀抑制剂的精制矿物油型汽轮机油	蒸汽轮机
L-TSE	为润滑齿轮系统比 L-TSA 增加了具有极压性要求的汽轮机油	
L-TGA	含有适当的抗氧化剂和腐蚀抑制剂的精制矿物油型的燃气轮机油	燃气轮机
L-TGE	为润滑齿轮系统比 L-TGA 增加具了有极压性要求的燃气轮机油	
L-TGSB	含有适当的抗氧化剂和腐蚀抑制剂的精制矿物油型燃气轮机、汽轮机油，比 L-TSA 和 L-TGA 增加了耐高温氧化安定性和高温热稳定性	共用润滑系统的燃气-蒸汽联合循环涡轮机，也可单独用于蒸汽轮机或燃气轮机
L-TGSE	具有极压性要求的耐高温氧化安定性和高温热稳定性的燃气轮机、汽轮机油	

涡轮机油产品依次标记为品种代号、黏度等级、产品名称、标准号，示例如下：

品种代号	黏度等级	产品名称	标准号
L-TSA	32	汽轮机油（A 级）	GB 11120—2011
L-TGA	32	燃气轮机油	GB 11120—2011
L-TGSB	32	燃气/汽轮机油	GB 11120—2011

防锈汽轮机油是用量最大和使用最普通的汽轮机油品种。表 1-12 是国内外汽轮机油产
品不同牌号的对照表。

表 1-12　　　　　　　　　国内外汽轮机油产品不同牌号的对照表

产品名称	品 种 牌 号		
长城	TSA 防锈汽轮机油 32	TSA 防锈汽轮机油 46	TSA 防锈汽轮机油 68
昆仑	TSA 防锈汽轮机油 32	TSA 防锈汽轮机油 46	TSA 防锈汽轮机油 68
统一	Monarch TB 32	Monarch TB 46	Monarch TB 68
美孚	Mobil DTE Light	Mobil DTE Medium	Mobil DTE Heavy Medium
壳牌	壳牌多宝 GT 32 Turbo oil GT 32、Turbo oil T 32	壳牌多宝 GT46 Turbo oil GT46	壳牌多宝 GT68 Turbo oil GT 68
埃索	Teresso 32	Teresso 46	Teresso 68
英国 BP	Turbinol 32 Energol THB 32 Energol TH-HT 32	Turbinol 46 Energol THB46 Energol TH-HT 46	Turbinol 68 Energol THB68 Energol TH—HT 68
加德士	Regal r&o 32 Gtas turbime 32	Regal r&o46 Gtas turbime 46	Regal r&o68
嘉实多	Perfecto T32	Perfecto T46	Perfecto T68

第二节　电力用油的化学组成

一、电力用油的性能要求

电力系统采用的绝缘油和汽轮机油，是发、供电设备的重要绝缘介质和润滑介质，绝缘油和汽轮机油质量的好坏，直接影响发、供电设备的安全、经济运行，因此电力系统对绝缘油、汽轮机油的质量有严格的规定和要求。

（1）良好的抗氧化性能。绝缘油、汽轮机油一旦投入运行，将受运行温度、电场、电晕和空气、金属等的影响，而一般要求绝缘油能使用10～20年，汽轮机油使用10～15年，因此要求油品具有良好的抗氧化性能。

（2）良好的冷却散热性能。变压器带负荷运行时，由于绕组和铁芯中的涡流损失和磁铁损失皆会转化为热量，若不及时散掉，将会降低变压器的出力、缩短其使用寿命，严重的会造成爆燃事故。汽轮机组金属部件相对转动，摩擦也会产生热量，这些热量主要通过油品吸收、带出并散掉。因此要求油品具有良好的冷却散热性能。

（3）良好的低温流动性。油品的低温流动性是指油品的黏度随温度的降低而增大，流动性逐渐减小的特性。油品的低温流动性能对于生产、运输和使用都有重要意义。低温流动性差的油品不能在低温下使用。相反，在气温较高的地区则没有必要使用低温流动性好的油品，因为油品低温流动性越好，其生产成本越高，造成不必要的浪费。

（4）优良的电气性能。一般评定绝缘油的电气性能的指标是击穿电压（也称绝缘强度）、介质损耗因数、体积电阻率、析气性和相对介电常数等。不能采用达不到上述性能要求的绝缘油，以保证充油电气设备的安全运行。

（5）适当的黏度和黏温特性。对汽轮机油来说，选择适当的黏度，是保证机组正常润滑的重要因素。汽轮机油不但要有良好的润滑性能，而且要求黏温特性要好，即要求其黏度不随温度的急剧变化而变化。

（6）高温安全性、生物可降解性。油品的高温安全性通常用闪点、燃点、自燃点来反映油品的燃烧性能。闪点、燃点、自燃点越低，油品的挥发性越大，安全性越小。对于300MW及以上的高温高压机组，要求调速系统采用自燃点高的合成抗燃油，以提高机组运行的安全性。为保护生态圈的健康，特别是矿物润滑油对农作物可能发生的潜在危害，促使人们开发和使用生物可降解的润滑油，所谓生物可降解润滑油也称为"绿色润滑油"。是指它们能在较短时间内被活性微生物降解为二氧化碳和水，是以植物油为基础的润滑油，特别是菜籽油及植物油的衍生物和合成酯类。在欧洲，生物可降解性能已成为人们选择润滑油的一个因素，并将植物油用于液压油、链锯油、农用润滑油、森林业润滑油及建筑工业润滑油。

二、润滑油馏分的化学组成

润滑油馏分的化学组成与中、低沸点馏分有所不同。随着混合结构的烃类增加，分子中碳原子数增多，平均分子量增大，一般为240～500；环状化合物中的环数增多，胶状、沥青状物质含量增大，密度增大。我国石油润滑油馏分（350～500℃）的族组成见表1-13。润滑油馏分中饱和烃的含量最大，约在60%以上；芳香烃含量次之；胶质含量较少。经脱蜡的润滑油馏分中，其烃类含量的趋势与表1-13基本相似，饱和烃的含量仍最大。

表 1 - 13　　　　　　　　石油润滑油馏分（350～500℃）的族组成（Wt）　　　　　　　　%

石油产地	正构烷烃	异构烷烃—环烷烃	轻芳香烃	中芳香烃	重芳香烃	胶质
延 长	33.0	47.8	5.1	6.4	5.5	2.1
克拉玛依	5.0	72.0	8.1	7.5	3.2	4.2
川 中	49.0	39.0	4.8	3.2	3.0	0.5

三、电力用油的烃类组成

电力用油是来自高沸点的润滑油馏分，其平均分子量一般为 300～500。润滑油馏分经过精制后，除去了其中的非烃类化合物和易凝固、易氧化以及黏温性能差的烃类等非理想组分，剩下的几乎都是性能较好的烃类化合物，因而可以认为电力用油由各种理想的烃类组成，一般饱和烃的含量约在 60% 以上，其次为芳香烃，约占 30% 以上，且多为混合烃。

国内外几种变压器油的结构组成见表 1 - 14。从表 1 - 14 可知，变压器油的烃类结构族组成的总趋势：C_N 和 C_P 的值大，表明饱和烃的含量多；C_A 的值小，表明芳香烃的相对含量少。

表 1 - 14　　　　　　　　　　　变压器油的结构组成

变压器油产地	C_A(%)	C_P(%)	C_N(%)	R_A	R_N	R_T
日本	16.08	36.40	47.52	0.53	1.55	2.03
中东	16.93	42.27	40.80	0.52	1.72	2.24
兰州（原25号）	4.46	45.83	49.71			
新疆（原45号）	4.58	45.38	50.06			

四、电力用油的化学组成对其性能的影响

电力用油的性能、作用与其组成密切相关。若要电力用油在设备中发挥应有的作用，保证设备安全运行，就需要保证油品的物理、化学和电气性能与使用性能达到一定的要求。

1. 烃类和非烃类对油品性质的影响

电力用油中的烃类和非烃类对油品的特性起着不同的作用，见表 1 - 15。可以看出，非烃类虽然数量很少，但对油品的性能产生或正或负的影响。

表 1 - 15　　　　　　　　　　烃类和非烃类对油品性质的影响

组成	对油品性质的影响	组成	对油品性质的影响
烃类		非烃类	
烷烃	密度	含氧化合物	抗氧化剂感受性
环烷烃	黏度指数	含硫化合物	溶解能力
芳香烃	倾点	含氮化合物	抗磨性
环烷-芳香烃	（1）苯胺点。 （2）溶解能力。尤其对黏度指数改进剂的溶解能力强。 （3）氧化稳定性和抗氧化感受性。 （4）黏度指数改进剂的感受性。 （5）硫酸灰分、挥发分	有机金属化合物	（1）极压性。 （2）泡沫。 （3）锈蚀

2. 不同烃类之间的性质差异

烃类对油品性质的影响见表1-16。

表1-16　　　　　　　　　　　　　　烃类对油品性质的影响

性质	烷烃	环烷烃	芳香烃
密度	最低	高	最高
凝点	正构烷烃高，异构烷烃较低	低，在低温下为假塑性（压力和流量之间不成比例）	轻芳香烃低，重芳香烃高
黏度指数	高	较高至较低	低至很低
同一黏度下的馏程	高	较低	低
挥发性	低	较高	很高
闪点	高	较低	很低
残炭	一般	低	高
苯胺点	高，90～100℃	低	很低
溶解能力	对因燃烧残留物造成油污染的有机体没有溶解能力。对氧化产物的溶解能力较差。轻的烷烃可使氧化降解物质或聚合物沉降下来	对汽油机油因化学变化生成的不溶物有溶解能力。对柴油机油因燃烧不完全的残留物的天然溶解作用在一定程度上有助于清净剂发挥作用，特别在油严重氧化时，有时用它与石蜡基油调合就是利用这一特性	能溶解高温180℃以上因化学变化而生成的产物，例如苯能溶解胶质或沥青质
与橡胶的相溶性	只是混合，不能真正溶解，油容易从橡胶表面渗出	稍差	很好
颜色稳定性	好		多环芳香烃极易吸收紫外线（260μm），颜色稳定性差
抗氧化	可延缓氧化，有一诱导期，初期生成带有腐蚀作用的挥发性酸，以后生成可溶性的黏稠物。石蜡基油较环烷基油初期有较高的抗氧化能力，而氧化产物一经形成就较快沉淀下来	氧化过程中无明显的诱导期，高温下腐蚀作用较小，初期沉淀处于分散状态后生成油泥	较烷烃和环烷烃更易氧化。生成大量的不溶性沉淀。使用中生成胶质沥青状的腐蚀性副产物。少量芳香烃可作天然氧化抑制剂
表面张力			大，容易与水生成乳化液

　　若油品中存在低沸点烃类，则其闪点会降低；若存在熔点较高的正构烷烃等，则油品的低温流动性能较差。性能较好的液态环烷烃、烷烃和少量的芳香烃等是电力用油的理想组分，从结构族组成分析：$R_N > R_A$，C_N、C_A、C_P 较大。多环短侧链的环状烃、高分子正构烷烃以及非烃类化合物等是电力用油的非理想组分。

　　应注意，上述分析仅从油品某些方面或单项的性质和作用考虑，在油品炼制和再生时应加强综合分析，以确定最佳的炼制和再生方案。

3. 极性成分与非极性成分的特性

若将油品的组成分为非极性组分和极性组分两大类，非极性组分是指烷烃和环烷烃等饱和烃，极性组分是指芳香烃和胶质、沥青质等极性化合物。它们对电力用油特性的影响存在很大的差别，见表 1-17。

表 1-17　　　　　　　　　油品非极性组分与极性组分的特性

性质	非极性组分	极性组分	性质	非极性组分	极性组分
倾点	高	低	溶解性	差	好
抗氧化	差	好	承载负荷能力	差	好
添加剂感受性	好	差	黏度指数	高	低

在加工润滑油馏分的过程中，进行脱沥青、精制、脱蜡、吸附补充精制等一系列加工时，不论是物理加工过程还是化学加工过程，从根本上讲，就是调整烃类和非烃类、极性成分和非极性成分在成品基础油中存在的比例。

矿物润滑油化学的研究目标、基础油生产工艺的评价任务是确定组成基础油的化学成分之间的最佳比例，并确定实现最佳组成所应采取的最优化的生产工艺和操作参数。

第三节　石油的炼制及电力用油的生产工艺

一、石油的炼制

根据原油性质和对石油主要产品的要求不同，以天然石油为原料的炼油厂可分为 4 种类型，即燃料油型、燃料润滑油型、燃料化工型和燃料润滑油化工型（如图 1-3～图 1-6 所示）。燃料油型生产汽油、煤油、轻柴油、重柴油和锅炉燃料。燃料润滑油型除生产一部分燃料油外，还生产各种润滑油。燃料化工型以生产发动机燃料油、化工原料和化工产品为主。燃料润滑油化工型是综合型炼油厂，既生产各种燃料油、化工原料和化工产品，同时又生产炼厂的一、二、三次加工装置，对石油资源可做到充分利用，是大型联合炼油厂的发展方向。

把原油蒸馏分为几个不同馏分叫一次加工；将一次加工得到的馏分再加工成商品油叫二次加工；将二次加工得到的商品油制取基本有机化工原料的工艺

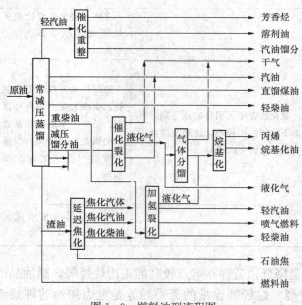

图 1-3　燃料油型流程图

叫三次加工。一次加工流程为常减压蒸馏。二次加工流程包括催化、加氢裂化、延迟焦化、催

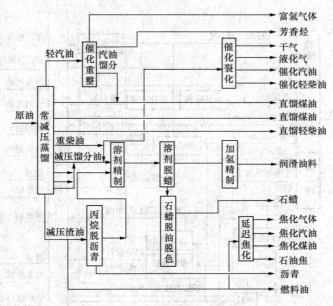

图 1-4　燃料润滑油型流程图

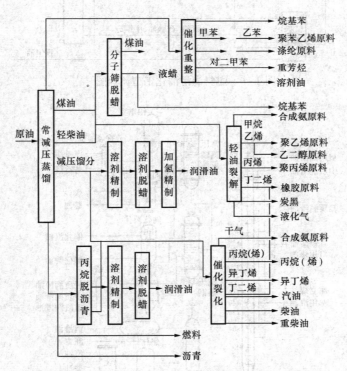

图 1-5　燃料化工型流程图

化重整、烃基化、加氢精制等。三次加工流程为用裂解工艺制取乙烯、芳香烃等化工原料产润滑油。原油加工示意如图 1-7 所示。

1. 原油的预处理

原油的预处理主要是脱盐、脱水。从油田送往炼油厂的原油往往含盐（主要是氯化物）、

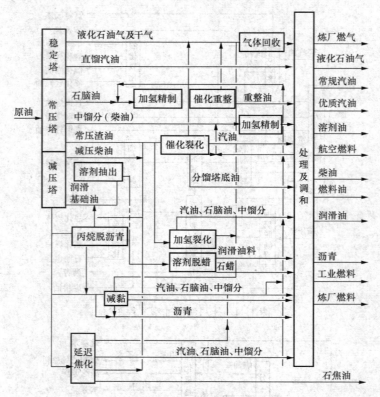

图 1-6　燃料润滑油化工型流程图

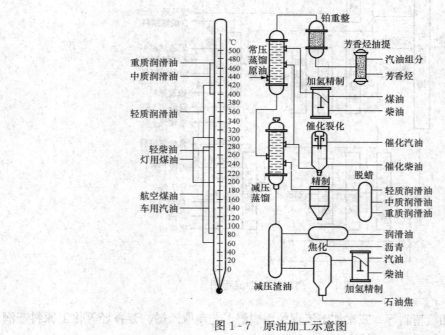

图 1-7　原油加工示意图

带水（溶于油或呈乳化状态），可导致设备的腐蚀，在设备内壁结垢和影响成品油的组成，需在加工前脱除。常用的办法是添加破乳化剂，使油中的水集聚，并从油中析出，而盐溶于水中，再配合高压电场，可使形成的较大水滴顺利除去。

2. 常压蒸馏和减压蒸馏

蒸馏是根据原油中各烃类分子沸点不同将其分离成不同馏分的方法，也称分馏。常压蒸馏和减压蒸馏习惯上合称常减压蒸馏。常减压蒸馏基本属物理过程。原料油在蒸馏塔里按蒸发能力分成不同的馏分，有的馏分经调合后以产品形式出厂，但相当一部分馏分是后续加工装置的原料，因此，常减压蒸馏又被称为原油的一次加工。

3. 催化裂化

在热裂化工艺上发展起来的催化裂化是提高原油加工深度，生产优质汽油、柴油最重要的工艺操作。原料油主要是原油蒸馏或其他炼油装置的350～540℃馏分的重质油。此工艺由原料油催化裂化、催化剂再生和产物分离三部分组成。催化裂化所得的产物经分馏后可得到气体、汽油、柴油和重质馏分油。部分油催化返回反应器继续加工称为回炼油。裂化操作条件的改变或原料波动，可使产品组成波动。

4. 催化重整

催化重整简称重整，是在催化剂和氢气存在情况下，将常压蒸馏所得的轻汽油转化成含芳香烃较高的重整汽油的过程。如果以80～180℃馏分为原料，产品为高辛烷值汽油；如果以60～165℃馏分为原料油，产品主要是苯、甲苯、二甲苯等芳香烃，重整过程副产品氢气，可作为炼油厂加氢操作的氢源。重整的工艺过程可分为原料预处理和重整两部分。

5. 加氢裂化

加氢裂化是在高压、氢气和催化剂存在情况下，把重质原料转化成汽油、煤油、柴油和润滑油的过程。由于有氢气存在，加氢裂化原料转化的焦炭少，可除去有害的含硫、氮、氧的化合物；操作灵活，可按产品需求调整。

6. 延迟焦化

延迟焦化是在较长反应时间下，使原料深度裂化，以生产固体石油焦炭为主要目的，同时获得气体和液体产物。延迟焦化用的原料主要是高沸点的渣油。延迟焦化的主要操作条件是原料加热后温度约为500℃时，在正压下操作焦炭塔。改变原料和操作条件可以调整汽油、柴油、裂化原料油、焦炭的比例。

7. 炼厂气加工

原油一次加工和二次加工的各生产装置都有气体产出，总称为炼厂气。就组成而言，主要有氢气、甲烷、由2个碳原子组成的乙烷和乙烯、由3个碳原子组成的丙烷和丙烯、由4个碳原子组成的丁烷和丁烯等。它们主要用于生产汽油的原料和石油化工原料以及氢气和氨。发展炼油厂气加工要对炼厂气先分离、后利用。

二、现代矿物润滑油生产的基本工艺线路

现代矿物润滑油的生产过程，由润滑油料制备、基础油加工和成品润滑油调合三大部分组成，如图1-8所示，其润滑油生产流程和常规润滑油炼制中各馏分的产率分别如图1-9和图1-10所示。

矿物润滑油原料制备过程的工艺结构比较固定，不因原油产地的不同而不同，一般由常压渣油的减压蒸馏和减压渣油的溶剂脱沥青两个工艺组成，而且常压渣油的减压蒸馏大多数情况下采用湿式减

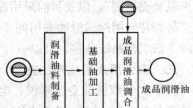

图1-8　现代矿物润滑油生产过程

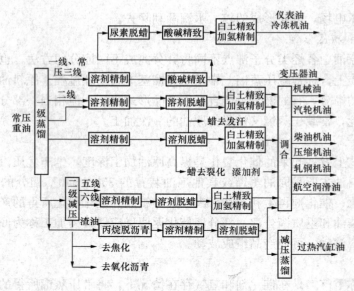

图 1-9 润滑油生产流程

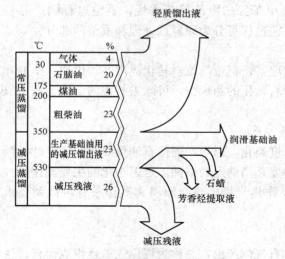

图 1-10 常规润滑油炼制中各馏分的产率

压蒸馏工艺,减压渣油的溶剂脱沥青几乎都采用丙烷脱沥青工艺。常压渣油的减压蒸馏用来制备馏分润滑油料,减压渣油的溶剂脱沥青用来制备残渣润滑油料。

然而,基础油在加工过程中,其生产工艺结构往往因原油产地的不同和生产工艺本身的不同特性而有很大的差异,情况比较复杂。总的来说,可归结为 3 条工艺路线,一是物理加工路线,也可称为溶剂法,其工艺结构通常是"溶剂精制→溶剂脱蜡→白土补充精制";二是化学加工路线,也可称为加氢法,其工艺结构是"加氢裂化→催化脱蜡→加氢精制"全氢路线;三是物理-化学联合加工路线,也可称为联合法或混合法,其工艺结构可以是"溶剂预精制→加氢裂化→溶剂脱蜡",也可以是"加氢裂化→溶剂脱蜡→高压加氢补充精制",以及目前采用最普遍的"溶剂精制→溶剂脱蜡→中低压加氢补充精制"和生产某些特殊用途润滑油采用的"溶剂脱蜡→酸-白土精制"等混合的工艺结构。当今世界范围内 3 条工艺路线共存,且以一、三路线为主;二路线在某些工业发达国家得到进一步发展。

三、电力用油的生产工艺

对于大多数炼油企业来说,电气设备使用的绝缘油和涡轮机使用的润滑油,一般仅占原油加工量的 2%~3%。电力用油的生产工艺与现代矿物润滑油的生产过程类似,从原油制取电力用油,一般经过原油预处理、常压蒸/分馏、减压蒸/分馏、精制及调合五步工艺流程,如图 1-11 所示。前三步已经在前面介绍过,这里只介绍精制与调合工艺。

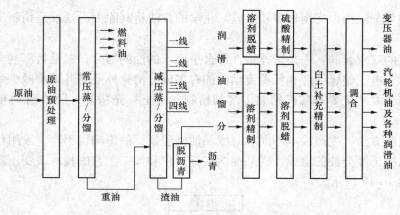

图 1-11　电力用油一般生产工艺流程

（一）精制

成品油精制是除去馏分中非理想组分，即非烃类组分、高分子的正构烷烃、多环短侧链的环状烃等不良组分的工艺过程，得半成品或基础油，通过精制可提高油品的氧化安定性，改善其黏温性能和低温流动性等指标。

减压蒸馏获取的润滑油馏分，与原油的族组成类似，主要含有烷烃、环烷烃和芳香烃。这三种烃类对油品性能的影响是不同的，如不控制其组成，往往难以获得符合要求的成品油，另外，馏分油中仍含有原油中存在的非烃化合物等不良组分，这些组分会使油品短时期内产生颜色加深、酸值升高、黏度增大，甚至形成沉淀、淤渣等现象。表 1-18 是润滑油馏分中的不良组分对成品油的影响。

表 1-18　　　　　　　　　　润滑油馏分中的不良组分对成品油的影响

组　分	对成品油的影响
酸，如环烷酸等	(1) 降低氧化安定性。 (2) 易引起设备腐蚀
硫化物	(1) 降低氧化安定性。 (2) 引起设备腐蚀。 (3) 产生难闻气味
不稳定化合物，如烯烃、芳香烃、氮化物等	降低氧化安定性
沥青质和胶质	生成沉淀、淤渣
石蜡	低温流动性差

对润滑基础油而言，最理想的烃类是含 20 个碳原子的异构烷烃，该类烷烃具有高黏度指数、低倾点和极好的抗氧化性能。带有长支链烷基、侧链环基分子的化合物也是非常理想的组分，这样的烷烃分子挥发性比芳香烃低。

正构烷烃虽然具有黏度指数高和抗氧化性能强的特点，但是由于其倾点高，并不是理想的组分。环烷烃、芳香烃对氧具有典型的感受性，易被氧化。多环烷基芳香烃黏度指数低，氧化稳定性差。含有杂质原子的有机物，其黏度指数非常低，热稳定性和氧化稳定性均很差。

在生产高质量润滑油基础油加工工艺中，希望对这些非理想化合物，用化学转化法将其转化为需要的分子结构，或用物理和（或）化学的方法将其除去。这就是精制工艺要解决的问题。

精制工艺的双重目的：一是选择特性最合乎要求的油的馏分；二是将那些会严重影响油的氧化安定性、电气绝缘性能和低温流动性的有害成分清除掉或将其影响减少到最小程度。

精制的工艺方法主要有酸碱精制、溶剂精制、白土补充精制、脱蜡精制和催化加氢精制等。

不同的精制方法，生产成本不同，对成品油性能指标的影响也不同。采用什么样的具体精制工艺，取决于馏分油的组成、成品油的指标要求和加工工艺的技术。变压器油基本精制工艺流程如图 1-12 所示。

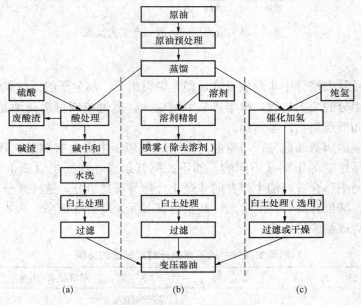

图 1-12 变压器油基本精制工艺流程
(a) 硫酸法；(b) 溶剂精制法；(c) 催化加氢工艺法

1. 酸碱精制

酸碱精制是电力用油加工过程中传统的经典工艺。酸碱精制工艺使用的主要化学物质有发烟硫酸、氧化钙和苛性钠等。

酸碱精制工艺的过程是馏分油首先与硫酸进行混合反应，分离出反应形成的酸渣；然后再与碱溶液或氧化钙混合，中和油中残存的硫酸和（或吸附）反应形成的酸性产物；最后经过水洗，去除油品中碱性产物。

酸碱精制工艺的特点是利用硫酸与馏分中的不良组分进行化学反应，如硫酸与馏分油中含氧、硫、氮等的非烃类化合物、特定结构的芳香烃、不饱和烯烃等不稳定化合物起化学反应，形成磺化酸渣而被去除，从而显著地改善成品油的抗氧化安定性。

在酸碱精制过程中，因除去了密度较大的非烃化合物和部分芳香烃，使油品的密度有所下降，而黏度指数有所升高。因在酸碱精制过程中除去了馏分油中大部分天然降凝剂，而使油品的凝固点有所提高。该工艺对油品的闪点指标几乎没有影响。

酸碱精制过程中，硫酸的浓度及其用量，精制的温度及硫酸与馏分油接触时间的长短，对精制深度有很大的影响。因此，应根据馏分的组成及成品油的技术要求，通过试验来选定工艺条件。该工艺的主要缺点是硫酸反应物的选择性差、馏分油损耗大，既浪费资源，又产生大量难以处理的、没用的酸渣，污染环境。因此，在现代油品加工中，该工艺已极少采用，基本被淘汰。

2. 溶剂精制（萃取）

溶剂精制是一种物理液—液抽提工艺，是利用不同溶剂对润滑油馏分中的芳香烃及其他不良组分选择性萃取的原理，进行分离除去。现在被世界上大多数基础油生产商所采用。

芳香烃虽然溶解性好，但由于芳香烃是天然油品中最活泼的成分，容易被氧化而大大缩短润滑油的使用寿命，是溶剂精制所要除去的主要组分。

适合作润滑油精制的溶剂很多，常用的有糠醛、苯酚和 N-甲基吡咯烷酮（NMP）等。

溶剂精制除了可以获得低芳香烃含量的油品外，其抽提液蒸去溶剂后，还可得到橡胶工业和印刷工艺等需要的高芳香烃含量的工艺用油。经溶剂精制获得的低芳香烃含量的油品与原料油相比，抗氧化安定性显著提高，其密度和黏度则有所降低。精制过程抽出的液量越大，即精制深度越深，黏度指数提高得越多。精制油的凝固点有所上升，硫含量大幅度降低，颜色变浅，闪点几乎不变。

溶剂精制与硫酸精制相比，其主要优点是能控制萃取馏分油中的芳香烃，并予以有效的利用，不产生无用的污染环境的废渣，馏分油几乎没有损耗。主要缺点是溶剂萃取不能彻底除掉所有馏分油中的不良组分，去除率仅为杂质（芳香烃、极性物质、含硫及含氮化合物）的 50%～80%。溶剂精制的基础油一般称为 I 类基础油，其饱和烃含量小于 90%（芳香烃含量小于 10%），硫含量低于 $300\mu g/g$。

3. 吸附精制（白土补充精制）

吸附精制顾名思义就是利用吸附材料的物理吸附性能，除去液体中的少量极性杂质。在油品加工过程中，常使用白土作为吸附剂，故又称为白土精制。由于该工艺一般不独立使用，常在酸碱精制和溶剂精制后，用来去除油品中残留的胶质和沥青组分，故又称为白土补充精制。

白土补充精制的优点是工艺简单，设备投资少，可以明显地改善油品的颜色、气味，提高油品的氧化安定性及降低残炭值及酸值，并对油品的黏度指数稍有改善；其缺点是吸附剂选择性差，工作人员劳动条件差，生产效率低，产生大量污染环境的废渣，且油品的损耗大。

为了尽可能地减少油品损耗及工业废渣，该工艺一般只作为润滑剂精制加工的最后一道工序，以降低白土的用量和馏分油的损耗。

4. 脱蜡精制

脱蜡精制的主要目的就是降低成品油的凝固点或倾点，改善其低温流动性指标。成品油凝固点高、低温流动性差的主要原因是馏分油中含有高熔点的石蜡，因此，含蜡量过高的润滑馏分油不适合加工电力用油。因为低温流动性好是电力用油的共同特点，尤其对绝缘油而言，该指标在使用上具有重要意义。所以，尽管石蜡不是馏分油中的不良组分，但对石蜡基馏分油来说，在电力用油的加工工艺中，脱蜡是一道必不可少的工序。

脱蜡工艺方法主要有冷冻脱蜡、溶剂脱蜡和加氢脱蜡，此外还有尿素脱蜡、分子筛脱蜡等。

（1）冷冻脱蜡也称冷榨脱蜡。冷冻脱蜡属于物理分离工艺方法，适用于黏度低、脱蜡深度要求不高的成品油加工。该工艺首先人为地降低馏分油的温度，促使油品中的大分子正构烷烃——石蜡结晶析出，然后通过低温过滤将其除去，多用于柴油和轻质润滑油（如变压器油、轻质机械油）的脱蜡。

（2）溶剂脱蜡。溶剂脱蜡也属于物理分离工艺，传统工艺采用的溶剂主要有糠醛、甲基乙基酮/甲苯、甲基乙基酮/甲基丁基酮、甲基乙基酮/丙酮等。实际上，溶剂脱蜡是冷冻脱蜡工艺的改进和发展，冷冻法析出的石蜡的机械过滤性很差，滤除效率很低，为了提高石蜡的滤除效率，人们先将溶剂与馏分油混合，然后再将稀释油冷却到−10～−20℃，使蜡形成结晶并沉积，最后经过过滤除去，以降低成品油的倾点或凝固点。与冷冻脱蜡工艺相比，溶剂脱蜡后石蜡的含量更低，倾点或凝固点改善得更加明显，多用于各种润滑油和残渣润滑油的脱蜡，是润滑油中最常用的方法。

（3）加氢脱蜡。加氢脱蜡又称为催化脱蜡或脱蜡加氢异构化。与冷冻脱蜡和溶剂脱蜡不同，催化脱蜡是一种使石油分子裂化或重整的化学工艺，是溶剂脱蜡的理想替代技术，该工艺降低了基础油的倾点，改善了基础油的低温流动性。但由于加氢程度较低，馏分油的组成基本不变，如芳香烃、杂质化合物的含量仍然较高。脱蜡加氢异构化比催化脱蜡工艺程度高，明显改变了馏分油的族组成，使残留的绝大部分芳香烃饱和，除掉绝大部分含氮及含硫化合物，且通过异构化将直链分子等转化为理想的带支链的分子。通过此工艺生产的基础油无色、饱和度高，纯度高，倾点、黏度指数及氧化安定性都得到有效的控制和提高。

（4）尿素脱蜡。尿素脱蜡是利用尿素可呈螺旋状排列在油中正构长链烷烃和带有短分支侧链的长链烷烃的周围，把这些烃分子包围形成络合物从油中析出来，使油中的蜡得以去除。此法适用于柴油和轻质润滑油馏分的脱蜡。

（5）分子筛脱蜡。分子筛脱蜡是利用 5A 分子筛吸附正构烷烃的特性，达到脱蜡的目的，此法用于煤油和轻柴油脱蜡和生产液体石蜡。

5. 催化加氢精制

催化加氢精制有两类，一类是利用重油或渣油，通过加氢裂解制取润滑油馏分；另一类是通过催化加氢对其分子构成进行重整。

现代发展起来的催化加氢精制，可兼具酸碱精制、溶剂精制和白土补充精制三种工艺的优点，克服其存在的缺点，是目前正在推广和发展的先进工艺方法。

催化加氢精制的工艺过程是先将馏分预热到 150～420℃，然后与氢气或富含氢气的气体一起通过固定床反应器。在催化剂的作用下，馏分油与氢反应。离开反应器的馏分油经冷却后，分离出富含氢气的气体以便循环利用，获取的液体产品经气提把闪点调整到符合指标要求。使用的催化剂一般是可循环使用的金属氧化物。

加氢处理是在较高的温度下，利用催化剂稳定基础油中的活泼组分，将基础油加氢，改善其颜色，延长基础油的使用寿命。该工艺能除掉一部分含硫、含氮分子，但并不能大量除去基础油中的芳香烃组分。

催化加氢精制根据加氢处理工艺条件不同，获取产品的性能指标的差异也较大。如作为替代溶剂精制和白土补充精制处理的加氢精制工艺，加氢程度较低，参与反应的氢气量较少，其目的只是除去前面精制处理后残留的少量不良组分，几乎不改变原精制工艺的深度，对产品的组成改变不大，经溶剂精制后，再加氢精制馏分油，其油品的黏度指数明显提高。

加氢裂化是在更高的温度和压力条件下进行的加氢处理，加氢量更大。在此工艺中，原料基础油分子被重新组合，如绝大部分硫、氮和芳香烃化合物被除掉；部分芳香烃通过加氢，芳环被打开，形成烷烃；大分子正构烷烃被裂化，变成小分子烷烃，或引入支链变成异构烷烃。由于有氢的存在，原料转化的焦炭少，可除去有害的含硫、氮、氧的化合物，操作灵活，可按产品需求调整。产品收率较高，而且质量好。

作为一道独立使用的加氢精制工序时，催化裂化加氢程度最深，参与反应的氢气量最大。在该工艺过程中，发生的典型化学过程如图1-13所示，几乎所有的芳香烃分子的双键都被打开，吸收氢原子变成环烷烃或烷烃；不饱和烯烃打开双键，变成饱和烃；含硫、氧、氮等非烃化合物中的杂质元素，分别变成H_2S、H_2O、NH_3等挥发组分。

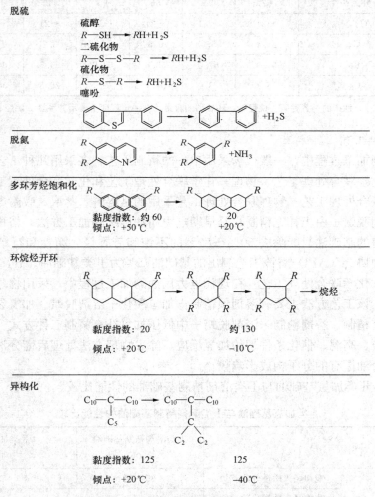

图1-13 催化裂化加氢发生的典型化学过程

由此可见，催化裂化加氢工艺改变了馏分油的分子结构和组分构成，在油品指标上，表现为颜色、气味、氧化安定性及破乳化性能显著改善。加氢精制的典型实例数据见表1-19。从表1-19可以明显地看出：加氢精制后，芳香烃含量明显降低，烷烃和环烷烃含量则明显增加，这都是芳香烃加氢破坏引起的结果。加氢基础油的优点是硫、氧及芳香烃含量低，黏度指数高，低温流动性能好，挥发性低，热氧化安定性、抗乳化性及光稳定性更好。

表 1 - 19　　　　　　　　　　　　　　加氢精制的典型实例

性能指标		原料油	要求产品黏度指数达到 95			要求产品黏度指数达到 111		
			润滑油	溶剂中性油 150N	溶剂中性油 500N	润滑油	溶剂中性油 150N	溶剂中性油 500N
密度 (g/mL)		0.930	0.882	0.884	0.880	0.870	0.869	0.870
黏度 (mm²/s)	40℃	324	104	32.0	96.4	58.8	29.2	96.0
	100℃	19.8	11.4	5.1	10.8	8.2	5.1	11.7
黏度指数		62	95	80	95	111	102	111
凝固点 (℃)		−21	−21	−21	−18	−21	−21	−21
组分分析 (n-d-M) 法	C_A (%)	21.4	5.0	6.5	3.9	3.2	5.2	1.2
	C_P (%)	51.9	67.0	58.8	67.0	69.7	64.6	72.7
	C_N (%)	26.7	28.0	34.7	29.1	26.8	30.2	26.1

注　C_A、C_P、C_N 分别指的是芳香碳、烷烃碳、环烷碳的含量，在一定程度上表示芳香烃、烷烃和环烷烃的含量。

6. 联合精制工艺

在石油炼制加工过程中，一般很少采用单一的精制工艺，多采用几种工艺联合使用。目前，主要的有物理联合处理工艺、物理—化学联合处理工艺和化学联合处理工艺。

（1）物理联合处理工艺。物理联合处理工艺采用的是溶解、萃取、吸附等物理方法，即溶剂精制＋溶剂脱蜡＋白土补充精制，是早期电力用油传统的加工方法，俗称"老三套"工艺。该方法获得的基础油只能除去 50%～80% 的不饱和芳香烃、沥青和石蜡等其他非理想成分。美国石油协会（API）将该工艺制出的基础油归类为Ⅰ类基础油。

（2）物理—化学联合处理工艺。在现代电力用油的加工过程中，采用物理—化学联合精制工艺的居多。该工艺方法主要有溶剂预精制＋加氢裂化＋溶剂脱蜡、加氢裂化＋溶剂脱蜡＋高压加氢补充精制、溶剂精制＋溶剂脱蜡＋中低压加氢补充精制三种方式。该工艺的共同特点是通过高压、高温、催化条件下的加氢反应，除去物理方法处理后馏分油中残留的非理想成分，对馏分油原有的分子构成影响较小。

表 1 - 20 是Ⅱ类加氢基础油与Ⅰ类溶剂精制基础油的性能比较。

表 1 - 20　　　　　　Ⅱ类加氢基础油与Ⅰ类溶剂精制基础油的性能比较

项　　目		Ⅰ类溶剂精制基础油 150N	Ⅱ类加氢基础油 150N
硅胶分析 (ASTM D2007)	饱和烃 (质量分数,%)	85～90	>99
	芳香烃 (质量分数,%)	9～15	<1
	极性物 (质量分数,%)	0～1	0
	S (质量分数,%)	0.05～0.11	<0.01
	N× (10⁻⁶)	20～50	<2
颜色 (ASTM D1500)		<1.0	<0.5

从表 1-20 中的性能比较可知，Ⅱ类加氢基础油与Ⅰ类溶剂精制基础油相比饱和烷烃含量高、颜色浅、纯度高，对于抗氧化添加剂的感受性好，氧化性能优势明显。使用Ⅰ类溶剂精制基础油调制的汽轮机油氧化安定性实验时间均在 6000h 以下，而使用Ⅱ类加氢基础油则可大幅度提高汽轮机油的氧化安定性，使其氧化安定性实验时间提高到 10 000h 以上。

（3）化学处理工艺。化学处理工艺是将加氢精制、加氢裂化和加氢异构化等三种催化加氢技术结合在一起的方法，它对原油来源要求具有高度的灵活性。

润滑油的加氢技术经历了加氢精制、加氢裂化、催化脱蜡，发展到目前最为先进的加氢异构化工艺。加氢精制仅仅将基础油中的硫、氮去掉，并将部分芳香烃饱和，提高了基础油的氧化安定；加氢裂化具备加氢和裂化两个功能，不仅提高了基础油的氧化安定性，而且还改善了基础油的低温流动性；而加氢异构化使正构烷烃发生选择性反应，将高黏度指数蜡转变为高黏度指数的、低温性能良好的异构烷烃。通过化学处理工艺获取的基础油在 API 的基础油分类中属于Ⅲ类基础油。

三段加氢润滑油生产过程工艺的主要特点是完全采用催化加氢，加工过程中不产生副产品，馏分油的利用率高，成品油收率高，且可通过控制催化加氢的深度，获取用户满意的产品。三段加氢获得的润滑油基础油具有合成油的特点，与原来使用的以物理加工方法不同，它基本不依赖原油的质量，而是按照产品的要求，通过化学的方法调整油品的族组成，生产满足用户需要的成品油，在原油资源日益紧张的今天，其技术的先进性和适应性具有重要意义。

（二）调合

经过蒸馏和适当的精制工艺获得的油品，基本上不含有不良组分，且其闪点、黏度、黏度指数、凝固点等技术指标也调整到一定的范围，通常把这种油称为基础油。基础油的品质是受石油加工工艺限制的，因此，从固定工艺获得的基础油一般不能直接作为成品油使用，原因是单一的基础油技术指标往往难以满足用户的使用要求，需要调合。

润滑油调合是将已脱沥青和脱蜡、经精制的不同黏度的一种或多种基础油作为组分油，与各种添加剂进行调合，生产出不同规格、满足不同需要的各种牌号的润滑油产品的过程。为了改善油品的性能，目前，国内外通常在现有工艺条件下，采用下列办法来解决：

（1）把两种或两种以上的基础油，根据成品油的指标要求，按照一定的比例调合而成，如三线基础油的黏度或黏度指数较成品润滑油要求的指标低，就可以加入适量黏度或黏度指数更高的四线基础油。

（2）在基础油中加入适量品种的专用添加剂，满足成品油的某些特殊指标要求，如添加适量抗氧化剂来提高油品的氧化安定性。

润滑油基础油性能对成品润滑油质量有直接的影响。美国石油协会根据基础油组成和主要特征，对基础油进行了分类，见表 1-21。用溶剂精制法生产基础油，其两个主要步骤：一是溶剂精制，去除芳香烃等非理性组分；二是溶剂脱蜡，以保证基础油的低温流动性。从生产工艺来看，Ⅰ类基础油的生产过程基本以物理过程为主，不改变烃类结构，生产的基础油取决于原料中理想组分的含量与性质，因此，Ⅰ类基础油在性质上受到一定限制。Ⅱ类基础油与Ⅰ类基础油相比，Ⅱ类基础油不良组分更少（芳香烃含量小于 10%，硫含量低于0.03%），几乎无色。Ⅱ类基础油生产技术和与之相匹配的添加剂已经极大地影响了最终产品性能，如汽轮机油，用Ⅱ类基础油调制的润滑油寿命甚至超过了昂贵的 PAO 合成油。从工艺上看，Ⅲ类基础油和Ⅱ类基础油的生产工艺在本质上是一样的，只是Ⅱ类基础油黏度指数为 80～120，Ⅲ类基础油黏度指数为 120 以上。

表 1 - 21　　　　　　　　　　　　美国石油协会润滑油基础油分类

分类	用传统方法（老三套）炼制基础油 Ⅰ	用传统方法炼制，但再经加氢裂解处理 Ⅱ	再经深度加氢裂解处理 Ⅲ	PAO（聚 α-烯烃）Ⅳ	其他化学合成产品（除Ⅰ-Ⅳ类以外的各种基础油）Ⅴ
硫（%）	＞0.03	＜0.03	＜0.03		
饱和烃（%）	＜90	＞90	＞90		
黏度指数	80～120	80～120	＞120		

我国润滑油基础油过去一直根据原油的类型来划分，见表 1 - 22。但是，该分类方法束缚了润滑油基础油加工工艺的发展需要。为了适应润滑油基础油加工工艺和高档润滑油品种发展的需要，原中国石油化工总公司于 1995 年颁布了 Q/SHR 001—1995《润滑油基础油》，分类标准见表 1 - 23。该标准以黏度指数分类和命名，按赛氏黏度划分基础油黏度等级。具体表现在，通用基础油 HVI、MVI 及 LVI 三项标准中考虑氧化安定性、蒸发损失和碱性氮项目；在专用基础油 HVIW、MVIW、HVIS 及 MVIS 四项标准中，对氧化安定性、蒸发损失、倾点和抗乳化度的要求更加严格。

表 1 - 22　　　　　　按原油基属的润滑油基础油的分类及代码（含义）

基础油类别	低硫石蜡基	低硫中间基	环烷基
馏分油	SN（溶剂精制中性）	ZN（中黏度指数）	DN（低黏度指数）
残渣油	BS（光亮）	ZNZ（中黏度指数重质）	DNZ（低黏度指数重质）

表 1 - 23　　　　　　　　　　　　润滑油基础油分类标准

类别	通用基础油	专用基础油	
		低凝	深度精致
超高黏度指数（VI＞140）	UHVI	UHVIW	UHVIS
很高黏度指数（VI＞120）	VHVI	VHVIW	VHVIS
高黏度指数（VI＞90）	HVI	HVIW	HVIS
中黏度指数（VI＞40）	MVI	MVIW	MVIS
低黏度指数（VI＜40）	LVI	LVIW	LVIS

中国石油天然气股份有限公司 2002 年也颁布了基础油正式标准，并于 2009 年进行修订。Q/SY 44—2009《通用润滑油基础油》标准中，按饱和烃含量和黏度指数灵敏的高低分为三大类七个品种，参见表 1 - 24。其中 VI 表示"中黏度指数Ⅰ类基础油"，HVI 表示"高黏度指数Ⅰ类基础油"，HVIS 表示"高黏度指数深度精制Ⅰ类基础油"，HVIW 表示"高黏度指数低凝Ⅰ类基础油"，HVIH 表示"高黏度指数加氢Ⅱ类基础油"，HVIP 表示"高黏度指数优质加氢Ⅱ类基础油"，VHVI 表示"很高黏度指数加氢Ⅲ类基础油"。

表 1 - 24　　　　　　　　　　　　　通用润滑油基础油分类

项目	I		II		III
	MVI	HVI HVIS HVIW	HVIH	HVIP	VHVI
饱和烃（%）	<90	<90	≥90	≥90	≥90
黏度指数	80≤VI<95	95≤VI<120	80≤VI<110	110≤VI<120	≥120

　　基础油调合的主要目的是调整黏度、黏度指数和颜色等质量指标。添加剂是为了提高油品的抗氧化安定性，防锈性涉及油品质量指标的项目有几十个。生产上实际需要调合的油品质量项目常见的主要是辛烷值、蒸汽压、十六烷值、黏度、闪点、凝点和馏程等。在油品质量指标项目中，有些项目在调合过程中是成加成关系的，叫加成性参数，如胶质、残炭、酸酯、含硫，灰分、馏程（初馏点、干点除外）、密度等。有些项目不呈加成关系，叫非可加成参数，如黏度、闪点、辛烷值、十六烷值、初馏点、干点、凝点、饱和蒸汽压等。加成性参数计算较简单，非加成参数计算较复杂。实际生产中，计算是必要的，尤其是计算机控制的管道自动调合及油品最佳调合控制；但对于间歇罐式调合过程，若油品调合工作做得熟练了，经验也占相当大的地位。

　　添加剂是近代高级润滑油的精髓，正确选用、合理加入，可改善其物理化学性质，对润滑油赋予新的特殊性能，或加强其原来具有的某种性能，满足更高的要求。润滑油用添加剂见表 1 - 25。

表 1 - 25　　　　　　　　　　　　　　润滑油用添加剂

种类		目的与性能	化合物	加量（%）
耐负荷剂	油性剂	在低负荷摩擦时形成的油膜，减少摩擦、磨损	长链脂肪酸（油酸）等	0.1～1
	抗磨剂	在摩擦面形成二次化合物保护膜，防止摩擦	磷酸酯、金属二硫代磷酸盐	5～10
	极压剂	在极压润滑状态和摩擦面发生化学反应，形成极压化学膜，防止烧结或擦伤，并提高润滑性	有机硫化物、有机卤化物、有机钼化物等	
防锈剂		赋予润滑油（脂）防锈性，利于储运暂时防锈	羧酸、磺胺盐、磷胺盐、胺、醇、酯等	0.1～1
防腐蚀剂		在金属表面形成防蚀膜，控制并破坏腐蚀氧化生成物，也有防止润滑油氧化的作用	苯并三唑等氧化物、硫氮化物、二烷基二硫代磷酸锌	0.4～2
抗泡剂（消泡剂）		抑制润滑油发泡及消除泡沫	硅油、金属皂、酯类、硅酸酯	0.0001～0.01
清净分散剂	清净剂	除去发动机高温运转生成的油泥、漆膜积碳，使内部清净	磺酸盐、烷基酚盐、水杨酸盐、硫代硫酸盐（金属盐）	2～9
	分散剂	使积碳、油泥等沉积物悬浮分散油中	琥珀酸亚胺、酯及苯甲基胺、共聚物等	

续表

种类	目的与性能	化合物	加量（%）
倾点下降剂	防止低温时油中蜡分结晶凝固，降低倾点	氯化石蜡和萘或酚的缩合物、聚烷基丙烯酸酯、聚丁烯、聚烷基苯乙烯、聚醋酸乙烯等	0.1～0.5
黏度指数剂	提高多级润滑油或液压油的黏度指数	聚甲基丙烯酸甲酯、聚异丁烯、烯烃共聚物、聚烷基苯乙烯等	2～10
抗氧化剂	抑制润滑油氧化、防止变质	硫磷酸锌、胺类、酚类等	0.1～1
乳化剂	使油乳化，保持乳化液安定	皂类、硫酸及磺酸酯、脂肪酸衍生物、胺衍生物、季胺盐、聚环氧乙烯等	约 3
抗乳化剂	破坏乳化，与成分分离	季胺盐、硫酸化油、聚环氧乙烯等	
防霉剂（乳化液用）	抑制并防止破坏乳化液中霉菌、细菌、酵母菌等微生物引起的故障	酚系化合物、甲醛供与体化合物、水杨酸替苯胺系化合物等	约 0.3
摩擦缓和剂（FM）	在摩擦面形成化学吸附膜，减少摩擦损耗，节约能源	有机钼化物 MoDTC、MoDTP 等、琥珀酸亚酰、硼酸酯、硼酸钾和钠 PTFE、MoS	0.5～3

　　根据润滑油要求的质量和性能，对添加剂精心选择，仔细平衡，进行合理调配，是保证润滑油质量的关键。我国大约有 30 余种添加剂用于电力用油；一般常用的添加剂有黏度指数改进剂、倾点下降剂、抗氧化剂、抗泡沫剂、金属钝化剂、防锈剂、破乳化剂、消泡剂、油性剂、极压剂等。

第四节　电力用油的作用

　　电力用油专指电力行业几种重要主设备所使用的油品，包括电气绝缘油（矿物油和合成油）、汽（水）轮机润滑油和汽轮机汽门调节抗燃油（液）。20 世纪末期发展起来的六氟化硫绝缘气体，由于具备较优秀的绝缘性和灭弧性，被大量用于电力开关、互感器、变压器等绝缘设备中。因此，六氟化硫绝缘气体的质量监督也划在电力用油专业体系中。

　　电力系统中所使用的油品，不但种类多、数量大，而且要求油品的质量也比较严格，否则其不能发挥应有的作用。下面结合具体电力设备介绍绝缘油、汽轮机油的作用。

　　一、绝缘油的作用

　　绝缘油是电力系统中重要的绝缘介质，如变压器、断路器、电流互感器和电压互感器、油浸开关、电容和电缆等中大都充以绝缘油，以起到绝缘、散热冷却和熄灭电弧的作用。由于电容和电缆很少采用油而改用膏状填充物，而互感器和油浸开关的使用量不大，对油品质的要求与变压器油相同，电气绝缘油一般指变压器油，下面以变压器设备为代表介绍绝缘油的作用。

（一）变压器的基本结构及部件简介

变压器是一种静止的电器设备，它依靠电磁感应作用，将一种电压、电流的交流电能转换成同频率的另一种电压、电流的电能。变压器是电力系统中重要的电气设备。众所周知，输送一定的电能时，输电线路的电压越高，线路中的电流和相应的损耗就越小。为此，首先需要用升压变压器把交流发电机发出的电压升高到输电电压，通过高压输电线将电能经济地送到用电地区；然后用降压变压器逐步将输电电压降到配电电压，送到各用电区；最后经配电变压器变成用户所需的电压，供各种动力和照明设备安全而方便地使用。变压器的总容量要比发电机的总容量大得多，可达6～7倍。

除此之外，变压器还广泛应用在其他场合，如电焊、电炉和电解使用的变压器，化工行业用的整流变压器，传递信息用的电磁传感器，供测量用的互感器，自控系统中的脉冲变压器，试验用的调压器等。变压器还可以改变电流，改变负载的等效阻抗、电源的相数和频率。

1. 分类

变压器的种类繁多，从不同角度，变压器可以作不同的分类。从用途来看，可分为电力变压器、试验变压器、测量变压器及特殊用途变压器。电力变压器用在电力系统中，用来升高电压的变压器称为升压变压器；用来降低电压的变压器称为降压变压器。升压变压器与降压变压器除了额定电压不同以外，在原理和结构上并无差别。此外，还有配电变压器和联络变压器。试验变压器用于实验室，有调压变压器和高压试验变压器。测量变压器用于测量大电流和高电压，主要是仪用互感器，包括电压互感器和电流互感器。特殊用途变压器有电炉用变压器、电焊用变压器、电解用整流变压器、晶闸管线路中的变压器、传递信息用的电磁传感器、自控系统中的脉冲变压器等。

从相数来看，有单相变压器、三相变压器和多相变压器。电力变压器以三相居多。

从每相绕组数目来看，可分为单绕组变压器、双绕组变压器、三绕组和多绕组变压器。通常变压器都为双绕组变压器，单绕组变压器又称自耦变压器；三绕组变压器（即联络变压器）用于把三种电压等级的电网连接在一起；大容量电厂中用作厂用电源的分裂变压器就是一种多绕组变压器。

从铁芯结构看，可分为芯式变压器、壳式变压器、渐开线式变压器和辐射式变压器等。

从冷却方式看，有以空气为冷却介质的干式变压器，以油为冷却介质的油浸变压器，以特殊气体为冷却介质的充气变压器。油浸变压器又分自冷、风冷和强制油循环冷却的变压器。自冷是利用温差产生变压器油的自循环进行冷却，风冷是利用装在散热器上的吹风机进行冷却，强制油循环冷却是利用专门设备（如油泵）强迫变压器油加速循环。

从容量大小看，可分为小型变压器（10～630kVA）、中型变压器（800～6300kVA）、大型变压器（8000～63 000kVA）和特大型变压器（90 000kVA以上）。

2. 构成及工作原理

图1-14所示为一台最简单的单相双绕组变压器物理模型，由在一个闭合的铁芯上绕两个匝数不同的绕组构成。输入电能的绕组称为一次绕组（或原绕组、初级绕组），输出电能的绕组称为二次绕组（或副

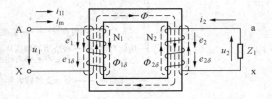

图1-14　简单的单相双绕组变压器工作原理示意图

绕组、次级绕组）。一次绕组接电源，二次绕组接负载。

当一次绕组接交流电源时，就有交流电流流过，并在铁芯中产生交变磁通。交变磁通同时交链二次绕组，根据电磁感应定律，二次绕组中将感生同频率的交变电动势。由于感应电动势与绕组匝数成正比，故改变二次绕组的匝数可得到不同的二次电压。如果二次绕组接负载，便有电能输出。这就是变压器的工作原理。

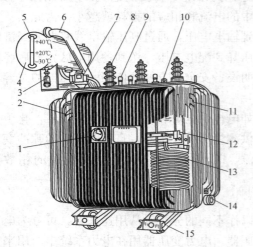

图 1-15　中型变压器结构

1—信号式温度计；2—铭牌；3—吸湿器；4—储油柜；
5—油表；6—防爆筒；7—气体继电器；8—高压套管；
9—低压套管；10—分接开关；11—油箱；12—铁芯；
13—绕组及绝缘；14—放油阀门；15—小车

3. 变压器的结构

变压器的基本结构由铁芯、绕组及绝缘部分组成。但为了使变压器安全可靠地运行，还需要有油箱、调压装置、冷却装置、保护装置等。其中铁芯、绕组、绝缘部分及引线称为器身。器身是各种变压器都不可缺少的部件，变压器的功能是通过器身来实现的。变压器的结构大同小异，现以油浸式电力变压器为例进行介绍。油浸式变压器的铁芯和绕组浸放在油箱中，绕组的端点经绝缘套管引出，与外线路连接，油箱内装满变压器油，此外还装有一些起保护和冷却等作用的附件，如图 1-15 所示。变压器的基本结构和各部件的作用如图 1-16 所示。

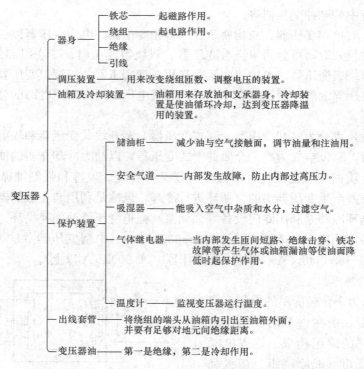

图 1-16　变压器的基本结构和各部件的作用

油浸式电力变压器主要包括以下几部分。

（1）器身。变压器铁芯既是变压器的主磁路，又是它的机械骨架。其由芯柱、铁轭及夹紧装置组成，芯柱套装绕组，铁轭将芯柱连接起来，使之形成闭合磁路，如图 1-17 所示。铁芯有芯式、壳式、渐开线式和辐射式等结构。

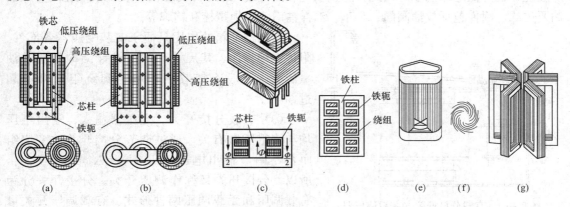

图 1-17　变压器芯结构

（a）单相芯式；（b）三相芯式；（c）单相壳式；（d）三相壳式；（e）铁芯渐开线式；（f）芯柱渐开线式；（g）辐射式

绕组是变压器的电路部分，由若干个集中绕制的线圈构成。线圈一般绕成圆形，以便在电磁力作用下有较好的机械性能，同时绕制也比较方便。电压较高的绕组称为高压绕组，电压较低的绕组称为低压绕组。按其作用分类：在降压变压器中，一次绕组为输入端，二次绕组为输出端；在升压变压器中，一次绕组为输出端，二次绕组为输入端。绕组有同芯式、交叠式两种基本形式，其典型接线方式有星形法和三角形法。绕组用绝缘的扁（或圆）铜（或铝）导线绕成，高压绕组的匝数多、导线细，低压绕组的匝数少、导线粗。电力变压器的高压绕组上通常有±5%的抽头，通过分接开关来控制。在输入电压略有变动时，可保持输出电压接近额定值。

器身的绝缘有主绝缘和纵绝缘。主绝缘指绕组与铁芯之间、同相的高压和低压绕组之间、相绕组之间、绕组与油箱之间的绝缘；纵绝缘指绕组的匝间、层间、线饼间、线段间的绝缘。主绝缘采用油与绝缘隔板结构。绕组间的径向距离用圆筒分隔成若干油隙。匝间绝缘主要是导线绝缘，小型变压器用漆包绝缘，大型变压器用电缆纸包或纱包绝缘。层间绝缘用电缆纸、电工纸板或油隙绝缘。线饼间、线段间一般用油隙绝缘，并用绝缘垫块将它们分隔开。

（2）油箱。油箱包括箱体、变压器油和附件。变压器油箱内部结构图如图 1-18 所示。箱体由箱盖、箱底和箱壁构成。箱盖有平顶形和钟罩（拱顶）形。箱壁有平板式、管式和散热器式。为了使油箱的机械强度高、散热表面大，箱壁一般用钢板焊成椭圆形。箱底装有沉积器，以沉积侵入变压器油中的水分和污物，定期加以排除。

变压器油一方面作为绝缘介质，另一方面作为

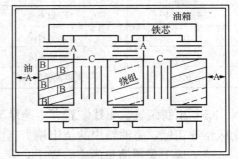

图 1-18　变压器油箱内部结构图

A—主绝缘；B—匝间绝缘；C—相间绝缘

散热媒介。因此要求变压器油介电强度高、燃点高、运动黏度低、凝固点低、酸值低、杂质和水分少。少量水分可使变压器油的绝缘性能大为降低，若含 0.004% 水分，其绝缘强度降低 50%。在较高温度下长期与空气接触还将使变压器油氧化，产生悬浮物，堵塞油道，增加酸度，也降低绝缘强度。因此，防止氧化和潮气侵入油中十分重要。受潮或氧化的变压器油要过滤。附件包括放油阀门、小车、油样油门、接地螺栓和铭牌等。

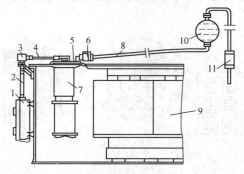

图 1-19　有载分接开关（有载调压器）

1—电动机构；2—垂直轴；3—齿轮盒；
4—水平轴；5—头部法兰；6—保护继电器；
7—开关本体；8—联管；9—变压器身；
10—储油柜；11—吸湿器

变压器油箱的作用是便于安装变压器各部件、附件、绝缘油，其尺寸形状由设计结构及温升油量确定。一般冷却散热作用达到绕组温升不超过 60℃。

（3）有载分接开关。变压器输入、输出电压均与绕组匝数有关，通过调节分接开关改变绕组匝数，调节输出电压，$U_1/U_2 = N_1/N_2 = I_2/I_1$，所以，分接开关又称作调压开关。分接开关分为有载调压和无载调压两种形式。有载调压开关可在变压器运行中带负荷调节，故在油箱中设有独立的调压室，如图 1-19 所示。

（4）冷却装置。变压器的铁芯和绕组运行时产生的热量，由变压器油通过自然对流带到油箱壁，油箱壁再通过空气对流方式散发出去，称为油浸自冷。随着变压器容量的增大，油箱壁的散热面积相应加大。容量很小的变压器（20kVA 以下）可用平板油箱；容量稍大的变压器油箱壁采用波纹钢板焊制，称为波纹油箱；中型变压器（30～2000kVA）在油箱壁上焊接散热扁管，称为管式油箱。大型变压器（2500～6300kVA）的油箱四周已安排不下所需油管，把油管先组合成整体的散热器（或采用片式散热器），再装到油箱上，称为散热器式油箱。容量为 8000～40 000kVA 的变压器，在散热器上装风扇，称为油浸风冷。也有用油泵将热油送入冷却器，冷却后的油再被送回变压器，称为强迫油循环冷却。

变压器的冷却系统分为风冷和水冷两种类型，因水冷系统易造成腐蚀泄漏，国内现已不采用。国内目前采用强迫风冷和空气自冷。变压器冷却方式分类见表 1-26。

表 1-26　　　　　　　　　　　　变压器冷却方式分类

表示符号	冷却方式	表示符号	冷却方式
—	油浸自冷	WP	油循环水冷
F	油浸风冷	W	油水风冷
FP	强迫油循环风冷	G	干式空气自冷

（5）出线装置。出线装置即为绝缘套管，由中心导电杆、瓷套两部分组成。导电杆穿过变压器油箱壁，将油箱中的绕组端头连接到外线路。

1kV 以下采用简单的实心瓷质套管。10～35kV 采用空心充气或充油套管，这种套管在瓷套和导电杆间有一道充油层，以加强绝缘，如图 1-20 所示。110kV 以上时，在瓷套内腔中除了充油外，还环绕导电杆包几层绝缘纸筒，并在每个绝缘纸筒上贴附一层铝箔，以使绝缘层、铝箔层沿套管的径向形成串联电容效应，使瓷套与导电杆间的电场分布均匀，以承受较高的电压,称为电容式充油套管。为了增加表面放电距离,高压绝缘套管外形做成多级伞形,电压越高级数越多。

  (6) 保护装置。

  1) 储油柜(油枕)和吸湿器。为了防止受潮和氧化,希望油箱内部与外界空气隔离,但又不能密封。因为变压器工作时,变压器油受热而膨胀,严重时会胀坏油箱,所以要留一个透气口,使箱内的空气被逐出;而当变压器空载或不工作时,变压器油又会冷却而收缩,把箱外含有潮气的空气吸入。这种现象称为呼吸作用。为了减小油与空气的接触面积,降低油的氧化速度,减少侵入油中的水分,在油箱上面安装一个储油柜(也称膨胀器

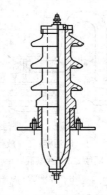

图 1-20   瓷制充油式套管

或油枕),如图 1-21 所示。储油柜用薄钢板制成圆筒形,横装在油箱盖上,有管道与油箱连通,使油面的升降限制在储油柜内,其容量约为主油箱的 3%~10%。油箱内的油不和空气接触,而储油柜中油与空气的接触面很小,油的温度也低。储油柜上部的空气由一通气管道接到外部,在通气管道中存放有硅胶或氯化钙等干燥剂,空气中的水分大部被干燥剂吸收。储油柜的底部有沉积器,以沉聚侵入变压器油中的水分和污物,定期加以排除。在储油柜的外侧还安装有油位表以观察储油柜中油面的高低,由于油面的高度与温度有

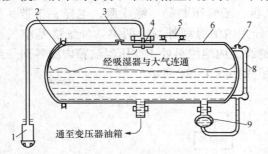

图 1-21   储油柜

1—吸湿器;2—胶囊;3—放气塞;4—胶囊压板;
5—安装手孔;6—储油柜本体;7—油位计注油机;
8—油位计;9—油位计胶囊(隔离油位计油与本体油相通)

关,油位表还可作温度指示器。有的大型变压器采用胶囊式储油柜,使油与外界空气完全隔离。还有的大型变压器在储油柜内增加隔膜或充氮。对于波纹油箱,可省去储油柜,由波纹板的变形来承受热胀冷缩。

  2) 气体继电器。气体继电器又称瓦斯继电器,是变压器安全运行的重要保护装置,在储油柜与油箱的油路通道间常装有气体继电器,如图 1-22 所示。当变压器内部发生故障时,绝缘油受热气化产生气体,气体上升存在气体继电器的顶部,使油面下降,当降到一定程度时,上部浮子接通电路发出报警信号。如果发生了严重故障,短时间产生的大量气体,以较快的速度进入气体继电器,下部浮子自动切断变压器的电源。气体继电器对油箱漏油也可以保护。

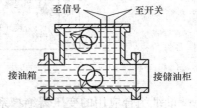

图 1-22   气体继电器

  气体继电器是铁芯烧损的唯一保护,对各种内部短路也有保护作用,但因形成大量气体和高速油流需要一定时间,所以动作速度不及差动保护。800kVA 及以上的油浸式变压器和 400kVA 及以上的车内油浸式变压器均应装设气体继电器。

  3) 安全气道。当变压器内部发生故障时,防止内部产生过高压力发生爆炸,在变压器本体上设置有防爆筒或安全阀。图 1-23 为防爆筒式安全通道。防爆筒为一钢制长筒,其顶端或下部装有玻璃或塑料薄板,能承受一定压力。当变压器内部发生故障时,产生的大量气

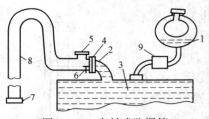

图 1-23　密封式防爆管

1—储油柜；2—放气塞；3—油箱；
4—隔膜；5—视察孔；6—放气塞；7—防护网；
8—导油管；9—气体继电器

体无法及时从呼吸器排出便从油箱涌入防爆筒内，使其压力骤增，超过某一限定值，薄板破裂，油、气喷出。它可防止变压器内因压力骤增发生油箱破损等事故，最近也有采用压力释放阀的。中、小型变压器可以用安全阀替代防爆筒。

（二）变压器绝缘系统

变压器绝缘系统是将各绕组之间以及各绕组对地之间隔离，也就是将导线部分与铁芯、外壳隔离开来。

构成大型变压器绝缘系统的物质材料为两部分，即液体绝缘材料，如变压器油；固体绝缘材料，如绝缘纸（电缆纸和电话纸）、绝缘纸板、酚醛压制品、绝缘漆、电瓷、布带、黄蜡管、黄蜡绸、木材等。油浸式变压器的绝缘分为内绝缘和外绝缘两类，外绝缘是空气绝缘，如变压器套管引出线对地以及套管之间的绝缘。内绝缘是处于变压器油箱内的各部分绝缘，分为主绝缘和纵绝缘两种。变压器的绝缘组成如图 1-24 所示。

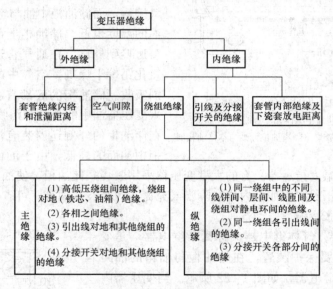

图 1-24　变压器的绝缘组成

油纸组合应用的变压器绝缘系统是目前全球广泛使用的最廉价最可靠的绝缘系统，一般绝缘纸的重量是油的 10 倍左右。油纸绝缘系统又是变压器最脆弱的环节，一般认为，变压器的寿命决定于油纸绝缘系统的寿命。

（三）变压器的型号

变压器的型号由两个部分组成。第一部分是汉语拼音组成的符号，用以表示变压器的产品分类、结构特征和用途；第二部分是数字符号，斜线前表示额定容量（kVA），斜线后表示高压侧电压等级（kV）。型号表示如图 1-25 所示。例如，型号为 S9—500/10 的变压器是三相自冷油浸双绕组铜导线电力变压器，其额定容量为 500kVA，高压绕组电压等级为 10kV，S9 的 "9" 为产品设计序号。OSSFPD—180000/220 型变压器表示三相油浸三绕组自耦强迫油循环导向风冷式电力变压器，其额定容量为 180 000kVA，电压等级为 220kV。

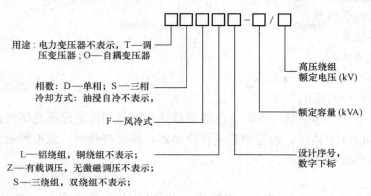

图 1-25 变压器的型号表示

（四）绝缘油的作用

1. 绝缘

纯净的绝缘油具有十分优良的绝缘性能，变压器油介电常数（2.25）大于空气，绝缘强度是空气的 5 倍左右。绝缘油在电气设备中起着很重要的作用，充满油的空间将不同电势的带电部分分隔开来，能使各种高压电气设备具有可靠的绝缘性能。

2. 散热

变压器运行中，由于电流通过绕组时，其空载损耗（变压器接上电源后产生的与负载无关的损耗，主要是"铁损"，是使铁芯反复改变方向的磁化所需的功率）和负载损耗（变压器带负荷后所引起的损耗，主要是"铜损"，其次是环流损耗和涡流损耗）均转为热，使变压器的绕组、铁芯、绝缘油的温度升高，如果不设法将热量带出变压器，当温度升高到一定的数值时，绝缘材料就会脆化以致被击穿，使变压器损坏。为了能够及时散热，在变压器本体的设计中，增加了在其四周布置的散热管装置。这样当绝缘油吸收绕组和铁芯放出的热量而升温时，由于其密度降低，使这部分油向上浮动，下部的油就跟着向上流动，结果上部温度高的油进入散热管，通过管壁的热传导，使油温下降，这种对流作用造成了油流的自然循环。通过油流的自然循环可以把热量不断地排散掉，从而保证了变压器的正常运行。其冷却散热量和变压器外形设备系数计算公式为

$$H=\frac{AT^2 S\alpha\rho}{\gamma} \tag{1-1}$$

$$A=\frac{SDQ}{tVCb} \tag{1-2}$$

式中 H——冷却散热量；

A——外形设置装置系数；

T——油的温度；

S——设备散热面积；

α——油的热膨胀系数；

ρ——油品的视密度；

γ——油品的黏度；

　　　　D——油热管的面积；

　　　　Q——油的热容量；

　　　　t——环境温度；

　　　　V——试油体积；

　　　　C——油的比热；

　　　　b——油箱油管壁的厚度。

　　由上可知，变压器运行损耗所产生的热量借热传导经固体绝缘或直接传给油，油借自身的热对流或外部的强迫循环，通过油箱壁和冷却器，利用自然风、强迫风或水冷却热油，从而完成由油传递热量的全过程。

　　3. 灭弧

　　在开关设备中（有载分接开关、断路器），绝缘油灌入断路器中，能起熄灭电弧作用。当断路器跳闸时，所发生的电弧并不马上消失，而是要经过一定的时间，直到断路器触头具有一定距离时，才能切断电流。而在断路器跳闸的瞬间，电弧是连续发生的，电弧的温度高达 3500℃，若不能很快地将弧柱的热量带走，让其冷却，则在电弧发生后，就会产生新的离子和电子，形成电离空间，同时由于分子和原子的运动，弧柱在较低的电位梯度下产生游离作用，而不断产生新的离子和电子，电弧就可继续不断地发生，这样就会烧毁设备或引起过电压。

　　绝缘油之所以能有灭弧作用，是由于电弧的温度很高，油便受热分解，产生出许多气体，其中有大量的氢气，它是一种具有很高绝缘性能的、优良的冷却散热介质，它能及时冷却弧道，降低温度，减少游离作用，有利于灭弧。另外，这些气体能在高温作用下产生很大的压力，结果将电弧吹向一方，使电弧通过的途径冷却下来，同时也消灭了附近的电离空间，促进电弧不能继续发生。

　　4. 信息载体

　　绝缘油是电力设备的"血液"，通过不同方法检验，能反映电器设备内正常和不正常的运行状态。如油中气体成分异常是反映设备变压器内部潜伏性故障的征兆；绝缘老化反映在油中水分、酸值、糠醛等含量的增加；油中含气量的增加显示了密封变压器密封上的缺陷等。很多情况下，油只是获取信息的载体，并不是问题的根源。另外，全密封油浸式套管（充油电缆终端压力箱）中的油，主要起绝缘作用，所用的油一般由套管制造厂选择（补油时应注意），也可作为信息的载体，但结构决定应尽量少取油样。有载调压开关切换开关室（带储油柜）的油，主要起绝缘和灭弧作用，也可从中获得信息。

　　5. 保护功能

　　油能起到使铁芯和绕组等组件与空气和水分隔离的作用，避免锈蚀和直接受潮。由于变压器油的黏度相对较低，所以流动性较好，可以很容易地填到绝缘材料的空隙之中，可以起到保护铁芯和绕组组件的作用。由于油充填在绝缘材料的空隙之中后，将这些空隙中气体置换出来，从而使易于氧化的纤维素和其他材料所吸附的氧的含量减少到最低程度。也就是说，又会使混入设备中的氧首先起氧化作用，从而延缓了氧对绝缘材料的侵蚀。

　　二、汽轮机油

　　汽轮机油是电力系统中重要的润滑介质，主要用于汽轮发电机组、水轮发电机组及调相机的油系统中，起润滑、散热冷却、调速和密封等作用。因此要求汽轮机油具有优良的物理和化学性能，特别大型汽轮机组的调速系统，对其抗燃性能有更高的要求。为了保证汽轮机组的安全运行，对 300MW 及以上机组的调速系统，已采用合成抗燃油代替矿物汽轮机油。

汽轮发电机组是高速运转的机械，其支持轴承和推力轴承需要大量的油来润滑和冷却，因此汽轮机必须配有供油系统用于保证上述装置的正常工作。供油的任何中断，即使是短时间的中断，大轴与轴瓦直接接触，将会引起严重的设备损坏。

现代汽轮机油系统一般分为润滑油系统和调节油系统两个各自独立的系统。对于高参数的大容量机组，由于蒸汽参数高，单机容量大，故对油动机开启蒸汽阀门的提升力要求也就大。调节油系统与润滑油系统分开并采用抗燃油以后，就可以提高调节系统的油压，使油动机的结构尺寸变小，耗油量减少，油动机活塞的惯性和动作过程中的摩擦变小，从而改善调节系统的工作性能。但由于抗燃油价格昂贵，且具有轻微毒性，而润滑油系统需要很大油量，两个系统独立运行，润滑油采用普通的矿物汽轮机油就可以满足要求。图 1-26 和图 1-27 是润滑系统简图。

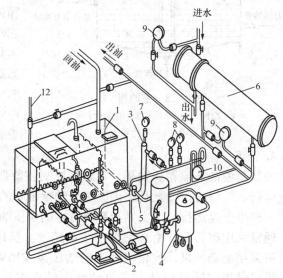

图 1-26 用回转活塞泵的循环润滑系统润滑站简图

1—油箱；2—回转活塞泵；3—补偿器（空气筒）；
4—圆盘式过滤器；5—放气阀；6—冷却器；7—压力计；
8—电接触压力计；9—振差式压力计；10—差式电接触压力计；
11—浮标式液位继电器；12—排污管

（一）润滑系统

润滑系统的主要作用是对汽轮发电机组的所有轴承和油封提供不间断的油流。当主油泵供油系统不能正常工作时，几个分支系统应保证能发挥作用。这几个分支系统是由电气和机械部件组成的。电气部件包括电动机、电动启动器、蓄能器、电缆和断路器。机械部件包括油泵、油箱、排烟风机、管道、冷油器及其切换阀、溢油阀和油处理设备。

1. 油箱

主油箱的作用有两个：一是储存油；二是分离油中的空气，并使油中水分和杂质沉积下来，便于及时排除。一般油在油箱内滞留时间至少为 8min，油箱容量至少应该是流向轴承和油封的正常流量的 5 倍。主油箱的结构如图 1-28 所示。

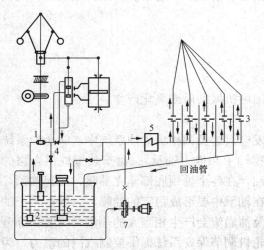

图 1-27 汽轮机润滑系统示意简图

1—主油泵；2—滤油器；3—汽轮发电机组各轴承；
4—减压阀；5—油冷却器；6—启动油泵；7—电动油泵

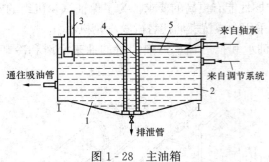

图 1-28　主油箱

1—净段；2—污段；3—油位计；
4—过滤网；5—网孔导流槽

2. 排烟风机

汽轮机油在润滑、冷却、传动的过程中，由于被高温加热、喷溅雾化，在油系统的各箱体、管道内产生许多气体、雾滴和油烟，它和外部漏入的蒸汽混合不但会加剧油质的劣化，而且影响系统的正常工作，造成向外渗透油等故障，因此必须设置排烟风机，不断地将各种气体排出。排烟风机是使汽轮发电机组的主油箱和各轴承箱产生负压的主要设备。

3. 油泵

油泵是使油从油箱到轴承、轴封和控制装置强迫循环的动力设备。机组在启动、盘车、全速运行和停机时，油泵必须供应每个轴承足够的油流。油泵包括主油泵、辅助油泵和事故油泵。机组全速运行时，主供油系统由主油泵供油。主油泵连接在主轴上，由汽轮机主轴带动，通常采用离心泵，由于它位于主油箱上，所以必须用其他的方法从主油箱向主油泵充油。可采用电动油泵，汽轮机油带动增压泵或用喷射泵向主油泵供油。辅助油泵用于机组启、停机过程中辅助供油。事故油泵则是在主油泵、辅助油泵失灵的紧急停机条件下才启动。

4. 冷油器

冷油器用来散发油在循环中获得的热量。通常情况下，两台冷油器并联，一台备用。冷油器的冷却水在管内流动，管子有可能被污染或堵塞，需要经常进行清理。冷油器安装在油泵的出口侧，使油冷却到合适的温度再分配到各轴。冷油器一般有板式和管式两种。板式冷油器具有传热效率高、使用安全可靠、结构紧凑、占地小、易维护、阻力损失少、热损失小、冷却水量小、经济性高等优点。

5. 润滑油管道

润滑油管道是用来输送油和回油的路径。

6. 过滤器

过滤器安装在冷油器后，目的是除去运行油中机械杂质或氧化产物。

（二）汽轮机油的作用

汽轮机油主要应用于汽轮发电机组、水轮发电机组及调相机的油系统中，润滑油系统的主要任务是向汽轮发电机组的各轴承（包括支撑轴承和推力轴承）、盘车装置提供合格的润滑、冷却油。在汽轮机组静止状态，投入顶轴油，在各个轴颈底部建立油膜，托起轴颈，使盘车顺利盘动转子；机组正常运行时，润滑油在轴承中要形成稳定的油膜，以维持转子的良好旋转；同时由于转子的热传导、表面摩擦以及油涡流会产生相当大的热量，需要一部分润滑油来进行换热。另外，润滑油也为给水泵汽轮机调节保安系统提供控制汽门的动力，为低压调节保安油系统、顶轴油系统、发电机密封油系统提供稳定可靠的油源。

1. 润滑作用

汽轮机油在润滑系统中起润滑剂的作用，即汽轮机轴颈与轴承之间用汽轮机油膜隔开，避免轴颈和轴瓦的直接接触，使之保持流体摩擦状态，降低摩擦损耗，并从载荷区带走摩擦热及磨损颗粒，阻止外来介质侵入润滑空隙。

　　从摩擦学的角度来看：当滑动表面直接接触时，这种摩擦称为干摩擦或固体摩擦，此时的摩擦阻力很大，设备的磨损较重；当滑动表面之间被固体介质、液体介质或气体介质隔开时，称其润滑摩擦或流体摩擦，这种摩擦能量损耗小，且设备磨损也很轻微。从润滑摩擦向干摩擦过渡的阶段叫混合摩擦，这时两种摩擦同时存在，其摩擦阻力和磨损也介于干摩擦和流体摩擦之间。不同的摩擦方式，其摩擦时的能量损失和设备磨损的程度是不同的，见表 1-27。

表 1-27　　　　　　　　　　　　摩擦方式与磨损程度之间的关系

摩擦方式	摩擦系数 μ（近似值）	磨损	摩擦方式	摩擦系数 μ（近似值）	磨损
干摩擦（滑动）	0.3	重度	混合摩擦（滚动）	0.005~0.3	显著
干摩擦（滚动）	0.05	很轻	流体摩擦	0.005~0.1	接近于零

　　从润滑角度考虑，流体摩擦状态可视为完全润滑，混合摩擦状态可视为不充分润滑或部分润滑。在完全润滑状态时，滑动摩擦副完全被润滑剂薄膜隔开，即使载荷增加，它仍处于互不接触状态。当润滑不充分时，干摩擦、混合摩擦以及中间过渡状态都可能出现，从而造成较大的能量损耗和较严重的设备磨损。

　　在汽轮机组的转动部分，即轴和轴承的金属表面存在大小不同的凹凸面。如果两者直接接触并产生相互摩擦会消耗功率和产生热量，使温度升高，造成严重后果。若在轴和轴承间充有汽轮机油，以润滑油的内部摩擦替代了两个固体间的摩擦，这样可以大大减少摩擦力。一般固体的摩擦系数为 0.1~0.5，而液体的摩擦系数为 0.001~0.01，从而防止了因固体干摩擦造成的危害。

　　2. 冷却散热作用

　　高速运转的机组，轴承内因摩擦将产生大量的热量；轴颈将被汽轮机转子传来的热量所加热；此外，还有一部分辐射热。虽然润滑油加入设备中会减少设备的摩擦，也会减少因摩擦而产生的热量，但如不及时将此部分热量带走，随着时间的推移也会造成设备的损坏。因此，在汽轮机设备中都有油循环系统利用不断循环流动的汽轮机油将这些热量带出。热油的热量一方面可以在油箱内散失；另一方面也可以通过高效率的冷油器进行冷却。冷却后的油又可进入轴承内将热量带出，如此反复循环，油对机组的轴承起到了冷却散热作用，使油温始终保持在规定的范围内。

　　3. 用作调速系统的工作介质

　　汽轮机油可作为压力传导介质，用于汽轮发电机组的调速系统。它可使压力传导于油动机（伺服阀）和蒸汽管上的油门装置以控制蒸汽门的开度，使汽轮机在负荷变动时，仍能保持额定的转速。

　　4. 密封作用

　　发电机采用氢气冷却，为防止运行中氢气沿转子轴向外漏，引起火灾或爆炸，机组配置了密封油系统，向转轴与端盖交接处的密封瓦循环供应高于氢气压力的密封油。主油源来自汽轮机轴承润滑油，润滑油回油管上装设视流窗，以便观察回油。油与氢气的差压由差压调节阀自动控制，并提供差压和压力报警信号触点。油温在汽轮机润滑油系统得到调节。

　　密封瓦供油系统用以保证密封所需压力油（密封油）的不间断供应，以密封机壳内氢

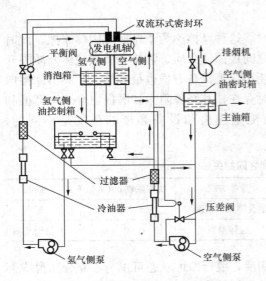

图 1-29　常见的双流环式密封油系统

气,并可自动调整各压力参数。大功率发电机多采用氢气冷却,发电机内的氢气为正压运行,发电机轴端的动静部件之间又有间隙存在,若氢气漏入空气中的含量达到 5%~16%,就会有发生爆炸的危险。

为防止氢气外泄,在发电机两端轴伸出处的轴与轴瓦之间,供有压力高于氢气压力的密封油。该密封油还可起到润滑及冷却的作用。图 1-29 所示为常见的双流环式密封油系统,该系统由空气侧和氢气侧两个既独立又相互联系的油路组成,与空气接触的一路称为空气侧油路,与氢气接触的另一路称为氢气侧油路,它们同时分别向发电机密封瓦供油,避免了因溶有空气的油流混入氢气侧而使发电机内氢气纯度降低。

 **思 考 题**

1. 石油由哪些主要元素组成? 其含量如何?

2. 石油及其馏分由哪些主要烃类组成? 其烃类组成有几种表示方法?

3. 在 25℃、101.3kPa 大气压下,C_{17} 以上的正构烷烃为固体,而变压器油等多为 C_{17} 以上的烃类组成,为什么是液体?

4. 简要说明石油的化学组成对其性质的影响。

5. 变压器的型号如何表示? 试举例说明。

6. 生产电力用油选用哪种石油好? 为什么要从高沸点馏分中制取电力用油?

7. 试举例说明变压器油和汽轮机油的分类。

8. 下列地区的极低气温哈尔滨为 -31.8℃,广州为 0.0℃,上海为 -9.4℃,拉萨为 -16.5℃。如何选择合适变压器油?

9. 油品中芳香烃含量是不是越多越好? 为什么?

10. 电力用油的炼制工艺程序及目的是什么?

11. 对电力用油的特性主要有何要求? 为什么?

12. 电力用油主要有哪几类? 试结合用油设备谈谈其作用。

13. 何谓油质标准? 电力用油的质量标准有哪些?

14. 何谓油品的添加剂? 电力用油的添加剂主要有哪几种? 各对油质起何作用?

15. 开关油在油断路器中为什么能熄灭电弧?

第二章　电力用油的性质

　　电力用油的性质不仅取决于石油的化学组成和加工方法，而且也经常受储运、使用中外界因素的影响。要正确使用、监督、维护和保管好油品，就应该对其性质有深入、系统的了解。为此本章根据测定原理将油品的性能分为物理性能、化学性能和电气性能。从性能指标的含义、分析测定方法、原理、影响因素和现场实际使用意义等方面介绍油品的性能。性能指标测定通常采用条件试验的方法，即在特定的试验条件下，按照规定步骤进行测定，由此来了解电力用油的性质。

第一节　油品的物理性能

　　油品的物理性能是评定新油和运行油重要质量指标之一。但由于油是各种烃类化合物组成的复杂混合物，难以测定单体组分的物理性质，目前所知道的矿物变压器油中大约有2900种烃类成分，但至今仍有90%左右的成分未能被鉴别出来，只能把油品的物理性质理解为各烃类化合物的综合表现。油品的物理性能主要包括外观颜色和透明度、密度、黏度、闪点、凝点和倾点、机械杂质和颗粒污染度、灰分、水分、界面张力、抗泡沫性和空气释放性、苯胺点、比色散、热膨胀系数、比热和传热系数等。

一、颜色和透明度

　　石油产品颜色测定方法如下：

　　(1) GB/T 3555—1992《石油产品赛波特颜色测定法（赛波特比色计法）》和 GB/T 6540—1986《石油产品颜色测定法》适用于未染色的车用汽油、航空汽油、喷气燃料、石脑油、煤油、白油及石蜡等精制石油产品。

　　(2) GB/T 6540—1986 适用于用目测法测定各种润滑油、煤油、柴油、石油蜡等石油产品的颜色。

　　电力系统油品的颜色主要根据肉眼来观察、判定油品颜色的深浅，一般用目测比色法，参见 DL/T 429.2—1991《电力系统油质试验方法——颜色测定法》。新油一般为淡黄色，随着运行时间延长，受环境的影响和自身氧化生成的树脂等因素，其颜色会逐渐加深。

　　影响油品的颜色因素决定于沥青树脂物质及其他染色化合物的含量。颜色的深浅是由于所含的物质不同造成的，石油中以碳、氢元素组成的烃类化合物居多，其颜色取决于沥青、树脂及其他染色化合物含量，沥青、树脂含量越少，颜色越浅、越透明。石油的颜色有墨绿色、褐色、淡黄色和白色等。

　　油品的颜色还与各馏分的温度、精制程度有关。油所接触的环境，如温度、光线、空气（主要是氧）、电场和电流等，都能促使油质老化而使油的颜色变深。

　　油品的透明度是以肉眼观察油质的透明程度。影响油品透明度的主要因素有外部和内部两个方面。油品在低温中如呈现浑浊现象，主要是油品中可能存固态烃。另外，油品在运输、储存和运行中，易受环境影响，水分、机械杂质、游离碳等污染物混入油品，也会导致油品外观浑浊不清。

透明度是对油品外观的直观鉴定，一般用目测比较法，参见 DL/T 429.1—1991《电力系统油质试验方法——透明度测定法》，优质油的外观是清澈透明的。在正常温度下，判断油品的透明度有争议，可将油品注入 100mL 量筒中，在温度为（20±5）℃下测定，油品应均匀透明，如还有争议，按 GB/T 511—2010《石油和石油产品及添加剂机械杂质测定法》测定油中机械杂质的含量应为无，即在（20±5）℃下，油品中不应含有石蜡和渣滓分离出来，油质应清澈透明。如在（20±5）℃下，油质仍不透明，同时做油的机械杂质含量不为无时，则说明因油中石蜡和渣滓的含量不合格而影响了油的透明度，使其达不到要求。

观察油品的透明度除从油的外观检查油中有无水分和机械杂质外，还要在一定的温度、油量及环境条件下，观察油中是否有石蜡和渣滓析出以检验其精制程度。

综上所述，油品颜色测定的实际指导意义在于：可判断油中除去沥青、树脂及其他染色物质的程度，即判断油的精制程度。根据油品在运行中颜色的变化，判断油质变坏程度或设备是否存在内部故障。

鉴定油品的好坏简易方法如下：

一是看，肉眼鉴别。将油倒在透明的杯子中观看，如果油品透明度好，无悬浮物、无沉淀、无杂质结块，则是较好的油。一般来说不同种类的油品颜色不同。颜色浅的，多是轻质馏分和精制程度深的油品；颜色深的，多是重质馏分或残渣油和精制程度不深的油。注意在识别颜色时，装油容器的规格要一样、否则影响很大。

二是闻，闻油的气味。油品的气味一般分为汽油味、煤油味、柴油味、酸味、香味、酒精味等。一般加入添加剂的油品具有一定的酸味。注意气味只能限于区别大类商品。一般机油的气味较为温和，如果有刺激性气味，尤其是燃油味重，则可能是再生油。

三是摇，即把油品装在无色玻璃瓶中摇动，并观察油膜挂瓶情况和气泡情况。黏度小的油，产生气泡多、气泡直径小、上升速度快、消失快、油挂瓶少。黏度大的油气泡产生较少、直径较大、上升速度慢、油挂瓶多。利用这一特性可以区别汽轮机油的不同品种。

四是摸，用手摸油品的软硬程度和光滑感。精制程度深的油品光滑感强，浅的则光滑感差。可根据润滑脂的软硬程度来判断区分不同品种，牌号小的软，牌号大的硬。

二、密度

单位体积内油品的质量称为油品的密度。其单位为 kg/m³、g/cm³ 或 g/mL，以符号 ρ 表示。油品的密度与温度有关，由于不同温度下，密度会变化；油品在加热升温时，体积膨胀，密度减小，所以在高温下测得的密度要比低温下测得的密度小。为了便于比较，一般油品的密度常用规定温度下的密度来表示，我国规定以石油及石油产品在标准温度 20℃下的密度为标准密度，用 ρ_{20} 表示，单位为 g/cm³。测定油在 t℃时的密度，称视密度，以 ρ_t 表示。因此，在实际应用中必须标明使用温度或换算成标准密度。

比重是物质与同体积纯水在 4℃时质量之比，用符号 d 表示。工业可近似认为 4℃纯水的密度为 1g/cm³，因此实际上油的相对比重 d_4^{20} 与标准密度 ρ_{20} 的数值相等，但比重是无量纲。

1. 影响油密度的因素

影响油密度主要是油品中烃类和非烃类化合物的含量和外界的温度。

（1）环境温度对油品密度的影响较大，温度升高时，油品体积膨胀明显增大，因而密度减小，反之则增大。

（2）与油品的化学组成有关。油品中芳香烃或非烃化合物含量越大，则油品的密度也越大。

原油和液体石油产品密度测定标准有 GB/T 1884—2000《原油和液体石油产品密度实验室测定法（密度计法）》、GB/T 13377—2010《原油和液体或固体石油产品 密度或相对密度的测定 毛细管塞比重瓶和双刻度双毛细管比重瓶法》和 SH/T 0604—2000《原油和石油产品密度测定法（U 形振动管法）》。GB/T 1884—2000 密度计法和 GB/T 13377—2010 都以阿基米德定律为基础。SH/T 0604—2000 形振动管法是把少量样品（一般少于 1mL）注入控制温度的试样管中，记录振动频率或周期，用事先得到的试样管常数计算试样的密度。试样管常数是用试样管充满已知密度标定液时的振动频率确定的。

电力系统常采用 GB/T 1884—2000 密度计法来测定油品的密度。当密度计排开的油品的质量等于密度计本身的质量时，密度计将稳定地悬浮在油品中，根据密度计浸在油品中的深度变化即体积变化，就可以从密度计上的刻度读出油品的密度。排开液体体积越小，质量越轻，石油产品密度越大，则密度计处于平衡状态时直立的越高。液体石油产品密度越小，则沉入越深。当油品黏度过大时，会影响读数，造成结果不准确或无法进行测定，此时测定必须用煤油进行稀释。

测定透明液体，先使眼睛稍低于液面的位置，慢慢地升到表面，先看到一个不正的椭圆，然后变成一条与密度计刻度相切的直线，密度计的读数为液体主液面与密度计刻度相切的那一点。

2. 影响密度测定的因素

（1）密度计在使用前必须全部擦拭干净，擦拭后不要用手握最高分度线以下各部，以免影响读数。

（2）测定密度用盛试油的量筒，其直径必须大于距密度计扩大部 25mm，其量筒高度必须保证当密度计浮起超过 25mm，否则影响准确度。

（3）测定前应事先消除试样内或其表面存在的气泡，否则会使结果偏小。

（4）将密度计浸入试油时，需轻轻放入密度计，不得擦量筒壁。

（5）测定透明液体，先使眼睛稍低于液面的位置，慢慢地升到表面，首先看到一个不正的椭圆，然后变成一条与密度计刻度相切的直线如图 2-1（a）所示，密度计的读数为液体主液面与密度计刻度相切的那一点。

测定不透明液体，先使眼睛稍高于液面的位置观察［如图 2-1（b）所示］，密度计的读数为液体弯月面上缘与密度计刻度相切的那一点。注意读数读到最接近刻度间间隔。

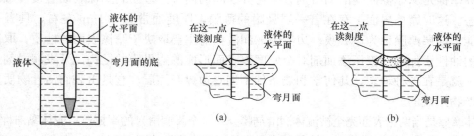

图 2-1 密度计刻度读数

(a) 透明液体；(b) 不透明液体

(6) 读完密度计读数后，应立即记下当时的温度。

3. 测定油品的密度在生产上的意义

（1）鉴定油品的密度是否合格。如国际电工委员会规定密度不大于 $0.895g/cm^3$，就是考虑到在极低的温度下，室外运行的设备中，油会出现结晶浮冰的最小可能性。

（2）计算油品的体积，用于计量。欲计算容器中油品的质量，都是先测定出油品的体积和密度，再根据油品的体积和密度的乘积计算油品的质量。

（3）鉴别不同密度的油品是否相混。当混油时，与轻质油品混合，则密度变小。如误与重质油品混合，则密度变大。其在油品储运和使用过程中，可以帮助判断是否混油。

（4）根据密度可大致判断油品的成分和原油的类型。可以根据密度的大小判定原油中含轻、重组分的情况，以及油品的组成情况。对于同碳数目，一般环烷烃的密度比烷烃大，芳香烃的密度比环烷烃大，原油中含硫、氮、氧等有机化合物越多，含胶质多，密度就越大。

三、黏度和黏温特性

1. 油品的黏度

黏度是指油品在外界力的作用下，作相对层流运动时，油品分子间产生内摩擦阻力的性质。为了有利于了解与黏度密切相关的内摩擦阻力，这里先介绍有关摩擦的一些基础知识。

摩擦学（从希腊字 tribein 或 tribos 衍生而来，其含义是摩擦）是关于摩擦、磨损和润滑的科学。摩擦系统（tribosystem）结构如图 2-2 所示，由一个接触件，对应接触件（或称材料副），两者之间的界面和界面上的介质及环境四个基本单元组成。在润滑轴承中，润滑剂位于此间隙中。普通的润滑轴承中，材料副是轴和轴瓦。摩擦分外、内摩擦，外摩擦是机械力抵制运动（动摩擦），或阻止滑动或滚动表面之间运动（静摩擦）；内摩擦是润

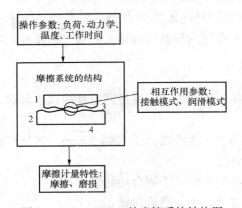

图 2-2　H. Czichos 的摩擦系统结构图

1、2—材料副；3—界面和界面上的介质（润滑剂）；4—环境

滑剂分子之间的摩擦。在摩擦系统中，接触元件之间可存在摩擦与润滑条件。

当两个固体之间无隔层而彼此相互直接接触时产生固体（干）摩擦。如果涉及的是常规材料，则摩擦系数和磨损速度较高。

边界摩擦是从摩擦面间的润滑剂分子与分子间的内摩擦过渡到摩擦表面直接接触之前的临界状态。这时摩擦界面上存在着一层吸附的薄膜，厚度通常为 $0.1\mu m$ 左右，具有一定的润滑性能。这层薄膜称为边界膜。边界膜的润滑性能主要取决于摩擦表面的性质；取决于润滑剂中的油性添加剂、极压添加剂对金属摩擦表面形成的边界膜的结构。开发润滑剂最重要目标之一就是在各种动态、几何学和热条件中创立边界摩擦层。它是由表面活性物质及其化学反应产物形成的。

流体摩擦是当两个表面完全被流体润滑剂膜分开（全膜润滑）的摩擦，由流体黏滞性引起的两固体之间的摩擦。该润滑膜因流体静压或经常是因为流体的动压力而形成，如图 2-3 所示。

混合摩擦是边界摩擦与流体摩擦相结合发生的摩擦。通常在开车和停车时，液动润滑的

机器元件时遭遇混合摩擦。

用斯氏曲线可以图解方式说明边界摩擦和流体摩擦之间的摩擦与润滑状况。这些状况基于滑动（普通）轴承处于静止状态时其轴与轴瓦仅被分子润滑剂层所分隔。随轴转速（即圆周速度）的提高，较厚的液动润滑剂膜得以建立，该膜厚起初引起不规则的混合摩擦，但尽管如此，还是能显著降低摩擦系数。随着转速继续提高，在整个轴承表面即形成完美而连续的膜，大幅度地降低摩擦系数。随着速度的增加，润滑膜中的内摩擦加到外摩擦上，曲线首先通过一个最小摩擦系数值，然后增大。润滑剂膜的厚度取决于摩擦和润滑状况，包括表面粗糙度 R，如图 2-4 所示。

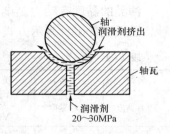

图 2-3 作为流体摩擦
一种模式的液静润滑

图 2-5 表示液动液体膜的形成过程。润滑油借助于轴的旋转进入锥形收缩缝隙，产生的动压力支撑着轴。

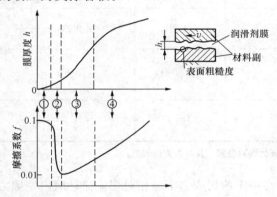

图 2-4 H. Czichos 和 K. H. . Habig 的斯氏曲线图
①—边界摩擦（$h\rightarrow0$）；②—混合摩擦（$h\approx R$）；
③—弹性液动摩擦（$h>R$）；④—液动摩擦（$h\geqslant R$）

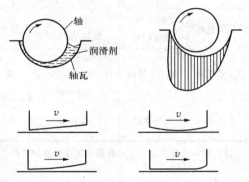

图 2-5 液动液体润滑油膜的形成

摩擦变异用于叙述摩擦过程和摩擦系统的磨损。图 2-6 表示摩擦变异引起的材料变化。材料 M_1 和材料 M_2 在不同运行时间（t_1 和 t_2）显示出依次相反次序发生的磨损。摩擦变异材料已经改变其摩擦特性。此现象通常发生在材料表面下 150nm 处，并由于表面磨损而强化，可用灵敏的材料组成分析方法进行定量测定。图 2-7 表示因摩擦而受力的表面下可能发生的变化。

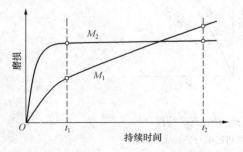

图 2-6 在恒定运行条件下，材料
不同时摩擦系统的磨损

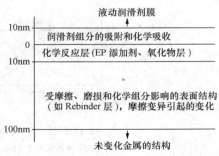

图 2-7 因摩擦而受力的表面下可能发生的变化

油品的黏度有动力黏度、运动黏度、恩氏黏度、国际赛氏秒、赛氏弗氏秒、商用雷氏秒、巴氏度等多种表示方式,见表 2 - 1。这里重点介绍动力黏度、运动黏度和恩氏黏度。

表 2 - 1　　　　　　　　　　　　　　各种黏度表示法简介

名称	又名	英文名称	符号	单位	采用国家	与运动黏度之换算关系
动力黏度	绝对黏度	Dynamic Viscosity	η_t	Pa·s	苏联	$v_t = \dfrac{\eta_t}{\rho_t}$
运动黏度	动黏度	Kinematic Viscosity	v_t	cm²/s	中国、日本、美国英国、苏联	
恩氏黏度	条件黏度	Engler Degrees	E_t	°E$_t$	中国、苏联等	$v_t = 7.31E_t - \dfrac{6.31}{E_t}$
国际赛氏秒	通用赛波特秒	Seconds Saybolt Universal	SSU_t	s	英国、美国	$v_t = 0.22SSU_t - \dfrac{180}{SSU_t}$
赛氏弗氏秒	赛波尔特-弗劳尔秒	Saybolt Furol Seconds	SFS_t	s	美国	$v_t = 2.2SFS_t - \dfrac{203}{SFS_t}$
商用雷氏秒	雷氏 1 号秒	Redwood Standard Seconds	R_t	s	英国、美国	$v_t = 0.26R_t - \dfrac{172}{R_t}$
巴氏度	巴洛别度	Barbey	B_t	°B$_t$	法国	$v_t = \dfrac{4550}{B_t}$

　　注　除动力黏度外,运动黏度与其他黏度的换算关系式皆为经验公式,其结果为近似值。

(1) 动力粘度。又称绝对黏度,表示液体在一定剪切应力下做相对层流流动时内摩擦力的度量。当流体受外力作用时,在流动着的液体层之间存在着切向的内部摩擦力。

由斯氏曲线可知,内摩擦随轴承转速而增大。牛顿和非牛顿润滑剂的流动特性如图 2 - 8 所示,可以很好地说明黏度及其大小。根据牛顿内摩擦定律,流层之间的切向力 f 与两层间的接触面积 A 和速度差 Δv 成正比,而与两层间的距离 Δx 成反比,即

$$f = \eta A \frac{\Delta v}{\Delta x} \tag{2-1}$$

式中　η——比例系数,称为液体的黏度系数,简称黏度。

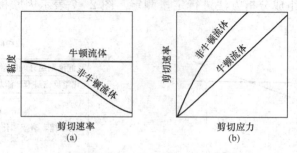

图 2 - 8　牛顿和非牛顿润滑剂的流动特性
(a) 黏度与剪切应力的关系;(b) 剪切速率与剪切应力的关系

其值为液体中两个面积各为 1cm² 和相距 1cm 的两层油液,以 1cm/s 的速度作相对移动

时所产生阻力的大小，以 1dyn 表示。动力黏度的单位在厘米·克·秒单位制（C.G.S.）中用泊（P）表示，在国际单位制（SI）中用 Pa·s 表示，习惯用的非法定计量单位为泊（P）或厘泊（cP），两者的换算关系为

$$1Pa \cdot s = 10^3 mPa \cdot s = 10P = 10^3 cP \qquad (2-2)$$

测定液体的黏度标准有 GB/T 10247—2008《黏度测量方法》、GB 265—1988《石油产品运动黏度测定法和动力黏度计算法》和 NB/SH/T 0870—2013《石油产品的动力黏度和密度的测定及运动黏度的计算　斯塔宾格黏度计法》，国外试验标准有美国 ASTM D2983、英国 IP 230 和 267、德国 DIN 53018 等。

GB/T 10247—2008 规定了毛细管法、落球法、旋转法和振动法四种方法测量牛顿流体的运动黏度和动力黏度的通用方法。毛细管法是测量一定体积的流体在重力作用下以匀速层流状态流经毛细管所需的时间，求流体的黏度。泊塞尔（Poiseuille）给出液体流出毛细管的速度与黏度系数之间存在如下近似关系式，即

$$\eta = \frac{\pi r^4}{8VL} p\tau \qquad (2-3)$$

式中　r——毛细管的半径，cm；

V——是指在时间 t 内流过毛细管的液体体积，cm³；

L——毛细管的长度，cm；

p——管两端的压力差，dyn/cm²；

τ——液体流出 V 体积所需的时间，s。

按式（2-3）由实验直接测定液体的绝对黏度比较困难，但测定液体对标准液体的相对黏度简单、实用。在已知标准液体的绝对黏度时，即可算出被测液体的绝对黏度。设两种液体在本身重力作用下分别流经同一毛细管，且流出的体积相等，由于

$$p = \rho g h$$

式中　ρ——液体密度；

g——重力加速度；

h——推动液体流动的液位差。

如果每次试样的体积一定，则可保持 h 在实验中的情况相同，根据式（2-3）可以推导得

$$\frac{\eta_1}{\eta_2} = \frac{\rho_1 \tau_1}{\rho_2 \tau_2} \qquad (2-4)$$

若已知标准液体的黏度和密度，则可得到被测液体的黏度。

在温度 t 时的动力黏度一般用品式毛细管黏度计首先测出油品在该温度时的运动黏度 v_t，然后乘以该油品的密度 ρ_t，即可得到则

$$\eta_t = v_t \rho_t \qquad (2-5)$$

式中　η_t——温度 t 时的动力黏度，mPa·s；

v_t——温度 t 时的运动黏度，mm²/s；

ρ_t——密度，g/cm³。

NB/SH/T 0870—2013 规定，采用斯塔宾格黏度计将试样注入精确控温的测量池中，测量池由一对同心旋转的圆筒和一个 U 形振动管组成。通过测定试样在剪切应力下内圆筒

的平衡旋转速度和涡流制动（与校准数据相关）得到动力黏度，通过测定 U 形管的振动频率（与校准数据相关）得到密度。运动黏度由动力黏度与密度的比值计算得到。

（2）运动黏度。运动黏度指温度为 $t℃$ 时的动力黏度 η_t 与其密度 ρ_t 比值，用符号 v_t 表示，其表达式为

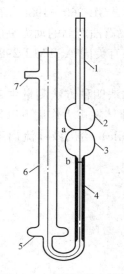

图 2-9　毛细管黏度计
1、6—管身；2、3、5—扩张部分；
4—毛细管；a、b—标线

$$v_t = \frac{\eta_t}{\rho_t} \tag{2-6}$$

法定计量单位制中以 m^2/s 表示，一般常用 mm^2/s，习惯用厘斯为非法定计量单位，用 St（斯）或 cSt（厘斯）表示。两者的换算关系为

$$1m^2/s = 10^6 mm^2/s = 10^4 St = 10^6 cSt \tag{2-7}$$

测定石油产品的试验标准有 GB 265—1988 和 GB 11137—1989《深色石油产品运动黏度测定法（逆流法）和动力黏度计算法》，相应的国外试验标准有美国 ASTM D455、英国 IP 71、德国 DIN 51562 和 ISO 3105 等。GB 11137 规定了用逆流黏度计测定深色石油产品运动黏度及通过测得的运动黏度计算动力黏度的方法，此标准适用于深色石油产品。GB 265—1988 适用于测定液体石油产品（指牛顿液体）的运动黏度，所用的毛细管黏度计的构造如图 2-9 所示。

电力用油采用 GB 265—1988 测定润滑油的运动黏度，即在某一恒定的温度下，测定一定体积的油品在重力下流过一个标定好的毛细管黏度计的时间，黏度计的毛细管常数与流动时间的乘积即为该温度下测定液体的运动黏度。其计算公式为

$$v_t = c\tau \tag{2-8}$$

式中　v_t——试油的运动黏度，mm^2/s；

　　　c——毛细管黏度计校正系数，mm^2/s^2；

　　　τ——试油流过毛细管黏度计的时间，s。

测定油品运动黏度时注意事项如下。

1）实验过程中，恒温槽的温度要保持恒定。加入样品后待恒温才能进行测定，因为液体的黏度与温度有关，一般温度变化不超过 $\pm0.1℃$。

2）黏度计要垂直浸入恒温槽中，实验中不要振动黏度计，因为倾斜会造成液位差变化，引起测量误差，同时会使液体流经时间 τ 变大。

3）黏度计必须洁净。先用经 2 号砂心漏斗过滤的洗液浸泡一天。若用洗液洗不干净，则改用 5%氢氧化钠乙醇溶液浸泡，再用水冲洗干净，直至毛细管壁不挂水珠，洗净的黏度计置于 110℃烘箱中烘干。

4）试样不许有气泡存在。气泡会影响装油体积，形成气塞，增大流动阻力，使测定结果偏高。

5）用秒表记录下来的流动时间，应重复测定至少四次，其中各次流动时间与其算术平均值的差数不应超过算术平均值的 $\pm0.5\%$。取不少于三次的流动时间所得的算术平均值，

作为试样的平均流动时间。

6）黏度测定结果的数值取四位有效数字。取重复测定两个结果的算术平均值作为试样的运动黏度。

测定油品的运动黏度优点是样品用量小，测试速度快，更主要是准确度大大高于雷氏、赛氏等其他测定方法，因此运动黏度比较普遍用于工业计算润滑油管道、油泵和轴承内的摩擦等。目前，电力用油也采用运动黏度作为其质量特征之一。油品的黏度也是划分汽轮机油牌号的依据。为了保证油品的润滑作用，应根据使用条件，如使用中的温度、负荷、运动速度和方式等选择油品的黏度。

（3）恩氏黏度。在规定条件下，200mL 的试油在某温度下从恩格勒黏度计的小孔流出 200mL 所需要的时间与 20℃时流出同体积蒸馏水所需的时间的比值。在温度 t℃时恩氏黏度用符号 E_t 表示，单位以"恩格勒度"表示。以往我国常以恩氏黏度表示油品的黏度特性，目前，石油化工行业也普遍使用。详细步骤参见 GB/T 266—1988《石油产品恩氏黏度测定法》。

2. 影响油品黏度的因素

（1）油品化学组成和烃族结构。随烃类分子量的增大油品黏度也增大；所有烃中，烷烃的黏度最小，因此，同等沸程的润滑油馏分，石蜡基油的馏分黏度较小；在成品润滑油基础油中主要成分是环烷烃、芳香烃和混合结构的环烃。在环烃中，多环烃的黏度大于单环烃的黏度；同碳数同环数的环烃黏度大于相对应芳香烃的黏度；杂环烃的黏度大于同碳数芳香烃和环烷烃的黏度，见表 2-2。

表 2-2　　　　润滑油中不同烃类的黏度、黏度指数和特性因数 K 值

烃　类	黏度（98.9℃，mm^2/s）	黏度指数	特性因数
（C_{25}烷烃）	2.5	117	13.2
（C_{25}环烃）	3.3	101	12.8
（C_{25}二环烃）	5.0	70	12.3
（C_{25}三环烃）	10.1	−6	11.9
（C_{25}芳香烃）	3.8	−15	11.2
（C_{31}环烷—芳香烃）	20	−365	—

一般说来，自同一石油中馏出的馏分越重其黏度越大。反之切割的馏分越低，其黏度就

越小。即同种石油馏分的黏度是随着沸点的增高而增大的，随着沸点的降低而减小。

（2）温度。黏度值随温度的升高而降低，随温度的降低而增大。在变压器中油品作为绝缘和传递热量的介质，要求选择合适的黏度以保证油品在长期运行中起到理想的冷却作用，选择合理的黏温性以保证变压器在停止运行再启动时能安全工作。

（3）作用于液体的压力及运动速度也对黏度有一定的影响。

3. 测定油品黏度的意义

黏度是石油产品重要的性能指标和使用指标之一，在油品生产、输送和使用过程中都有大量的应用。在设计生产装置、输送管线时，黏度是工艺计算的主要参数之一，流体在输送管线中的设计线速、产生的压降，都与黏度密切相关；黏度的大小与石油产品的馏程以及结构特点有关，一般说来，黏度随馏程的升高而增加，馏程相同的馏分，化学组成不同，其黏度也不相同，链烷烃较小，芳香烃和环烷烃较大；黏度是润滑油最重要的质量指标，大部分润滑油的牌号都是以某一温度下的黏度平均值来确定的。对于航煤、柴油等燃料油而言，黏度的大小与燃料在发电机内的雾化情况有关，直接影响到燃料的燃烧效率。可以通过测定不同温度的黏度值来计算黏度指数。

4. 油品的黏温特性

将油品黏度随温度而变化的程度称为油品的"黏温性"或"黏温特性"。黏温性能对润滑油的使用有重要意义，如发动机润滑油的黏温性能不好，当温度低时黏度过大，启动就会困难，而且启动后润滑油不易流到摩擦表面上，造成机械零件的磨损。如果温度过高，黏度变小，则不易在摩擦表面上产生适当的油膜，失去润滑作用，使机械零件的摩擦面产生擦伤和胶合等故障。

图 2-10 表明油品的黏度随温度升高而明显下降。在线性系统中，此 $V\text{-}T$ 行为呈双曲线状，实际所需要的差异难于重现。其中乌贝路德-沃尔特（Ubbelohde-Walter）方程式已普遍接受，见式（2-9）。

$$\lg\lg(V+C)=K-m\cdot\lg T \qquad (2-9)$$

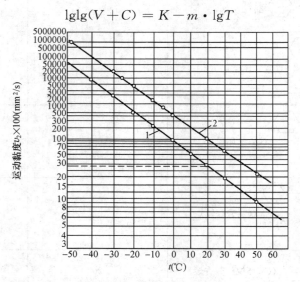

图 2-10 油品的黏度变化与温度的关系

1—变压器油；2—透平油

在此双对数公式中，C 和 K 是常数，T 是开氏温度，m 是 V-T 线斜率。图 2-11 为具有显著不同的 V-T 线的三种油。对于矿物油而言，V-T 方程式中的常数 C 在 0.6～0.9 之间。常数 C 在黏度计算中仅起很小的作用。只在很低温度下才现出较大的差别。式（2-9）中的 m 值，可用式（2-10）来计算，有时用以鉴定油品的 V-T 行为。对润滑剂基础油而言，m 值在 1.1～4.5 之间。较小值适用于受温度影响较小的油品。另外，Vogel-Cameron 黏度—温度方程式（式 2-11）用于快速的、以计算机为基础的动力黏度计算，此公式中，A、B 和 C 是常数，T 是开氏温度，η 为动力黏度。尽管动力黏度是润滑技术的重要参数，在润滑剂工业中却主要使用运动黏度。

$$m = \frac{\lg\lg(V_1 + 0.8) - \lg\lg(V_2 + 0.8)}{\lg T_2 - \lg T_1} \tag{2-10}$$

$$\eta = A \cdot \exp\left(\frac{B}{T+C}\right) \tag{2-11}$$

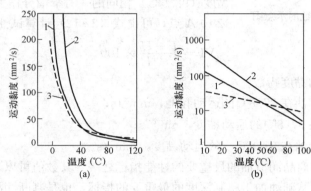

图 2-11　各种油品的 V-T 行为
1—石蜡基石油；2—环烷基石油；3—菜籽油

提出黏度—温度常数（VTC）的目的，是为了在温度影响较小的情况下更好地区分 V-T 行为。我国试验标准有 GB/T 1995—1998《石油产品黏度指数计算法》和 GB/T 2541—1981《石油产品黏度指数算表》，相应的国外试验标准有美国 ASTM D2270、英国 IP 226、德国 DIN 51564 和 ISO 2909 等。评定润滑油的黏温特性，通常用以下三种方法。

（1）黏度比。表示某油品 50℃时黏度与 100℃时黏度的比值（v_{50}/v_{100}）。若此值越小，则其黏温性越好。此法比较直观，但有一定的局限性，它只能表示油品在 50～100℃ 范围内的黏温特性，超出这个范围将无法反映。因此，也有用 -20℃ 和 50℃ 的黏度比表示油品在低温下的黏温特性的，如航空润滑油要求，$\dfrac{v_{-20}}{v_{50}}$ 不大于 70。另外，与黏度较小的轻质、中质润滑油相比，重质润滑油的黏度随温度变化的幅度大得多，故只有黏度相近的油品，才能用黏度比来评价其黏温特性的优劣，否则是没有意义的。

（2）黏度温度系数。即表示油品在规定的温度范围内，温度每变化 1℃ 时黏度的平均变化。用 $\dfrac{v_0 - v_{100}}{v_{50}(100 - 0)} \times 100 = \dfrac{v_0 - v_{100}}{v_{50}}$，此系数越小，则其黏温性越好。润滑油的黏度温度系数越小，其黏温特性越好。

（3）黏度指数。表示润滑油黏度受温度影响变化程度的相对数值，是用来表示油品黏温特性的一个工业参数，也是目前国际上通用的一种工业用润滑油的黏温参数。用"VI"符号表示。试油的 VI 越大，表示油品的黏度随温度变化较小，则其黏温性越好。

使用中一般从黏度指数计算图上直接查到，参见 GB/T 2541—1981 及 GB/T 1995—1988，也可以通过以下方式计算得到。

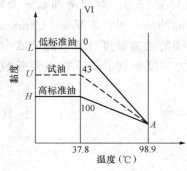

图 2-12　求黏度指数的示意图

选用两种原油作为比较基准，一种是黏温性很好的油，定其黏温指数为 100，一种是黏温性很差的油，定其黏度指数为 0。将这两种基准油分成若干窄馏分，选出在 98.9℃（210℉）时两个基准油的黏度相同的馏分作为一对，再分别测定其在 37.8℃（100℉）时的黏度，欲测定某试油的黏度指数时，可先测定该试油在 98.9℃ 和 37.8℃时的黏度，再选取基准油在 98.9℃时黏度与试油的黏度（98.9℃）相同的一对窄馏分作为比较，相当于图 2-12 中 A 点，可由式（2-12）计算试油的黏度指数。

$$VI = \frac{L-U}{L-H} \times 100 \qquad\qquad (2-12)$$

式中　VI——试油的黏度指数；

L——差基础油在 37.8℃的运动黏度，mm^2/s；

U——试油在 37.8℃的运动黏度，mm^2/s；

H——好基础油在 37.8℃　的运动黏度，mm^2/s。

黏度指数是许多商品润滑油的最重要的性能指标之一。其数值可以表征基础油黏温性能的优劣水平，是衡量基础油加工精制深度的最重要的指标，也是判断润滑油油源（如原油产地、单级油或多级油、矿物油或合成油）的标志。基础油的黏度指数是其化学组成的函数。烃类本身的黏度指数差别很大。一般烷烃的黏度指数最高，黏温性能最好；其次是具有烷烃侧链的单环、双环烷烃和单环、双环芳香烃；最差的是重芳香烃、多环环烷烃和环烃—芳香烃。在混合结构的多环环烷烃中，芳香烃环数越多时，黏度指数越低，见表 2-3 和表 2-4。

表 2-3　　　　　　　　　　　环烃类的环数对黏度指数的影响

分子式	环　数	侧链中的碳原子数	黏度指数
芳　香　烃			
$C_{24}H_{42}$	1	18	196
$C_{24}H_{44}$	2	18	140
$C_{32}H_{42}$	3	18	83
环　烷　烃			
$C_{24}H_{48}$	1	18	160
$C_{28}H_{54}$	2	18	144
$C_{28}H_{52}$	3	14	40
$C_{23}H_{44}$	4	7	−150
$C_{23}H_{40}$	4	5	−300

表 2-4 混合环烃的环数对黏度指数的影响

分子式	环烷环数	芳香环数	侧链中碳原子数	黏度指数
$C_{23}H_{26}$	1	3	3	−1600
$C_{25}H_{34}$	2	2	7	−363
$C_{28}H_{46}$	2	1	14	35

环烃上的烷基侧链的长短，对其黏度指数有着举足轻重的影响，就不同侧链的双环芳香烃（即萘的衍生物）来说，黏度指数随链长的增加而增加，见表 2-5。然而，烷基侧链分支度增大时，黏度指数将会降低。同碳数异构烷烃的黏度指数比正构烷烃低，如异构烷 C25 的黏度指数只有 117，而正构 C25 的黏度指数却高达 177；异构分支程度越大，黏度指数越小，见表 2-6。

表 2-5 环烃侧链长短对黏度指数的影响

分 子 构 造	链　长	黏 度 指 数
$C_{10}H_7 \cdot C_6H_{13}$		−66
$C_{10}H_6 \cdot (C_6H_{13})_2$		53
$C_{10}H_7 \cdot C_{18}H_{37}$	↓	140
$C_{10}H_7 \cdot C_{22}H_{45}$		141

表 2-6 C25 和 C26 正构、异构烷烃的黏度和黏度指数

烷烃骨架结构	黏度 (mm^2/s)		黏度指数	烷烃骨架结构	黏度 (mm^2/s)		黏度指数
	37.8℃	98.9℃			37.8℃	98.9℃	
$n-C_{23}$	11.5	3.3	177	$C_6-\overset{C_6}{\underset{}{C}}-C_{13}$	10.69	2.86	131.2
$C_4-\overset{C_4}{\underset{}{C}}-C_{17}$	11.48	3.03	138.2	$C_{10}-\overset{C_{10}}{\underset{}{C}}-C_5$	10.08	2.73	126.0
$C_4-\overset{C_4}{\underset{}{C}}-C_8-\overset{C_4}{\underset{}{C}}-C_4$	12.18	2.85	84.7	$C_2-\overset{C_2}{\underset{}{C}}-\overset{C_{10}}{\underset{}{C}}-C_{10}$	10.39	2.75	119.0
$C_2-\overset{C_2}{\underset{}{C}}-C_{21}$	11.56	3.29	174.4				

当润滑油平均分子中环烷环数增加时，对黏度指数也是负影响，例如，从一个平均分子量为 400 的环烷基润滑油馏分中取得的饱和烃（烷烃＋环烷烃）的 VI 为 70，而从相同平均分子量的石蜡基润滑油馏分中取得的饱和烃的 VI 则为 105～120，他们之间平均分子环烷环数大约只差 1 个环。

根据黏度、黏度指数与化学组成的关系，可以采用添加黏度添加剂或增黏剂、黏度指数改进剂等来改善油品的黏度或黏温性。润滑油常用的黏度添加剂有聚甲基丙烯酸甲酯、聚异丁烯、烯烃共聚物、聚烷基苯乙烯等，黏度添加剂通常是一类分子量很大的线性高分子聚合物，对基础油具有增黏作用，有的还具有改善油品黏温性的作用。它们在油中具有热胀冷缩

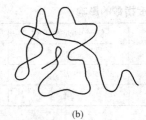

　　(a)　　　　　　　　　　(b)

图 2 - 13　黏度添加剂在不同温度下的状态
(a) 低温时的状态；(b) 高温时的状态

的特性。如图 2 - 13 所示，当温度升高时，高聚物在油中的溶解度增大，线性高聚物的分子链因溶胀和热运动而伸展开来，体积增大，与油分子的摩擦力也增大，起到了增黏的作用；反之，当温度降低时，它们在油中的溶解度减少，分子紧缩成一团，与油分子的摩擦力减少，起到了润滑的作用，使油品的黏度减少，同时也改善了油品的黏温性。

四、凝点、倾点和低温流动性

1. 定义

　　凝点是指油样在规定冷却条件下，失去其流动性的最高温度，以℃表示；油品的凝固和纯化合物的凝固有很大的不同。油品并没有明确的凝固温度，所谓凝固只是作为整体来看失去了流动性，并不是所有的组分都变成了固体。

　　倾点则是在规定条件下冷却，油品仍能流动的最低油温。油品的凝点和倾点测定的方法和条件不同，对一个油品所测定的结果也不同，而且两者之间不存在一定的对应关系，并根据油品的性能和组成不同有明显的差别。倾点和凝点差值范围较宽，可为－1～＋5℃。不同原油基所属的油品其倾点与凝点差值不一样，一般倾点要比凝点高 3～5℃。

　　油品的低温流动性，是指油品的黏度随温度的降低而增大，其流动性逐渐减小的特性，也即在低温条件下流动的难易程度。评价油品低温流动的质量指标有冰点、凝点、倾点和冷凝点。如喷气燃料的低温流动性用冰点表示，其测定方法是指在规定的条件下，航空燃料经过冷却形成固态烃类结晶，使燃料升温，当烃类结晶消失时的最低温度，试验方法详见 SH/T 0248—2006《柴油和民用取暖油冷滤点测定法》；柴油的低温流动可用凝点、倾点和冷凝点来描述，馏分燃料冷凝点测定方法是指试样在规定的条件下冷却，在 191Pa（200mmH$_2$O）压力下抽吸，使试样通过一个 363 目的过滤器。当试样不能流过过滤器、20mL 试样流过过滤器的时间大于 60s 或试样不能完全流回试杯时的最高温度即为冷凝点，试验方法详见 GB/T 2430—2008《航空燃料冰点测定法》。一般从数值上，同一油品的冷凝点＞凝点＞倾点。

　　倾点和凝点一样都是用来表示石油产品低温流动性能的指标，仅仅是油品丧失流动性时近似的最高温度。由于倾点比凝点更能反映电力用油产品在低温下的流动性，因此，我国现行标准多用倾点来表示其低温流动性。

2. 油品失去流动性的原因

　　油品在低温下失去流动性的原因较为复杂，归纳起来主要有以下两种观点。

　　(1) 黏温凝固。主要是由油品在低温时黏度增大而引起的。如油品中含石蜡很少或几乎不含石蜡，当温度降低时，黏度会大大增加，当增大至一定程度时，则流动的油品变成凝胶体，使得油品失去流动性。

　　(2) 构造凝固。主要是由于溶于油中的石蜡形成网状结晶而引起的。因油品本身存在着石蜡晶体，随温度降低，针状或片状石蜡晶粒析出，并逐步形成三维网状晶体结构，导致吸附凝聚油分子，这种网络延展到全部液体，把液态的油品包围在其中，形成凝胶体，使得油品失去流动性。

油品在炼制过程中，不可能将其蜡状物全部除尽，因此，构造凝固是油品凝固的主要原因。

3. 油品凝固点、倾点测定的方法及原理

我国凝点标准试验方法是 GB/T 510—1983《石油产品凝点测定法》，倾点试验标准是 GB/T 3535—2006《石油产品倾点测定法》，相应的国外试验标准有美国 ASTMD97、英国 IP 15、德国 DIN 51597 和 ISO 3016 等。

GB/T 510 测定的基本过程是将试样装入试管中，按规定的预处理步骤和冷却速度进行试验。当试样温度冷却到预期的凝点时，将浸在冷却剂中的仪器倾斜 45°保持 1min 后，取出、观察试管里面的液面是否有过移动的迹象。如有移动时，从套管中取出试管，并将试管重新预热至（50±1）℃（主要目的是将油品中石蜡晶体溶解，破坏其结晶网络，使油品重新冷却和结晶，而不至于在低温下停留时间过长。），然后用比上次试验温度低 4℃或其他更低的温度重新进行测定，直至某试验温度时液面位置停止移动为止。如没有移动，从套管中取出试管，并将试管重新预热，然后用比上次试验温度高 4℃或其他更高的温度重新进行测定，直至某试验温度时液面位置有了移动为止。找出凝点的温度范围（即液面位置从移动到不移动或从不移动到移动的温度范围）之后，用比移动的温度低 2℃或比不移动的温度高 2℃的温度重新进行试验，直至确定某试验温度能使试样的液面停留不动而提高 2℃又能使液面移动时，取使液面不动的温度作为试样的凝点。

测定时应注意以下事项。

（1）打开疑点测定仪前，必须先开水，以免仪器烧坏。

（2）含水的试样试验前需要脱水，对于含水多的试样应先经静置，取其澄清部分进行脱水。

（3）控制冷却剂的温度比试油预期疑点低 7～8℃。因为只有保持这一温差，才能使试油在规定冷却速度下冷却到预期的凝点。若冷却剂温度达不到要求，往往会拖长测定时间，使结果偏高。如温差太悬殊，低得太多，使冷却速度过快，而且在倾斜 45°时 1min 之内，温度还会继续下降，这样会使测定结果偏低。

（4）用软木塞将温度计固定在试管中央，使水银球距管底 8～10mm。如固定的不稳，温度计在试管内活动，会搅动试油，从而阻碍了石蜡结晶网络的形成。往往当石蜡结晶网络的个别部分正在形成时，温度计一搅动，就会被破坏，从而使测得结果偏低。

（5）外套管浸入冷却剂的深度应不少于 70mm。

油品的倾点测定仪如图 2 - 14 所示，其实验的基本过程是将经预加热清洁后的试样注入试管中，在规定的速率下冷却，每隔 3℃检查一次试样的流动性。记录观察到试样能够流动时的最低温度作为倾点。对倾点高于−33℃试样，将试样在不搅拌的情况下，放入已保持在高于预期倾点 12℃，但至少是 48℃的水浴中，将试样加热到 45℃或高于预期倾点 9℃（选择较高者）。试验从高于预期的倾点 9℃开始，从第一次观察温度开始，每降低 3℃都应小心地把试管从水浴或套管中取出，充分倾斜试管以确定试样是否流动。取出试管到放回试管的全部操作要求不超过 3s。当倾斜试管而试样不流动时，应立即将试管放置于水平位置，仔细观察试样的表面，如果在 5s 内试样显示有任何移动，则立即将试管放回，待温度再降低 3℃时，重复观察试样的流动性，直到试管保持水平位置 5s 而试样不移动时，记录此时观察到的温度计读数，再加 3℃作为试样的倾点，取重复测定的两个结果的平均值作为试验结

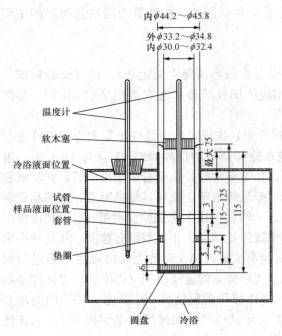

内$\phi44.2\sim\phi45.8$
外$\phi33.2\sim\phi34.8$
内$\phi30.0\sim\phi32.4$

温度计
软木塞
冷浴液面位置
试管
样品液面位置
套管
垫圈
圆盘　　冷浴

最大25
3
$115\sim125$
115
5
25
6

图 2-14　油品的倾点测定仪（单位：mm）

果。详细步骤参见 GB/T 3535—2006。

4.影响油品低温流动性的因素

（1）与油品的化学组成有关。石蜡组分含量多，其凝点就高；石蜡组分含量少，其凝点就低，由石蜡基石油制成的直溜重油，其凝点比环烷—芳香基石油制成的重油高；正构烷烃的凝点随链长度的增加而升高；异构烷烃的凝点较正构烷烃的凝点低；不饱和烃的凝点较饱和烃凝点低。

烷烃，固体石蜡及地蜡，在温度降低时，首先从润滑油溶液中析出，形成结晶构造而出现固相，使整个润滑油丧失流动能力，凝点表征烃类、非烃类及其混合物丧失流动性的最低温度。不同类的烃类以及不同分子量的烃类，其低温流动性相差很大。表 2-7 表明正十八烷在常温下就是固体，且随着碳原子数目的增加，烷烃的凝点（与熔点重合）升高。

表 2-7　　　　　　　　　　　　高碳数正构烷烃的凝点及沸点

烷　烃	分子量	熔点（℃）	沸点（℃）	分布
十六烷	226.46	19	287	柴油馏分
十七烷	240.48	22	303	
十八烷	254.5	28	318	
十九烷	268.58	32	330	
二十烷	282.56	37	340	
三十烷	422.8	64.7	455	润滑油馏分
三十五烷	492.93	74.6	498	
四十烷	563.06	81.4	536	
五十烷	703.32	92	579	

在残渣润滑油料——丙烷脱沥青油中，由于其沸点范围高于 500℃，可能含有 C_{35} 以上的正构烷烃。$n\text{-}C_{50}$ 烷的熔点为 92℃，$n\text{-}C_{60}$ 烷的熔点为 98.9℃。异构烷烃的凝点一般来说低于同碳数目的正构烷烃，如表 2-8 所示，同碳数的异构烷烃因其异构情况的不同可具有不同的熔点，甚至凝点很低，如 10，11-二异丙基二十一烷（$i\text{-}C_{26}H_{54}$）的凝点为 -46℃。

表 2-8　　　　　　　　　　　　正、异构烷烃的熔点

正、异构烷烃	熔点（℃）	正、异构烷烃	熔点（℃）
$n\text{-}C_{16}H_{34}$ 正十六烷	18.2	$i\text{-}C_{18}H_{38}$ 2-甲基十七烷	5.0
$i\text{-}C_{16}H_{34}$ 7，8 二甲基十四烷	-70.0	$i\text{-}C_{18}H_{38}$ 3，12-二乙基十四烷	-30.0
$n\text{-}C_{18}H_{38}$ 正十八烷	28.0	$i\text{-}C_{18}H_{38}$ 5，6-二丁基癸烷	-62.2

随着润滑油沸点和分子量的增加，固体烃中正构烷烃的相对含量减少，而异构烷烃和环状烷烃含量增多，环状固体烃的环数也增多。环烷基原油的润滑油馏分的凝点很低，以致无需脱蜡就能满足某些专用润滑油对低温流动性的要求，这也是环烷基原油引人注目，加以利用的技术经济原因。

此外，油品中的胶质等表面活性物质的存在能使凝点降低，这是因为胶质等表面活性物质能阻碍石蜡晶体网络的形成，从而破坏油品失去流动性的条件。根据油品与油品的化学组成的关系，可以得到改善油品低温流动性的方法。可从两方面着手，一方面深度精制，降低基础油中石蜡的含量，但是会增加炼制的成本，而且还会造成油品中理想组分的大量损失，浪费极大；另一方面添加降凝剂或倾点下降剂，如氯化石蜡和萘或酚的缩合物、聚烷基丙烯酸酯、聚丁烯、聚烷苯乙烯、聚醋酸乙烯等，有关其作用机理的解释目前还不十分完善，主要有吸附作用（表面作用）和共晶作用（空间作用）两种观点，其作用影响了石蜡晶体的生长过程，阻碍晶网结构的形成，防止低温时油中石蜡组分结晶凝固，从而降低了试油的凝点和倾点。

（2）油品的凝点与冷却速度有关。冷却速度太快，有些油品凝点要低。因为当迅速冷却时，随着油品黏度的增大，晶体增长得很慢，在晶体尚未形成紧固的石蜡结晶网络前，温度就降低了很多。但也有凝点偏高的，这就要因油品的性质而异。

（3）含蜡油的凝点与热处理有关。热处理是将油品首先加热到某一温度，然后冷却到某一温度的过程。经过热处理后，大部分含石蜡油品的凝点均起变化。原因是在进行加热时，溶解于油品中的石蜡起了变化，因而在油冷却时，石蜡结晶过程改变了自己的特性即改变了开始结晶温度、结晶体形状及其形成连续结构（促使凝固的石蜡网络）的能力。在用现行标准方法测定凝点时，常发现有误差，可用热处理的影响来解释。在测定前，油品在罐中加热，分析前脱水加热和先预热等，均会有使凝点改变其热处理作用。

5. 测定油品凝点、倾点的实际意义

润滑油的凝点和倾点都是油品低温流动性的指标，两者无原则的差别，只是测定方法稍有不同。同一油品的凝点和倾点并不完全相等，一般倾点高凝点 2～3℃，但也有例外。

（1）凝点对于含蜡油品来说，可在某种程度上作为估计石蜡含量的指标。油品的凝点决定于其中石蜡含量，含石蜡越多，油品的凝点就越高，如在油中加入 0.1% 的石蜡，凝点约升高 9.5～13℃。因此，通过测定含蜡油品的凝固点，可以作为估计石蜡含量的指标，在石油产品加工工艺中可以指导脱蜡工艺操作，是一项质量监督指标。

（2）用以表示柴油、绝缘油的牌号。0℃矿物绝缘油要求其油品的倾点最高为 -10℃；0号柴油的凝点要求不高于，0～10 号柴油的凝点要求不高于 -10℃。

（3）作为储运、保管时作质量检查标准之一。凝点高的润滑油不能在低温下使用。相反，在气温较高的地区则没有必要使用凝点低的润滑油，因为低凝点的润滑油生产成本高。一般说来，润滑油的凝点应比使用环境的最低温度低 5～7℃。由于低凝点的油品，其低温黏度和黏温特性有可能不符合要求，在选用低温润滑油时，应结合油品的凝点、低温黏度及黏温特性全面考虑。

五、闪点、燃点及安全性

油品的安全性是指油品在生产、储存、运输、使用过程中发生爆炸、着火、燃烧的难易程度。油品的安全性主要用开口闪点和闭口闪点两个指标描述。油品的燃烧性能是指燃料在发动机中燃烧性能的好坏。不同的发动机对燃料的燃烧性能有不同的要求，根据用途不同，分别用辛烷值、烟点（或萘系烃含量、辉值）、净热值、十六烷值表示汽油、煤油、喷气燃料和柴油等燃料的燃烧性能。

（一）定义

闪点是指在规定试验条件下，试验火焰引起试样蒸气着火，并使火焰蔓延至液体表面修正到 101.3kPa 大气压下的最低温度。闪点相当于加热油品使油蒸气浓度达到爆炸下限时的温度。由于油品在常温下的蒸气压不够高，一般油品的蒸气分压达到 $40\sim50$mmHg 或 $5333\sim6666$Pa 时才能闪火，否则，油杯中油蒸气浓度低，混合气达不到爆炸下限所需的浓度。根据试油使用条件的不同，闪点又分为闭口和开口闪点。

燃点是指在规定试验条件下，试验火焰引起试样蒸气着火且至少持续燃烧 5s 时修正到 101.3kPa 大气压下的最低温度。

同一油品的燃点比闪点一般高 $20\sim30$℃，通常控制储存油品的温度应在燃点以下。

自燃点是指油品在规定的条件下加热，不用外界引火而温度过高、剧烈氧化而自行燃烧 5s 以上时的最低油温。所有石油产品的自燃点均较常温高，但处于高温状态的油品一旦从管线的接头、法兰等处漏出，与空气相遇往往会自燃引起火灾。油品越轻，其闪点与燃点越低。

油品的闪点、燃点、自燃点都反映了油品的安全性能，通常闪点越高，挥发性越小，安全性越大。因此，测定油品的闪点，可以发现是否混入轻质馏分的油品，以确保充油设备安全运行。各类油品的闪点、燃点和自燃点见表 2-9。

表 2-9   各类油品的闪点、燃点和自燃点   ℃

油品名称	温 度		
	闪 点	燃 点	自 燃 点
原油	$-20\sim+100$		
汽油	$-50\sim+30$	—	$416\sim530$
煤油	$28\sim60$		$380\sim420$
轻柴油	$45\sim120$	—	—
重柴油	>120		$300\sim330$
润滑油	>120	—	$300\sim380$
沥青	$200\sim230$		

测定石油产品闪点，在生产和应用中具有重要的意义。

（1）油品的闪点可以间接判断油品馏分组成的轻重。一般油品馏分组成越轻，蒸气压越高，则油品的闪点越低。反之，馏分组成越重的油品，则具有较高的闪点。

（2）从油品的闪点可鉴定其发生的火灾的危险性。闪点是有火灾危险出现的最低温度。闪点越低，火灾危险越大，可燃液体也根据闪点进行分类，闭口闪点在 45℃ 以下的叫易燃液体，在 45℃ 以上称可燃液体。按油品闪点的高低，在运输、储存和使用中应采取相应的防火安全措施。

（3）对于有些润滑油来说，同时测定其开口和闭口闪点，可作为油品有无低沸点混入物或使用过的润滑油是否被轻质燃料稀释的指标，用于生产检查。重质油品中混入轻质油品，闪点降低,如柴油中混入汽油或煤油,闪点会明显下降。汽油机润滑油和柴油机润滑油如有燃料流入曲轴箱,会稀释润滑油,且闪点随流入燃料的增多而降低。因此可以从润滑油的闪点是否降低,检查出是否有轻质油品混入。通常开口闪点要比闭口闪点高 20～30℃。如两者之差太大,则说明该油质不均一、混有轻质馏分、蒸馏时有裂解现象或溶剂分离不完全等。有的油品在密闭容器中使用,使用过程中常由于高速运转或其他原因引起设备过热,因产生电流短路、电弧作用等而产生高温,可能使润滑油分解或从其他部件渗进轻质成分,这些轻质成分在密闭容器内蒸发并与空气混合后,有着火或爆炸的危险,测定闭口闪点比开口闪点容易发现少量易蒸发的轻质成分的存在。

(二)测定

闪点测试最初起源于英国,主要是使用 Abel 闪点仪。1873 年德国工程师 Berthold Pensky 改造了 Abel 系统,出现 Abel Pensky 闪点仪,后来又和 Adolf Martens 教授共同研制成功 Pensky Martens 闪点仪。仪器一经问世,便获得工业界和科技界的广泛认可,成为测量闪点的主要标准仪器之一。与此同时,美国推出了 TAG 闭口杯闪点仪和 Leveland 开口杯闪点仪。目前,闭口杯闪点测试所遵循的标准主要有 Abel 方法(DN 51755,IP 170)、TAG 方法(ASTM D56)和 Pensky Martens 的测试方法(ASTM D93)。虽然不同测定方法细节各异,但都是采用模拟实际工况的闭口杯,其测定过程是在一容量为 50～70mL 的密闭容器中,以一定的升温速度进行加热,并按一定的时间间隔打开快门进行点火,直至达到闪点;开口杯闪点测试所遵循的标准主要是 Cleveland 方法(ASTM D92),模拟敞开的工作环境,采用敞开的容器,其测定过程与闭口杯闪点相近。

为适应海军舰只检测发动机油的燃油污染,1992 年奥地利的 Grabner 博士开发了新的连续闭口杯闪点测试方法(ASTM D6450),采用电弧点火,避免了大样品量和明火带来的火灾危险性,已在很多领域得到了广泛应用。

如今国内外对闪点的测试研究已很成熟,方法越来越多,标准也日趋完善。我国目前测定闪点的标准有 GB/T 3536—2008《石油产品闪点和燃点的测定 克利夫兰开口杯法》、GB/T 267—1988《石油产品闪点与燃点测定法(开口杯法)》、GB/T 261—2008《闪点的测定 宾斯基-马丁闭口杯法》和 SH/T 0733—2004《闪点测定法(泰克闭口杯法)》等。

闪火检测方法有火焰离子检测法、热电阻检测法和微光检测法三种,见表 2-10。由于火焰离子检测方法需要频率为 3000Hz、振幅为 700V 的高压,此电压会对仪器产生干扰。而微光检测方法要求有严格的工作环境。热电阻检测采用闪火时会伴随着温度的上升,从而使热电阻的阻值发生变化,以此来判断闪点的原理,此方法不需要额外提供音频高压,没有因高压而带来的干扰,特别适合智能型仪表。

表 2-10 三种火焰检测方案的比较

检测方法	输出信号强度	干扰强度	对后级放大的要求	环境温度稳定性	制作工艺难度	耐用性
火焰离子检测法	很强	强	不需要	较好	很高	一般
热电阻检测法	较弱	无	需接放大器	易受温度影响	较高	很差
微光检测法	中等	无	不需要	很好	简单	较好

变压器油在变压器等密闭容器内使用,在使用过程中常由于设备内部发生电流断路、电弧等作用,或其他原因引起设备局部过热,而产生高温,使油品可能形成轻质分解物。这些

轻质成分在密闭容器内蒸发,一旦遇空气混合后,有着火或爆炸的危险。如用开口杯测定时,可能发现不了这种易于挥发的轻质成分的存在。故变压器油的闪点要采用闭口杯法进行测定。

GB/T 261—2008测定过程是将样品倒入实验杯中,在规定的速率下连续搅拌,并以恒定速率加热样品。以规定的温度间隔,在中断搅拌的情况下,将火源引入试验杯开口处,使样品蒸汽发生瞬间闪火,且蔓延至液体表面的最低温度,此温度为环境大气压下的闪点,再用公式修正到标准大气压下的闪点。此方法适用于闪点高于40℃的样品,如可燃液体、带悬浮颗粒的液体、在试验条件下表面趋于成膜的液体和其他液体。

GB/T 3536—2008测定过程是将样品装入试验杯至规定的刻度线。先迅速升高试样温度,接近闪点时再缓慢以恒定的速度升温。在规定的温度将试样间隔,用一个小的试验火焰扫过试验杯,使试验火焰引起试样液面上部蒸汽闪火的最低温度即为闪点。测定燃点应继续进行试验,直到试验火焰引起试样液面的蒸汽着火至少维持燃烧5s的最低温度即为燃点。在环境大气压下测的闪点和燃点用公式修正到标准大气压下的闪点和燃点。该方法适用于除燃料油(燃料油通常按照GB/T 261—2008进行测定)以外的、开口杯闪点高于79℃的石油产品。

(三)影响的主要因素

油品的化学组成是影响油品闪点的主要因素,含挥发组分多的液态石油产品如汽油、煤油等,其闪点特别低。反之含有不易挥发组分的油品,其闪点就高。各种烃类的闪点也不同,如烯烃的闪点低于烷烃、环烷烃及芳香烃。一般低分子烃的闪点低于同类高分子烃的闪点。除此之外,油品的闪点还与以下的测试条件有关。

1. 仪器的形式

根据油品运用的实际设备和条件,通常分闭口杯闪点和开口杯闪点。在同样的测试条件下,同一油品的开口闪点高于闭口闪点。因为开口闪点测定器内所形成的蒸气能自由地扩散到空气中,使一部分蒸气损失了,要使混合气浓度达到爆炸下限,必须将试样加热到较高温度。另外,不同的加热热源也会影响测定结果,电炉空气浴较喷灯、燃气灯好,因为电炉空气浴加热使坩埚受热均匀,升温速度也易于控制,油蒸气扩散均匀适度。

2. 试样含水量

加热油品时,试样中水汽化形成的水蒸气会稀释油蒸气,覆盖在液面上的泡沫会影响油正常的气化,推迟闪火,使测定结果偏高。含水较多的试样,加热时会溢出杯外,导致无法进行试验。因此,如果样品中含有未溶解的水,在样品混匀时应将水分离出来。对于难以分离的某些残渣燃料油和润滑剂中的游离水,在样品混匀前应用物理方法除去水。

3. 油量多少

在闭口闪点测定器的杯内油量多,则液面以上的空间容积小,混合气浓度易达到爆炸下限,故测得的闪点较低;若油量少,则液面以上的空间容积大,混合气浓度达到爆炸下限慢,测得的闪点较高。

4. 加热速度

加热速度快,单位时间内蒸发出的油蒸气多而扩散损失少,可提前达到可燃混合气的爆炸下限,使测得的结果偏低;加热速度慢,测定时间长,点火次数多,损耗了部分油蒸气,推迟了使油蒸气和空气的混合物达到闪火浓度的时间,使结果偏高。

闭口杯法要求在整个试验期间，对于表面不成膜的油漆和清漆、未用过润滑油及其他石油产品，试样以 5~6℃/min 的速度升温，且搅拌速率为 90~120r/min；对于残渣燃料油、稀释沥青、用过润滑油、表面趋于成膜的液体、带悬浮颗粒的液体及高黏稠材料（例如聚合物溶液和黏合剂）等产品，试样以 1.0~1.5℃/min 的速度升温，且搅拌速率为（250±10）r/min。

开口杯法要求开始加热时，试样的升温速度为 14~17℃/min。当试样温度达到预期闪点前约 56℃时减慢加热速度，使试样在达到闪点前的最后（23±5）℃时升温速度为 5~6℃/min。试验过程中，应避免在试验杯附近随意走动或呼吸，以防扰动试样蒸气。

5. 点火用火焰大小、离液面高低及停留时间的长短

点火用的球形火焰直径较规定的大，则所得结果偏低。火焰在液面上移动时间越长，出液面越低，则所得结果偏低；反之，则偏高。

闭口杯法规定点燃试验火源直径调节为 3~4mm，开口杯法则要求点燃试验火焰直径为 3.2~4.8mm。如果仪器安装了金属比较小球，应与金属比较小球直径相同。

6. 点火次数

点火次数多，扩散和消耗油蒸气多，要在较高的温度下才能达到爆炸下限，结果偏高。

（1）闭口杯法规定：当试样的预期闪点不高于（或高于）110℃时，从预期闪点以下（23±5）℃开始点火，试样每升高 1℃（2℃）点火一次，点火时停止搅拌。用试验杯盖上的滑板操作旋钮或点火装置点火，要求火焰在 0.5s 内下降至试验杯的蒸汽空间内，并在此位置停留 1s，然后迅速升高回至原位置。当测定未知试样闪点时，在适当起始温度下开始试验，高于起始温度 5℃时进行第一次点火。

（2）开口杯法规定：在预期闪点前至少（23±5）℃时，开始用试验火焰扫划，温度每升高 2℃扫划一次。用平滑、连续的动作扫划，试验火焰每次通过试验杯所需时间约为 1s，试验火焰应在与通过温度计的试验杯的直径成直角的位置上划过试验杯的中心，扫划时以直线或沿着半径至少为 150mm 圆来进行。试验火焰的中心必须在试验杯上边缘面上 2mm 以内的平面上移动。先向一个方向扫划，下次再向相反方向扫划。如果试样表面形成一层膜，应把油膜拨到一边再继续进行试验。

7. 大气压力

试样的蒸发速度除与加热的温度有关外，还与大气压力有关。测试环境大气压低，油品蒸发快，空气中油蒸气浓度易达到爆炸下限，则闪点低；气压高，空气中油蒸气浓度难以达到爆炸下限，则闪点高。为了使同一试样在不同的大气压下测出的闪点具有可比性，测试结果需校正到标准大气压下对应值。

（四）测定结果处理

1. 试验结果有效性

（1）宾斯基-马丁闭口杯法规定：如果所记录的观察闪点温度与最初点火温度的差值少于 18℃或高于 28℃则认为此结果无效，应该更换新试样重新进行试验，调整最初点火温度，直到获得有效的测定结果，即观察闪点与最初点火温度的差值应在 18~28℃范围之内。

（2）克利夫兰开口杯法规定：如果观察闪点与最初点火温度相差少于 18℃，则此结果无效。应更换新试样重新进行测定，调整最初点火温度，直至得到有效结果，即此结果应比最初点火温度高 18℃以上。

2. 大气压校正

同一试样在不同的大气压下测出的闪点不同。为了统一,把标准大气压(1atm＝101 325Pa)下的闪点作为标准,不在标准大气压下测出的闪点必须换算为标准大气压的闪点。观察闪点或燃点修正到标准大气压,用式(2-13)将观察闪点或燃点修正到标准大气压,即

$$T_c = T_0 + 0.25(101.3 - p) \tag{2-13}$$

式中　T_c——修正的观察闪点或燃点,℃;

　　　T_0——观察闪点或燃点,℃;

　　　p——环境大气压,kPa。

注意:式(2-13)精确的修正仅限在大气压为98.0～104.7kPa。

3. 结果报告要求

报告修正后的闪点或燃点,以℃为单位,闭口杯法规定结果报告修正后的闪点精确至0.5℃。开口闪点或燃点,结果修约至整数。

4. 试验结果的可靠性

采用重复性(r)和再现性(R)来判断试验结果的可靠性(95％的置信水平)。r是在同一实验室,由同一操作者使用同一仪器,按照相同方法,对同一试样连续测定的两个试验结果的差值;R是在不同实验室,由不同操作者使用不同的仪器,按相同方法,对同一试样连续测定的两个单一、独立的结果之差。

对于同一石油产品的闭口闪点测定的重复性和再现性不能超过表2-11中的数值。

表2-11　　　　　　　　　　油样的闭口闪点测定的重复性和再现性

材料	闪点范围(℃)	r(℃)	R(℃)
馏分油和未使用过的润滑油	40～250	$0.029X$	$0.071X$
用过润滑油	170～210	5	16
残渣燃料油	40～110	2.0*	6.0*

注　X指两个连续实验结果的平均值。

*　在20个实验室对一个用过柴油发动机油试样测定得到的结果。

对于同一石油产品开口闪点和燃点测试结果重复性均不能超过8℃,再现性对于闪点不能超过17℃、对于燃点不能超过14℃。

六、水分

(一)来源

油品在出厂前一般含水分。油品中水分的来源,主要是外部侵入和内部自身氧化产生的。如在运输和储存的过程中,进入油品的水分;用油设备由于在安装过程中,干燥处理的不彻底(如绝缘绕组未干燥透)或在运行中由于设备的缺陷(如汽轮机组轴封不严密)而使水分侵入油中及变压器呼吸系统漏进潮气,水蒸气也会通过油而进入油中,即称为油的吸潮(湿)性;另外,油在使用中,由于运行条件的影响,会逐渐氧化,油在自身的氧化过程中,也会产生水分。

(二)水在油品中的存在状态

水在油品中的存在状态主要有游离水、溶解水和乳化水三种。

1. 游离水

多为外界侵入的水，如不搅动不易与油结合，常以水滴形态存在于油中，或沉降于设备、容器的底部。

2. 溶解水

溶解水以极度微细的颗粒溶解于油中，通常是从空气中进入油内，在油中分布较均匀。

3. 乳化水

油品的精制不良、长期运行造成的油质老化及油中存在的乳化物质，都会降低油水之间的界面张力，使油水结合在一起，形成乳化状态，使油水难以分离。

（三）影响油品中的含水量因素

（1）与油品的化学组成有关。油品中含各种烃类的量不同时，其能溶解水的量就不同。不同组分的油品，其吸收的水分的特性将有数十个微克/克之差。一般烷烃、环烷烃溶解水的能力比较弱，芳香烃溶解水的能力比较强，即油中芳香烃含量越高，油的吸水能力越强，如图 2-15 所示。油的炼制程度也是影响其溶水性的因素，如图 2-16 所示。如精制不足，油中含有未除尽的酚类、酸类、树脂、皂化物等物质，会增加其吸湿性，使油品的含水量增高。

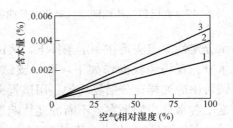

图 2-15　变压器油的含水量与其芳香烃含量和空气相对湿度的关系
1—C_A% 为 3.00%；2—C_A% 为 13.78%；3—C_A% 为 17.42%

（2）与温度有关。纯净干燥变压器油极易吸潮，水分在油中的溶解度为温度的函数，如图 2-17 所示。油中含水量与温度的变化关系非常明显，即温度升高水量增加，降低时，水会因过饱和而分离出来。

（3）与在空气中暴露的时间有关。油品在空气中暴露的时间越长，大气中的相对湿度越大时，油吸收的水分就越多，如图 2-17 和图 2-18 所示。

（4）与油质老化深度有关。运行中的油在自身氧化的同时，会产生一部分水分。而且，生成的酸、醛、醇等在一定条件下进行聚合、缩合等反应，生成的树脂质、沥青质等会增强油的吸湿性，因此运行油对水的溶解能力比新油大。

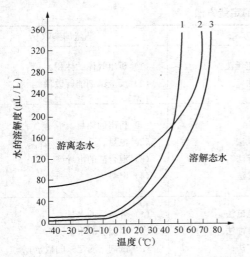

图 2-16　温度对于水在新变压器油中溶解度的影响
1—粗炼制油；2—正常炼制油；3—精炼制油

（四）测定油品中的含水量方法

测定油样中水分的方法很多，根据测定目的不同可以分为定性法和定量法。

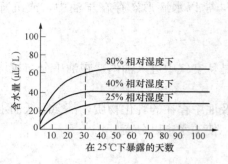

图 2-17　变压器油从潮湿空气吸收水分曲线　　图 2-18　空气相对湿度与油中水分的平衡关系

　　水分定性测定法是在一定条件下，将试油加热至规定温度，用听响声的方法来判断油中有无水分。现场经验操作如下：取一支试管（$\phi 15 \times 150mm$），将油样注入试管 50mm 高，再将试管中的油样充分摇晃均匀，用试管夹夹住放在酒精灯上加热。如果没有显著的响声，可认定不含水分。如果发生不断的连续响声，而且持续在 20～30s，响声消失，则可估计其含水量小于 0.03%，连续响声持续到 40～50s 以上时，可粗略估计其含水量为 0.05%～0.10%，也可采用滤纸法测试。如果油滴扩散边缘有花边状浸润，也说明油中含水量超标。还可通过观察油的浑浊程度定性评定油中的含水量。

　　水分定量测定法主要是利用水存在时石油产品的性能变化或利用水本身的性质，见表 2-12。这里主要介绍蒸馏法、气相色谱法和库仑法等定量法。

表 2-12　　　　　　　　　　　　　油内水分的定量方法

类别	原理	方法	测量的参数
化学	与水发生化学反应	(1) 气体定量法。 (2) 滴定法	(1) 析出气体的体积。 (2) 反应试剂消耗数量
电化学	电化学参数变化	(1) 计温法。 (2) 库仑计法。 (3) 电导计法。 (4) 电位计法	(1) 析出的热量。 (2) 电量。 (3) 混合液的电导率。 (4) 电势
物理化学	油—水的内平衡变化	(1) 气相色谱法。 (2) 共沸蒸馏法。 (3) 相滴定法。 (4) 浊点法。 (5) 湿度测定法	(1) 分离后的水量。 (2) 蒸馏后的水量。 (3) 试剂（滴定）的数量。 (4) 溶解（混浊）温度。 (5) 蒸汽压力
物理	物理性能变化	(1) 介电测计法。 (2) 压力法。 (3) 比重计法。 (4) 密度计法	(1) 介电穿透性。 (2) 饱和蒸汽弹性。 (3) 质量（重量）。 (4) 密度

续表

类别	原理	方法	测量的参数
光学	射线强度或光谱变化	(1) 红外光谱法。 (2) 浊度计法。 (3) 分光光度计法。 (4) 光比色法。 (5) 折光测定法	(1) 光谱吸收强度。 (2) 光散射。 (3) 光谱带的亮度。 (4) 色强度。 (5) 折射系数
核物理	原子核性能变化	(1) 放射量测定法。 (2) 核磁共振	(1) 放射线强度。 (2) 能吸收量

1. 蒸馏法

将试油与无水有机溶剂混合，使用特定的水分接收器，如图 2-19 所示，用蒸馏的方法直接测定水分的含量，结果以质量百分数表示，详细操作参见 GB/T 260—1977《石油产品水分测定法》。蒸馏法所需装置简单，但测定的精确度较低，误差较大，可测最小水的体积分数为 0.03%，常用于含水量比较大的油样，如运行汽轮机油样。

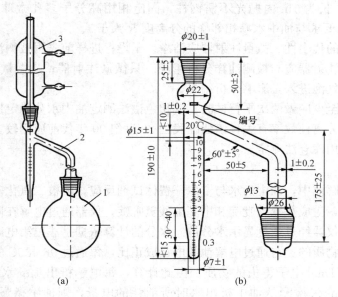

图 2-19　水分接收器（单位：mm）

(a) 示意图；(b) 水分接收器规格

1—圆底烧瓶；2—水分接收器；3—回流冷凝管

2. 气相色谱法

将试油注入专用气相色谱仪中，油中的水分在汽化加热器适当温度下汽化后，用高分子微球为固定相进行分离，然后用热传导检测器（TCD）进行检测，并采用峰高定量法（与标准油样比较）进行结果计算，计算公式为

$$O_w = \frac{c_s}{h_s} \cdot \bar{h}_0 \tag{2-14}$$

式中　O_w——油样中水分的含量，mg/L；

c_s——标油中水分的含量，mg/L；

$\bar{h}_s$——标油中水分的峰高平均值，mm；

$\bar{h}_0$——油样中水分的峰高平均值，mm。

GB/T 7601—2008《运行中变压器油、汽轮机油水分测定法（气相色谱法）》规定了变压器油、汽轮机油和氢冷发电机组用密封油中水分含量的测定法。该标准规定取两次平行试验结果的算术平均值为测定值。两次平行试验结果的差值不超过表 2-13 中的数值。

表 2-13　　　　　运行中变压器油、汽轮机油水分测定法（气相色谱法）精密度　　　　　mg/L

试油含水范围	允许差	试油含水范围	允许差
10 以下	2	11～20	3
21～40	4	大于 40	10%

采用气相色谱法测定油中水分应注意的事项如下。

（1）对气相色谱仪的要求。为快速、准确地测定油中水分的含量，要求所采用的色谱仪进样器具有进样汽化、分离和收集残油的功能；TCD 最小检测浓度小于 0.5mg/L；色谱柱采用内径为 3mm、长为 1m 内抛光不锈钢柱，固定相用高分子多孔微球 GDX103 或 GDX105（60～80 目）；要求与油中水峰相邻峰的分离度 R 大于 1。

（2）注意取样的代表性。微量注射器应洁净、干燥；进样前先用被测油样冲洗 2～3 次；注标准油样用微量注射器应与被测油样分析用同一只微量注射器；从微量注射器中取样时，应缓慢采取，避免气泡进入，影响分析结果。

（3）每个样品至少应做两次平行试验。气相色谱法测定油中水分稳定性差，主要是与油中蒸发效率和色谱分离柱效率有关，该法在我国 20 世纪 90 年代前应用较多，目前变压器油中微量水分普遍采用库仑法测定。

3. 库仑法

当油样注入电解池中，油中的水与卡尔—费休试剂反应，碘被二氧化硫还原，在吡啶和甲醇存在的情况下，生成氢碘酸吡啶和甲基硫酸氢吡啶，仪器通过电解在阳极上形成碘，直到水分反应完毕，仪器经过运算显示水分值。水分的计算依据是法拉第电解定律，即在电流的作用下，被电解物质的量与通过电解池的电量成正比，每通过 96 485C 的电量，在电极上可析出或溶入发生 1mol 电子得失的物质。由此计算，每电解析出 $1\mu g$ 水需 $10\ 722\mu C$ 的电量。如果已知微库仑仪检测从油中析出水时所消耗的电量，则油中微量水分的含量可由式（2-15）计算，即

$$W = \frac{10^3 Q}{10\ 722 V \rho} \tag{2-15}$$

式中　W——试油含水量，$\mu g/g$；

　　　Q——试油所消耗的电解电量，mC；

　　　V——试油的体积，mL；

　　　ρ——试油的视密度，g/cm^3；

　10 722——电解 $1\mu g$ 水所需的电量，μC。

卡尔—费休试剂与水发生反应为

$I_2 + SO_2 + 3C_5H_5N + CH_3OH + H_2O = 2C_5H_5N \cdot HI + C_5H_5N \cdot HSO_4CH_3$

所用试剂溶液是由一定浓度的单质碘（I_2）、I^- 及溶有二氧化硫的吡啶、甲醇等混合而成。测量的依据是一定浓度的 I_2 与 I^- 组成的平衡体系的导电能力，加在两电极电流后，使电极分别交替发生反应为

$$2I^- - 2e \longrightarrow I_2$$
$$I_2 + 2e \longrightarrow 2I^-$$

当溶液中存在过量的 I^-，I^- 的浓度变化对溶液导电性产生影响较小，而 I_2 浓度会引起溶液导电性较大的变化，取 I_2 浓度越高溶液导电能力变化越大这一范围为仪器测量有效范围，通过测量加在浸入溶液的铂电极两端的电压所产生的电流强度的数值来反映溶液导电能力的强弱。将电流强度的测量数值转化为反比例的数字量，显示为溶液状态，数字量越大，溶液导电能力越弱。一般取一个数值对应的 I_2 浓度为平衡点。这一点同样对应溶液中较低浓度的水，水的浓度低到与样品含水浓度比较可以忽略不计。当一定质量的水进入该平衡体系后，由于主反应的平衡常数特别大，反应进行得很彻底，使 I_2 的浓度降低，溶液导电能力降低，溶液状态数值变大，此为测量的基本原理。

采用卡尔—费休库仑法，对不同物质进行微量水分测定，是一种经典的、最可靠的方法，其灵敏度为 $0.1\mu g/g$。卡尔—费休试剂主要由阳极液和阴极液组成，各组分组成严格按表 2-14 体积比配制。

表 2-14　　　　　　　　　　　　卡氏试剂配比表（体积）　　　　　　　　　　　　%

组成	$CH_3OH \cdot I_2$	CCl_4	$C_5H_5N \cdot SO_2$	CH_2OHCH_2OH	$CHCl_3$
阳极溶液	35.0	26.0	13.0	26.0	—
阴极溶液	22.0	3.0	21.0	20.0	34.0

采用卡尔—费休库仑法，详细测定步骤可参加 GB 7600—1987《运行中变压器油水分含量测定法（库仑法）》和 NB/SH/T 0207—2010《绝缘液中水含量的测定卡尔·费休电量滴定法》。

库仑微量水分测定法能测定液压油、变压器油中微量水分的含量，可测最小水的体积分数为 0.0001%。而且分析速度快，但仪器贵、所用试剂有毒。用库仑法测定水分时，应注意以下事项。

（1）采用库仑法测定水分时，关键是卡氏试剂的配制和电解液的组成比例要严格按规程 GB 7600—1987 进行，各种成分的比例不能轻易改动，否则将影响检测灵敏度或终点不稳定。

（2）搅拌速度对测定结果是有影响的，太快、太慢都将影响数据的稳定性，最好是能使电解液呈一旋涡状。

（3）严格按 GB 7600—1987 测定法配制的电解液，当注入的油量达到一定数量后，整个电解液会呈现浑浊状态，但不会影响测试结果。若要继续进样，应用标样标定，符合规定后可以继续进行滴定。否则可更换电解液。

（4）测定油品中的水分时，应注意电解液和试样的密封性，在测试过程中不要让大气中的水汽侵入试样中。因此从设备中采取试样时，应按色谱分析法的同样要求，用医用注射器进行取样，并应避光保存。

（5）在测定过程中有时会出现过终点现象，这多数是由于空气中的氧氧化了电解液中的

I⁻生成 I_2 所造成,它相当于电解时产生的碘,会使测定结果偏低。

(6)测试仪器最好有稳定电源,放置在噪声小,并尽量避免有磁场干扰的环境中,以免影响仪器的稳定性。

(7) GB 7600—1987 测定方法的电解液配方,只适用于测定矿物绝缘油、汽轮机油等油品中的微量水分,对于硅油和氟碳类中的水分测定,则另需对电解液配方进行调整后,才能使用。

(五)测定油品中水分的意义

监督和严格控制油中的水分对生产安全经济运行有非常重要的意义。

水分对绝缘油的电气性能、理化性能及用油设备的寿命都有极大的危害。油中水分能降低油品击穿电压,提高介质损耗因数,使绝缘纤维易于老化,助长了有机酸的腐蚀能力,加速了对金属部件的腐蚀,而金属腐蚀产物又会加速油质老化,如此恶性循环,将影响设备的安全运行,并缩短其使用寿命。

漏入汽轮机油系统的水分,如长期与金属部件接触,金属表面将产生不同程度的锈蚀,锈蚀产物将引起调速系统卡涩,甚至造成停机事件;运行中油遇到水后,特别是开始老化的油,长期与水混合循环,会使油质发生浑浊和乳化;水分导致金属部件产生的锈蚀产物,会对油质起催化作用,加速油质老化;油中因有水分乳化后浑浊不清,将破坏油膜,影响油品的润滑性能,严重的将导致机组磨损。

轻质燃料含有水分,会使油品的冰点、结晶点升高,导致其低温流动性变差,造成过滤器及油路的堵塞,使供油中断,酿成事故;喷气燃料中含水,会破坏燃料对发动机的润滑作用,同时会导致絮状物和微生物的生成。

除此之外,水分会占油品的体积,影响油品的价格,消耗不必要的运输、储存设备的空间。因此,需对油品的水分加以监督与控制。

七、机械杂质

1. 定义

机械杂质是指存在于润滑油中不溶于规定的溶剂如汽油、乙醇和苯等的沉淀物或胶状悬浮物。油中机械杂质主要来源于外界的污染,如在储运、保管和使用过程中混入的泥沙、灰尘、纤维、焊渣、铁锈和金属粉末等。另外,在加工过程中也可能混入或外加添加剂。如白土精制的油品大部分机械杂质是白土的微粒,含添加剂的油品可发现含有 0.025% 以下的难溶于的有机金属盐。

2. 测定机械杂质的方法

测定机械杂质的方法,可采用目视定性检查,还可以采用定量分析法测定。其测定是先用溶剂稀释试油后,用滤纸或其他过滤器过滤,分离出油中所含的固体悬浮粒子,再用溶剂把黏附在分离物上的试油全部冲洗干净,烘干和称重,测定结果以百分数表示,具体测定方法见 GB/T 511—2010《石油和石油产品及添加剂机械杂质测定法》计算公式为

$$J = \frac{m_2 - m_1}{m} \times 100 \tag{2-16}$$

式中　J——机械杂质含量,%;

　　　m_2——带有机械杂质的滤纸和称量瓶的质量,g;

　　　m_1——滤纸和称量瓶的质量,g;

m——油样的质量，g。

3. 实际意义

机械杂质是油品的质量监督指标之一。机械杂质定为新油和运行中油的监督控制项目之一，要求质量指标是"无"，即控制在质量百分比为 0.005% 以下。

绝缘油中如含有机械杂质，会引起油质的绝缘强度、介质损耗因数及体积电阻率等电气性能变坏，杂质如沉降在绕组上，将影响变压器散热，而引起局部过热故障。这些都会威胁电气设备的安全运行，故机械杂质也是运行中绝缘油的控制指标之一。

汽轮机油中含有机械杂质，特别是坚硬的固体颗粒，可引起调速系统卡涩、机组的转动部位磨损等潜在故障，威胁机组的安全运行。因此，机械杂质是汽轮机油的运行监督指标之一。某些杂质（如金属屑等）的催化作用将加速油质的老化。若油品的机械杂质超过一定量（质量分数大于 0.2%）时，就应立即更换新油。

若燃料油中含有机械杂质，会堵塞油路和滤清器、甚至会严重磨损油泵和喷油嘴。

用机械杂质质量百分数监督的油质仍存在以下问题。

(1) 所测得的杂质还含有油中的一些有机成分。虽在滤器上经溶剂冲洗，但仍吸附着相当数量的有机物。在测定重质、含胶状物较多的油杂质时，不溶于溶剂的碱化物也被作为机械杂质测出来了。

(2) 所测得的结果随所用的溶剂、过滤器孔眼的疏密厚薄和过滤速度等不同而不同。

(3) 测定环境需干净。室内大气灰尘等较多时，常影响其测定结果。

因此，随着汽轮机组容量不断增大、电网电压等级的提高、对电力设备用油机械杂质含量监督技术的不断深入和提高，提出更为苛刻的油品颗粒污染度概念和相应的监督控制方法。

八、颗粒污染度

汽轮机润滑系统，油品的清洁度是保证发电机组安全经济运行的必要条件。在润滑、液压调速共用的汽轮机油系统中，固体颗粒会使液压调速特性恶化，导致滑负荷、事故保安控制装置拒动等事故；汽轮机在盘车时油膜厚度非常小，约为 $13\mu m$，机组运行过程中，轴承、轴颈间油膜厚度在 $10\sim150\mu m$ 之间，因此，固体颗粒的存在将造成轴承、轴颈的表面磨损划伤，导致轴承承载能力降低和温度上升，严重时酿熔化轴瓦事故。小于最小油膜厚度的固体颗粒，因其数量很大，高速流动时具有磨料的作用，会导致精密部件的磨蚀和磨损。另外，微小的固体金属颗粒对油品具有一定的催化作用，加速油品的老化，从而影响油品的理化性能指标。表 2-15 表明油系统污染是汽轮机、泵、风机、辅机和旋转轴承损坏的主要原因。

表 2-15　　　　汽轮机、泵、风机、辅机和旋转轴承损坏的主要原因

事故损害 主要原因	油系统污染	备用油泵 系统故障	不规范安装 和维修	轴承磨损 导致油膜震荡	其他轴承 事故	其他
所占百分比（%）	54	34	5	2	3.5	1.5

事实上，要求运行汽轮机油中完全不含固体颗粒杂质，从技术的角度是难以实现的，在经济上也不合理。针对不同润滑油系统的特点，制订和控制合理的清洁度指标，建立标准化的油质检测体系，采用配套的油品净化设备，确保油品清洁度合格，是油务监督管理者的一

项重要职责。

(一)表示方法

油液污染度的含量既可用宏观的总量来表示也可用微观的颗粒的数量来表示。

宏观的总量表示如质量污染浓度是指单位体积油液中所含颗粒物污染物的质量,单位为mg/L;质量含量是指每克油液中颗粒污染物的微克数;体积含量是指每升油液中颗粒污染物的微升数。

微观的颗粒数量主要是确定油液中特定尺寸范围内微粒的数目和分布。区间颗粒物染度是指单位体积油液中某一尺寸区间内的颗粒数;累计颗粒物染度是指单位体积油液中大于某一尺寸的颗粒数,如每毫升油液内尺寸在 $5\mu m$ 的颗粒数。

目前使用的几个颗粒杂质控制标准简介如下。

1. 美国宇航(NAS1638)标准

NAS1638 是美国航空航天工业联合会(AIA)公布的标准,见表 2 - 16。该标准是基于自动颗粒记数仪测定的,每 100mL 油品中含有不同粒径范围的固体颗粒个数来划定不同的颗粒污染等级,按使用设备的要求不同,进行相应的等级控制标准。

表 2 - 16　　　　　　　美国 NAS1638 油的洁净度分级标准 (100mL 油品中颗粒数)　　　　　　　μm

等　级	颗粒大小 5~15	15~25	25~50	50~100	>100
00	125	22	4	1	0
0	250	44	8	2	0
1	500	89	16	3	1
2	1000	178	32	6	1
3	2000	356	63	11	2
4	4000	712	126	22	4
5	8000	1425	253	45	8
6	16 000	2850	506	90	16
7	32 000	5700	1012	180	32
8	64 000	11 400	2025	360	64
9	128 000	22 800	4050	720	128
10	256 000	45 600	8100	1440	256
11	51 200	91 200	16 200	2880	512
12	102 400	182 400	32 400	5760	1024

2. 美国穆格(MOOG)标准

穆格(MOOG)标准是美国飞机工业协会(ALA)、美国材料试验协会、美国汽车工程师协会(SAE)联合提出的标准,见表 2 - 17。该标准共有 7 级,其应用范围如下:

(1)0 级。很难实现。

(2)1 级。应用于超清洁系统。

(3)2 级。应用于高级导弹系统。

（4）3、4级。应用于一般精密装置（电液伺服机构）。

（5）5级。应用于低级导弹系统。

（6）6级。应用于一般工业系统。

表 2-17　　　　　美国 MOOG 洁净度分级标准（100mL 油中的颗粒数）

颗粒的大小 μm 等　　级	5～10	10～25	25～50	50～100	100～150
0	2700	670	93	16	1
1	4600	1340	210	28	3
2	9700	2680	380	56	5
3	24 000	5360	780	110	11
4	32 000	10 700	1510	225	21
5	87 000	21 400	3130	430	41
6	128 000	42 000	6500	1000	92

注　SAE749D 颗粒度分级标准与 MOOG（SAEA-6D）标准相同。

需要指出的是，虽然在颗粒污染等级规定的形式上，MOOG 标准与 NAS 1638 标准相近，但在测定方法上却有本质的区别。NAS 1638 标准中的数据是用自动颗粒计数仪测定的，而自动颗粒计数仪是受校准方法影响的。MOOG 标准是基于机械抽滤，用 100 倍的投影仪人工计数的检测方法制订的，它测定的是固体颗粒的最大直径，该方法不需校准，不受校准方法变化的影响。

3. ISO 11218 洁净度分级标准

ISO 11218 洁净度分级标准见表 2-18，它等同于 SAE AS 4059 标准，而 SAE AS 4059 标准则是以 NAS 1638 作为基础，将颗粒尺寸的控制范围下延至大于 $2\mu m$，上限则缩至大于 $50\mu m$ 范围，并增加了一个 000 等级。

表 2-18　　　　　　　　　ISO 11218 洁净度分级标准

分级（颗粒数/100mL）	颗粒尺寸（μm）				
	＞2	＞5	＞15	＞25	＞50
000	164	76	14	3	1
00	328	152	27	5	1
0	656	304	54	10	2
1	1310	609	109	20	2
2	2620	1220	217	39	7
3	5250	2430	432	76	13
4	10 500	4860	864	152	26
5	21 000	9730	1730	306	53
6	42 000	19 500	3460	612	106
7	93 900	38 900	6290	1220	212

续表

分级（颗粒数/100mL）	颗粒尺寸（μm）				
	>2	>5	>15	>25	>50
8	168 000	77 900	13 900	2450	424
9	336 000	156 000	27 700	4900	848
10	671 000	311 000	55 400	9800	1700
11	1 340 000	623 000	111 000	19 600	3390
12	2 690 000	1 250 000	222 000	39 200	6780

4. 基于测定颗粒质量的污染标准

用称重法测定油品的颗粒污染，检测的是污染物的总量，这种方法虽然简便易行，但所测定的数据对运行设备安全的指导意义较差，因此电力系统较少采用。具有代表性的质量法颗粒污染控制标准有美国 NAS 1638 和 ISO 4405 两个标准，分别见表 2-19 和表 2-20。

表 2-19　　　　　　　　美国 NAS1638 污染标准（100mL 油中的质量）

等级	100	101	102	103	104	105	106	107	108
质量（mg）	0.02	0.05	0.10	0.30	0.50	0.70	1.0	2.0	4.0

表 2-20　　　　　　ISO 4405 颗粒污染分级标准（100mL 油中含污染物的质量）

级别	质量 m（mg）	级别	质量 m（mg）
A	$m \leqslant 1.0$	F	$5.0 < m \leqslant 7.0$
B	$1.0 < m \leqslant 2.0$	G	$7.0 < m \leqslant 10.0$
C	$2.0 < m \leqslant 3.0$	H	$10.0 < m \leqslant 15.0$
D	$3.0 < m \leqslant 4.0$	I	$15.5 < m \leqslant 25.0$
E	$4.0 < m \leqslant 5.0$		

（二）检测方法

颗粒污染检测方法主要有自动颗粒计数仪法、显微镜法和称重法三种方法。前两种主要利用物质的光学性质，即在透明液体中，含有固体颗粒的大小和多少与液体的透明度成反比，并经相应的鉴定器检测。此类方法都会遇到气泡和水雾的干扰引起误计数。显微镜法是利用高倍显微镜测算油中的颗粒度，此法繁琐、耗时。还有一种采用微孔阻尼原理来计数，是一种新技术，当液体样品流经一精确标定过的滤网，大于滤网的颗粒都会沉积下来，由于微孔的阻挡作用，流量便会降低，最后小颗粒填充在大颗粒的周围，从而进一步阻滞了液流，结果形成一条流降和时间曲线。利用一种获得专利的数学方法把该曲线转换为颗粒大小分布曲线。

1. 自动颗粒计数仪法

自动颗粒计数仪法一般均采用激光作光源，当样品通过毛细管或检测池时，扫描激光束的透过率、消光值、折射系数等参数会发生变化，其变化的幅度与样品中含有的颗粒大小成正比，连续记录、累计这种变化量，就得到了固体颗粒的粒径大小和数量。激光束的透过率、消光值、折射系数等参数的变化量与颗粒大小的比例关系，通过含有已知粒径的标准颗粒样品进行标定，标定的方法不同，其测量的结果也不同。由于油品中不可避免地含有一定量的空气，测定过程中，油中溶解的空气在进入毛细管或检测池时，会因产生气泡而影响激光束的参数，导致测定结果偏大。故在测定前，必须对样品进行脱气处理。

该方法的优点是仪器自动化程度高，检测操作简便，分析速度快；缺点是仪器贵，水分、空气对测定结果有影响，且需要进行定期标定。

2. 显微镜法

显微镜法是将 100mL 样品倒入装有微孔（0.45μm 或 0.8μm）滤膜的赛氏漏斗，然后用清洁的玻璃片盖上，启动真空泵，使油滴滴入过滤瓶内。油滴过滤的快慢取决于油品的运动黏度和清洁度。过滤完成后，关闭真空泵，拆开赛氏过滤器，用镊子轻轻将滤膜夹放在清洁的玻璃片上，再在上面放上另一片清洁的玻璃压紧，放在 100 倍的显微镜或投影仪下，计数一定面积内不同颗粒粒径（因颗粒不规则，按颗粒的最大直径作为颗粒粒径）的颗粒数，根据滤膜的面积分别计算不同粒径的颗粒总数。

显微镜法的优点是颗粒粒径测量准确，仪器不需校准，仪器相对低廉；缺点是人工计数颗粒困难，尤其是清洁度差的样品，因颗粒过多更难计数。为了克服此缺点，目前，现场多采用对比显微镜法，即仪器厂按标准的污染等级，做出相应等级的标准模板。测定时，在显微镜下把测量样品与标准模板进行对比，找出与样品清洁度接近的标准模板，该标准模板的污染等级就是样品的污染等级。

3. 称重法

称重法与显微镜法类似，需对样品进行过滤，其过滤方法也基本相同。不同的是滤膜的孔径更小，过滤器上同时装两片滤膜，上面的滤膜为检测滤膜 A，下面的滤膜称为校正滤膜 B。其操作步骤为用已过滤合格（一般应达到 MOOG 0 级）的石油醚冲洗漏斗，待溶剂抽干后，取出滤膜放在清洁的培养皿内，置于恒温 80℃的烘箱内 30min，取出滤膜置于干燥器内冷至室温，用分析天平称重至 0.1mg，两片滤膜的质量分别为 m_{A1}、m_{B1}；将称重过的两片滤膜按相同的方法再次装到过滤器上，把 100mL 样品倒入漏斗过滤，样品滤完后用约 50mL 石油醚冲洗样品容器及漏斗，并淋洗到滤膜无油渍，再取出滤膜，按前述相同的方法烘干、称重，分别得到滤膜的质量 m_{A2}、m_{B2}，100mL 样品所含固体颗粒污染物的质量 m 按式（2-17）计算，即

$$m = (m_{A2} - m_{A1}) - (m_{B2} - m_{B1}) \qquad (2-17)$$

需要说明的是，该方法之所以采用两片滤膜，是为了消除滤膜本身在过滤过程中可能发生的质量变化。

DL/T 432—2007《电力用油中颗粒污染度测量方法》规定了用自动颗粒计数仪和显微镜测定磷酸酯抗燃油、汽轮机油、变压器油及其他辅机用油的颗粒污染的方法。自动颗粒计数仪依据遮光原理来测定油的颗粒污染度。当油样通过传感器时，油中颗粒会产生遮光，不同尺寸颗粒产生的遮光不同，转换器将所产生的遮光信号转换为电脉冲信号，再划分到按标准设置好的颗粒度尺寸范围内并计数。显微镜法则是将油样经真空过滤，使油样中的颗粒平均分布于微孔滤膜上，在油污染度比较显微镜的透射光下，与油污染度分级标准模板进行比较，确定油样的颗粒污染度等级。

4. 测定颗粒污染应注意的问题

(1) 采样的代表性。采样的代表性是分析测定中首要问题,油品中的固体颗粒因重力沉降,易造成油品中颗粒分布的不均匀,因此,样品必须在系统正常循环流动的状态下,从冷油器采样。如从静态系统中采样,代表性较差。

(2) 用正确的方法采集样品,防止外界污染。颗粒的外界污染主要来自以下三个方面:

1) 环境空气的污染。空气中悬浮着大量的固体尘埃,在没有采取空气隔离措施的情况下,采集的样品会受到空气中浮沉的污染,使样品的代表性变差。

2) 采样容器的污染。采样容器必须在试验室内用经过滤合格的水或溶剂彻底清洗,密封保存。使用时再用样品油冲洗1~2次。

3) 取样阀门的污染。采样前必须把取样阀门周围的灰尘擦净,开启阀门排放少量冲洗油后再采集样品。

(3) 测定前样品要均匀。为防止容器内样品因颗粒沉积造成分布不均,测定前,必须先把样品摇匀,然后再取样检测。

(4) 用自动颗粒计数仪进行测定时,要注意样品中溶解的空气和游离水带来的测定误差。

(三) 油品颗粒污染控制和等级评定

1. 汽轮机油颗粒污染控制标准

理论上,应根据汽轮机油系统中最小油膜厚度的要求,滤除全部大于 $10\mu m$ 的固体颗粒。但由于固体颗粒形状的不规则性和系统的复杂性以及过滤技术的限制,要达到这一要求是不现实的。

为了最大限度地降低大直径的颗粒数量,多数发电公司在润滑系统轴承进油口前安装 $100\mu m$ 的滤网,在推力轴承前安装 $50\mu m$ 的滤网加以保护。美国 Hiac 公司收集汇总了美国、加拿大、日本、澳大利亚、英国、瑞典、法国、联邦德国共 8 个国家的 85 份汽轮机油清洁的资料,推荐汽轮机润滑系统采用 NAS 1638 标准 5 级。美国 Allegheny 电力系统规定:对有顶油泵的运行汽轮机油,执行 MOOG 4 级标准;对无顶油泵的运行汽轮机油,执行 MOOG 6 级标准。我国在 GB/T 7596—2008《电厂用运行中汽轮机油质量》中,对于 200MW 及以上机组,建议参照执行美国 NAS 1638 标准,不大于 8 级。

2. 油品颗粒污染的等级评定

NAS 和 MOOG 污染等级标准按照颗粒度粒径的大小,分成了五个区间,每个区间都有特定的颗粒个数要求。在实际检测中,所检测的结果不可能正好与表中所列的每个等级中的每个区间颗粒个数一一对应,因此存在着如何根据检测结果正确判定污染等级的问题。

一般评定颗粒污染等级的原则是:若测试数据在两个等级之间,按下一个污染等级定级;若测试数据在每个区间颗粒度数的污染等级不同,按照其中的最大等级定级。

例如,某电厂在一次检测中得到如表 2-21 所示的颗粒度数据,其定级方法为:因 5~15μm 和 50~100μm 颗粒个数介于 7~8 级之间,应定为 8 级;15~25μm 和 25~50μm 颗粒个数均介于 6~7 级之间,应定为 7 级;大于 100μm 颗粒个数介于 3~4 级之间,应定为 4 级;综合判定该样品的颗粒度污染等级应为 NAS 8 级。

表 2 - 21　　　　　　　某电厂的颗粒度检测结果（100mL 油中的颗粒数）

颗粒尺寸（μm）	5～15	15～25	25～50	50～100	＞100
颗粒级	56 320	3200	920	260	3

另外，监测检测人员除能正确地评定颗粒污染等级外，还应具有对检测数据的分析判断能力。一般来说，颗粒度的检测数据符合小颗粒个数多于大颗粒个数的规律，即小颗粒的污染等级高，大颗粒的污染等级低。因此，当检测数据出现大颗粒的污染等级高于小颗粒的污染等级的异常情况时，就应考虑采样容器是否洁净、取样方法是否得当、样品是否可能受到污染、检测方法是否正确等问题。

九、界面张力

1. 含义

界面是指两相接触的约几个分子厚度的过渡区，如其中一相为气体，这种界面通常称作表面。常用标准液的表面张力见表 2 - 22。

表 2 - 22　　　　　　　　　常用标准液的表面张力　　　　　　　　　　　mN/m

物质名称	表面张力（20℃）	表面张力（30℃）	密度（20℃）
水	72.75	71.18	1.00
甘油	63.4	—	1.20
苯	28.88	27.58	0.878
乙酸乙酯	23.9	—	0.900
乙醇	22.27	21.43	0.790
乙醚	17.01	—	0.714

绝缘油的界面张力是指测定油与不相溶的水的界面产生的张力，常用单位为 mN/m。

2. 测定方法

界面张力的测定有三种方法，即滴重法、气泡或液滴最大压力法和圆环法。

（1）滴重法。测定油液滴刚从毛细管流出随后脱离时的重力，即当液滴的重力超过表面张力时，它就开始脱离（此时，重力与表面张力达到平衡）。当液体慢慢地由一个有极细出口的管（滴重计）流出来时，在细管口的流出端形成液滴，其达到一定的质量时，就要降落下来，而降落以前液滴是由沿着管的收缩部分周围的液体表面张力所支持着，根据液滴的质量与油液体的表面张力的关系可以求出。

（2）气泡或液滴最大压力法。当毛细管孔中压出气泡或液滴到另一液体时，因气泡或液滴同此液体临界的表面张力就会与毛细管中最大压力成正比，将该毛细管的比例系数用已知表面张力值的液体来进行测定，只要用专用的测微压力计测定气泡从毛细管下端脱离时的压力就可以求得油液表面张力。

（3）圆环法。目前，国内电力系统广泛应用的测定方法是 GB/T 6541—1986《石油产品油对水界面张力测定法（圆环法）》，测定仪器结构如图 2 - 20 所示。

圆环法利用扭秤原理，操作过程是在规定条件下，在玻璃杯内先倒入合格的蒸馏水，然后再倒上被试油样，用扭秤将铂金环从盛水部位拉到盛油部位，直到水油分截面破裂为止，然后从扭秤的刻度上直接读出界面张力值（mN/m）。

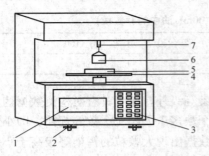

图 2-20　界面张力仪器结构示意图

1—液晶显示屏：显示张力值、时间、温度及提示信息；
2—机脚：调整仪器水平；3—键盘；4—样品托盘；
5—样品杯：用于盛被测样品；6—铂金环；7—环架杆

圆环法能简便、可靠地测出油与水的界面张力值，但这种方法不适用于加有抗氧化剂的油样。

3. 影响因素

(1) 物质本身的性质有关。因不同的物质其分子间相互作用力不同，分子间作用力越大，则相应的界面张力越大。在石油产品中，航空汽油的界面张力最小，而润滑油的界面张力最大。含有相同碳原子数目时，芳香烃界面张力最大，烷烃最小，环烷烃居中。

(2) 表面活性物质的影响。表面活性物质是指能降低表面张力的物质。如脂肪酸（R-COOH）、醇（R-OH）等，因其含有-COOH、-OH 类型亲水的极性基，同时含有憎水的非极性基 R-。在油水两相极性不同的界面上，其分子的极性基向极性相水移动，而分子的非极性基则向非极性相油移动，在油水两相交界面上定向排列，改变了原来界面上分子排列状况，使界面张力明显降低。当油中存在氧化产物时，油品界面张力也将急剧降低，见表 2-23。

表 2-23　　　　　　　　　油品氧化对其界面张力的影响　　　　　　　　　　　　N/m

氧化时间（h）	氧化前	26	126	226	326	426
新变压器油 1	4.326×10^{-2}	4.226×10^{-2}	2.961×10^{-2}	1.777×10^{-2}	1.537×10^{-2}	1.568×10^{-2}
新变压器油 2	4.037×10^{-2}	4.049×10^{-2}	3.348×10^{-2}	2.314×10^{-2}	2.534×10^{-2}	1.465×10^{-2}
再生变压器油	2.635×10^{-2}	2.479×10^{-2}	2.281×10^{-2}	1.829×10^{-2}	1.383×10^{-2}	1.373×10^{-2}

图 2-21 为统计我国 20 个省市的 600 多台变压器、互感器、断路器、套管等设备油泥不合格率与界面张力的变化关系曲线。劣化程度较严重的运行油，其与水界面张力值往往在 20～13mN/m 以下。

(3) 温度的影响。界面张力随温度不同而不同，见表 2-24，温度越高，界面张力越小。因为温度升高引起物质的膨胀，从而增大了分子间距离，使分子间吸引力减小，导致界面张力减小。如果把界面张力

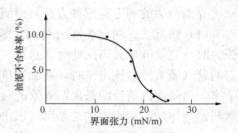

图 2-21　界面张力与油泥的关系

看作是温度的函数，对许多物质来说，温度与界面张力的关系都是直线关系。试验得知绝缘油界面张力随温度升高而降低的曲线斜率，变化较缓慢，据文献介绍和实测结果表明，温度每改变 10℃，界面张力相应变化约 1mN/m，为此一般监督试验如无恒温条件，可在（25±5）℃ 范围内进行试验。但当温度变化大时，同一油样在不同温度下测出的结果，往往会超过试验精度要求的范围，为此应当取规定的 25℃ 为准。

表 2-24	温度对油品表面张力的影响		N/m
油品序号	1	2	3
25℃	3.104×10^{-2}	3.226×10^{-2}	3.160×10^{-2}
100℃	2.507×10^{-2}	2.620×10^{-2}	2.561×10^{-2}
200℃	1.831×10^{-2}	1.946×10^{-2}	1.908×10^{-2}

4. 测定界面张力的注意事项

（1）为保证铂丝环能完全为液体润湿，试验前应将环和试验杯按规定的方法清洗干净。否则，如果仪器清洗不干净或有外界污染物的存在，会导致界面张力数值下降。

（2）由于计算时使用了矫正系数 F，因此对铂丝环和试杯的尺寸规格均有严格要求。试杯底部要平正，直径不应小于 45mm，铂环周长为 6mm。环应保持原形，并应与其相连的镫保持垂直。在测量水的表面张力时，应保证铂环进入水中，不少于 5mm 深；在测定油水界面张力时，加在水面上的油样应保持约 10mm 厚度，如果过薄，就会使铂环从油水交界面拉出时，触及油面上的另一相，会给试验带来误差。

（3）为防止试样中存有杂质，对试验造成影响，试样应按规定预先进行过滤。试验用水采用中性纯净蒸馏水。

（4）对质量不同的油，由于所含极性物质的类型和浓度不同，故向油水界面的迁移速度和要达到平衡或稳定状态所需时间也不同，往往需要较长的时间。此时所得的数据可能大大低于最初几分钟内测得的数据。因此，必须固定一个恰当的测试周期。一般都规定在形成界面 1min 时，所记录的数据是可取的。

（5）界面张力是随温度的升高而逐渐减小。为此一般监督试验如无恒温条件，可在 (25 ± 5)℃范围内进行试验，但是仲裁试验仍以 25℃为准。

5. 界面张力测定的意义

测定绝缘油同水界面张力，对于绝缘油的实际运行和评价绝缘油的性能（劣化程度）具有很重要的意义，特别在说明绝缘油中有无表面活性的极性成分及其他杂质或混合物的存在方面时尤其有用。

（1）可鉴别新油质量。矿物绝缘油是多种烃类的混合物，其在精制过程中，一些非理想组分，包括含氧化合物等极性分子应全部被除掉；同时在采用硫酸或选择性溶剂及白土处理后，也应将残留物清除干净。故新的、纯净的绝缘油具有较高的界面张力，一般可以高达 $40 \sim 50$mN/m，甚至 55mN/m 以上。GB 2536—2011《电工流体　变压器和开关用的未使用过的矿物绝缘油》规定变压器和开关用的未使用过的矿物绝缘油的界面张力不应小于 40mN/m。

（2）可判断运行油质老化程度。运行中的绝缘油应受温度、空气、光线、水分、电场等因素的影响，油质将逐渐老化、变坏。油质老化后生成各种有机酸及醇等极性物质，这些分子在油水界面上定向排列，改变了原来界面，使界面张力下降，故测定运行中绝缘油的界面张力，就可判断油质的老化深度。实践表明油老化后产生的有机酸、油泥等与界面张力有着密切的关系，如图 2-22 和图 2-23 所示。GB/T 7595—2008《运行中变压器油质量》中规定界面张力的运行指标不小于 19mN/m，也就是说如果低于此指标，则运行变压器油可能会有油泥析出或酸值不合格。

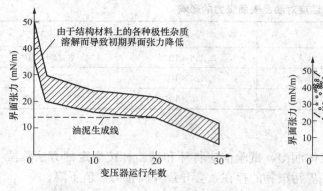

图 2 - 22　运行中变压器油界面张力减少的一般趋势　　　图 2 - 23　界面张力与油品酸值的关系

（3）监督变压器热虹吸器的运行情况。一般来说，当热虹吸器运行正常时，油的 pH 值大于 4.6，则油的界面张力为 30～40mN/m；如果热虹吸器失效，油的 pH 值低于 4.6，则油的界面张力为 25～30mN/m。

由于界面张力是反映油中亲水极性分子的总和，因此，凡属于这一类的添加剂均能降低油水的界面张力，如绝缘油中添加聚甲基丙烯酸酯的降凝剂、汽轮机油中添加防锈剂，因其含有羧基，故油的界面张力随其添加量而变化，即添加量越多，界面张力下降越快，可用测定油的界面张力来判断油中此类添加剂的消耗情况。

十、抗泡沫性质和空气释放性

1. 含义

抗泡沫性质（或称泡沫特性）是指油品生成泡沫的倾向及泡沫的稳定性，以泡沫体积 mL 表示。空气释放性或称空气释放值是指油品释放分散在其中的空气泡的能力，以时间 min 表示。

2. 测定方法

润滑油泡沫特性测定的试验设备如图 2 - 24 所示，其方法要点：试样在 24℃时，用恒定流速的空气吹气 5min，然后静止 10min。在每个周期结束时，分别测定试样中泡沫的体积。取第二份试样，在 93.5℃下进行试验，当泡沫消失后，再在 24℃下进行重复试验。测定结果报告精确到 5mL，表示为泡沫倾向（在吹气周期结束时的泡沫体积）和（或）泡沫稳定性（在静止周期结束时的泡沫体积）。每个结果要注明程序号以及试样是直接测定还是经过搅拌后测定的。当泡沫或气泡层没有完全覆盖油的表面，且可见到片状或"眼睛"状的清晰油品时，报告泡沫体积为 0mL。测定详细步骤参见 GB/T 12579—2002《润滑油泡沫特性测定法》。

润滑油空气释放值的测定方法简要如下：

在规定的条件下，将试油加热到 25、50℃或 75℃，对试油中通入过量的压缩空气，并使试样剧烈搅动，空气在油中形成小气泡，即雾沫（弥散）空气。停气后记录试油中雾沫空气体积减少到 0.2% 时（此为雾沫气泡）的时间，为气泡分离时间，即为空气释放值，以分钟（min）表示，其测定仪器如图 2 - 25 所示，详细步骤参见 SH/T 0308——1992《润滑油空气释放值测定法》。

3. 测定意义

一般空气在矿物油中的溶解度为 10% 左右，如果汽轮机油的泡沫特性不好，则在运行

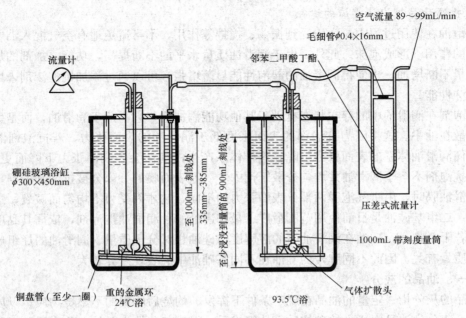

图 2-24　泡沫试验设备

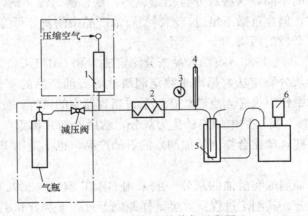

图 2-25　空气释放值仪示意图

1—空气过滤器；2—空气加热炉；3—压力表；4—温度计；5—耐热夹套玻璃试管；6—循环水浴

中受强迫油循环搅拌，油面和油中均产生气泡，这将影响油系统中的油压稳定，并破坏油膜，使机组发动振动和磨损，同时也影响调节系统，对机组的安全生产不利，故汽轮机油必须具有良好的抗泡沫性质。

　　如果汽轮机油的空气释放值较差，油在运行中溶解的空气就不易释放出来，而滞留于油中，会增加油的可缩性，影响调节系统的灵敏性，降低了液压系统的准确性，导致控制系统失灵；在高压下被压缩，在低压下又会突然膨胀，引起机械的强烈振动和噪声加大；降低了油品的密度，增大了油品的黏度，造成液压系统驱动不良，在 0℃以下，使得液压装置的启动性能变差；加快了油品氧化的速度，导致生成沉淀，加速机械系统零件的腐蚀和磨损，同时油品本身的使用寿命也将缩短；降低了设备的效率。为了避免以上不良现象，对于液压油不仅要求具有良好的抗泡性，而且还要求具有良好的空气释放性。

4. 提高油品抗泡沫性质的途径

润滑油在使用过程中，由于受到振荡、搅拌等作用，不可避免地有空气混入油中，在界面张力的作用下形成泡沫。此外，由于润滑油质量水平的不断提高，功能添加剂的加入品种和加入量不断增加，也使得润滑油的起泡性能显著增强，可以通过添加抗泡沫剂来增强油品的抗泡沫性能。

抗泡剂在润滑油中的存在状态有别于其他功能添加剂，它不溶于润滑油，而是呈细小的液珠分散在油中。这是因为抗泡剂的表面张力低于润滑油的表面张力，若抗泡剂溶于润滑油，将使润滑油体系的表面张力下降，这样体系产生的泡沫会因表面张力下降而更趋稳定。只有当抗泡剂不溶于润滑油并均匀分散于油中，气泡表面膜的一部分被抗泡剂占据，其余部分是润滑油膜时，由于气泡膜两部分表面张力的不同，它才因受力不均匀而破裂，达到消泡的目的。二甲基硅油是目前使用范围最广、最普遍的一种润滑油抗泡剂，依据其黏度的不同可分为若干个牌号，硅油在润滑油中的溶解度与硅油相对分子质量、润滑油的烃组成及烃相对分子质量有关，因此不同牌号的硅油在不同基础油中的表现差异较大。

十一、油品的灰分

油品的灰分指一定量的油品在规定条件下挥发、灼烧后所剩的不燃烧物质，以质量百分数表示。灰分为油品中所含的矿物质，从组成看，组成灰分的主要是一些金属元素及其盐类无机化合物。视油源的不同，这些灰分包括铅、钙、铁、镁、镍、钠、硅、钒等的化合物，其他金属也可能存在，但含量微不足道。燃料型石油产品中的灰分可能来自原油或由加工过程中引入及来自外界杂质的污染。

我国使用 GB/T 508—1985《石油产品灰分测定法》和 GB/T 2433—2001《添加剂和含添加剂润滑油硫酸盐灰分测定法》标准来测定润滑油等石油产品的灰分。GB/T 508—1985测定过程：用无灰滤纸作引火芯，点燃放在一个适当容器中的试样，使其燃烧到只剩下灰分和残留的碳，再在 775℃ 高温炉中加热转化为灰分，然后冷却并称重。此标准不适用于含有生灰添加剂（包括某些含磷化合物的添加剂）的石油产品，也不适用于含铅的润滑油和用过的发动机曲轴箱油。

对添加剂、含添加剂的润滑油的灰分一般采用 GB/T 2433—2001 标准方法测定，其测定结果称为硫酸盐灰分。其测定过程：点燃试样并烧至只剩下灰分和碳为止，冷却后用硫酸处理残留物并在 775℃ 下加热，直到碳完全氧化，待灰分冷却后再用硫酸处理，在 775℃ 加热并恒重，即可算出硫酸盐灰分的质量分数。

国外采用硫酸灰分代替灰分。操作过程是在油样燃烧后灼烧灰化之前加入少量浓硫酸，使添加剂的金属元素转化为硫酸盐，相应的标准有美国的 ASTM 874 和德国的 DIN 51575 等。

灰分是石油产品洁净性的重要指标，是中、重质油品包括润滑油的质量规格指标之一。正常情况下，原油经加工后，灰分主要集中于残渣燃料油等重质油品之中，中质油品中也可能少量存在。灰分对不同的油品具有不同的概念，对基础油或不加添加剂的油品来说，灰分可用于判断油品的精制深度，对于加有金属盐类添加剂的油品（新油），灰分就成为定量控制添加剂加入量的手段；测定新油的灰分，可评定油品的精制、洗涤净化是否达到要求。测定再生油的灰分可判断残留物和皂类是否已清除干净。若发动机燃料中灰分增加，会增加汽缸体的磨损。润滑油灰分过大，容易在机件上发生坚硬的积炭，造成机械零件的磨损。另外，灰分还会覆盖在锅炉受热面上，使传热性变差。

十二、比色散

比色散（又称分散度）是在规定的温度下，试油对两种不同波长光的折射率的差（称为折射色散）除以该温度下试油的相对密度，通常将此值乘以 10^4 表示。其中折射色散是指在一定的温度和压力下，光在空气中的速度与在被测物质中速度之比。或者是当光从空气中射入被测物质时，入射角的正弦值与折射角的正弦值的比值。

其测定方法：在规定的条件下，采用折光仪测得试油的折射率，通过查表，计算出折射色散，同时测定试油密度，根据式（2-18）得出试油的比色散值。详细的测定方法参见 DL/T 420—1991《电气绝缘液体的折射率和比色散试验方法》，则

$$比色散 = \frac{折射色散}{密度} \times 10^4 \qquad (2-18)$$

由于油品的比色散值主要受油中芳香族化合物的含量和结构的影响，而油品的气稳定性与油中芳香烃含量有关，所以测定绝缘油的比色散值，是一种较为简便、快速评定油品气稳定性的间接方法之一，这个指标是超高压用绝缘油的一项质量指标。

十三、苯胺点

油品的苯胺点是试油与同体积的苯胺混合，加热至两者能互相溶解，成为单一液相的最低温度，用℃表示。

GB/T 262—2010《石油产品和烃类溶剂苯胺点和混合苯胺点测定法》规定的苯胺点的测定过程如下：将规定体积的苯胺和试样置于试管（或 U 形管）中，并用机械搅拌使其混合。混合物以控制的速度加热直至两相完全混合。然后将混合物在控制速度下冷却，当两相分离时，记录的温度即为苯胺点。混合苯胺点是指两份苯胺，一份待测溶剂和一份规定纯度的己庚烷（均为体积比），混合成均匀溶液，不发生浑浊的最低温度。其计算公式为

$$混合苯胺点 = \frac{苯胺点 + 69}{2} \qquad (2-19)$$

用苯胺点来表征溶解能力，与油品烃类组成关系十分密切。各种烃类的苯胺点的高低顺序是芳香烃＜环烷烃＜烷烃。多环环烷烃的苯胺点远比相应的单环环烷烃低。因此，可以根据油品的苯胺点判断油品中含哪种烃的多少。通常油品中芳香烃含量越低，苯胺点就越高，因此 GB 2536—2011 规定特殊变压器把苯胺点定为控制指标之一，目的是控制芳香烃的含量，因为芳香烃含量过高，吸潮性大，电气性能变差。

十四、油品的热学性质

运行中油品主要通过热传导和热对流两种换热方式带走用油设备内部产生的热量，从而起到冷却散热的作用。表 2-25 为与油品的热学性质有关的几个物理参数。

表 2-25 油品的几个物理参数

油种	温度（℃）	比热（c） [kJ/(kg·℃)]	导热系数（λ） [W/(m·℃)]	导温系数（α） （m^2/s）
变压器油	20	1.892	0.124	7.58
	40	1.993	0.123	7.25
	60	2.093	0.122	6.92
	80	2.198	0.120	6.56
	100	2.294	0.119	6.33

续表

油种	温度（℃）	比热（c） [kJ/(kg·℃)]	导热系数（λ） [W/(m·℃)]	导温系数（α） （m²/s）
32号汽轮机油	20	1.834	0.129	7.81
	40	1.905	0.127	7.56
	60	1.976	0.126	7.31
	80	2.047	0.124	7.06
	100	2.119	0.123	6.86

比热是决定油品散热能力大小的重要因素，在散热条件下，比热值决定热传导力的大小。在不同温度条件下，比热值不同。

油的导热系数是衡量油品导热能力的物理参数。它是指温度相差1℃，每单位厚度的油品，在其1m²的平壁两侧，每秒钟所通过的热量，常用符号λ表示，单位为W/(m·℃)。油品的导热系数与其化学组成和温度密切相关。油品的导热系数越大，则其传热能力越强。

导温系数是影响油品不稳定导热过程的一个物理量，其数值的大小是表示油品传热温度变化的能力，也称热扩散率，以α表示，单位为m²/s。它和导热系数（λ）是两个既有区别又有联系的概念。导热系数仅指油品的传热能力，而导温系数则综合考虑了油品导热能力和升温所需的热量，即表示了油品温度变化传递的快慢。凡导温系数大的油品，散热也快。

从表2-25可知，在温度和其他条件相同时，变压器油和汽轮机油的导热和导温系数差不多，随温度的升高，都略有下降的趋势。

油品的热膨胀系数的大小直接关系到油品的运行性能，同一种油品，其膨胀系数决定于它的比重值，当不考虑油质比重时，又决定于温度。温度变化时，油的体积也随之变化，在设备中，油面也要随之下降。油面从升到降的过程，发生膨胀与收缩，次数频繁，则易使油发生氧化。故热膨胀系数不宜过大，一般取0.0007左右，色谱分析校正系数常取0.0008。另外，润滑油箱设计要用到油品的热膨胀系数。

第二节　油品的化学性能

油品的化学性能与油的炼制工艺、精致程度以及基础油的组成结构有关，而且它可以随环境的影响而变化，或自身氧化而变质。表征油品的化学性能项目有水溶性酸或碱，酸值（酸度），皂化值和氢氧化钠试验，氧化安定性，破乳化时间，液相锈蚀试验和坚膜试验，腐蚀性硫等。

一、水溶性酸或碱

1. 含义

水溶性酸或碱是指油中能溶于蒸馏水或乙醇水溶液抽提试样中的酸性及碱性物质。矿物酸主要是硫酸及其衍生物，包括磺酸和酸性硫酸酯，以及低分子有机酸。水溶性碱主要为苛性钠或碳酸钠。

水溶性酸或碱主要来源于在储运和使用中，油品的外界的污染，自身氧化；在炼制和再生中，清洗和中和不完全而残留下来。油中存在水溶性酸或碱会促进油品加速老化，故要求油品的水溶性酸或碱作为新油和运行油的监控指标之一。

2. 测定方法

测定油中水溶性酸及碱定性测定法有 GB 259—1988《石油产品水溶性酸及碱测定法》、GB 7598—2008《运行中变压器油水溶性酸测定法》、DL/T 429.3—1991《电力系统油质试验方法——水溶性酸测定法（酸度计法）》、DL/T 429.4—1991《电力系统油质试验方法——水溶性酸定量测定法》等。

酸度计法测定水溶性酸法的操作简要过程如下：将等体积的蒸馏水和试油在 70～80℃下混合并摇动，取水层萃取液，用酸度计测定其 pH 值，可根据表 2 - 26 判断有无水溶性酸或碱的存在。

表 2 - 26　　　　　　　　　　　试样抽提物或乙醇水溶液的 pH 值

石油产品水（乙醇水溶液）抽提物特性	酸性	弱酸性	无水溶性酸或碱	弱碱性	碱性
pH 值	<4.5	4.5～5.0	5.0～9.0	9.0～10.0	>10.0

3. 影响因素

（1）实验用水。实验用水本身的 pH 值高低对测定结果有明显的影响。实验用水一般规定在煮沸驱除 CO_2 后，水的 pH 值为 6.0～7.0，但是除盐水不稳定，煮沸后 pH 值不易达到 6.0～7.0，还有水煮后，应密封冷却至室温再测定 pH 值。这样实验效果才比较准确。

（2）所用仪器必须确保清洁，无水溶性酸、碱等物质存在。

（3）萃取温度。用蒸馏水萃取油中的低分子酸时，萃取温度直接影响平衡时水中酸的浓度，如温度高萃取量增大，温度低则反之。因此，在不同的温度下测定，往往会取得不同的结果。采用 DL/T 429.3—1991 规定温度为 70～80℃是比较合适的。

（4）摇动时间。试样与水必须充分摇匀。摇动时间（指能试油水充分混合而成乳状液）与萃取量也有关，一般规定为 5min。

（5）指示剂本身的 pH 值。指示剂本身的 pH 值高低对实验结果的影响也较明显，因为一般来说指示剂本身不是弱酸就是弱碱，它在水溶液中本身就具有 pH 值。因此，当用指示剂测定某非缓冲溶液的 pH 值时，指示剂本身的 pH 值将给测定结果带来影响，一般用等氢法处理，即把指示剂溶液的 pH 值配成与被测溶液的 pH 值相等来消除影响。例如，弱碱性甲基红指示剂配成 0.04% 水溶液时，用它来测定纯水的 pH 值（24℃ 时，pH＝7），在 10mL 纯水中加入 0.1mL，实验结果 pH＝5.1，偏低 1.9。注意采用等氢法时须知道被测液的 pH 值。运行中油的 pH 值一般为 5.0～4.0，最主要的是对其合格与不合格作出正确的判断。因此，对新油、蒸馏水，其指示剂 pH 值调至 6.0，运行中的油一般配两种指示剂，即 pH 值分别为 4.5 和 5.4。试油 pH 值大于 4.8 的用 pH＝5.4 的指示剂，试油 pH 值小于 4.8 的用 pH＝4.5 的指示剂。

（6）用酸度计法测定的 pH 值一般要比比色法测定的偏高 0.2，测得值应减去 0.2，原因是运行油 pH 值的标准（pH≥4.2）是按比色法测定结果制定的；另一个原因是运行油中的水溶性酸多为弱酸（有机酸），即为弱电解质，在水中只有部分电离，也就是溶液中的 H^+ 在电极膜的渗透，这也使得 pH 值结果偏高。

4. 测定油品的水溶性酸的意义

（1）如新油中测出有水溶性酸、碱，表明经酸、碱精制处理后，酸没有完全中和或碱洗后用水洗得不完全。这些矿物酸、碱的存在，会在生产、使用或储存时，腐蚀与其接触的金属部件。水溶性酸几乎对所有金属都有强烈的腐蚀作用，而碱只对铝腐蚀，因此，新油中严禁有无机酸、碱存在。

（2）运行中出现低分子有机酸，说明油质已经开始老化，这些有机酸不仅影响油的使用特性，并对油的继续氧化起催化作用，使试油加快深度氧化。

（3）水溶性酸的活度较大，对金属有强烈的腐蚀作用，在有水的情况下，则更加严重。

（4）油在氧化过程中，不仅产生酸性物质，同时也有水生成，因此，含有酸性物质的水滴，将严重地降低油的绝缘性能。

（5）油中水溶性酸对变压器的固体绝缘材料老化影响很大。

二、酸值（酸度）

1. 含义

中和 1g 试油中含有酸性组分所需的氢氧化钾毫克数，称为油品的酸值，以 KOH 计，单位为 mg/g，用 mg/g（KOH）表示；中和 100g 试油中含有酸性组分所需的氢氧化钾毫克数，称为油品的酸度，燃料油常测其酸度。从试油中所测得的酸值为有机酸和无机酸的总和，故也称总酸值（Total Acid Number）。电力系统用油在运行中，由于运行条件，如温度、空气、电场等的影响，而使油质氧化产生酸性物质，如低分子的甲酸、乙酸、丙酸等，高分子的如脂肪酸、环烷酸、羟基酸、沥青质酸等。所以运行油的酸性组分多为有机酸，它包括低分子有机酸和高分子有机酸。一般情况下，运行中油的酸值，随运行时间的增长而增高。

2. 测定方法

测定油品的酸值常用方法有两大类，见表 2-27，一类是指示剂容量分析法，根据所用指示剂的不同又分为碱蓝 6B 法、溴麝百里香草酚蓝（BTB）法、荧光素法和对萘酸苯法等。此类方法都是以颜色发生明显突变为滴定终点。另一类是电位滴定法，电位滴定池结构如图 2-26 所示，将油样溶解在适量溶剂中，以 KOH 的有机标准溶液滴定，以电位突跃或以非水碱性缓冲溶液为滴定终点，电位滴定曲线如图 2-27 所示，电位滴定法适用于加入添加剂的润滑油和深色的石油产品。我国电力系统以前常用碱蓝 6B 法，现在普遍推广采用 BTB 法。

表 2-27　　　　　　　　　　　　油品酸值得测定方法简表

方法名称	溶剂	简要操作	指示剂/电极	终点判断
碱蓝 6B 法	无水乙醇	溶剂与油样回流 5min，用氢氧化钾的乙醇标准溶液滴定	碱蓝 6B	蓝色变为红色
溴麝百里香草酚蓝（BTB）法	无水乙醇	溶剂与油样回流 3～5min，用氢氧化钾的乙醇标准溶液滴定	溴麝百里香草酚蓝	黄色变为蓝绿色

续表

方法名称	溶剂	简要操作	指示剂/电极	终点判断
荧光素法	甲苯：正丁醇=1：1	用氢氧化钾的乙醇标准溶液直接滴定	甲基红荧光素	红色变为绿色
对萘酸苯法			对萘酸苯	橙色变为绿色
ASTM 电位滴定法	甲苯：异丙醇：水=100：95：5	氢氧化钾的异丙醇标准溶液直接滴定	(1) 参比电极：甘汞电极 (2) 指示电极：玻璃电极	电位突跃，即出现拐点
ASTM 电位滴定改进法	石油醚：无水乙醇=1：1		(1) 参比电极：氧化汞电极 (2) 指示电极：铂+醌氢醌电极	非水碱性缓冲溶液 $\Delta E = 0$
电位差法	苯：乙醇=1：1			

注　E——电位差。

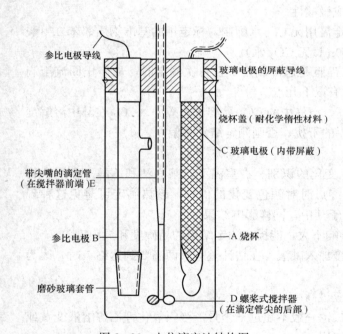

图 2-26　电位滴定池结构图

参比电极导线
玻璃电极的屏蔽导线
烧杯盖（耐化学惰性材料）
C 玻璃电极（内带屏蔽）
带尖嘴的滴定管（在搅拌器前端）E
参比电极 B
A 烧杯
磨砂玻璃套管
D 螺浆式搅拌器（在滴定管尖的后部）

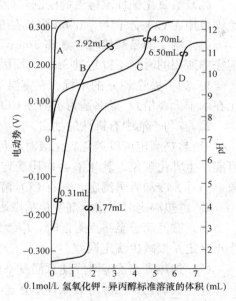

图 2-27　电位滴定曲线示例

A—空白溶剂；B—使用的油样，滴定曲线无突跃点；
C—含有弱酸的试样，滴定曲线有一个突跃点样；
D—含有强酸和弱酸的试样，滴定曲线有两个突跃点

采用 BTB 法测定试油的酸值按式（2-20）计算，即

$$X = \frac{(V_1 - V_0) \times 56.1 \times c}{m} \qquad (2-20)$$

式中　X——试油的酸值，mg/g（KOH）；

　　　V_1——滴定试油所消耗 0.03～0.05mol/L 氢氧化钾乙醇标准溶液的体积，mL；

　　　V_0——滴定空白所消耗 0.03～0.05mol/L 氢氧化钾乙醇标准溶液的体积，mL；

　　　c——氢氧化钾乙醇标准溶液标准的浓度，mol/L；

56.1——氢氧化钾的相对分子质量，g/mol；

m——试油的质量，g。

采用 BTB 法测定油样的酸值两次平行测定结果的差值不得超过表 2 - 28 允许差值。由两个实验提出的两个结果之差不应超过 0.05mg/g（KOH）。

表 2 - 28   油品酸值的两次平行测定允许值   mg/g

酸值（以 KOH 计）	允许差值（以 KOH 计）
<0.1	0.01
0.1~0.3	0.02
>0.3	0.03

3. 注意事项

采用碱蓝 6B 法和 BTB 法测定油品的酸值应注意以下几点。

（1）所用的无水乙醇应不含醛，应成微酸性。

（2）氢氧化钠标准溶液的配制与标定需用无 CO_2 水配制，标定用的基准物质邻苯二甲酸氢钾也用无 CO_2 水稀释（0.6g 溶解在 50mL 无 CO_2 水）。

（3）测定油品酸值时应煮沸 5min，而且是趁沸滴定，在每次滴定时，从停止回流至滴定完毕所用的时间不得超过 3min。原因有以下几点。

1）为了去除 CO_2 的干扰。在室温下，空气中的 CO_2 易溶于乙醇中（CO_2 在醇中溶解度比在水中大 3 倍），煮沸是为了消除 CO_2 的干扰，否则测定结果会偏高。

2）有利于油中有机酸的抽出。

3）趁热滴定可以避免乳化液对颜色变化的识别。在室温下，某些油和乙醇—水混合物可能产生乳化现象，乳化液会妨碍滴定终点时对颜色变化的识别，趁热滴定可避免这种现象。另外，冷却后再滴定，又有 CO_2 溶于其中，同样影响结果。

4）趁热滴定时对指示剂变色范围影响不大，能提高测定结果的精确度和灵敏度。

（4）酸值滴定至终点附近时，应缓慢加入碱液，在估计差一、两滴要到达终点时，改为半点滴定，以减少滴定误差。

（5）加热煮沸乙醇时应注意温度不应过高。

（6）氢氧化钾乙醇溶液保存不宜过长，一般不超过三个月。当氢氧化钾乙醇溶液变黄或产生沉淀时，应对其清液进行标定方可使用。

4. 实际使用意义

（1）酸值是评定新油品的重要化学指标之一。一般来说，酸值越高，油品中所含的酸性物质就越多，新油中含酸性物质的数量，随原料与精制程度而变化。国产新油一般几乎不含酸性物质，其酸值常为 0.00。

（2）酸值的变化有助于判断运行中油质氧化程度和对设备的潜在腐蚀性。因受运行条件的影响，运行中油品生成的氧化产物会影响酸值，油的酸值随油质的老化程度而增长，因而可从油的酸值判断油质的老化程度和对设备的危害性。

三、皂化值和氢氧化钠试验

1. 皂化值

皂化是指在碱性条件下使脂肪水解成脂肪酸盐和醇的过程。皂化值是指皂化 1 克试油中可皂化组分所需氢氧化钾的毫克数，其单位为 mg/g(KOH)。

测定时将一定量的试样溶解在适宜的溶剂中，如丁酮（甲基乙基酮）、二甲苯、溶剂油或它们的混合溶剂中，并与定量的氢氧化钾乙醇溶液一起加热。过量的碱用酸标准溶液进行滴定，最后计算出皂化值。可以用颜色指示剂法或电位滴定法来确定滴定终点。详细操作参见 GB/T 8021—2003《石油产品皂化值测定》。

石油产品含有一些能与碱形成金属皂的添加剂，如脂类。此外，有些用过的机械润滑油，尤其是用过的汽轮机油和内燃机油，也含有一些能与碱发生类似反应的化合物。皂化值不仅包括测定酸值时所能测定的酸性组分，而且还包括了能与煮沸的氢氧化钾乙醇液起皂化反应的脂肪酸及其衍生物等组分，因而在其他条件相同的情况下，同一油品的皂化值比酸值大。同一油品的皂化值与酸值的差值是判断生成油泥趋势的参考数据。差值越大，油品生成油泥的可能性越大；另外，在油品炼制和废油再生时，还可以利用其确定碱洗时所需的碱量。

2. 氢氧化钠试验

氢氧化钠试验是氢氧化钠抽出物酸化试验的简称，又称钠等级试验、钠实验，是检查新油和再生油精制中残存的环烷酸及其皂类的一种定性试验。当油品与同体积的苛性钠溶液在一定的温度下混合时，油中环烷酸与碱起化学反应而生成盐，溶于碱液中，再滴入浓盐酸酸化时，又变成难溶于水的环烷酸等物质而出现浑浊现象。根据碱液浑浊程度可确定试油的等级。按试验规定，碱液浑浊分为四个等级。等级越高，表明环烷酸及其盐类含量越多，说明碱洗过程不充分。

测定过程中发生的反应为

$$RSO_3H + NaOH \longrightarrow RSO_3Na + H_2O$$

$$RCOOH + NaOH \longrightarrow RCOONa + H_2O$$

当滴入盐酸酸化时，又变成难溶于水的环烷酸等物质，而呈现浑浊，其反应为

$$RSO_3Na + HCl \longrightarrow RSO_3H + NaCl$$

$$RCOONa + HCl \longrightarrow RCOOH + NaCl$$

对于运行油，氢氧化钠试验不作为控制项目，因为油品在运行中受温度、电场、金属催化剂等的影响而劣化，生成的有机酸混入其他皂类，使钠试验等级增大，导致不合格，所以钠试验表明油在运行中变质的程度。当在现场大型再生（如硫酸白土再生）油时，由于钠试验简便，往往把其也作为控制项目之一。如钠实验合格，油品的其他化学指标一般均能达到规定的要求。

四、氧化安定性

油品抵抗空气（或氧气）的作用而保持其性质不发生永久性变化的能力叫氧化安定性。油在使用和储存过程中，不可避免地会与空气中的氧接触，在一定条件下，油与氧接触就会发生化学反应，产生一些新的氧化产物，这些产物在油中会促进油质变坏，该过程称为油品的氧化（或老化、劣化）。油品在储存和使用过程中，和空气接触而氧化是不可避免的。接触的时间越长，温度越高，氧化的程度就越深，使油品的某些性质发生不可逆转的变化，如酸值增高、黏度增大、沉淀物增多、颜色变深等，这些氧化产物若不及时除去，将大大降低

其使用性能，缩短油品的使用寿命；也会直接影响用油设备的安全、经济运行和使用年限。因而在使用中防止和减缓油品的氧化是电力系统油务工作者的重要任务。

（一）烃类的氧化曲线

研究油品烃类的氧化过程通常采用烃类曲线，它表示烃类的氧化程度与氧化时间的关系曲线。其氧化程度可用吸氧量或生成氧化产物的量表示。由于烃类氧化产物太复杂，难以分析出每一种产物生成量，因而常用吸氧量表示氧化程度。若用吸氧量对氧化时间作图，归纳起来大致有四种典型的氧化曲线，如图 2-28 所示。

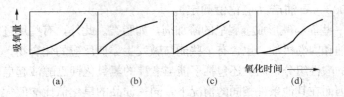

图 2-28　烃类的氧化曲线

(a) 吸氧加速、自动催化的氧化曲线；(b) 自动抑制氧化曲线，即随氧化时间的延长而减缓氧化的趋势；
(c) 吸氧量与氧化时间成正比关系的曲线；(d) 先自动催化、后自动抑制的氧化曲线

一般而言，烷烃和环烷烃的氧化曲线多属自动催化氧化曲线［如图 2-28（a）所示］，氧化速度随时间延长而逐渐增大，有的也呈直线关系［如图 2-28（c）所示］。芳香烃及其同系物的结构较复杂，种类繁多，其氧化曲线的差异较大，但多属于自动抑制氧化曲线［如图 2-28（b）、图 2-28（d）所示］。

（二）油品烃类氧化

油品烃类的自动氧化反应有三个特点：一是氧化反应所需的能量少，在低于室温就能进行。二是氧化反应的产物复杂，有液体、气体和固体沉淀物等，其中有机物居多，如过氧化物、醇、醛、酮、羧酸、羟基酸、酚类、酯、胶质、沥青质等，也有少量的二氧化碳、一氧化碳和水等无机物。三是在恒温和相同的外界条件下，油品烃类的自动氧化趋势一般分为三个阶段，如图 2-29 所示。第一阶段为开始阶段，即所谓"诱导期"，新油在温度不高时有。在此时期内，油吸收少量的氧，氧化非常缓慢，油中生成物也极少，原因是油品内含有天然的抗氧化剂，如芳香烃类氧化后生成的部分酚类物质，对油品中其他烃类的氧化起到了抑制作用。第二阶段是油品氧化的发展阶段，即为发展期，油品渐渐地开始生成稳定的氧化产物，氧化过程不断地进行并加剧，所生成的氧化产物可溶于油和水，并有较强烈的腐蚀作用。如果再继续氧化，便生成固体聚合物和缩合物，它们在油中达到饱和状态后，便从油中沉淀出来，通常称之为油泥。第三阶段称为油品氧化的迟滞阶段，即迟滞期，这时油的氧化反应受到一定的阻碍，由树脂氧化生成的某些具有酚类特性的氧化物，有阻止氧化过程的作用，减慢氧化速度、氧化产物也相应减少。

关于油品的氧化机理问题，从 19 世纪开始已有不少学者提出，目前，比较公认的是 1926 年谢苗诺夫学派提出的烃类液相自由基链锁反应机理，如图 2-30 所示。

烃类液相自由基链锁反应机理认为：油品的烃类与氧分子进行的氧化反应为自由基链锁反应。该氧化反应包括三个阶段，即链的引发、链的延续以及链的终止。如以 RH 代表烃类，$R\cdot$、$H\cdot$、和 $ROO\cdot$ 等分别代表各种自由基，$ROOR$ 和 $ROOH$ 分别代表烃基氧化物和烃基过氧化氢，则上述三个阶段的反应可分述如下。

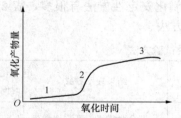

图 2-29 矿物油氧化的一般规律
1—开始阶段；2—发展阶段；3—迟滞阶段

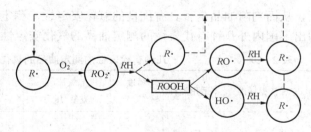

图 2-30 自由基链锁反应机理示意图

1. 链的引发

$$R \colon H \xrightarrow{\text{光、热或催化剂}} R\cdot + H\cdot$$

$$RH + O_2 \longrightarrow \begin{cases} R\cdot + H\cdot \\ RO\cdot + HO\cdot \\ ROOH \longrightarrow \begin{cases} RO\cdot \xrightarrow{RH} ROH + R\cdot \\ HO\cdot \xrightarrow{RH} H_2O + R\cdot \end{cases} \end{cases}$$

$R \colon H$ 中的 $C \colon H$ 键，受光、热或催化剂的作用而断裂，生成带有未成对的游离基 $R\cdot$ 和 $H\cdot$。这些游离基具有较高的能量，化学性质非常活泼，极易与其他分子起化学反应，因此它们的寿命是很短的。诱导期越长，油品的氧化安定性越好。

2. 链的延续（或传递）

$$R\cdot \xrightarrow{O_2} ROO\cdot \xrightarrow{RH} \begin{cases} R\cdot \longrightarrow ROO\cdot \xrightarrow{RH} \\ ROOH \longrightarrow \begin{cases} RO\cdot \xrightarrow{RH} ROH + R\cdot \\ HO\cdot \xrightarrow{RH} H_2O + R\cdot \end{cases} \end{cases}$$

游离基 $R\cdot$ 先与 O_2 作用，后又与烃 RH 作用，最后除生成 $ROOH$ 外，还生成新的 $ROO\cdot$ 和 $R\cdot$，它们又可按着上述方式继续与 O_2 和 RH 作用，这样自动连续进行下去，于是就形成了氧化反应链。因此，只要在反应开始时生成极少量的游离基，上述氧化反应就可以连续不断地进行下去，越来越多的烃类变成氢过氧化物。氢过氧化物不稳定，易分解生成新的游离基，这样又形成新的氧化反应链。

注意：在氧化条件比较缓和自动氧化过程中，只有少量烃基过氧化物分解成新的活性自由基，而大部分则分解成稳定的氧化产物。这一过程称为"链反应的分支"或"链支化反应"。

3. 链的终止

$$R\cdot + R\cdot \longrightarrow R-R$$
$$R\cdot + H\cdot \longrightarrow RH$$
$$R\cdot + RO_2\cdot \longrightarrow ROOR$$
$$RO_2\cdot + RO_2\cdot \longrightarrow ROOR + O_2$$

随着链反应的发展、活性自由基浓度的增加，其自身结合以及容器壁碰撞的几率也增大，反应生成稳定产物或非活性自由基，从而使链反应终止。

（三）测定油品氧化安定性方法

测定油品氧化安定性是在规定的条件下，进行人工强化老化，测定其有关项目的变化程度，从而判断油品是否具有优良的氧化安定性。测定油品氧化安定性方法有很多，表 2-29 列出了国内外几种有代表性的测定油品的氧化安定性试验方法。

表 2-29　　　　　　　　　　几种有代表性的测定油品的氧化安定性试验方法

方法依据标准	适用油种	温度(℃)	气流流量/压力	催化剂	结果表示方式	氧化试验时间(h)
SH/T 0124—2000	汽轮机油	120	氧气(1.0±0.1)L/h	环烷酸铁和环烷酸铜	挥发性酸值、可溶性酸值及油泥含量	164
SH/T 0206—1992	变压器油	110	氧化(1.0±0.1)L/h	铜丝	酸值、沉淀物含量	164
	绝缘油	100				
GB/T 12580—1990《加抑制剂矿物绝缘油氧化安定性测定法》	矿物绝缘油	120	氧气(1.0±0.1)L/h	铜丝	挥发性酸增加到相当于中和值为 0.28mg/g(KOH)所需要的时间诱导期(h)或沉淀物含量，可溶性酸值、挥发性酸值、总酸值、氧化速率	不超过 236
GB/T 12581—2006	汽轮机油	95	氧气(3.0±0.1)L/h	水和铁-铜	试样酸值达到 2.0mg/g(KOH)所需要的试验时间(h)	不超过 10 000
SH/T 0790—2007《润滑脂氧化诱导期测定法(压力差示扫描量热法)》		155～210	氧气 3.5MPa(100±10)mL/min		发生氧化放热反应时外推拐点时间	—
SH/T 0193—2008	汽轮机油	150	氧气 620kPa	水和铜	试验达到规定的压力(如 175kPa)降所需的时间(min)	—
SH/T 0565—2008《加抑制剂矿物油的油泥和腐蚀趋势测定法》	矿物油型汽轮机油	95	氧气	水、铜和铁	不溶物的质量，在油、水和油泥相中铜的总量	1000
	矿物油型抗磨液压油					
NB/SH/T 0811—2010《未使用过的烃类绝缘油氧化安定性测定法》	未使用过的烃类绝缘油	120	空气(0.15±0.015)L/h	铜	氧化后油品的挥发性酸值、油溶性酸值和沉淀物含量	—

　　SH/T 0124—2000《含抗氧剂的汽轮机油氧化安定性测定法》规定：将装有试样(试样中已加入油溶性环烷酸铁、环烷酸铜催化剂)的氧化管放入温度为 120℃的加热浴中通氧

164h，试验结束后测定挥发性酸值、可溶性酸值及油泥含量。如需测定挥发性酸逸出速率达到显著增加的时间（诱导期），可每日测定挥发性酸值，绘制酸值—时间曲线来确定。此标准规定了未使用过的含抗氧化剂的矿物汽轮机油抗氧化能力的测定方法，也适用于其他类型的油品，如液压系统用油。评定液压油氧化安定性的方法主要用 GB/T 12581—2006《加抑制剂矿物油氧化特性测定法》。

SH/T 0206—1992《变压器油氧化安定性测定法》是在有铜催化剂存在的条件下，将25g 试样置于一定温度的油浴中，通入氧气，连续氧化 164h 后，测定其生成的沉淀物质量和酸值，并以沉淀物含量和酸值来表示油品的氧化安定性。

SH/T 0124—2000 和 SH/T 0206—1992 等经典的氧化安定性测定方法都是评定油品抗氧化安定性的好方法，但是其试验周期都比较长，在一个工作日完不成，用户很难现场完成。因此，一些试验时间较短的氧化安定性试验方法应运而生，如 SH/T 0193—2008《润滑油氧化安定性测定法　旋转氧弹法》、GB 8018—1987《汽油氧化安定性测定法（诱导法）》和 SH/T 0175—2004《馏分燃料油氧化安定性测定法（加速法）》。

SH/T 0193—2008 规定的测定过程如下：

将试样、水和铜催化剂线圈放入一个带盖的玻璃盛样器内，置于装有压力表的氧弹中。氧弹冲入 620kPa 压力的氧气，放入规定的恒温油浴中（汽轮机油为 150℃，矿物绝缘油为140℃），使其以 100r/min 的速度与水平面呈30°角轴向旋转。旋转氧弹氧化试验仪器如图 2-31 所示。试验达到规定的压力（如175kPa）降所需的时间（min）即为试样的氧化安定性。旋转氧弹法测定时间短（一般 4h 内即可完成），而且实验过程简便，不需特殊的化学药品，没有测定酸值、沉淀物等繁琐的操作过程，可作为现场监控手段。

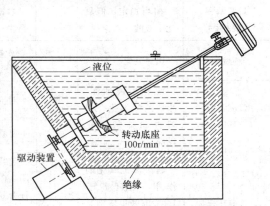

图 2-31　旋转氧弹氧化试验仪器示意图

目前，我国新油（包括汽轮机油、绝缘油）规定此项目为保证项目，不作出厂每批控制指标，而是每年至少测定 1～2 次（汽轮机油 1 次、绝缘油 2 次）。

不管采用哪种测定氧化安定性方法，都应该注意单一方法测得的油品氧化安定性与油品在实际工作条件下所具备的氧化安定性的差别。

（四）影响油品氧化的因素

油本身的化学组成是影响油品氧化安定性的主要因素，温度、氧气浓度、压力及氧化时间、金属及绝缘材料、电场、日光等的外界因素有关。

1. 油的化学组成

油品的氧化安定性与基础油的性质、精制深度、添加剂的特性及质量、配伍性、调制工艺有密切关系。

组成润滑油的各种烃类和非烃类的氧化倾向存在着很大差异，见表 2-30。就氧化稳定性而言，油品中最不理想的组分是多环短侧链芳香烃、环烷芳香烃、烯烃和胶质，理想的组分则是环数少、侧链长的芳香烃和环烷烃，以及季碳原子处于链烷末梢端的异构烷烃。但某些芳烃（烷基萘、三甲苯和菲等）和有机硫化物（苯并噻吩型）应予保留以作为油品天然抗氧化剂。由此，产生了基础油的"最佳芳香烃"的概念，认为基础油精制深浅的界限可以用"最佳芳香烃"来界定。依此概念为指导，得到芳香烃对变压器油氧化安定性的影响，如图2-32所示。从图2-32中可以看出，变压器油中最佳芳香烃含量为10%～20%。最佳芳香烃包含了具有抗氧化性的某些芳香烃和有机硫化物的综合效应，以及 C_A 与 S 之间的相互作用和协同效应，情况比较复杂。因此，纯基础油抗氧化性能的最佳芳香性范围同基础油对氧化剂的感受性并不吻合，如图2-33所示。尽管如此，基础油仍然存在一个最佳的芳香烃值，只不过外加抗氧化剂的油，其基础油的最佳芳香烃值向较低值偏移而已。

表 2-30　　　　　　　　　　　　润滑油基础油化学成分的氧化倾向

组分	无抗氧化剂	加抗氧化剂后的感受性		说　明
饱和烃（烷烃、环烷烃）	迅速氧化生成酸	+++	对链终止抗氧化剂有最好的感受性	理想组分。支链和环烷性的程度也影响氧化速度和深度。多环环烷烃比例增大会带来热不稳定性
烷基苯和烷基萘	相当稳定，但氧化生成酸	++	中等的抗氧化剂感受性	不如饱和烃理想，但较环烷基苯或多环芳香烃理想得多
环烷苯	迅速氧化	—	通常对抗氧化剂感受性不好	不理想组分
多环芳香烃（三环以上）	氧化生成油泥。生成的酸类化合物可自动抑制氧化反应	——	对抗氧化剂感受性不好，是油泥生成的主要原因	无抗氧化剂时，芳香烃对硫的比值是关键性的
含硫化合物	起天然抗氧化剂作用，温度高于100℃时效果特别显著，但也有一些氧化促进剂性质	+	起共同抗氧化剂作用，在中性油中的最佳含量为0.5%（质量百分比）、变压器油中为0.1%（质量百分比）	在润滑油中苯并噻吩型硫化物是最主要的
极性化合物	氧化促进剂	0	对抗氧化剂感受性很差或没有	通常为不理想化合物

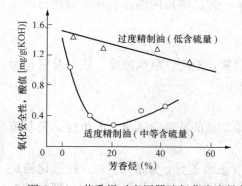

图 2-32　芳香烃对变压器油氧化安定性的影响
注：试验条件：温度为130℃，时间为48h。

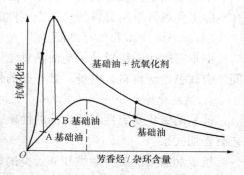

图 2-33　基础油最佳芳香烃含量

　　研究证明，油品中的胶质有延缓氧化的作用，是天然的抗氧化剂，深度精制过的油往往比未精制的油容易被氧化，向精制过的凡士林油中加入从各种石油馏分中分离出来的胶质时，凡士林油的抗氧化性在刚开始加入 1‰～3‰时随加入胶质量的增加而显著提高，以后，不再改善。另外，对于合成抗氧化添加剂的感受性来说，良好的精制油比精制不完全的油好。合成抗氧化剂的抑制润滑油氧化的能力比具有天然抗氧化性的胶质要强得多，而且胶质的热稳定性很差，产生的焦炭会对使用油品的设备工作性能产生不良影响。因而，胶质仍被划为润滑油中非理想成分，而应加以脱除。

　　油品中各种烃类氧化的化学行为各不相同，因而氧化产物对油品的影响也各异，烃类如经氧化生成醇类、酯类，则对润滑油无害；烃类氧化生成醛、酮、胶质时，由于这些氧化产物的进一步氧化和缩合，会使油品黏度增大，残炭上升，酸值增大，胶质、沥青质含量上升。表 2-31 列示了这种情况，许多氧化产物还会从油中析出，形成沉淀，堵塞油道，甚至润滑油被深度氧化而生成低分子羟酸，对用油的机件产生强烈腐蚀。烃分子含有短侧链或分支很多的侧链时，一般只需轻微氧化就能生成低分子酸，氧化生成的羟基酸不溶于油，会沉淀析出。氧化产物进一步生成皂类时，遇水与油品生成稳定的乳化液，破坏正常的润滑。氧化产物有机酸对金属腐蚀形成的各种金属有机酸盐，特别是油溶性的环烷酸铁，对油品烃类氧化产生了促进作用。例如，当油品含有 0.05%的环烷酸铁时，氧化 2h 就相当于没有加环烷酸铁在同一温度下氧化 72h。

表 2-31　　　　　　　　　　　　　某油品使用后性质的变化

性质	新油	废油	性质	新油	废油
恩氏黏度 $E_{50℃}$	10.2	16.1	胶质（%）	3	5.7
碳渣值（%）	0.6	1.75	酸值［mg/g(KOH)］	0.4	2.03
沥青质（%）	0	1.02			

2. 温度

　　温度是影响油品氧化重要的外界因素之一。温度对油品的氧化速度、氧化方向和氧化产物都有不同程度的影响。

　　（1）对氧化速度的影响。油品的氧化速度随温度升高而加快。许多实验证明，自室温以下，油品氧化极缓慢，若超过室温，温度继续升高时，其氧化速度将加快；超过 50～60℃后其氧化速度大大增加。从 60～70℃开始，每增加 10℃，氧化速度可增加 1～2 倍，温度越高氧化速度越快，见表 2-32 和表 2-33。

表 2-32　　　　　　　　　常压，不同温度下 1g 油吸收 5mL 氧所需时间　　　　　　　　　min

试油 \ 氧化温度（℃）	110	125	150	200	250	275	300
1	48 000	12 000	180	55	25	5	0.7
2	24 000	5500	95	25	9	1	1
3	—	12 000	170	45	17	4	4.4
4		480	20	5	2	1	0.5

表 2 - 33　　　　　　　　相同条件不同温度下作氧化试验时温度的影响

指　标	温　度　(℃)						
	50	60	70	90	105	120	150
出现沉淀时间 (h)	10 200	4000	3300	2064	1073	137	6
皂化值 [mg/g(KOH)，油]	0.72	1.27	1.36	0.44	0.54	0.58	0.60
酸值 [mg/g(KOH)，油]	0.05	0.09	0.06	0.04	0.05	0.04	0.06

从表 2 - 32 可知，吸收同样数量的氧，110℃时，需几万分钟，而在 300℃ 时仅需几分钟，甚至几十秒。在 50℃时出现沉淀时间为 10 200h，到 150℃时却只需 6h 就有沉淀出现，可见氧化速度是随温度升高而加快的。

温度升高，还会导致油中生成更多的油泥，当润滑油在金属表面成薄膜状态时，更显著。温度达到 270~300℃ 以上时，油开始热分解，生成 H_2O、CO_2 和含氧的碳化物等。

（2）对氧化产物的影响。随油品氧化温度的升高，其中间产物—醇、醛、酮等可以进一步发生氧化、缩合、聚合等反应，从而加速二次氧化产物—胶质、沥青质等的生成。

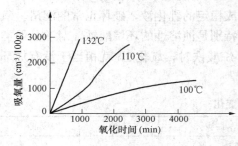

图 2 - 34　温度对同一烃类氧化曲线的影响

（3）对氧化曲线的影响。从图 2 - 34 可知，同一油品在温度较低时，为自动抑制氧化曲线；温度较高时，为自动催化氧化曲线。

由上述可知，升高油温是加速油品氧化的重要因素。因此，应尽量保持油品在低温下使用，以减缓油品的氧化。

3. 氧气

氧气存在是油品氧化的根本原因。单位体积的油品中，氧化气体中氧气浓度增加或氧化气体总压力增加，皆能加速油品的氧化，其氧化曲线为自动催化型。增大油与空气的接触面，同样会加速油品的氧化，增加二次氧化产物的量，见表 2 - 34 和表 2 - 35 所示。

表 2 - 34　　　　　　氧气浓度对同一油品氧化的影响（其他条件均相同）

氧化温度 (℃)	空 气 氧 化			氧 气 氧 化		
	酸 值 [mg/g(KOH)]	皂化值 [mg/g(KOH)]	沉淀值 (%)	酸 值 [mg/g(KOH)]	皂化值 [mg/g(KOH)]	沉淀值 (%)
90	0.108	0.253	无	0.189	0.305	无
120	0.188	0.243	无	0.290	0.641	无
150	0.653	1.003	微量	2.85	—	0.229

表 2 - 35　　　　　　某润滑油与空气接触面不同时的氧化情况

氧化条件	油与空气的接触面 (cm²)	氧化后沉淀物 (%)
150℃下，通空气 氧化 15h	9	0.01
	25	0.08

4. 催化剂

油中金属及其盐类几乎都能起到催化氧化的作用，通常将这类物质称为油品氧化的催化剂。

金属对油品氧化的催化效应，主要与金属表面的新机体有关，它可以促使自由基的生成，即

$$M+O_2 \longrightarrow M\cdots\cdots O_2$$

油中有机酸腐蚀金属生成的盐—有机酸金属皂化物、环烷酸或其他有机酸氧化生成的盐等，溶解在油品中的金属盐能加速油品的氧化，增加沉淀物的生成。其影响程度与金属离子、电子的直接传递有关，如果油中同时又有水时，这种现象更严重。反应式为

$$ROOH+M^{2+} \longrightarrow RO\cdot+M^{3+}+OH^-$$
$$ROOH+M^{3+} \longrightarrow ROO\cdot+M^{2+}+H^+$$

如果将同一油样装入不同的金属容器，在相同温度和时间下进行氧化试验，其结果如图 2-35 所示。单体金属催化作用由强到弱的顺序是铜、镍、银、铬、锡、铝、铁、镁、锌、铅等，非单体金属的氧化铜、青铜、黄铜等，都接近铜的催化氧化作用。多种金属（或合金）比单一金属的催化作用强，两种不同金属组合时对油催化氧化作用强弱顺序是铜加铁、铜加锌、铜加铝、铜加氧化铜等。催化剂也能影响油品氧化产物的分布，可能加速二次氧化产物的生成。很多

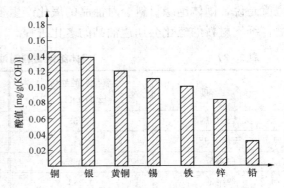

图 2-35 不同金属容器对油品酸值的影响

用油设备都是多种金属的组合，尤其铜和铁的组合设备，对油催化作用更强。可采用金属表面刷漆，使用耐油腐蚀的纤维制品等方法使金属与油隔离开来防止其对油品的催化氧化作用。

5. 油的精制深度

油的精制用药（酸、碱、白土等）的用量要适当（一般通过小型试验用量来决定），才能得到合格的油。如果药量不够，精制不足，油中非理想成分将未除净；如果药量过大，又会精制过度，不仅除净了油中非理想成分，还把油中一些理想组分也同时除掉，尤其是油中的天然抗氧化剂，会使油的氧化安定性大大降低，也会使油质变差。

6. 电场和日光

空气存在时，在电场作用下会加速油品的氧化作用，使油的吸氧能力提高，并进一步促进氧化产物加速转化，使沉淀物和皂化值均增加，如表 2-36 所示。油在电场作用下还会析出气体，气体极化放电也是不利的。

日光中的紫外光能加速油中的烃类分子产生活性自由基，在空气和氧存在的条件下，发生自动氧化反应，加速油品的劣化。例如，位于户外的充油电气设备上的高压套管（透明、玻璃制）内和油位指示器内的绝缘油，因经常被日光照射，氧化速度较快，容易变质。

表 2 - 36　　　　　　　　　　　　　　　**电场对油品氧化的影响**

氧化条件		被氧化物的分析			
		沉淀（%）	皂化值 [mg/g(KOH)]	酸值 [mg/g(KOH)]	
				油中	沉淀中
90℃、6个月	没有电场作用	1.10	1.84	0.049	0.369
	有电场作用，$U=25\mathrm{V}$	2.54	2.45	0.099	0.988

7. 固体绝缘材料

绝缘油在使用中，难免与固体绝缘材料如云母片、环氧树脂制品、电缆纸、丝绸带等接触，而这些绝缘材料由于本身的化学组成等情况不同，因而对油品氧化的影响也各不同，见表 2 - 37。试验表明，多数绝缘材料长期与油接触时，会对油品的氧化产生不同的催化作用。也就是说，固体绝缘材料会对油品的氧化产生叠加效应，油的老化促进纤维材料的老化，反之，纤维材料的老化会加速油品的老化进程。

表 2 - 37　　　　　　　　　　　**固体绝缘材料对油品氧化的影响**

名　称	氧化后的酸价 [mg/g (KOH)，油]	名　称	氧化后的酸价 [mg/g (KOH)，油]
天然云母制品	0.058	丝蜡线	0.164
天然云母	0.032	电缆纸	0.045
白布带	0.082	电话纸	0.032
丝绸带	0.043	黄蜡布	0.067
棉棒带	0.123	环氧树脂制品	0.025

注　试验为国产原 25 号变压器油，油温为（102±1）℃，时间为 50h，试油质量与材料质量之比为 1500∶1。

（五）油品的氧化安定性使用意义

油品的氧化安定性是其最重要的化学性能之一，氧化安定性指标能估计油品使用寿命。油品的氧化安定性越好，则通过氧化试验后所测得的酸值、沉淀物含量就越小，此油使用时寿命就长，对用油设备的危害也越小。

五、破乳化时间

破乳化时间又称破乳化度，指在特定的仪器中，一定量的试油与水混合，在规定的温度下，搅拌一定时间，油品与水形成乳状液，从停止搅拌到油层和水层完全分离时止所需的时间。

常依据 GB/T 7605—2008《运行中汽轮机油破乳化度测定法》测定油品的破乳化时间，其测定过程为将 40mL 试油、40mL 蒸馏水注入量筒中，并将量筒置于恒温水浴中，用特制的搅拌浆和规定的搅拌速度搅拌 5min，停止搅拌并同时用秒表记时，观察油水的分离情况，当油水分界面的乳状液层体积小于或等于 3mL 时油水分离结束，记录时间，用 min 表示。

影响油品的破乳化时间的主要因素如下：

（1）油品的精制深度。在油品的炼制过程中，由于精制的深度不当、清洗不彻底，油中有残余的环烷酸及其盐类等表面活性物质会使油品的破乳化时间增长。

（2）设备的腐蚀程度。油中混有由于设备腐蚀带来的金属物质和外来砂土、尘埃等粉状物质，以及某些酸类物质，妨碍了油水分离，延长了油的破乳化时间。

（3）油品的运行环境。油在运行中由于相互摩擦，同时与空气接触，会被氧化生成环烷酸及其他有机酸，使油中环烷酸金属皂化物增加，即增加了表面活性物质，使破乳化时间增长。

（4）油品的使用年限。运行了多年的汽轮机油，因其老化程度较深，油中所形成的油泥、泥渣等，也能促使油乳化，延长油的破乳化时间。

因此，汽轮机油的破乳化时间是鉴别油品精制深度、受污染的程度以及老化深度等的一项重要指标。

破乳化度是评定油品抗乳化性能的质量指标。破乳化时间越短，表示油品抗乳化能力越强，其抗乳化性能越好。汽轮机油在运行中，往往由于设备缺陷或运行调节不当，使汽、水漏入油系统中，一旦油水形成的乳化液在轴承等处析出水分，不仅腐蚀金属，还会破坏油膜，降低汽轮机油的润滑作用，增大机械部件的摩擦，引起轴承过热，以至损坏机件；而且加速油品的氧化，使酸值升高，产生较多的氧化沉淀物，反过来又延长了油品的破乳化时间，使油品的性能进一步恶化。为了防止运行汽轮机油形成乳化液造成的危害，要求汽轮机油必须具有良好的破乳化时间，以保证油质能在设备中长期使用。

六、液相锈蚀试验及坚膜试验

液相锈蚀试验及坚膜试验是鉴定汽轮机油与水混合时，防止金属部件锈蚀的能力，也是评定添加防锈剂的防锈效果的监督指标。

液相锈蚀试验的测定过程：将 300mL 试样和 30mL 蒸馏水或合成海水混合，把圆柱形的试验钢棒全部浸在其中，在 60℃的条件下，以一定的速度不断搅拌试样，维持 24h 后（也可根据合同双方的要求，确定适当的试验周期），取出试棒，用目视检查试棒的生锈程度，可分为无锈、轻微锈蚀（限于锈点不超过 6 个，每个锈点直径不大于 1mm）、中等锈蚀（锈蚀超过 6 个点，但小于试验钢棒表面积的 5%）及严重锈蚀（锈蚀面积超过试验钢棒表面积的 5%）。详细步骤可查阅 GB/T 11143—2008《加抑制剂矿物油在水存在下防锈性能试验法》。

坚膜试验是将经过液相锈蚀试验无锈的试棒，不做任何处理，立即抽入盛有 300mL 蒸馏水的无嘴烧杯中，继续在规定的条件下进行试验，试验结束后，检查试棒有无锈斑，如无锈，即为坚膜试验合格。

汽轮机在运行条件下，不可避免地有水侵入油系统中，促进油质乳化，引起油系统产生锈蚀，严重时可造成调速系统卡涩、机组磨损、振动等不良后果。为此要求汽轮机油有一定的防锈性能，可通过液相锈蚀试验来鉴别汽轮机油防锈性能的好坏。为了改善和提高汽轮机油的防锈性能，除了提高设备的检修质量、加强运行调整外，通过采用往汽轮机油中添加"T746"（十二烯基丁二酸）防锈剂的方法，可通过液相锈蚀试验控制"T746"的补加时间和补加量，监督汽轮机油中添加防锈剂的效果。

七、腐蚀性硫

硫通常是从原油中转移到油品中来的，它可能是稳定的化合物或不稳定的化合物，不稳定的化合物是油品中不允许有的。活性硫化物包括元素硫、硫化氢、低级硫（CH_3SH）、二氧化硫、三氧化硫、磺酸和酸性硫酸酯等，它能腐蚀金属。某些活性硫化物对铜、银（开关触头）等金属表面有很强的腐蚀性，特别是在高温作用下，能与铜导体化合，形成硫化铜，侵蚀绝缘纸，从而降低绝缘强度。因此，变压器油中不允许存在腐蚀性硫。

目前，检测油品中腐蚀性硫的主要是定性法，国外有 ASTM D1275、ASTM D275 - 06、ISO 5662 和 DIN 51353 和 IEC 6253 等标准方法。国内的测定方法有 GB/T 5096—1985《石油产品铜片腐蚀试验法》和石油化工行业标准 SH/T 0304—1999《电气绝缘油腐蚀性硫试验法》，等同于 ISO 5662 方法，与 ASTM D1275A 方法类似；GB/T 25961—2010《电气绝缘油中腐蚀性硫的试验法》依据 ASTM D275 - 06 制定；SH/T 0804—2007《电气绝缘油腐蚀性硫试验　银片试验法》采用德国国家标准 DIN 51353。DL/T 285—2012《矿物绝缘油腐蚀性硫检测法　裹绝缘纸铜扁线法》依据 IEC 62535《绝缘液体—检测已用和新绝缘油中潜在腐蚀性硫的试验方法》。

GB/T 5096—1985 规定把一块已经磨光好的铜片浸没在一定量的试样中，并按产品标准要求加热到指定的温度，保持一定时间，待试验周期结束时，取出铜片，经洗涤后与腐蚀标准色板进行比较，确定腐蚀级别，见表 2 - 38。

GB/T 25961—2010 规定了新的和在用的石油基电气绝缘油中无机和有机硫化物等腐蚀性硫化物的检测方法，其方法是将处理好的铜片放入盛有 220mL 绝缘油的密封厚壁耐高温试验瓶中，在 150℃下保持 48h，试验结束后观察铜片的颜色变化，判断硫、硫化物造成的腐蚀情况。参见表 2 - 38 和表 2 - 39。

表 2 - 38　　　　　　　　　　　　　　腐蚀标准色板的分级

分级	名称	说　　明
新磨光的铜片	—	新打磨的铜片因老化而使其外观无法重现，因此没有进行描述
1	轻度变色	(1) 淡橙色，几乎与新磨光的铜片一样。 (2) 深橙色
2	中度变色	(1) 紫红色。 (2) 淡紫色。 (3) 带有淡紫蓝色或银色，或两种都有，并分别覆盖在紫红色上的多彩色。 (4) 银色。 (5) 黄铜色或金黄色
3	深度变色	(1) 洋红色覆盖在黄铜色上的多彩色。 (2) 有红和绿显示的多彩色（孔雀绿），但不带灰色
4	腐蚀	(1) 明显的黑色，深灰色或仅带有孔雀绿的棕色。 (2) 石墨黑色或无光泽的黑色。 (3) 有光泽的黑色或乌黑发亮的黑色

表 2 - 39　　　　　　　　　　　　　　铜片腐蚀性的判断依据

结果判断	试验铜片的描述
无腐蚀性	试验呈橙色、红色、淡紫色、带有淡紫蓝色或银色，或两种都有，并分别覆盖在紫红色上的多彩色；银色、黄铜色或金黄色，洋红色覆盖在黄铜色上的多彩色；有红和绿显示的多彩色（孔雀绿），但不带灰色
腐蚀性	试样呈明显的黑色、深灰色或褐色，石墨黑色或无光泽的黑色，有光泽的黑色或乌黑发亮的黑色，有任何程度的剥落

SH/T 0804—2007 操作要点是将处理好的银片在 100℃的绝缘油中保持 18h，试验结束后检查银片的颜色变化（见表 2 - 40）来判定硫、硫化物造成的腐蚀情况。

表 2 - 40 有腐蚀性硫和无腐蚀性硫的判断依据

试验银片的描述	结果判断
试验银片没有明显变色，使银片出现微弱的金黄色	无腐蚀性硫
试验银片发生变色，从浅灰色或棕色变成深灰色至黑色	腐蚀性硫

DL/T 285—2012，规定了充油电气设备用矿物绝缘油中潜在性腐蚀性硫测试的裹绝缘纸铜扁线法。其方法概要为将 15mL 油样装入 20mL 顶空瓶里，放入规定尺寸的包裹一层绝缘纸的铜扁线，密封后在（150±2）℃下进行 72h 试验，观察铜扁线的表面变化情况来确定被试油样中的潜在腐蚀性硫。检查被绝缘纸包裹的铜扁线的表面，如果铜扁线表面显示石墨灰、深褐色或者黑色中的任何一种，结果为腐蚀，其他颜色为非腐蚀；可借助于放大镜（放大倍数约为 5 倍）观察绝缘纸的内表面和外表面，绝缘纸上的沉积物表现出金属性，类似于铅或者锡的颜色，也会有银、黄铜或古铜色，由于干扰现象，硫化铜类似金属性的外表面也会出现蓝色和紫色的重叠色。其他的变色（如纸劣化和油变质的副产品）不被认为是有硫化铜形成。在绝缘纸的内表面和外表面都可能会形成硫化铜。即使硫化物在任何部位都可能形成，也要特别注意边缘以及弯曲面的内部。边缘上的沉积物可能是在切割铜线时，铜直接转移到纸上去的。如果仅仅在纸的边缘出现光泽，一般认为是非腐蚀的，除非被证明是硫化铜。虽然用绝缘纸变色来确认硫化铜形成一般是非常明显的，但绝缘纸变色很严重时，也可能会模糊。此时可通过用扫描电镜—能量色散 X 射线（SEM-EDX）或者类似的方法来测定绝缘纸上总的铜含量和硫含量的方式进一步确定。注意 SEM-EDX 或者绝缘纸上铜和硫含量的测定也能作为参考。当两个平行样中的铜或绝缘纸，或者两者都被观察认为具有腐蚀性，应判断此油具有潜在的腐蚀性；当两个平行样中的铜和绝缘纸被观察认为具有非腐蚀性，则此油是非腐蚀性的。如果两个平行样测试结果不同，应重复试验。

注意：如果在绝缘纸的检验结果分析中存在任何疑点，都应该用其他方法（如扫描电镜—能量色散 X 射线）来分析沉淀物的组成。如果沉淀物中鉴定出硫化铜，那么应判定此油具有潜在腐蚀性。

以上定性方法主要缺点是评价测试带有主观性，即依靠金属表面或者纸层表面的变色程度来判定腐蚀性。目前，国外已尝试原子发射检测装置的气相色谱（GC-AED）、气相色谱-质谱联用（GC-MS）和电感耦合等离子光谱法（ICP）等方法定量分析油中总硫的变化，采用频率响应分析（FRA）间接方法检测硫化亚铜等方法。

通过铜或银片腐蚀实验，可预知油品在使用时，对金属腐蚀的可能性。因为油品中绝对不允许有活性硫存在，否则应除掉，以保证设备金属部件不被腐蚀。如绝缘油中不允许有活性硫，即使只有十万分之一，也会对导线绝缘发生腐蚀作用。因此，对新绝缘油及硫酸白土再生后的再生油，必须进行活性硫试验，合格后方能使用。

第三节 油品的电气性能

绝缘材料电气性能的好坏，直接影响电气设备运行的可靠性和安全性。当绝缘材料电气性能变差时，可能导致电气设备的绝缘击穿，引起设备损坏事故。因此早期预测绝缘材料电气性能的变化，可以防止事故发生。油品的电气性能一般针对绝缘油而言，表征绝缘油电气性能的参数主要有相对介电常数（相对电容率）、体积电阻率、击穿电压、介质损耗因数、电场作用下的析气性、油流带电等。

一、绝缘油的相对介电常数（系数）

（一）绝缘材料的极化

绝缘介质的分子结构可分为中性的、弱极性的和极性的，但从宏观来看都是中性不带电的。绝缘材料由带正电及带负电的质点构成。在外加电场的作用下，这些带电质点将沿着电场方向作有限的位移，或有规律地排列，并对外显示出极化。当外加电场消失时，又恢复原状，这种现象称为电介质极化。不同绝缘材料的极化特性是不一样的，其极化的强弱、快慢各不相同。根据极化是否消耗能量可分为无能量损耗的极化（无损极化）和有能量损耗的极化（有损极化）两种。

无损极化即极化过程中不消耗能量，包括电子位移和离子位移极化两种形式。有损极化是在极化过程中消耗能量，包括偶极松弛极化、夹层介质界面极化和空间电荷极化。

极化基本形式如图 2-36 所示。

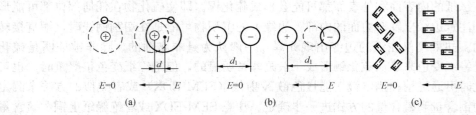

图 2-36　极化基本形式示意图
(a) 电子位移极化；(b) 离子位移极化；(c) 偶极松弛极化

1. 电子位移极化

当物质原子里的电子轨道受到外电场的作用时，原子或离子中的价电子将沿电场相反的方向移动，与原子核间产生偶极矩，发生极化，其大小随着外加电场的增强而增大。它有两个特点：

（1）极化所需时间极短，为 $10^{-15} \sim 10^{-14}$ s，且不随频率而变化。

（2）具有弹性，当去掉外电场后，依靠正、负电荷间的吸引力自动恢复到原来的非极性状态，因此这种极化没有损耗。温度对电子位移极化影响不大。

2. 离子位移极化

固体无机化合物多数属离子式结构，如云母、陶瓷材料等。无外电场作用时，不呈现极性。在外电场作用下，使整个分子呈现极性。离子式极化也属弹性极化，几乎没有能量损耗。形成极化所需时间也很短，为 $10^{-13} \sim 10^{-12}$ s。

温度对离子位移极化的影响存在着相反的两种作用，即离子间结合力随温度升高而降低，使极化程度增加，但离子的密度随温度升高而减少，则使极化程度降低，通常前一种因素影响比较大，离子位移极化随温度的升高而增强。

3. 偶极松弛极化

具有偶极矩的分子或基团，在无电场作用下，它们的分布是混乱的，宏观地看，电介质不呈现极性。在电场的作用下，分子间联系较紧密的偶极子顺电场方向扭转，分子间联系较松散的偶极子顺电场排列，整个电介质也形成了一种特殊的分子，好像分子的一端带正电荷，另一端带负电荷似的，这种极化是非弹性的，因而形成一个永久的偶极矩。此种极化所需的时间较长，进行缓慢，为 $10^{-12}\sim10^{-2}$s，故称松弛极化，极化中有较大的能量损耗。

4. 夹层介质界面极化

由两层或多层不同材料组成的不均匀介质，叫夹层电介质。高压电气设备的绝缘往往由几种不同的材料组成，绝缘介质是不均匀的，这种情况下会产生夹层介质界面极化现象。

当施加外加电场后，其中联系较弱的离子将沿电场反方向移动，并聚集在界面上形成夹层极化。在交流电场的作用下，其极化程度将加强，极化过程特别缓慢，所需的时间可由几秒到几分钟或更长，有能量损耗，而且伴随有介质损坏。

5. 空间电荷极化

介质内的正、负自由离子在电场作用下改变分布状况时，便在电极附近形成空间电荷，称为空间电荷极化。它和夹层介质界面极化现象一样都是缓慢进行的，因此假使加上交变电场，则在低频和超低频阶段发生，而在高频时因空间电荷来不及移动，就没有这种极化现象。空间电荷极化会增大电容器的电容量，产生绝缘的吸收现象。

（二）相对介电常数（相对电容率）

极化是电介质在电场（气体、液体、固体电介质加上电压后就存在电场）作用下发生物理过程的一种现象。虽然此过程在电介质内部进行，但可通过此物理过程的外在表现来证实极化过程的存在。图 2-37 中两个平行平板电容器，它们的结构尺寸完全相同。图 2-37（a）电容器极板间为真空，而图 2-37（b）电容器极板间为固体电介质。实验表明，尺寸结构相同的电容器，由于极间介质的不同，电容量是不同的，真空电容器的电容量是最小的，即图 2-37（b）电容器的电容量要大于图 2-37（a）电容器的电容量。

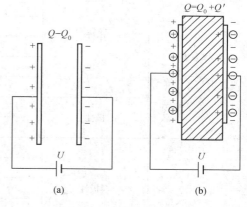

图 2-37 电介质的极化
(a) 极板间为真空；(b) 极板间为固体电介质

图 2-37（a）中，在极板上施加直流电压 U 后，两极板上分别充上电荷量 $Q=Q_0$ 的正、负电荷，则

$$Q_0 = C_0 U \qquad (2\text{-}21)$$

$$C_0 = \frac{\varepsilon_0 A}{d} \qquad (2\text{-}22)$$

式中　C_0——极板间为真空时的电容量；
　　　ε_0——真空的介电系数；
　　　A——金属极板的面积；
　　　d——极板间距离。

在极板间放入一块厚度与极板间距离相等的电介质，就成为图 2-37（b）所示的电容器，此时电容器的电容量变为 C，极板上的电荷量变为 Q，则

$$C = \frac{\varepsilon A}{d} \qquad (2\text{-}23)$$

$$Q = CU \qquad (2-24)$$

式中 ε——固体电介质的介电系数。

由于 $C > C_0$，而 U 不变，所以 $Q > Q_0$。这表明放入固体电介质后，极板上的电荷量有所增加。若放入的电介质材料不同，电介质极化的强弱程度也不同，极板上的电荷量 Q 也不同，因此，Q/Q_0 就表征了在相同情况下不同电介质的不同极化程度，即

$$\frac{Q}{Q_0} = \frac{CU}{C_0 U} = \frac{C}{C_0} = \frac{\varepsilon}{\varepsilon_0} = \varepsilon_r \qquad (2-25)$$

式中 ε_r——电介质的相对介电常数（系数），简称介电常数（系数）。

ε_r 值由电介质的材料所决定。气体分子间的间距很大，密度很小，因此各种气体电介质的 ε_r 均接近于 1。常用的液体、固体介质的 ε_r 大多在 2～6 之间。不同电介质的 ε_r 值随温度、电源频率的变化规律一般是不同的。表 2-41 为 20℃时在工频电压下一些常用介质的相对介电常数。

表 2-41   **常用介质的相对介电常数**

材 料 类 别		名 称	ε_r（工频，20℃）
气体介质	中性	氦气	1.000 074
		氢气	1.000 26
		氧气	1.000 51
		氮气	1.000 58
		氩气	1.000 56
		空气	1.000 58
	极性	硫化氢	1.004
		二氧化硫	1.009
液体介质	弱极性	变压器油	2.2
		硅有机液体	2.2～2.8
		油漆	3.5
		煤油	2～4
		松节油	2.2
	极性	蓖麻油	4.5
		氯化联苯	4.6～5.2
	强极性	乙醇	33
		水	81
固体介质	中性或弱极性	石蜡	2.0～2.5
		聚苯乙烯	2.5～2.6
		聚四氟乙烯	2.0～2.2
		橡胶	2～3
		纸	2.5
		松香	2.5～2.6
		沥青	2.6～2.7

续表

材　料　类　别		名　　称	ε_r（工频，20℃）
固体介质	极性	胶木	4.5
		纤维素	6.5
		聚氯乙烯	3.0～3.5
	离子性	云母	5～7
		电瓷	5.5～6.5
		超高频瓷	7～8.5

　　液体绝缘材料的相对介电常数也称为（相对）电容率，其测定方法详见 GB/T 5654—2007《液体绝缘材料　相对电容率、介质损耗因数和直流电阻率的测量》。它是表征一电容器的两电极周围和两电极之间均充满该液体绝缘材料时所具有的电容量与同样电极结构在真空中的电容量之比。在油浸式变压器中，ε_r 是计算内部绝缘系统电容量和决定电场分布及冲击电压沿线匝分布的一个重要参数。

　　二、绝缘油的体积电阻率

　　（一）绝缘材料的泄漏电流（电介质的电导）

　　从物质结构来看，物质由原子构成，而原子是由带正电的原子核及带负电的电子构成的，导电材料就是其中存在着可以自由移动的带电质点，如金属中的自由电子，液体中的离子、电子或离子的定向移动就形成了电流。

　　绝缘材料由于原子中的原子核与电子间的束缚力强，不能形成自由电子或离子，所以不导电。但实验证明绝缘油仍存在微弱的导电性，在绝缘材料中总存在着一些联系较弱的带电质点，在外电场作用下这些带电质点沿电场方向运动就形成了泄漏电流。泄漏电流的大小与绝缘材料本身有关，与外加电场大小有关，而与外电场的变化频率无关。

　　固体绝缘材料的泄漏电流路径，一是通过材料内部，二是通过材料表面。通过材料内部的泄漏电流的大小与温度有关，温度越高，材料中的导电离子数越多，则泄漏电流越大；同时，它与材料内部是否受潮有关，受潮后泄漏电流显著增大。而表面泄漏电流大小也与绝缘材料是否受潮、是否脏污有关。当天气潮湿、材料表面有脏污时，其表面泄漏显著增大。在绝缘预防性试验中，应把绝缘材料内部的泄漏与表面泄漏区分开，以便采取不同的处理方法。如对电流互感器、开关等有瓷套的设备，发现其泄漏电流大时，若判断为表面泄漏大，则只需轻擦其瓷质绝缘表面即可解决；若判断为内部泄漏大，则需进行解体干燥或滤油处理。

　　（二）绝缘油的电导

　　对绝缘油施加一定的直流电压后，其中会有极微弱的电流通过。在施加电压的初瞬间，由于各极化的发展，油中流过的电流将随时间的延长而减少，经过一段时间后，极化过程结束，其电流趋于稳定。绝缘油之所以有微弱的导电能力，主要由离子电导和电泳电导引起。

　　（1）离子电导。是指由绝缘油中烃分子和杂质分子离解为离子所产生的电导。油品烃分子在高温作用下，因热离解而形成离子（本征离子），产生本征离子电导；由外界掺入杂质所形成的离子（杂质离子），产生杂质离子电导。以上两种统称为离子电导。杂质离子是引起绝缘油离子电导的主要因素，因此，电导率是判断绝缘油纯净程度的灵敏指标之一。

　　（2）电泳电导。运行的绝缘油中往往存在微量的水分、游离碳和某些表面活性剂等杂质，易形成胶体。胶体颗粒吸附电荷后，形成带电质点。在电场作用下，这些带电质点，做定向运动，构成了电泳电导。

此外，绝缘油在高压电场的作用下，可以各种形式（如阴极发射等）产生初始电子，而这些电子作为载流子，可使绝缘油形成电子电导。在强电场（100MV/m以上）中，因绝缘油自身的碰撞电离所产生的电子，也能形成电子电导。

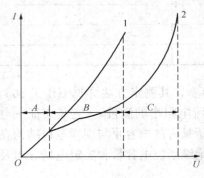

图 2-38　绝缘油的电流—电压特性曲线
1—杂质较多绝缘油；2—杂质较少绝缘油

绝缘油的电流—电压曲线如图 2-38 所示，此图为两种绝缘油在平板电极中的电流—电压特性曲线。图中 A 区电流随电压升高而成正比增大，符合欧姆定律，绝缘油的电阻率是根据此范围定义的。B 区电流随电压升高而缓慢地增大。含杂质较少绝缘油的电流增大有不太明显的饱和趋势，是此类曲线；而含杂质较多的绝缘油的电流与电压几乎呈直线关系，属 A 区曲线。C 区电压增至很高时，电流急剧增加，此区为绝缘油被击穿之前的区域，也称高电场电导区（电场强度≥10^4kV/m）。在该区域内除离子电导外，还有电子电导，因此，流出的电流按指数规律随电压增加而急剧增高。相对于 C 区而言，A 和 B 区是在比较低的电压下形成的电导，故称为低电场电导区，以离子电导和电泳电导为主。

（三）绝缘油的体积电阻率

1. 绝缘电阻和吸收比

如前所述，绝缘材料在电压作用下会产生泄漏电流。绝缘电阻反映绝缘油在一定的直流电压作用下，通过它的泄漏电流的大小。电流越小，绝缘电阻就越大，表示绝缘状态良好；反之，表示绝缘状态不良。实践证明，测定绝缘电阻的大小可以有效地发现设备绝缘的整体性或普遍受潮、脏污、绝缘油劣化等缺陷。

在外施直流电压下，绝缘材料的电流逐渐减小，而趋于某一恒定值，这种绝缘介质在充电过程中逐渐吸收电荷的现象叫做绝缘的吸收现象。在测量大容量电力设备的绝缘电阻时，明显地看到绝缘电阻数值和加压的时间有关。加压时间越长，绝缘电阻数值越高。

图 2-39 是绝缘介质在直流电压作用下等效电路及电流随时间变化曲线，在直流电压下，图中的 i_c 是电容的充电电流，衰减很快；i_a 是吸收电流，需要较长时间才趋于零，实际上它是绝缘材料缓慢极化过程的反映。I 为泄漏电流，反映绝缘电阻的大小。把在直流电压作用下，介质内产生的各电流对时间的变化曲线 i—t 称为吸收曲线。当绝缘受潮时，I 增加很多，i_c 不变，故 i—t 曲线将变得较平缓。由于吸收现象的存在，必须加压一定时间后才能测得真正的泄漏电流，即绝缘电阻。有的设备需加很长时间（理论上是无限长）才能稳定。一般规定以第 60s 的读数为绝缘电阻值，而将第 60s 的读数和第 15s 的读数之比成为吸收比。

2. 绝缘油的体积电阻率

在恒定电压的作用下，介质传导电流的能力称为电导率。绝缘油的电导率是表示在一定压力下，油在两电极间传导电流的能力。电导率的倒数则称为电阻率。某些常用电介质的电导率见表 2-42。

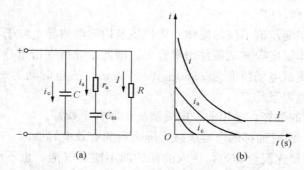

图 2-39　绝缘介质在直流电压作用下等效电路及电流随时间变化曲线

(a) 绝缘介质在直流电压作用下等效电路;

(b) 绝缘介质在直流电压作用下三种电流对时间变化曲线

i_a—吸收电流;i_c—电容的充电电流;I—泄漏电流;i—总电流

表 2-42　　　　　　　　　　　　某些常用电介质的电导率

液体名称	结构特性	20℃的电导率（S/cm）
苯		$10^{-13} \sim 10^{-14}$
变压器油	中性或弱极性	$10^{-12} \sim 10^{-15}$
硅有机液体		$10^{-14} \sim 10^{-15}$
苏伏油	极性	$10^{-10} \sim 10^{-12}$
蓖麻油		$10^{-12} \sim 10^{-13}$
乙醇	弱极性	$10^{-6} \sim 10^{-7}$
蒸馏水		$10^{-5} \sim 10^{-6}$

绝缘油的体积电阻率表示两电极之间单位体积绝缘油内电阻的大小。DL/T 421—2009 《电力用油体积电阻率测定法》将液体内部的直流电场强度与稳态电流密度的商称为液体介质的体积电阻率，通常以 ρ 表示，即

$$\rho = \frac{\dfrac{U}{L}}{\dfrac{I}{S}} = \frac{U}{I} \times \frac{S}{L} = R \times K \tag{2-26}$$

$$K = \frac{S}{L} = \frac{1}{\varepsilon \times \varepsilon_0}\left(\varepsilon \times \varepsilon_0 \times \frac{S}{L}\right) = 0.113 \times C_0 \tag{2-27}$$

式中　ρ——被试液体的体积电阻率，$\Omega \cdot cm$;

$\quad$ U——两电极间所加直流电压，V;

$\quad$ L——电极间距，m;

$\quad$ I——两电极间流过的直流电流，A;

$\quad$ S——电极面积，m^2;

$\quad$ R——电极间被试液体的体积电阻，Ω;

$\quad$ K——电极常数（S/L），m;

$\quad$ ε——空气的相对介电常数;

$\quad$ ε_0——真空介电常数（8.85×10^{-12}），$A \cdot s/(V \cdot m)$;

C_0——空电极电容，pF。

液体的体积电阻率测定值不仅与液体介质性质及内部溶解导电粒子有关，还与测试电场强度、充电时间、液体温度等测试条件因素有关。因此，除特别指定外，电力用油体积电阻率是指规定温度下，测试电场强度为（250±50）V/mm，充电时间为 60s 的测定值。

（1）测定时应注意以下几点：

1）必须使用专用的油杯，使用前一定要清洗干净并干燥好。

2）计算油杯的 K 值时油杯的电容应减去屏蔽后的有效电容值。

3）注油前油样应预先混合均匀，注入油杯的油不能有气泡，也不可有游离水和颗粒杂质落入电极。否则将影响测试结果。

4）油样测试完成后，将内外电极短路 5min、释放电荷后再行复试。否则测试结果偏差大，如短路后结果偏差仍大时，则应更换油样再测。

（2）影响油品体积电阻率的测定因素如下：

1）温度的影响。一般绝缘油的体积电阻率是随温度的升高而下降的。因此，测定时，必须将温度恒定在规定值，以免影响测定结果。

2）与电场强度有关。同一试油，电场强度不同，所测得体积电阻率也不同。

3）与施加电压的时间有关。一般在室温下进行测量时，施加电压的时间要长一些（不少于 5min）；高温测量时，加压时间可缩短一些（一般 1min）。总之，应按规定的时间进行加压。

（3）绝缘油的体积电阻率对油的离子传导损耗反映敏感，无论是酸性或中性的氧化产物，都会引起电阻率的显著变化，因此对绝缘油体积电阻率的测定，能可靠而有效地监督油质，近年来成为综合评定油质的电气性能的重要指标之一。

1）判断变压器绝缘特性的好坏。新绝缘油体积电阻率（$1\times10^{12}\sim1\times10^{13}\Omega\cdot cm$）很高，装入变压器后，变压器绝缘特性不受影响；反之，将会影响变压器的绝缘特性。绝缘油体积电阻率越低，影响越大。

2）在某种程度上能反映出绝缘油的老化和受污染程度。当油品受潮或者混有其他杂质时，会降低绝缘油的体积电阻率。老化油中产生的氧化物，也会降低绝缘油电阻率，油老化越深，绝缘电阻率降低越明显。

3）可以推算绝缘油的介质损耗因数和击穿电压。一般说来，绝缘油的体积电阻率越高，其油品的介质损耗因数越小，击穿电压越高；否则，反之。绝缘油的体积电阻率与介质损耗因数的经验公式为

$$\tan\delta=\frac{1.8\times10^{12}}{\varepsilon\times f\times\rho_v} \tag{2-28}$$

式中　ε——油的介电常数（30℃，$\varepsilon=2.23$）；

f——电场的频率，Hz；

ρ_v——被试液体的体积电阻率，$\Omega\cdot cm$。

三、介质损耗因数

（一）含义

介质损耗是指绝缘材料在电场作用下，由于介质电导和介质极化的滞后效应，在其内部引起的能量损耗。

绝缘油是一种能够耐受电应力的电介质。当对油施加交流电压时，电介质存在的能量消耗通过绝缘油的电流分为两部分，一是无能量损耗的无功电容电流（充放电）I_c；二是有能量损耗的有功电流 I_R。其合成电流为 I，如图 2-40 所示。从向量图可看出，所通过的电流与其两端的电位相差并不是 90°角，而是比 90°要小的一个 δ 角，即总电流 I 与无功电流 I_c 间的夹角，δ 角称为油的介质损耗角。介质损耗角 δ 的正切值 $\tan\delta$ 称为介质损耗因数。

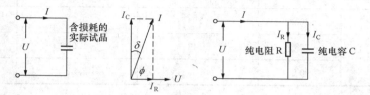

图 2-40　介质损耗因数测试原理

由于介质损耗是因油内含有不平衡电荷或极性分子而导致电阻性传导电流引起功率损失的，其大小可用功率因数（PF）来评定，功率因数是介质损耗角的正弦。在实际应用中，$\tan\delta$ 测得值低于 0.005 时，介质损耗因数 $\tan\delta$ 和功率因数基本相同。可用一个简单的换算公式将两者进行换算，两者之间的关系可表达为

$$PF = \frac{\tan\delta}{\sqrt{1 + (\tan\delta)^2}} \qquad (2-29)$$

绝缘油的介质损耗通常不用损耗功率 PF 表示，而直接用 $\tan\delta$ 即介质损耗因数表示。$\tan\delta$ 越大，绝缘油的介质损耗能量越大。

（二）影响因素

介质损耗因数测量步骤参见 GB/T 5654—2007，影响该指标测定的主要因素有水分和湿度、温度、氧化产物与杂质、施加的电压及频率等。

1. 水分和湿度

油中水分是影响介质损耗的主要因素。即使是没有被氧化的新油，只要其中有微量的水分就可使其 $\tan\delta$ 增大，如图 2-41 所示。这是因为水分的极性较强，受电场作用很容易极化而增大油的电导电流，促使油的介质损耗因数明显增大。

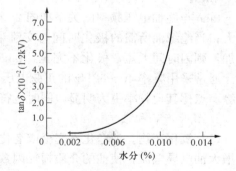

图 2-41　油中水分含量与 $\tan\delta$ 的关系

介质损耗因数与测量时的湿度也有关，通常湿度增大，油样的溶解水增加，从而增加 $\tan\delta$。因此，测量时应在规定的相对湿度下进行。

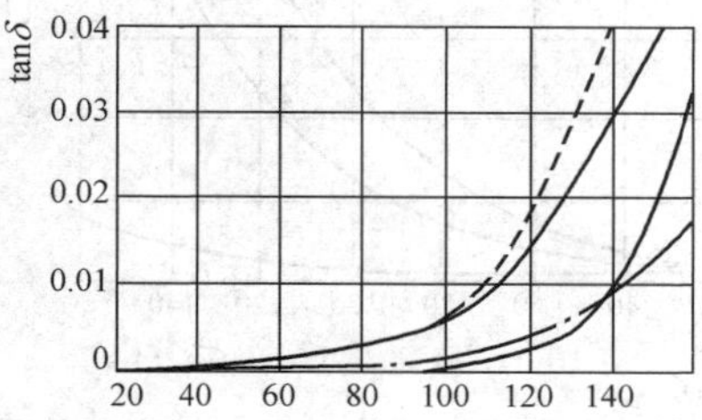

2. 温度

温度对 $\tan\delta$ 值的影响随电介质分子结构的不同有显著的差异。中型或弱极性电介质的损耗主要由电导引起，故温度对 $\tan\delta$ 的影响与温度对电导的影响相似，在 $\tan\delta$ 较小的情况下，$\tan\delta$ 随温度的升高而按指数规律增大，如图 2-42 所示。

图 2-42　$\tan\delta$ 与油温的关系

　　绝缘油是弱极性电介质的损耗，主要由电导引起，由于介质的电导率随温度变化而变化，所以当温度升高时，介质的电导随之增大，漏泄电流也会增大，故介质损耗因数也增大，见表 2-43。

表 2-43　　　　　　　　　　　　运行变压器油的 tanδ 与温度的关系

介质损耗		原 10 号	原 25 号	原 45 号
tanδ（%） （工频电压下测定）	29℃	0.04	0.21	0.62
	70℃	0.17	1.08	2.76
	90℃	0.35	2.52	5.95

　　实践证明，温度越高，质量好与差的绝缘油间的差别越明显。如图 2-42 所示，60℃时各油样的介质损耗因数几乎没有差别，但在 100℃时它们的差别明显，因此，油介质损耗因数的测量要在 80～100℃进行。当然从理论上是温度越高，介质损耗因数越大，但温度过高时能促进油质老化，也会影响测试结果，因此温度也不能太高。

　　3. 施加的电压及频率

　　一般在电压较低的情况下，进行介质损耗因数测量时，电压对介质损耗因数没有明显的影响。但当试验电压提高时，因介质在高电压作用下产生了偶极转移而引起电能的损失，则介质损耗因数值会明显增加。介质损耗因数随电压的升高而增加，因此在测定时，应按规定加到额定电压。现对施加交流电压用电场强度来界定，一般推荐电场强度为 0.03～1kV/mm。

　　tanδ 与施加电压频率的关系如图 2-43 所示，在一定频率范围内，tanδ 随频率的增加而增大；当绝缘油所需的极化时间与交流半周期的时间相等时，tanδ 达到最大值；若频率再增加，则因时间太短，极化不完全，tanδ 随之减小。因此应按规定选择恰当的试验电压频率。通常采用频率 40～62Hz 的正弦电压。一般取 50Hz 的工业频率，原因是其暴露介质的绝缘弱点比其他频率更为明显，同时也符合电气设备的实际使用情况。

　　4. 氧化产物和杂质

　　（1）氧化产物。油净化不完全或老化程度深时，油中所含的有机酸类等在电场的作用下会增大油电导电流，使油的介质损耗因数增大，如图 2-44 所示。

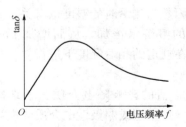

图 2-43　tanδ 与电压频率的关系

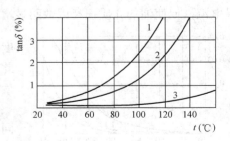

图 2-44　油净化程度不同的 tanδ 与温度的关系
1—净化过度的油；2—净化不够的油；3—正常净化的油

（2）溶胶杂质。变压器在出厂前残油或固体绝缘材料中存在着溶胶杂质，注油后使油受到一定的污染；在进行热油循环干燥过程中，循环回路、储油罐内不洁净或储油罐内有被污染的残油，都能使循环油受到污染，导致油中再次侵入溶胶杂质。这些溶胶杂质会导致电泳现象，使 $\tan\delta$ 增大。

（3）微生物细菌感染。变压器油中的微生物细菌感染问题受到广泛重视，是目前变压器油研究的关注点之一。通常认为，微生物细菌感染主要是在安装和大修中苍蝇、蚊虫和细菌类侵入造成的。在吊罩检查时发现有一些蚊虫附着在绕组的表面上。微生物细菌也有过滤的特性，大致可分为微小类、细菌类、霉菌类等，大多生活在油的下部沉积层中。由于污染所致，在油中含有水、空气、碳化物有机物、各种矿物质及微细量元素，因而构成了菌类生长、代谢、繁殖的基础条件。变压器油在运行时的温度也是微生物生长的重要条件。温度对油中微生物的生长及油的性能有一定影响，试验发现冬季的 $\tan\delta$ 较稳定。由于微生物都含有丰富的蛋白质，所以微生物对油污染实际是一种微生物胶体的污染。微生物细菌感染使油的电导损耗增大，$\tan\delta$ 增大。另外，由于微生物在油中的分布不均匀，使得 $\tan\delta$ 在不同的取样部位呈现不规则的变化。

5. 油的黏度

油的黏度偏低使电泳电导增加，导致 $\tan\delta$ 值升高。油单位体积中的溶胶粒子数 n 增加、黏度 η 减小，均使电泳电导增加，导致 $\tan\delta$ 值升高。

6. 热油循环

热油循环使油的带电倾向增加，导致 $\tan\delta$ 值升高。大型变压器安装结束之后，要进行热油循环干燥。一般情况下，制造厂供应的新油，其带电倾向很小，但当注入变压器以后，有些仍具有新油的低带电倾向，有些带电倾向则增大。经过热油循环之后，加热将使所有油的带电倾向均有不同程度的增加。油的带电倾向与变压器内所用的绝缘材料、油品及油的流速、温度等因素有关，因此在处理油的过程中，要特别考虑影响油品带电倾向增加的因素。

（三）测定的意义

介质损耗因数是评定绝缘油电气性能的一项重要指标，对判断变压器绝缘特性的好坏有着重要的意义。$\tan\delta$ 增大，严重会引起变压器整体绝缘特性的恶化。介质损耗使绝缘内部产生热量，介质损耗越大，则在绝缘内部产生的热量越多，从而又促使介质损耗越发增加，如此继续下去，就会在绝缘缺陷处形成击穿，影响设备安全运行。

对于新油而言，$\tan\delta$ 能明显地反映油品精制的程度。一般来讲，新油的极性杂质含量甚少，其介质损耗因数也很小，一般在 0.0001～0.001 之间。正常精制的油品当温度升高时，$\tan\delta$ 升高不大，而对于精制过度与精制不够的油，当温度升高时，$\tan\delta$ 则升高很快。

运行中油的介质损耗因数可表明油在运行中的老化程度。油的介质损耗因数是随油老化产物的增加而增大的，故将油的介质损耗因数作为运行监控指标之一。运行油介质损耗因数主要是反映油中泄漏电流而引起的功率损失，介质损耗因数的大小对判断变压器油的劣化与污染程度很敏感，特别是对极性物质，如经常使用的防锈剂、清净剂等。

介质损耗因数反映出油中是否含有污染物质和极性杂质，也表明运行中油的脏污程度或油的处理结果如何，但不能确定存在于油中极性杂质的类型。

四、击穿电压

在强电场作用下，也即外加电压很高时，绝缘材料内的电场强度超过某一极限值，就会使绝缘材料失去绝缘性能而成为导体，这种现象称为绝缘材料的击穿。发生击穿时的电压就称为击穿电压，也称为绝缘的耐电强度或绝缘强度。

(一) 电介质击穿

1. 气体介质的击穿

气体在正常情况下是良好的绝缘材料，但当电极间电压超过一定临界值时，气体介质就会突然失去绝缘能力而被击穿。气体间隙之所以会被击穿而产生火花放电通道，是由于在强电场作用下产生了强烈的游离过程。气体击穿现象和规律，可以用电子崩及流柱理论来描述，即气体中的带电质点（主要是电子），在电场中获得巨大的能量，与气体中性粒子碰撞时会引起碰撞游离，被碰撞游离出来的新电子在强电场加速下又将产生新的碰撞游离，这种连续不断的碰撞游离过程，便产生了电子崩。电子崩向前发展，不断有新的电子崩汇入，进一步形成高电导的等离子体通道——流柱。在长间隙不均匀电场中还将发展成先导和主放电通道，当高电导通道贯穿电极时，相当于气体间隙短路，从而失去绝缘性能而被击穿。

工程上所遇到的多为空气绝缘，空气电介质的击穿电压与不同性质的电压、气压、温度、湿度、电极形状及气间隙距离等有关。

由于气体放电理论还有待进一步完善，无法精确计算气体间隙的击穿电压。工程上大多参照一些典型电极的击穿电压试验数据来选择绝缘距离。

2. 液体介质的击穿

液体介质（如常用的变压器油等）的绝缘和灭弧性能比较好，同时，通过热油循环它又具有良好的散热性，因此在工程中得到广泛的应用。施加于液体电介质上的电压，升高到一定数值后，将引起介质击穿。关于纯净液体电介质的击穿机理有各种理论。这里主要介绍"小桥"理论、气泡理论及电击穿理论。

使用中的绝缘油总含有各种杂质，特别是极性杂质，诸如水分、低分子酸、皂化物、金属颗粒等，在电场作用下，沿着电场方向排列起来，在电极间形成导电的"小桥"，从而导致油被击穿，此为击穿的"小桥"理论。

气泡击穿理论是指运行绝缘油中存在的气泡在高压电场作用下会首先电离，电离时产生的电子能量较大，碰撞时使部分油品分子离解成气体，从而形成更多的气泡，如此反复，直到气泡连通两极，形成气体"小桥"时，导致绝缘油的击穿。

油品电击穿是在高压电场作用下，阴极发射出的电子被加速，油品分子受高速电子撞击而产生电离，导致油中电子倍增，电导增大，最后被击穿。

工程上用的绝缘油或多或少总会有杂质，在电场作用下，油中的杂质如水泡、纤维等，聚集到两电极之间，由于它们的介电常数比油的大的多，并被吸到电场较集中的区域，并顺着电场方向排列而形成"小桥"。"小桥"的介电常数比油大，使其周围的场强更为集中，从而使其周围的变压器油更易于游离；"小桥"的电导也比油大，这样较多的杂质构成一贯穿整个电极间隙的"小桥"时，就会有较大的电导电流，使"小桥"发热，油或水分局部气(汽)化，生成的气泡也沿着电场方向排列，导致击穿。

3. 固体介质的击穿

固体介质的击穿常见的有电击穿、热击穿及电化学击穿等。固体介质击穿场强与电压作用时间的关系及不同击穿形式的范围如图 2-45 所示。固体介质击穿后，出现烧焦或熔化的

通道、裂缝等，即使去掉外施电压，也不像气
体、液体介质那样能自己恢复绝缘性能。影响
固体介质击穿电压的主要因素有电压作用时间、
温度、受潮等。

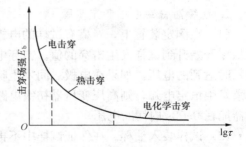

图 2-45 固体介质击穿场强与
电压作用时间的关系

（二）绝缘油击穿电压测定方法及原理

将绝缘油装入安有一对电极的油杯中，如
果将施加于绝缘油的电压逐渐升高，则当电压
达到一定数值时，油的电阻几乎突然下降至零，
即电流瞬间突增，并伴随有火花或电弧的形式
通过介质，此时通常称为油被击穿。油被击穿的临界电压称为击穿电压 U_b，击穿时的电场
强度称为油的绝缘强度 E_b。

绝缘油的击穿电压是评定其适应电场电压强度程度的重要绝缘性能之一。如果绝缘油的
击穿电压不合格通常是不允许使用的。

击穿电压 U（kV）与电场强度 E（kV/cm）的计算式为

$$E = \frac{U}{d} \tag{2-30}$$

式中 d——电极间距离，cm。

国内油品的击穿电压测定有 GB/T 507—2002《绝缘油 击穿电压测定法》和 DL/T
429.9—1991《电力系统油质试验方法 绝缘油介电强度测定法》两种标准。测定方法是
将放在专门设备里的被测试样经受一个按一定速率连续升压的交变电场的作用直至油击
穿。测量值与所用的测量设备和采用的方法有很大关系。电气强度试验接线及标准电极
外形尺寸如图 2-46 所示。GB/T 507—2002 参照 IEC 156 采用球形和球盖形电极油杯容
积 300~500mL。电极由磨光的铜、黄铜、青铜或不锈钢材料制成，电极面应光滑。一旦
电极面上有由于放电引起的凹坑时就应更换电极。DL/T 429.9—1991 建议经过滤处理，
脱气和干燥后的油及电压高于 220kV 以上的电力设备应按 GB/T 507—2002 采用球盖形
电极进行试验。

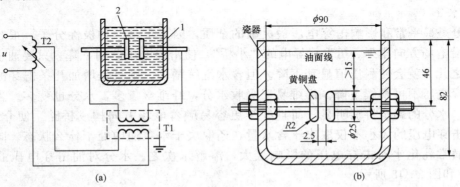

图 2-46 油击穿试验接线图及标准电极外形尺寸

（a）油击穿试验接线图；（b）标准电极外形尺寸（单位：mm）

1—油杯；2—电极；T1—高压试验变压器；T2—调压器

1. 绝缘油击穿电压测定步骤

(1) 在测定装置上，对盛有试样的电极两端施加 50Hz 交流电压，电压按 2kV/s 均匀速度从零开始升到试样发生击穿的值。击穿电压就是当电极之间发生第一个火花（瞬时或恒定的）时达到的电压。如果在电极之间发生瞬时火花（听得见的或可见的），则人为断开电路。如果发生恒定电弧，则高压变压器初级电路上的断路器能自动断开电路。断开电路的自动断路器能在 0.02s 内切断电压。

(2) 试样装入油杯。在保证试样中不再有空气泡后尽快地施加第一次电压（最迟在装油后 10min 进行）。

(3) 试样发生击穿后，用清洁、干燥的玻璃棒轻轻搅拌试样，搅拌时尽可能避免空气泡的产生。

(4) 待空气泡消失后 1min，再按要求施加第二次电压。如观察不到空气泡消失，则必须等 5min 后再一次进行击穿试验。

以上试验每个进行六次，以六次结果的算术平均值作为该试样的介电强度，单位为 kV。

2. 试验注意事项

(1) 油杯和电极在试验前要用纯净汽油洗净并烘干，平时不用时也必须保持清洁。

(2) 标准电极表面要保持合格的粗糙度，如有烧伤痕迹，必须加工合格后方能使用。

(3) 油样必须绝对清洁，不受污染，盛油容器应该是专用的。试验前，油样应静置一段时间，同时应用被试油冲洗油杯和电极两三次。被试油倒入油杯后，也应静置 10min。

(4) 试验应在室温为 15～30℃、湿度为 75% 以下进行，升压速率一般为 3kV/s 左右。重复试验 5 次，取平均值。每次试验后，要对电极间的绝缘油充分搅拌并静置 5min 后，再开始重复试验。原因是受绝缘油样品中存在的各种杂质组分布不均匀和油的运动（包括油中杂质的布朗运动）等因素的影响，击穿电压的测试结果具有分散性，因此要求进行数次测试，取各次测量的平均值作为测试结果。油样测试前还要静止放置一段时间，以提高测量结果的可信度。

(5) 注意试验报告还应记录使用电极的类型、油温。

(三) 影响绝缘油击穿电压测定因素

1. 水分

水分是最平常和影响击穿电压最灵敏的杂质，因为水是一种极性分子，很容易被拉长，并沿电场方向排列，可形成导电的"小桥"，使击穿电压急剧下降。只要油中含水仅十万分之几，就会使耐压值显著下降。但含水继续增多，则只是增加几条击穿的并联路径，击穿电压不再继续下降。纤维易于吸收水分，纤维含量多，水分也就多。当有纤维存在时，水分的影响特别明显，而且纤维更容易顺着电场方向构成桥路，使介质击穿。另外，击穿电压的大小不仅取决于含水量，还取决于水在油中处于什么状态。同样的含水量，通常乳化水对击穿电压的影响最大，溶解水次之。水分对油击穿电压的影响如图 2-47 和图 2-48 所示。

2. 气泡

油中含有微量的气泡，也会使击穿电压明显下降。气泡在较低电压下可游离，并在电场力作用下，在电极间也会形成导电的"小桥"，使油被击穿，降低了油的击穿电压。

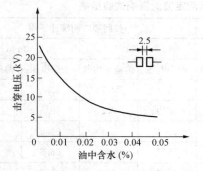

图 2-47　水分对油击穿电压的影响
（单位：mm）

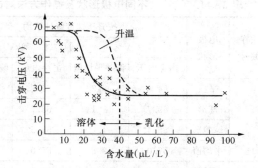

图 2-48　油的击穿电压与含水量
的关系曲线（室温 20℃）

3. 温度

油的击穿电压与温度的关系较为复杂，根据油中杂质和水分的有无而不同。如图 2-49 所示，对于不含杂质和水分的油品，一般温度下对击穿电压的影响不大，但当温度升高至一定程度时，则油分子本身因裂解而发生电离，且随着温度的升高，黏度减小，电子和离子由于阻力变小而运动速度加快，导致油品击穿电压下降。在同一温度下，图 2-49 中的干燥油，潮湿油的击穿电压要低。温度降低时油中水呈悬浮乳状，击穿电压值较小，在 0～60℃

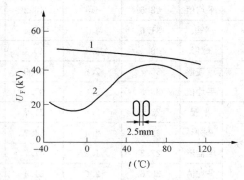

图 2-49　变压器油工频击穿电压与温度的关系
1—干燥油；2—潮湿油

范围内，介质的击穿电压，往往随温度的升高而明显增加，其原因是由于油中悬浮状态的水分随着温度的升高转变为溶解状态的缘故。但温度更高时，油中所含水分汽化增多，在油中容易形成导电的"小桥"，又使击穿电压下降。

当温度低于 0℃时，击穿电压随温度的下降而提高，这是因为油中悬浮水滴将冻结成冰粒，其介电常数与油相近，电场畸形变弱，再加上黏度增大，"小桥"不易形成，故击穿电压反而升高。

4. 游离碳和水分

当油中同时含有游离碳和水分时，油的击穿电压随碳微粒量的增加而下降。

5. 油老化产物

油老化后生成的酸值等产物是使水保持乳化状态的不利因素，因而会使油的击穿电压下降；而干燥不含水分的油，酸值等老化产物对击穿电压影响不明显。

6. 测试条件

（1）不同电极形状及操作方法对击穿电压测定值的影响。为使比较试验所用的油样具有一定代表性，选择了四种不同击穿电压等级的样品油样，其中 1 号样品油击穿电压值为 50～60kV；2 号样品油击穿电压值为 40～50kV；3 号样品油击穿电压值为 30～50kV；4 号样品油击穿电压值为 20～30kV。不同电极形状及操作方法对击穿电压测定值的影响试验结果见表 2-44。

表 2 - 44		不同电极形状及操作方法对击穿电压测定值的影响试验结果							kV
油样编号	电极形状	按升压速度统计平均				按间隔时间统计平均			
		3kV/s		2kV/s		5min		3min	
		击穿电压	偏差平均值	击穿电压	偏差平均值	击穿电压	偏差平均值	击穿电压	偏差平均值
1号	平板	54.8	3.2	50.9	3.5	52.2	3.7	53.5	3.0
	球形	59.7	1.1	58.7	3.2	58.9	2.3	59.5	1.9
	球盖形	56.4	4.2	55.5	5.8	55.4	5.1	56.5	5.0
	平均值	57.0	2.8	55.0	4.2	55.5	3.7	56.5	3.3
2号	平板	46.8	6.5	43.5	4.7	44.6	5.2	45.7	5.9
	球形	52.4	4.9	50.8	6.5	51.9	5.0	51.3	6.4
	球盖形	46.7	7.9	44.4	10.0	44.1	10.9	47.0	7.0
	平均值	48.6	6.4	46.2	7.1	46.9	7.0	48.0	6.4
3号	平板	31.6	4.5	35.4	4.5	33.8	4.4	33.2	4.7
	球形	38.2	5.4	40.4	6.5	37.8	5.9	40.8	5.4
	球盖形	36.7	7.6	37.9	7.1	36.1	7.2	38.6	7.5
	平均值	35.5	5.8	37.9	6.0	35.9	5.8	37.5	6.0
4号	平板	28.1	3.6	31.7	3.8	29.3	3.9	30.5	3.4
	球形	29.8	2.4	34.7	6.0	31.5	3.6	33.0	4.8
	球盖形	27.8	1.8	27.7	2.6	27.0	2.2	28.5	2.2
	平均值	28.6	2.6	31.4	4.1	29.3	3.2	30.7	3.6

从表 2 - 44 试验结果可以得出：

1) 使用三种不同结构形状电极测得击穿电压不论对哪种油样，都以球形电极的击穿电压值最高，球盖形次之，平板形相对较低（4 号油样测定结果有异常）。但无论哪种，都要避免尖端放电。

2) 如以平板电极测得值为准，则球形电极大致偏高 6kV，球盖形电极大致偏高 3kV 左右。当击穿电压值在 30kV 以下时，上述差别有缩减的趋势。

3) 不同升压速度（3kV/s 和 2kV/s）对击穿电压影响不大，其平均差值一般为±（2～3）kV 左右，小于各组测得值的标准偏差平均值。

4) 不同间隔时间的影响更小，间隔时间 3min 的平均值仅比间隔时间 5min 的高 1～2kV。原因是由于加上电压后，油中的杂质聚集到电极间或者是介质的发热等都需要一定的时间，所以油间隙击穿电压会随加电压的时间增加而下降。当油不纯净度及温度提高时，电压作用时间对击穿电压的影响小。经长时间工作后，油的击穿电压会缓慢下降，这常常是因油劣化、变脏等因素而造成的。经验说明，对纯净的油，间隔时间应短一些；而对杂质和水分含量较多的油，则间隔时间应长一点，这样就会使击穿电压值较高，分散性较好。但间隔时间过长，会影响试验结果，一般为 3～5min。

（2）电场均匀程度和电极间的距离。

1) 电场均匀程度。油的纯净程度较高时，改善电场的均匀程度能使工频或直流电压下的击穿电压明显提高。但在品质较差的油中，因杂质的聚集和排列已使电场畸变，电场均匀带来的好处并不明显。所以，考虑油浸式绝缘结构时，如在运行中能保持油的清洁，或主要承受冲击电压的作用，则应尽可能使电场均匀。

由式（2-30）可知，电极间的距离（简称极间距）对绝缘油击穿电压影响极大。表2-45表明，极间距越小，击穿电压越低小，反之，则越高。

表 2-45　　　　　　电极之间的距离新绝缘油在不同极间距时的击穿电压　　　　　　kV

极间距（mm）	10	20	30	40	50
瑞典开关油	29.7	77.7	127.7	172	197.5
英国开关油	55.7	105.3	127.5	160	185.7
新疆原45号变压器油	40.5	65	107.3	149.7	183.3
北京原45号变压器油	45.3	83.3	116.7	161	186.3
兰州原45号变压器油	40.3	84.7	106	143.3	182

（3）压力。油中含有气体时，其工频击穿电压随油的压力增加而升高。压力增加时，气体在油中溶解量增大；但是油经过脱气之后，压力对击穿电压的影响会减少。

（五）测定绝缘油击穿电压实际意义

击穿电压是表征绝缘油电气强度的一项重要指标，是衡量绝缘油在变压器内部耐受电压能力的尺度，它反映了油中是否存在水分、杂质和导电微粒及其对绝缘油影响的严重程度，以及对注入设备前油品干燥和过滤程度的检验。油浸变压器在运行过程中因种种原因，绝缘油因老化而使品质发生变化，造成绝缘性能下降，影响变压器的安全运行。因此，对变压器绝缘油的电气强度要定期进行试验，以检查其绝缘性能是否合格。

在 ASTM D3487 和 IEC 60296 中，除对油品的交流电压强度有要求外，ASTM D3487还要求其脉冲击穿电压的最低值为 145V/2.5mm。直流脉冲和不均匀间隙的击穿电压性能不同于交流击穿电压性能，通过模拟雷电时闪电瞬击一台变压器的情况，用来评定绝缘液体在不对称电场中经受标准雷电冲击的电场强度。DL 418—1991《绝缘液体雷电冲击击穿电压测定法》规定了方法A（步进试验法）和方法B（序贯试验法）等两个试验方法，其中A法是将一个 1.2/50μs 的标准雷电冲击电压，通过针—球电极系统施加于被试绝缘液体，其试油杯结构图如图 2-50 所示，按一定级电压逐步升高施加电压，直至击穿发生。

五、电场作用下的析气性

绝缘油在电场作用下的析气性（析气性，又称气稳定性）是指油品在高电场作用下，烃分子发生物理、化学变化时，吸收气体或放出气体的特性。通常吸收气体以（—）表示，放出气体以（+）表示。

在电场作用下，当析气油的电离区内存在大量高能电子和离子时，表面油不断地受到剧烈撞击，使油分子的 C-H、C-C 键断裂，产生活性的氢及烃基团。活性基团又继续与油中的烷烃及烯烃分子作用，形成甲烷等低等分子烃类气体。另外，活性基团如与芳香烃相遇，则芳香烃的双链被打开而吸收氢原子的烃基基团有可能聚合，形成高分子的胶状物—X蜡。

测定绝缘油的析气性方法详细可查阅GB/T 11142—1989《绝缘油在电场和电离作用下析气性测定法》和 GB/T 10065—2007《绝缘液体在电应力和电离作用下的析气性测定方法》。析气性的评定方法按 IEC 60628 和 ASTMD 2300 各有 A、B 两种方法，我国除做试验研究外，一般用 IEC 60628 中 A 法。

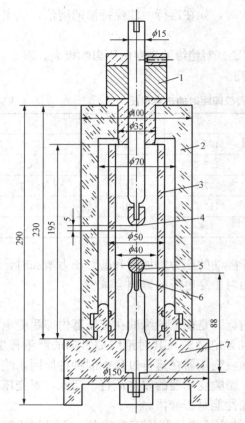

图 2-50　试油杯结构图（单位：mm）
1—标准厚度规；2—有机玻璃罩；3—有机玻璃筒；
4—针极；5—钢球；6—磁体；7—有机玻璃座

（1）产生的气体在绝缘油中形成气泡会影响绝缘油功能的发挥，并危及电气设备的安全运行。主要表现在以下几个方面：

1）一般情况下电极附近的场强最强，因此电气元件附近产生的气体最多。气泡附着在电气元件周围或游离于电气元件附近，由于气体导热性能差而降低了绝缘油的冷却效果，有可能会产生过热现象。

2）气泡是造成局部放电的一大原因。局部放电会影响绝缘油的长期寿命。气泡减弱了绝缘油的绝缘和消弧作用，当气泡聚集过多时可能会发生短路击穿现象。

3）在密闭的绝缘系统中，例如，电缆、电容器或大容量全封闭变压器等，绝缘油中析出和积累的气体，会使封闭体系内压力增高，严重时造成设备爆裂。

因此，对 500kV 及以上电压等级的超高压输变电设备使用的绝缘油提出了析气性这一指标要求，即要求油品在高电压电场下，不仅不放出气体，而且还能溶解和吸收气体，规定了析气不大于 $+5\mu L/min$，而在一般变压器油中无通用要求。

绝缘油在高压电场作用下，是吸收气体还是放出气体，与它的化学组成有关。如一般烷烃和环烷烃是放出气体，而芳香烃是吸收气体。

（2）为改善绝缘油的析气性，获得析气性指标合格的绝缘油，可以采取的措施如下：

1）合理选择绝缘油精制深度，在绝缘油中保留适量结构适宜的芳香烃。研究表明，绝缘油的析气性不单与芳香烃的含量有关，而且与芳香烃的结构有更为密切的关系。一般芳香烃含量高的析气性能好，芳香烃的环数增加，析气性能减弱；但双环芳香烃析气稳定性比单环好，芳环中侧链增长和环烷烃的存在都会降低其析气能力。如 20 世纪 60 年代，美国采用此法控制变压器油饱和烃为 73%～76%，总香芳烃 24%～27%（其中单环为 19%～21%，双环为 3%～6%，三环为 0.1%～0.8%）；英国控制变压器油饱和烃为 78%～91.5%，总芳香烃为 8.5%～22%。

2）采用合理的合成工艺。我国采用石蜡裂解烯烃聚合工艺生产超高压变压器油，其析气性指标可以达到 $-18\mu L/min$。

3）加入适量的析气性改进剂。在以饱和烃为主要组分的绝缘油中，可加入适量的析气性改进剂。目前，可供选择的析气性改进剂有精制浓缩芳香烃、烷基苯和合成烃润滑油。精制浓缩芳香烃、烷基苯、烷基奈和合成烃润滑油均与矿物绝缘基础油有极佳的互溶性，且对绝缘油中常用的 T501 抗氧化剂有良好的感受性。但是烷基苯不仅能改善绝缘油的电气性能，还因具有较低黏度、低凝固点和良好低温流动性，对改善绝缘油的冷却效果也有明显作用。而且我国烷基苯产量大、工艺成熟、质量稳定，使其成为首选析气性改进剂。不过随烷基苯调入量增大，调合油中水分含量会稍有增大。

六、油流的带电度

随着电力变压器向超高压、大容量发展，大型强迫油循环变压器特别是直流输电的变压器，油在流动过程中产生静电荷已成为危及变压器安全运行的普遍性问题，近年来已引起国内外有关方面的广泛关注。

1. 定义

带电度（带电倾向，Electrostatic Charging Tendency，ECT）是指油在变压器内流动时，与固体绝缘表面摩擦会产生电荷，通常用来表征其产生电荷的能力。电荷密度即单位体积油所产生电荷的总数可用 $\mu C/m^3$ 或 pC/mL 表示。

目前，国内外普遍认同油流带电的原因是固体材料（如绝缘纸板）的化学组成是纤维素和木质素，其中，纤维素带有羟基，木质素带有羟基、醛基和羧基。在一定外界条件下，变压器油的不断流动，油与绝缘纸板发生摩擦，使得这些基团发生电子云的偏移，如图 2-51 所示。在固体和液体的交界面上，固体一侧带一种电荷，而液体侧带异号电荷，且液体中的电荷分布密度与离交界面的距离有关。距离越近，电荷密度越高，不随液体流动；反之，距离越远，将随液体一起流动，如图 2-52 所示。

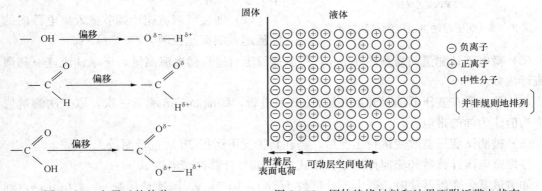

图 2-51　电子云的偏移　　　　　图 2-52　固体绝缘材料和油界面附近带电状态

2. 测定原理

变压器油的带电度，通过测量所产生的静电荷进行测量计算。其原理是当带电荷的变压器油流过集电器（内部装有滤纸）时，在油与滤纸界面发生电荷分离，流过滤纸后的油带正电荷，滤纸带负电荷，通过测量集电器上静电荷所形成电流 I 以及油的流速 v，计算得到变压器油的带电度。

因为，电荷密度 ρ 为

$$\rho = \frac{q}{V} \qquad (2-31)$$

式中　q——体积为 V 的变压器油流过集电器时产生的电荷总量；

　　　V——变压器油所占体积。

若体积为 V 的变压器油全部流过集电器所需的时间为 t，静电荷所形成的电流的平均值

为 I，则

$$q = I \times t \qquad (2-32)$$

那么，式（2-31）可简化为

$$\rho = \frac{I}{v} \qquad (2-33)$$

式中　ρ——电荷密度，pC/mL 或 μC/m³；

　　　　I——微电流计读数，A；

　　　　v——流速计读数，mL/s。

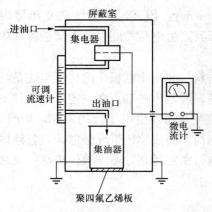

图 2-53　变压器油带电度测量装置示意图

3. 现场测试方法

DL/T 1095—2008《变压器油带电度现场测试导则》规定了运行中变压器油带电度的现场测试方法，适用于 220kV 及以上电压等级强迫油循环变压器油的带电度测量。其测定装置如图 2-53 所示。

测定过程描述如下：

（1）将测量仪器进油口用清洁干燥的耐油绝缘管接到变压器本体取样阀上，连接管长度不大于 1.5m。

（2）通过可调流速计调节进入集电器内的油流速，油流速控制为 1～2mL/s。

（3）微电流计测量前需预热 30min，待流速稳定后进行微电流测量，记录油流速 v 和微电流计读数。

（4）测量需在变压器油泵开启并运行 2h 后进行，每隔 30min 测量一次，取三次测量值的平均值作为油的带电度。

（5）被测试变压器改变运行工况后，需在新工况下运行 2h 后进行测量。

根据微电流计读数和流速计读数，按式（2-33）计算油带电度 ρ。

如测试某台变压器油时，微电流计读数 $I = 60 \times 10^{-6} \mu$A，流速计读数 $v = 1.0$mL/s，则带电度为

$$\rho = 60 \times 10^{-6} \times 10^{6}/1.0 = 60 \text{pC/mL}$$

注意：测试报告应包括，变压器主要参数，油牌号及产地，变压器的负荷、顶层油温，环境温度、湿度，油泵运行台数，油泵转速。对某一台变压器，应将不同工况下的测试结果分别列出，以便比较，并尽量测量变压器在全部油泵运行时的油带电度。

4. 影响油流带电的主要因素

（1）油的流动速度。油的流速对油流带电的影响最大，油的流速越高，带电越严重，尤其是流速由层流转为湍流时。其影响程度因油而异，如图 2-54 所示。实体模拟发现，变压器的结构不同，绕组泄漏电流对流量的依存程度差别很大，一般绕组泄漏电流与流量的 2～4 次方成正比。因此，为了控制油流带电，油的流速一般应低于 1m/s。

（2）油温。油温升高，油流带电更为严重，如图 2-55 所示。从油桶刚取出的新油，带电性比较低，注入变压器后，其带电性明显增高。表明强制加热的绝缘油其带电性增加。当

温度在 50～60℃之间时，油流所产生的绕组泄漏电流达到最大值，油温更高或更低，泄漏电流均有降低。

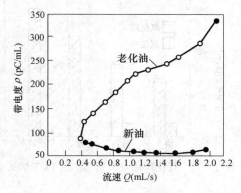

图 2-54 变压器油带电度与流速的关系

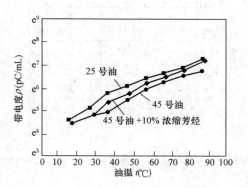

图 2-55 变压器油带电度与温度的关系

（3）固体绝缘材料表面的影响。在变压器中使用的固体绝缘材料因其表面形态不同，带电性也不同，如图 2-56 所示。各材料带电电位大小不同，其大小顺序依次为棉布带、皱纹纸、层压纸板、牛皮纸。表明材料表面平整度越差，其带电量越大。

（4）绝缘油的带电性。绝缘油的带电性是决定油流带电量的主要因素之一。实验表明，新变压器油的带电度一般都小于 100pC/mL，其差别与油的炼制、储运、处理等过程有关。油种、油质不同，其带电性不同，发生静电放电的极限电流也不同，带电性的差异与绝缘油的导电率（如图 2-57）和介质损失因数（如图 2-58）有很大的关系。尽管 $\tan\delta$ 存在一定范围的不确定性，但总趋势是 $\tan\delta$ 增大时，带电倾向增加。有研究表明，油中含有油醇、油酸铜及沥青质等杂质时，往往有强烈的带电倾向，如图 2-59 所示，变压器内部各部件及绝缘油均不应含有油酸、油酸铜、沥青等杂质。导电率变化大的油，其带电倾向大。

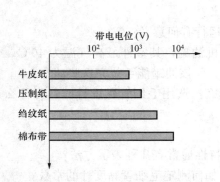

图 2-56 不同固体绝缘材料的带电电位

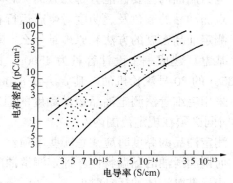

图 2-57 油中电导率与电荷密度的关系
（测试温度为 30℃）

（5）其他因素。研究表明，油泵启动时，带电量较大，之后随着时间的推移而趋于稳定。原因是油开始流动时，造成电荷分离。因此最好有步骤地启动油泵，尽量避免对油形成冲击。

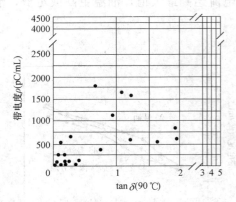
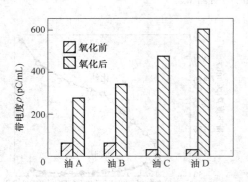

图 2-58　部分运行中变压器油的 ECT 与 tanδ 的关系　　图 2-59　氧化作用对变压器油的 ECT 的影响

5. 油流带电的抑制方法

由于油流会使绝缘件表面或油中的电荷量积蓄到极限，导致静电放电，引起局部放电。为了确保变压器油的安全正常运行，必须采取抑制措施。

（1）改进绝缘油及固体绝缘材料。

（2）改进变压器的结构。

（3）适当调整变压器的运行方式和运行参数，如避免油流速度过高等。

（4）添加静电抑制剂。

 思 考 题

1. 如何简易识别油品？

2. 电力用油的主要性能分哪几方面？影响这些性能的主要因素是什么？

3. 观测油品的颜色及透明度对生产运行有何意义？

4. 测定油品密度的方法和原理是什么？对生产运行有何意义？

5. 某电厂建成一个设计容量为 $4500m^3$ 的汽轮机油罐，其室外最高气温为 40℃，今购买了 3850t 的 20 号汽轮机油，其 $\rho_{20} = 0.8700g/cm^3$。问该油罐能否装完这些油？

6. 采用毛细管法测定油品运动黏度的原理是什么？选用毛细管黏度计时，为什么试样的流动时间必须在规定范围内？

7. 测定油品的黏度时应注意哪些事项？

8. 何谓润滑油的黏温特性？评定润滑油的黏温特性通常有几种表示方法？

9. 一标准黏液体的运动黏度 $v_{20} = 14.2mm^2/s$，如何测定毛细管黏度计的常数？

10. 某油样在 40℃测定其运动黏度为 $82.35mm^2/s$，40℃与 20℃的密度分别为 $0.8432g/cm^3$、$0.8856g/cm^3$，试计算该油样 40℃的动力黏度。

11. 已知某黏度计的常数为 $0.478mm^2/s$，试验用油在 40℃时的流动时间为 318.0、322.4、322.6、321.0s，求试油的运动黏度。

12. 已知 50℃时所测得试油恩氏黏度 $\tau_{50} = 83.4s$，该黏度计的水值 $= 50.1s$，求该试样用油的恩氏黏度。

13. 测某汽轮机油的开口闪点，已知大气压强为 98.5kPa，闪点为 240.0℃，求在 101.3kPa 大气压下的开口闪点。

14. 测某变压器油的闭口闪点，两次测定的数据为 146.0、150.5℃。已知测定时大气压力 $p=104.2$kPa，求大气压力为 $p_0=101.3$kPa 时，该油品的闪点 t_0。

15. 何谓油品的低温流动性、凝点和倾点？油品在低温时失去流动性而凝固的机理是什么？

16. 影响油品界面张力的主要因素及其对生产运行的实际意义有哪些？

17. 何谓油品中的颗粒度？对油品中颗粒度的个数和大小是如何规定的？

18. 某变压器油的酸值为 0.015mg/g（KOH）时，问其水溶性酸是否一定为中性？为什么？

19. 何谓油品的酸值（酸度）？测定油品酸值有哪几种方法？其测定原理是什么？测定油品酸值在生产运行上有何意义？

20. 称取某汽轮机油样 10.0g，用 0.032 56mol/L 的氢氧化钾乙醇溶液滴定，消耗氢氧化钾乙醇 0.250mL，已知空白试验时消耗氢氧化钾乙醇溶液 0.025mL，求该油样的酸值。

21. 油品中水分的来源和存在的状态有哪几种？测定油品中水分有哪几种方法？其原理是什么？

22. 采用库仑法测定油中水分时，应注意哪些事项？

23. 称取试样用油 100.1g 做水分定量测定，试验结束后，接收器中收集水的体积为 5.8mL，已知试油密度 $\rho=0.87$g/cm³，求试验用油的含水量。

24. 有 A、B、C 三种刚出厂的新绝缘油，在其他条件相同时，测得油中含水量分别为 $A_y=0.0024\%$；$B_y=0.0033\%$；$C_y=0.0039\%$。试分析三种油中芳香烃含量的趋势，可能哪种油量最大？

25. 某新变压器油的界面张力为 0.032N/m，当该油注入一台新变压器后，取油样测得其值为 0.014N/m。将该油过滤后，界面张力值很快升高。试解释这种变化情况。

26. 何谓油品的液相锈蚀试验及坚膜试验？测定油品液相锈蚀试验的意义是什么？

27. 何谓油品的破乳化时间？测定破乳化时间的方法是什么？影响油品的破乳化时间有哪些因素？

28. 何谓油品的氧化？影响油品氧化有哪些因素？

29. 变压器油中为什么不允许存在腐蚀性硫？简述其测定方法。

30. 何谓油品的体积电阻率？测定油品体积电阻率对生产运行有何意义？

31. 在实验室测定某新油的体积电阻率。电极的直径为 2cm，测定时两电极间的距离为 10cm，测单位体积该油品的电阻率。当两电极间的电压为 10kV、电流为 0.76μA 时，求该油品的体积电阻率。

32. 何谓油品的介质损耗因数？影响油品介质损耗因数的因素有哪些？

33. 为什么测定油的酸值采用乙醇而不用水做溶剂？为什么要煮沸 5min 且滴定不能超过 5min。

34. 何谓油品的击穿电压？其击穿的机理是什么？影响油品击穿电压的因素有哪些？

35. 采用真空脱气或吸附过滤法处理劣化的绝缘油后，其 $\tan\delta$ 和 U_b 有何变化？为什么？

36. 测定油品析气性对生产运行有何意义？

37. 什么是油品的带电度？影响油流带电的因素有哪些？

38. 你认为怎样才能有效地减缓油品的氧化？可采取哪些措施？

第三章　变压器油的监督与维护

本章主要介绍变压器油监督与维护措施，包括新油的验收、运行变压油的监督和一些常见的维护措施。

绝缘油在电力设备中的作用是绝缘、冷却散热、灭弧、对绝缘材料进行保护及作为信息载体。要使油品能有效发挥如上作用，必须对油品的质量进行监督和维护，采取必要的措施防止运行中油质老化，延长油质的使用寿命，以确保用油设备的安全、经济运行。

第一节　绝缘油的质量标准

一、新绝缘油的质量标准

未使用过的矿物绝缘油（Unused Mineral Insulating Oil）是指由原油经过分馏和精制而成的油品，油供应商通过标准规定的储存和运输方式送到交货地点的油，既未被使用过，也未与电气设备或生产、储存或运输过程中不需要的其他设备有过任何接触，未使用过的油的生产商和供应商应采取各种预防措施以确保油品不被多氯联苯（Polychlorinated Biphenyls，PCB）或多氯三联苯（Polychlorinated Terphenyls，PCT）、使用过的油、再生油和脱氯油或其他污染物污染。

电工流体变压器和开关用的未使用过的矿物绝缘油根据抗氧化添加剂含量的不同，分为不含抗氧化添加剂油（U）、含微量抗氧化添加剂油（T）和含抗氧化添加剂油（I）三个品种；矿物绝缘油除标明抗氧化添加剂外，还应标明 LCSET，LCSET 是区分绝缘油类别的重要标志之一。按 LCSET 划分为 0、−10、−20、−30℃ 和−40℃ 5 个类别，变压器油的 LCSET 为−30℃，比 GB1094.1−2013《电力变压器　第 1 部分：总则》中规定的户外式变压器最低使用温度低 5℃。其他 LCSET 可依据每个地区气候条件的不同，由供需双方协商确定，以免影响油泵、有载调压开关（如果有）的启动。

（一）变压器用油

DL/T 1094—2008《电力变压器用绝缘油选用指南》规定了变压器用油的选用原则。它适用于油浸式变压器、电抗器、互感器等设备，其中包括 500kV 及以上超高压和特高压交流和换流变压器、并联和平波电抗器、互感器用的新（未被使用过）变压器油的选择。

1. 通用要求

（1）供油方应有稳定的油源、对基础油严格的质量控制和管理方法及成熟的炼制工艺。所供油品应经过运行考核，证明具有良好的氧化安定性和质量稳定性。

（2）供油方提供符合标准规定的各项指标要求的检测报告，同时说明所加添加剂的种类和含量。

（3）选择变压器油倾点应低于最低月环境平均温度。

（4）变压器油生产商供应的变压器油其油源、生产工艺和添加剂配方改变时应及时通知变压器油使用者。

2. 一般变压器用油

变压器油性质指标除了按通常按检测方法分为物理性能、化学性能和电气性能外，还可将其性能分为：

（1）功能特性。与绝缘和冷却功能相关的性质。包括黏度、密度、倾点、水含量、击穿电压、介质损耗因数。

（2）精制与稳定性。受原油的类型、精制的质量及添加剂影响的性质。包括外观、界面张力、硫含量、酸值、腐蚀性硫、抗氧化剂、2-糠醛含量。

（3）运行性能。油的长期运行条件和（或）对高电场应力和温度的反应相关的性能。包括氧化安定性、析气性等。

（4）健康、安全和环境因素。与人体健康、安全运行和环境保护相关的性质。包括闪点、密度、稠环芳香烃（PCA）和多氯联苯（PCB）。变压器油（通用）技术要求和试验方法见表 3-1。

表 3-1　　　　　　　　　变压器油（通用）技术要求和试验方法❶

项　目			质　量　指　标					试验方法
最低冷态投运温度（LCSET，℃）			0	—10	—20	—30	—40	
功能特性a	倾点（℃）　　　　　　　不高于		—10	—20	—30	—40	—50	GB/T 3535
	运动黏度（mm²/s）　不大于	40℃	12	12	12	12	12	GB/T 265 NB/SH/T 0837
		0℃	1800	—	—	—	—	
		—10℃	—	1800	—	—	—	
		—20℃	—	—	1800	—	—	
		—30℃	—	—	—	1800	—	
		—40℃	—	—	—	—	2500b	
	水含量c（mg/kg）　　　不大于		30/40					GB/T 7600
	击穿电压（满足下列要求一）(kV) 不小于	未处理油	30					GB/T 507
		经处理油d	70					
	密度e（20℃，kg/m³）　不大于		895					GB/T 1884 和 GB/T 1885
	介质损耗因数f（90℃）　不大于		0.005					GB/T 5654
精制／稳定特性g	外观		清澈透明，无沉淀物和悬浮物					目测h
	酸值 [mg/g（KOH）]　不大于		0.01					NB/SH/T 0836
	水溶性酸或碱		无					GB/T 259
	界面张力（mN/m）　不小于		40					GB/T 6541
	总硫含量i（质量分数）/%		无通用要求					SH/T 0689
	腐蚀性硫j		非腐蚀性					SH/T 0804
	抗氧化添加剂含量k（质量分数）/%	不含抗氧化添加剂油（U）	检测不出					SH/T 0802
		含微抗氧化添加剂油（T）　不大于	0.08					
		含抗氧化添加剂油（I）	0.08~0.40					
	2-糠醛含量（mg/kg）　不大于		0.1					NB/SH/T 0812

❶ 摘自 GB 2536—2011。

续表

项　　目			质　量　指　标					试验方法
最低冷态投运温度（LCSET，℃）			0	-10	-20	-30	-40	
运行特性[l]	氧化安定性（120℃）							NB/SH/T 0811
	试验时间： （U）不含抗氧化添加剂油：164h （T）含微量抗氧化添加剂油：332h （I）含抗氧化添加剂油：500h	总酸值［mg/g（KOH）］　不大于			1.2			NB/SH/T 0811
		油泥（质量分数）/%　不大于			0.8			
		介质损耗因数[f]（90℃）　不大于			0.500			GB/T 5654
	析气性/（mm³/min）				无通用要求			NB/SH/T 0810
健康、安全和环保特性（HSE）[m]	闪点（闭口）/℃　不低于				135			GB/T 261
	稠环芳香烃（PCA）含量（质量分数）/%　不大于				3			NB/SH/T 0838
	多氯联苯（PCB）含量（质量分数）/（mg/kg）				检测不出[n]			SH/T 0803

注　1. "无通用要求"指由供需双方协商确定该项目是否检测，且测定限值由供需双方协商确定。

　　2. 凡技术要求中的"无通用要求"和"由供需双方协商确定是否采用该方法进行检测"的项目为非强制性的。

a　对绝缘和冷却有影响的性能。

b　运动黏度（-40℃）以第一个黏度值为测定结果。

c　当环境湿度不大于50%时，水含量不大于30mg/kg适用于散装交货；水含量不大于40mg/kg适用于桶装或复合中型集装容器（IBC）交货。当环境湿度大于50%时，水含量不大于35mg/kg适用于散装交货；水含量不大于45mg/kg适用于桶装或复合中型集装容器（IBC）交货。

d　经处理油指试验样品在60℃下通过真空（压力低于2.5kPa）过滤流过一个孔隙度为4的烧结玻璃过滤器的油。

e　测定方法也包括用SH/T 0604。结果有争议时，以GB/T 1884和GB/T 1885为仲裁方法。

f　测定方法也包括用GB/T 21216。结果有争议时，以GB/T 5654为仲裁方法。

g　受精制深度A类型及添加剂影响的性能。

h　将样品注入100mL量筒中，20℃±5℃下目测。结果有争议时，按GB/T 511测定机械杂质含量为无。

i　测定方法也包括用GB/T 11140、GB/T 17040、SH/T 0253、ISO 14596。

j　SH/T 0804为必做试验。是否还需要采用GB/T 25961方法进行检测由供需双方协商确定。

k　测定方法也包括用SH/T 0792。结果有争议时，以SH/T 0802为仲裁方法。

l　在使用中和/或在高电场强度和温度影响下与油品长期运行有关的性能。

m　与安全和环保有关的性能。

n　检测不出指PCB含量小于2mg/kg，且其单峰检出限为0.1mg/kg。

3. 特殊变压器用油

对于在较高温度下运行的变压器或为延长使用寿命而设计的变压器的用油，应满足变压器油（特殊）技术要求。变压器油（特殊）技术要求和试验方法见表3-2。

表 3 - 2　　　　　　　　　变压器油（特殊）技术要求和试验方法❶

项　目			质量指标					试验方法
最低冷态投运温度（LCSET，℃）			0	−10	−20	−30	−40	
功能特性[a]	倾点（℃）　　不高于		−10	−20	−30	−40	−50	GB/T 3535
	运动黏度（mm²/s）不大于	40℃	12	12	12	12	12	GB/T 265 NB/SH/T 0837
		0℃	1800	—	—	—	—	
		−10℃	—	1800	—	—	—	
		−20℃	—	—	1800	—	—	
		−30℃	—	—	—	1800	—	
		−40℃	—	—	—	—	2500[b]	
	水含量[c]/(mg/kg)　　不大于		30/40					GB/T7600
	击穿电压（满足下列要求一）(kV)　　不小于　　未处理油 经处理油[d]		30 70					GB/T 507
	密度[e]（20℃，kg/m³）　　不大于		895					GB/T 1884 和 GB/T 1885
	苯胺点（℃）		报告					GT/T 262
	介质损耗因数[f]（90℃）　　不大于		0.005					GB/T 5654
精制/稳定特性[g]	外观		清澈透明、无沉淀物和悬浮物					目测[h]
	酸值[mg/g（KOH）]　　不大于		0.01					NB/SH/T 0836
	水溶性酸或碱		无					GB/T 259
	界面张力/(mN/m)　　不小于		40					GB/T 6541
	总硫含量[i]（质量分数）/%　　不大于		0.15					SH/T 0689
	腐蚀性硫[j]		非腐蚀性					SH/T 0804
	抗氧化添加剂含量[k]（质量分数）/% 含抗氧化添加剂油（I）		0.08～0.40					SH/T 0802
	2-糠醛含量/(mg/kg)　　不大于		0.05					NB/SH/T 0812
运行特性[l]	氧化安定性（120℃）试验时间：(1) 含抗氧化添加剂油	总酸值[mg/g（KOH）]　不大于	0.3					NB/SH/T 0811
		油泥（质量分数）/%　不大于	0.05					
		介质损耗因数[f]（90℃）　不大于	0.05					GB/T 5654
	析气性/(mm³/min)		报告					NB/SH/T 0810
	带电倾向（ECT）/(μC/m³)		报告					DL/T 385

---

❶　摘自 GB 2536—2011。

续表

项　目		质量指标					试验方法
最低冷态投运温度（LCSET，℃）		0	−10	−20	−30	−40	
健康、安全和环保特性（HSE）[m]	闪点（闭口）/℃不低于	135					GB/T 261
	稠环芳香烃（PCA）含量（质量分数）/%不大于	3					NB/SH/T 0838
	多氯联苯（PCB）含量（质量分数）/（mg/kg）	检测不出[n]					SH/T 0803

注　1. 凡技术要求中"由供需双方协商确定是否采用该方法进行检测"和测定结果为"报告"的项目为非强制性。
　　　2. a～n 含义同表 3 - 1。

4. 500kV 及以上变压器用油性能指标

（1）除通用要求外，还应符合 IEC 60296—2003，两者不一致时以 IEC 60296—2003 为准，不再采用 SH 0040—1991《超高变压器油》。

（2）油基和添加剂。优先选择环烷基油。抗氧化剂可以选用 2，6-二叔丁基对甲酚（T501），含量为（0.3±0.05）%。除此外，不推荐加其他任何添加剂，除非有公认的并且经过大量试验和运行验证的添加剂。

（3）验收合格的新油经脱气和过滤净化处理后，还应满足表 3 - 3 各项的指标要求。

表 3 - 3　　　　　　　　　**变压器新油经脱气和过滤净化后的指标要求❶**

指标	击穿电压，kV	介质损耗因数（DDF，90℃）	含水量（mg/L）	含气量（V/V，%）	油中颗粒数（≥5μm，个/100mL 油）
数值	≥70	≤0.002	≤10	≤1.0	报告

（4）特高压变压器、换流变压器、升压变压器、并联和平波电抗器及运行温度较高的变压器用油，应满足高氧化安定性和低硫含量的要求，见表 3 - 4。

表 3 - 4　　　　　　　　　**变压器油经氧化试验后的指标要求[a、b]❷**

指　标	数　值
总酸值	≤0.3mg/g（KOH）
沉淀	≤0.05%
介质损耗因数（DDF），90℃	≤0.050
总硫含量	≤0.15%

a　有些国家要求更严格和/或有其他指标要求。
b　有些国家，对超高压（EHV）互感器和套管用油要求经 2h 氧化试验后（IEC 61125C 法）的 DDF 不大于 0.020。

（5）对 750kV 及特高压变压器、电抗器，油品供应单位应提供以下测试项目（包括测试方法和结果）的试验报告：

1）脉冲击穿电压。

2）析气性。

---

❶❷　摘自 DL/T 1094—2008。

3）带电度（带电倾向，ECT）。

4）碳型结构及苯胺点分析结果。

5）界面张力。

（二）低温开关油

低温开关油是指在户外寒冷气候条件下，用于油浸开关起绝缘和灭弧作用的一种绝缘油品。低温开关油技术要求和试验方法见表3-5。

表3-5 低温开关油技术要求和试验方法❶

项　目			质量指标	试验方法
最低冷态投运温度（LCSET）			-40℃	
功能特性[a]	倾点（℃）不高于		-60	GB/T 3535
	运动黏度（mm²/s）不大于	40℃	3.5	GB/T 265
		-40℃	400[b]	NB/SH/T 0837
	水含量[c]（mg/kg），不大于		30/40	GB/T 7600
	击穿电压（kV），不小于	处理油	30	GB/T 507
		未经处理油[d]	70	
	密度[e]（20℃，kg/m³），不大于		895	GB/T 1884 和 GB/T 1885
	介质损耗因数[f]（90℃），不大于		0.005	GB/T 5654
精制/稳定特性[g]	外观		清澈透明、无沉淀物和悬浮物	目测[h]
	酸值［mg/g（KOH）］，不大于		0.01	NB/SH/T 0836
	水溶性酸或碱		无	GB/T 259
	界面张力（mN/m）不小于		40	GB/T 6541
	总硫含量[i]（质量分数，%）		无通用要求	SH/T 0689
	腐蚀性硫[j]		非腐蚀性	SH/T 0804
	抗氧化添加剂含量[k]（质量分数，%）含抗氧化添加剂油（I）		0.08～0.40	SH/T 0802
	2-糠醛含量（mg/kg），不大于		0.1	NB/SH/T 0812
运行特性[l]	氧化安定性（120℃）试验时间：含抗氧化添加剂油：500h	总酸值［mg/g（KOH）］，不大于	1.2	NB/SH/T 0811
		油泥（质量分数，%），不大于	0.8	GB/T 5654
		介质损耗因数[f]（90℃），不大于	0.500	
	析气性/（mm³/min）		无通用要求	NB/SH/T 0810

---

❶ 摘自 GB 2536—2011。

续表

项　　目		质量指标	试验方法
健康、安全和环保特性 (HSE)[m]	闪点（闭口）/℃不低于	100	GB/T 261
	稠环芳香烃（PCA）含量（质量分数，%），不大于	3	NB/SH/T 0838
	多氯联苯（PCB）含量（质量分数，mg/kg）	检测不出[n]	SH/T 0803

　　注　1. "无通用要求"指由供需双方协商确定该项目是否检测，且测定限值由供需双方协商确定。
　　　　2. 凡技术要求中的"无通用要求"和"由供需双方协商确定是否采用该方法进行检测"的项目为非强制性。
　　　　3. a～n 含义同表 3-1。

　　（三）标志、包装、运输和储存

　　标志、包装、运输、储存及交货、验收按 SH 0164—1992《石油产品包装、贮运及交货验收规则》进行。运输和贮存容器应清洁并适于防止任何污染。每一批交付的油品应附有一份生产商提供的文件，文件至少包括生产商名称、油品类别、合格证。如有要求，生产商应说明所添加的任何添加剂的类型和含量。

　　1. 一般要求

　　变压器油是一种质量要求很高的石油产品，在生产、储存、运输、使用等各个环节都应满足专门规定的要求，严防污染和进水。

　　2. 容器

　　变压器油储存和运输的容器（储罐、汽车罐车、铁路罐车、集装罐等）包括管线所使用的材质与变压器油，两者的兼容性必须符合要求；所用容器包括管线必须和其他油的容器严格分开，防止混油。装变压器油的油罐要有防潮措施或密闭，以避免接触潮湿空气。

　　3. 运输和储存

　　变压器油在运输和储存过程中，严禁水和颗粒杂质的混入。桶装变压器油严禁与润滑油或其他油的油桶混放。

　　4. 包装容器标识

　　包装容器上至少应有供货方名称、油品名称（包括抗氧化剂含量标识、凝点）、油重等标识。

　　5. 供货文件

　　供货时至少应提供供货方名称、油品名称（包括抗氧化剂含量标识、凝点）、出厂检验证书及相应的试验报告、添加剂的种类和含量等文件。

　　由于国内变压器油研究起步相对较晚，对质量指标的要求只能根据 IEC 标准和 ASTM 标准以及国内变压器用油实际情况制订。2012 年 6 月我国开始实施依据 IEC 60296—2003 修订的 GB 2536—2011，但与现行国际电工委员会修订 IEC 60296—2012 存在一定的差距，对变压器油的质量指标控制也有一定差别。下面就两类标准的通用规定进行简单比较。

　　IEC 60296—2012 通用规格见表 3-6。比较表 3-6 和表 3-1，IEC 60296—2012 变压器油新增了几个项目：颗粒含量、潜在腐蚀性硫、抗氧添加剂 DBDS、金属钝化剂、其他添加剂、游离气体含量以及油流带电倾向。其中颗粒含量、游离气体含量和油流带电倾向没有通用要求，为供应商与客户之间约定；潜在腐蚀性要求为无腐蚀性、抗氧添加剂 DBDS 要求检测不到（<5mg/kg）；金属钝化剂要求检测不出（<5mg/kg）或协议规定；对于其他添加剂，要求写明所有添加剂以及抗氧化添加剂的含量。这表明修订的 IEC 60296—2012 是为了

减少因变压器油质量造成的变压器故障，减少各种腐蚀性硫来源，同时减少因添加剂存在造成的对变压器油抗氧化性能和腐蚀性硫的误判，减少因变压器油自身气体含量和糠醛含量对变压器运行情况的误判。相比之下，国内标准有很多需要跟进的地方，针对 IEC 60296—2012 新增项目，虽依据 IEC 62535《绝缘液体—检测已用和新绝缘油中潜在腐蚀性硫的试验方法》已经制定了 DL/T 285—2012，还需建立颗粒含量、抗氧添加剂 DBDS、金属钝化剂和游离气体含量测定的方法。国家标准委员会需要结合国内变压器油实际使用情况，对 GB 2536—2011 进行一系列的修订，确定国内变压器油质量指标，完善变压器油质量指标管理，减少因变压器油引起的变压器故障。

表 3 - 6 变压器和开关用未使用过的矿物绝缘油的通用规格[❶]

性　　质		试验方法依据的标准	指　标	
			变压器油	低温开关油
1. 功能性				
黏度（mm²/s）	40℃	ISO 3104	≤12	≤3. 5
	−30℃	ISO 3104	≤1800	—
	−40℃	ISO 61868	—	≤400
倾点[a]（℃）		ISO 3016	≤−40	≤−60℃[b]
水含量（mg/kg）		IEC 60814	≤30[c] 或 40[d]	
击穿电压（kV）		IEC 60156	≥30kV 或 70kV[e]	
密度（20℃，g/mL）		ISO 3675/ISO 12185	≤0.895	
介质损耗因数（90℃，%）		IEC 60274/IEC 61620	≤0.500	
颗粒含量		IEC 60970	无通用要求	
2. 精制/稳定性				
外观		—	透明无沉淀和悬浮物质	
酸值［mg/g（KOH）］		IEC 62021-1/62021-2	≤0.01	
界面张力		EN 14210/ASTM D971	无通用要求（建议≥40mN/m）	
总硫含量		IP 373/ISO 14596	无通用要求	
腐蚀性硫		DIN 51353	无腐蚀性	
潜在腐蚀性硫		IEC 62535	无腐蚀性	
二苄二硫（DBDS）		IEC 62697-1（准备中）	检测不出（<5mg/kg）	
抗氧剂（%）		IEC 60666	(1) U（未加剂油）：检测不出。 (2) T（加微量剂油）：≤0.08。 (2) I（加剂油）：0.08～0.40	
金属钝化剂		IEC 60666	检测不出（<5mg/kg）或协议规定	
其他添加剂			写明所有添加剂以及抗氧化添加剂的含量	
糠醛含量（mg/kg）		IEC 61198	检测不出（≤0.05）	
游离气体含量		CIGRE Brochure 296 和 ASTM D7150	无通用要求	

❶ 摘自 IEC60296—2012。

续表

性　　质	试验方法依据的标准	指　　标	
		变压器油	低温开关油
3. 性能			
氧化安定性	IEC 61125C 法试验时间： （1）U（未加剂油）：164h。 （2）T（加微量剂油）：332h。 （3）I（加剂油）：500h	含有其他抗氧化添加剂和金属钝化剂的应该试验 500h	
氧化后　总酸值 [mg/g（KOH）]	IEC 61125：1992	≤1.2	
氧化后　沉淀（%）	IEC 61125：1992	≤0.8ᶠ	
氧化后　介质损耗因数（90℃，%）	IEC 61125：1992	≤0.500ᶠ	
析气性	IEC 60628A	无通用要求	
油流带电倾向（ECT）		无通用要求	
4. 健康、安全和环境			
闪点（℃）	ISO 2719	≥135	≥100
PCA 含量（%）	IP 346	≤3	
PCB 含量	IEC 61619	检测不出（≤2mg/kg）	

a 变压器油的标准最低冷态投运温度（LCSET）可根据各国家的气候条件进行修改。倾点至少应比 LCSET 低 10K。

b 低温开关设备用油的标准为 LCSET。

c 批量供应。

d 以桶装或复合中型散装容器（Intermediate Bulk Container，IBC）运输。

e 经试验室处理。

f 在有些国家，可能要求更严格或有其他指标要求。

二、运行中绝缘油质量标准

1. 运行中变压器油质量标准

运行油是油品充入电气设备投入运行后的油。运行中变压器油质量标准见表 3-7。其中投运前油是指充入电气设备还未通电投运的油。

表 3-7　　　　　　　　　　　运行中变压器油质量标准❶

序号	项　　目	设备电压等级（kV）	质量指标		检验方法
			投入运行前的油	运行油	
1	外状		透明、无杂质或悬浮物		外观目视加标准号
2	水溶性酸（pH 值）		>5.4	≥4.2	GB/T 7598
3	酸值 [mg/g（KOH）]		≤0.03	≤0.1	GB/T 264
4	闪点（闭口，℃）		≥135		GB/T 261

❶ 摘自 GB/T 7595—2008。

序号	项　目	设备电压等级（kV）	质量指标		检验方法
			投入运行前的油	运行油	
5	水分[a]（mg/L）	330～1000	≤10	≤15	GB/T 7600 或 GB/T 7601
		220	≤15	≤25	
		≤110 及以下	≤20	≤35	
6	界面张力（25℃，mN/m）		≥35	≥19	GB/T 6541
7	介质损耗因数（90℃）	500～1000	≤0.005	≤0.020	GB/T 5654
		≤330	≤0.010	≤0.040	
8	击穿电压[b]（kV）	750～1000[b]	≥70	≥60	DL/T429.9[c]
		500	≥60	≥50	
		330	≥50	≥45	
		66～220	≥40	≥35	
		35 及以下	≥35	≥30	
9	体积电阻率（90℃，Ω·m）	500～1000	≥6×10^{10}	≥1×10^{10}	GB/T 5654 或 DL/T 421
		≤330		≥5×10^{9}	
10	油中气含量（体积分数，%）	750～1000	<1	≤2	DL/T 423 或 DL/T 450、DL/T 703
		330～500		≤3	
		电抗器		≤5	
11	油泥与沉淀物（质量分数,%）		<0.02（以下可忽略不计）		GB/T 511
12	析气性	≥500	报告		IEC 60628（A）GB/T 11142
13	带电倾向（ECT）		报告		DL/T 1095
14	腐蚀性硫		非腐蚀性		DIN 51353 或 SH/T 0804、ASTM D1275B
15	油中颗粒度	≥500	报告		DL/T 432

注　由供需双方协商确定是否采用该方法进行检测。

a　取样油温为 40～60℃。

b　750～1000kV 设备运行经验不足，本标准参考西北电网 750kV 设备运行规程提出此值，供参考，以积累经验。

c　DL/T 429.9—1991 方法采用平板电极；GB/T 507—2002 采用圆球、球盖形两种形状。其质量指标为平板电极测定值。

2. 运行中断路器油的质量标准

运行中断路器油质量标准见表 3 - 8。

表 3-8   运行中断路器油质量❶

序号	项 目	质 量 指 标	检验方法
1	外状	透明、无游离水分、无杂质或悬浮物	外观目视
2	水溶性酸（pH 值）	≥4.2	GB/T 7598
3	击穿电压（kV）	110kV 以上，投运前或大修后≥40，运行中≥35； 110kV 以下，投运前或大修后≥35，运行中≥30	GB/T 507 或 DL/T 429.9

3. 运行中发电机用油质量标准

运行中发电机用油质量标准，见表 3-9。

表 3-9   运行中发电机用油质量标准❷

序号	项 目	质 量 指 标		检验方法
		投入运行前的油	运行油	
1	外状	全透明、无机械杂质	全透明、无机械杂质	外观目视
2	运动黏度（mm²/s）	20℃，≤30	20℃，≤30	GB/T 265
		40℃，≤9	40℃，≤9	
3	闪点（闭口杯,℃）	≥135	≥135	GB/T 261
4	酸值 [mg/g(KOH)]	≤0.03	≤0.1	GB/T 264 或 GB/T 7599
5	凝点（℃）	≤−45	—	GB/T 510
6	灰分（%）	≤0.005		GB/T 508
7	水分（mg/L）	≤10	≤15	GB/T 7600 或 GB/T 7601
8	腐蚀性硫	非腐蚀性	非腐蚀性	SH/T 0804
9	击穿电压（kV）	55	50	GB/T507 或 DL/T 429.9
10	介质损耗因数（90℃）	≤0.005	≤0.015	GB/T 5654
11	氧化安定性 氧化后沉淀物（质量分数,%）	≤0.05	—	SH/T 0206
	氧化后的酸值 [mg/g(KOH)]	≤0.2	—	
12	油中气含量（体积分数,%）	1	3	DL/T 423 或 DL/T 703
13	油中溶解气体	参照 DL/T596	参照 DL/T596	GB/T 17623 或 GB/T 7252
14	油泥与沉淀物（质量分数,%）	<0.02	<0.02	GB/T 511

---

❶ 摘自 GB/T 7595—2008。

❷ 摘自 DL/T 1031—2006。

第二节　变压器油的监督

众所周知，变压器油的寿命就是变压器绝缘系统的寿命，而变压器油是变压器绝缘系统的一部分。从变压器内部取适量的油样对变压器本身没有影响，但从变压器内部取纤维素绝缘的纸样则是相当困难而且是冒险的举措。因此，必须定期地对变压器油质量进行检测，然后根据检测数据进行综合判断，以便掌握变压器的运行情况。

一、新油验收入库

在新油交货时，应对接受的全部油品进行监督，以防止出现差错或带入脏物。应按照GB/T 7597—2007《电力用油（变压器油、汽轮机油）取样方法》标准取样，并进行外观检验，新变压器油、低温开关油的验收按 GB 2536—2011 的规定进行。新油组成不明的按照DL/T 929—2005 变压器油族组成的红外光谱测定法确定组成。国产变压器油按照 GB 2536—2011 标准逐项进行验收，进口设备用油，应按合同规定验收。验收时应注意使用的分析方法与所采用的油质验收标准相同。

在新油或再生油装入设备前，必须按照新油或再生油的规定指标进行全部试验，以便判断是否符合设备的要求。

二、加强设备安装施工全过程油的质量检测监督

加强设备安装施工全过程油的质量检测监督，油质处理没有达到相应标准规定，设备不能投运。

1. 新变压器油在脱气注入设备前的检验

新油注入设备前必须用真空滤油设备进行过滤净化处理，以脱除油中的水分、气体和其他颗粒杂质，在处理过程中应按表 3 - 10 的规定随时进行油质检验，达到表 3 - 10 中要求后方可注入设备。对互感器和套管用油的评定，可根据用油单位具体情况自行决定检验项目。

表 3 - 10　　　　　　　　　　新油脱气进入设备前净化检验指标[1]

项　目	新油净化后检验指标			热油循环后油质检验指标		
	500kV 及以上	220kV～330kV	≤110kV	500kV 及以上	220kV～330kV	≤110kV
击穿电压（kV）	≥60	≥55	≥45	≥60	≥50	≥40
含水量（μl/L）	≤10	≤15	≤20	≤10	≤15	≤20
含气量（V/V,%）	—	—	—	≤1	—	—
介质损耗因数（90℃,%）	≤0.2	≤0.5	≤0.5	≤0.5	≤0.5	≤0.5

2. 新变压器油注入设备进行热循环后的检验

新油经真空过滤净化处理达到表 3 - 10 要求后，应从变压器下部阀门注入设备内，使空气排尽，最终油位达到大盖以下 100mm 处。油在变压器内的静置时间应按不同电压等级要求不小于 12h，然后进行热油循环。热油经过二级真空过滤设备由油箱上部进入，再从油箱下部返回处理装置，一般控制净油箱出口温度为 60℃（制造厂另有规定除外），连续循环时间为三个

[1]　摘自 GB/T 14542—2005《运行变压器油维护管理导则》。

循环周期以上。在循环过程中，重点检测油中的水分含量和含气量。经过热油循环后，各项指标达到表 3-10 标准后，可停止热循环。一般变压器油在设备中静止 72h 以后，应对变压器油进行一次全分析。由于新油已与绝缘材料充分接触，油中溶解了一定数量的杂质，此时的油品既不同于新油，也不同于运行油，称为投入运行前的油，其质量控制指标见表 3-7。

三、运行中的油质监督

运行中发电机用油常规检验周期和检验项目见表 3-11，当发电机用油的颜色骤然变深，其他某项指标接近允许值或不合格时，应缩短检测周期，增加检测项目，必要时应按 GB/T 17623—1998 分析油中溶解气体组分含量，采取有效的处理措施，若含气量超过允许值，应在不停止油在发电机冷却主回路中的循环条件下进行油的脱气。

表 3-11　　　　　　　　运行中发电机用油常规检验周期和检验项目[1]

检 验 周 期	检 验 项 目
新建设备投运前或机组大修后	1～14
投运后 15 天内每 5 天	1、7、9、12
3 个月内每月	1、7、9、12
第 3 个月以后每 3 个月	1、4、7、9、10、12
必要时	自行规定

注　检测项目栏中内 1、2、…为表 3-9 的项目序号。

运行中变压器、断路器油检验周期和检验项目见表 3-12。在设备投运前和大修后都应该进行表 3-12 所列全部项目的检验（油泥和沉淀物项目除外）。对于少油量的互感器和套管，可根据各地的具体情况自行决定检验项目和检验周期或结合设备检修时以换油代替检验。按照表 3-12 列出的试验要求，有些试验项目和检验次数可依据各地实际情况而变化。通常对于变压器油可按下述原则检验：在表 3-12 中所规定的周期内应定期地进行油的颜色和外观、击穿电压、介质损耗因数或电阻率（同一油样，不要求同时进行这两项试验）、酸值、水分含量、油中溶解气体组分含量的色谱分析等检测，除非制造厂商另有规定；如有可能，在经常性的检验周期内，检验同一部位油的特性；对满负荷运行的变压器可以适当增加检验次数；对任何重要的性能若已接近所推荐的标准极限值时，应增加检验次数。

表 3-12　　　　　　　　运行中变压器、断路器油检验周期和检验项目[2]

设备名称	设备规范	检验周期	检验项目
变压器，电抗器所、厂用变压器	330V～1000kV	设备投运前或大修后	1～10
		每年至少 1 次	1、5、7、8、10
		必要时	2、3、4、6、9、11、12、13、14、15
	66kV～220kV、8MVA 及以上	设备投运前或大修后	1～9
		每年至少 1 次	1、5、7、8
		必要时	3、6、7、11、13、14 或自行规定
	<35kV	设备投运前或大修后	自行规定
		三年至少 1 次	

---

[1] 摘自 DL/T 1031—2006《运行中发电机用油质量标准》。

[2] 摘自 GB/T 7595—2008。

续表

设备名称	设备规范	检验周期	检验项目
互感器、套管		设备投运前或大修后	自行规定
		1～3 年	
		必要时	
断路器	＞110kV ≤110kV 油量 60kg 以下	设备投运前或大修后	1～3
		每年至少 1 次	4
		三年至少 1 次	4
		三年 1 次，或换油	4

注　1. 变压器、电抗器、厂用变压器、互感器、套管等油中的检测项目栏内的 1、2、3、…为表 3-7 的项目序号。

　　2. 断路器油检测项目栏内的 1、2、3、…为表 3-8 的项目序号。

　　3. 对不易取样或补充油的全密封式套管、互感器设备，根据具体情况自行规定。

变压器油在运行中其劣化程度和污染状况不同，因此一般情况下不能用某一项试验来判断油质的状况，只能在全面检测结束并分析油质劣化原因和确认污染来源后，才能定论该油是否可以继续运行，以保证设备安全可靠和经济成本合理。

对于运行中变压器油的所有检验项目超出质量控制极限值的原因分析及应采取的措施见表 3-13，同时遇有下述情况应该引起注意。

（1）当试验结果超出了所推荐的极限值范围时，应与以前的试验结果进行比较，如情况许可时，在进行任何措施之前，应重新取样分析，以确认试验结果无误。

（2）如果油质快速劣化，则应进行跟踪试验，不受试验周期的限制，必要时可通知设备制造商。

表 3-13　　　　　　　　　　运行变压器油超极限值原因及对策 [1]

项目	超极限值		可能原因	采取对策
外观	不透明，有可见杂质或油泥沉淀物		油中含有水分或纤维、碳黑及其他固体形物	调查原因并与其他实验（如含水量）配合决定措施
颜色	油色很深		可能过度劣化或污染	核查酸值、闪点、油泥、有无气味，以决定措施
水分 （mg/kg）	330kV～500kV 及以上	＞20	（1）密封不严、潮气侵入。 （2）运行温度过高，导致固体绝缘老化或油质劣化	（1）检查密封胶囊有无破损，呼吸器吸附剂是否失效，潜油泵是否漏气。 （2）降低运行温度。 （3）采用真空过滤处理
	220kV	＞30		
	110kV 及以下	＞40		
酸值 [mg/g(KOH)]	＞0.1		（1）超负荷运行。 （2）抗氧剂消耗。 （3）补错了油。 （4）油被污染	调查原因，增加实验次数，投入净油器，测定抗氧剂含量并适当，补加或考虑再生

---

[1]　摘自 GB/T 14542—2005。

项目	超极限值		可能原因	采取对策
击穿电压（kV）	500kV 及以上设备	＜50	(1) 油中水分含量过大。 (2) 油中有杂质颗粒污染	检查水分含量，对大型变电设备可检测油中颗粒污染度；进行精密过滤或换油
	330kV 设备	＜45		
	220kV 设备	＜40		
	66kV～110kV 设备	＜35		
	35kV 及以下设备	＜30		
介质损耗因数（90℃）	500kV 及以上设备	＞0.020	(1) 油质老化程度较深。 (2) 油被杂质污染。 (3) 油中含有极性胶体物质	检查酸值、水分、界面张力数据；查明污染来源并进行吸附过滤处理或考虑换油
	330kV 及以下设备	＞0.040		
界面张力（25℃，mN/m）	＜19		(1) 油质老化程度严重，油中有可溶性或沉析性油泥。 (2) 油质污染	结合酸值、油泥的测定采取再生处理或换油
体积电阻率 90℃，Ω·m	500kV 及以下设备	＜1×10¹⁰	同介质损耗因数原因	同介质损耗因数对策
	330kV 及以下设备	＜5×10⁹		
闪（闭口，℃）	低于新油原始值10℃以上		(1) 设备存在严重过热或电性故障。 (2) 补错了油	查明原因，消除故障，进行真空脱气处理或换油
油泥与沉淀物（质量分数，%）	＞0.02		(1) 油质深度老化。 (2) 杂质污染	考虑油再生或换油
油中溶解气体组成含量	见 GB/T 7252 或 DL/T 722		设备存在局部过热或放电性故障	进行跟踪分析，彻底检查设备，找出故障点并消除隐患，进行真空脱气处理
油中总溶含气量（体积分数，%）	330kV～500kV 及以上＞3		设备密封不严	与制造厂联系，进行设备的严密性处理
水溶性酸 pH 值	＜4.2		(1) 油质老化。 (2) 油被污染	与酸值比较，查明原因，进行吸附处理或换油

（3）某些特殊试验项目，如击穿电压低于极限值要求，或是色谱检测发现有故障存在时，则可以不考虑其他特性项目的检测结果，应果断采取措施以保证设备安全。

四、变压器油中颗粒度限值

随着电力变压器不断向超高压大容量方向发展，对 500kV 变压器油的要求也越来越高。研究表明，固体颗粒杂质对油的电气性能有显著影响。为保证超高压变压器的安全运行，有必要对颗粒杂质进行检测。

DL/T 1096—2008《变压器油中颗粒度限值》制定了 500kV 及以上变压器油颗粒度宜达到的质量标准，适用于 500kV 及以上变压器、电抗器油的质量监督。

变压器油中颗粒粒数及尺寸分布测量方法采用 DL/T 432—2009 中规定的测量方法，变压器油的取样方法按 GB/T 7597—2007 执行。仪器的校准和样品的准备和测试都应在洁净室（台）完成，宜使用洁净度级别为 100 级的装配式洁净室（台）。测试用取样容器为经特殊无尘处理的专用采样瓶。

从设备中取样时，先放油，将取样阀冲洗干净。在不改变流量的情况下，取油至专用采样瓶的 4/5 容积处。如有的设备不能连接导管取样时，应尽量缩短开瓶时间，取样后，先移走取样瓶，然后再关闭取样阀。油样应密封保存，最好不要倒置，测试时再启封。

500kV 及以上交流变压器油颗粒度宜控制为投运前（热油循环后）100mL 油中大于 5μm 的颗粒数小于或等于 2000 个，运行（含大修后）时 100mL 油中大于 5μm 的颗粒数小于或等于 3000 个。

500kV 及以上直流换流变压器投运前（热油循环后）颗粒度宜控制为 100mL 油中大于 5μm 的颗粒数小于或等于 1000 个。

当颗粒度超过限值时应查明原因，必要时用精密滤油机对油进行处理。滤油机滤芯精度至少应达到 2～5μm。有关油的颗粒度（清洁度或污染度）标准参见美国航空航天工业联合会（AIA）NAS1638 油液颗粒污染分级标准和 MOOG 颗粒污染等级标准（本书第二章第一节）。

对于 500kV 及以上变压器油中颗粒度指标应加强监督，建立必要的技术档案；设备投运前（热油循环后）、投运一个月或大修后，以及必要时应对颗粒度指标进行检测。如果颗粒度有明显的增长趋势，应缩短检测周期，加强监控。

第三节　运行中变压器油维护管理

运行中绝缘油质量的好坏直接关系到充油电气设备的安全运行和使用寿命，虽然油质的老化是不可避免的，但加强对运行中油质的监督和维护，采取合理而有效的防劣措施，能延缓油质的劣化进程，延长油的使用寿命，保障设备的健康运行。

在进行维护时，首先应对设备中的油质情况作一基本评估，同时注意对几种防劣措施配合使用和加强有关监督，以发挥协同效应。

一、运行中变压器油的分类

根据我国变压器油的实际运行经验，运行油可按其主要特性指标评价，大致分为以下几类。

第一类：可满足变压器油连续运行的油。此类油的各项性能指标均符合 GB/T 7595—2008 中按设备类型规定的指标要求，不需采取处理措施，而能继续运行。

第二类：能连续使用，仅需过滤处理的油。这类油一般是指油中含水量、击穿电压超出 GB/T 7595—2008 按设备类型规定的指标要求，而其他各项性能指标均属正常的油品。此类油品外观可能有絮状物或污染杂质存在，可用机械过滤去除其中水分及不溶物等杂质，但处理必须彻底，处理后油中含水量和击穿电压能符合 GB/T 7595—2008 中的指标要求。

第三类：油品质量较差，为恢复其正常特性指标必须进行油的再生处理。此类油通常表现为油中存在不溶物或可沉析性油泥，酸值或界面张力和介质损耗因素超出 GB/T 7595—2008 中的规定，此类油必须进行再生处理或者更换。

第四类：油品质量很差，多项性能指标均不符合 GB/T 7595—2008 中的要求。从技术角度考虑予以报废。

　　为了正确地运行中变压器油进行维护和管理，油质化验员和管理者应掌握 GB/T 14542—2005 的有关要求，才能保证用油设备的安全运行。

二、运行变压器油的防劣化措施

为了延长运行中变压器油的寿命，应采取以下必要的防劣措施。

（1）安装油保护装置（包括呼吸器和密封式储油柜），以防止水分、氧气和其他杂质的侵入。

（2）安装油连续再生装置，即净油器，以清除油中存在的水分、游离碳和其他老化产物。

（3）在油中添加抗氧化剂（主要使用 T501 抗氧化剂），以提高油的氧化安定性。

（4）在油中添加静电抑制剂（主要使用 BTA），以抑制或消除油中静电荷的积累。

一般情况下，应根据充油电气设备的种类、形式、容量和运行方式等因素来选择防劣措施。电力变压器应至少采用上述所列举的一种防劣措施。

对低电压、小容量的电力变压器，应装设净油器；对高电压、大容量的电力变压器，应装设密封式储油柜；对 110kV 及以上电压等级的油浸式高压互感器，应采用隔膜密封式储油柜或金属膨胀器结构。

（一）安装油保护装置

1. 呼吸器

充油电气设备一般均应安装呼吸器，呼吸器通常与储油柜配合使用，其内部装有吸水性能良好的吸附剂（如硅胶、分子筛等），其底部设有油封。吸湿器的结构如图 3-1 所示。吸附剂在使用前应按规定条件进行烘干处理，使用失效时应立即更换。

2. 冷冻除湿器

由于一般呼吸器作用有限，特别是湿度较大地区（南方及沿海）、油温经常变化的设备，呼吸器的除潮效果不好。因此，有条件地区可对 110kV 及以上电压等级的电力变压器安装冷冻除湿器（又称热电式干燥器），如图 3-2 所示。这种除湿器既能防止外界水分的侵入，又可清除设备内部的水分。它通常与普通型储油柜配合使用，其热电制冷组件应具有足够的功率，且能实现自动除霜操作。装有冷冻除湿器的变压器储油柜内空间的相对湿度，应保持在 10% 以下。但它不能隔绝油与空气中氧的接触，油中总含气量易饱和。

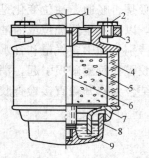

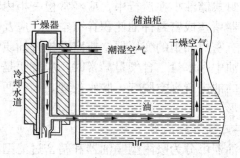

　　图 3-1　吸湿器的构造　　　　　　图 3-2　冷冻除湿器工作原理
1—连接管；2—螺钉；3—法兰盘；
4—玻璃；5—硅胶；6—螺杆；7—底座；
8—底罩；9—变压器油

3. 密封式储油柜

大容量电力变压器中的密封式储油柜内部装有耐油的专用橡胶密封件，使油和空气隔离，以防外界湿气和空气的进入而导致油质氧化加速与受潮。但这种装置不能清除已进入设备的湿气和设备内部绝缘材料分解所产生的水分。密封式储油柜有两种结构形式，即胶囊式密封储油柜与隔膜式密封储油柜。这两种储油柜在结构上应符合全密封的要求，如图 3-3 和图 3-4 所示，并应将安全气道改为压力释放器，采用压油袋式油位计或铁磁油位计。

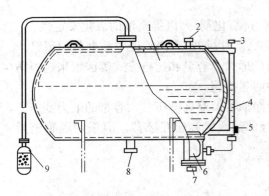 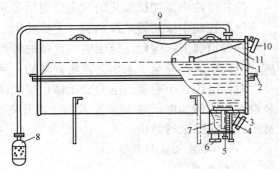

图 3-3　胶囊式密封储油柜　　　　　　　　图 3-4　隔膜式密封储油柜 3
1—胶囊；2—放油塞；3、7—放气塞；4—油位计；　　　1—隔膜；2—放水阀；3—视察窗；4—排气管；
5—放油塞；6—油压表；　　　　　　　　　　　　　5—注放油管；6—气体继电器联管；7—集气盒；
8—气体继电器联管；9—呼吸器　　　　　　　　　　8—呼吸器；9—人孔；10—铁磁式油位计；11—连杆

薄膜和胶囊所用材质应具有良好的气密性、耐油性、柔软性、耐温耐寒性、耐老化性和足够的机械强度且质量要轻。在安装前应严格检查、不应有龟裂、开胶、破损等缺陷，并经检漏试验合格。

储油柜密封件的安装应按设备制造厂说明书的要求进行。安装时，应防止密封件发生扭曲或皱皮而导致的损伤。注油时，应设法排尽变压器内死角处积存的空气，注入的油应经过高效真空脱气处理，并经检测油中总含气量应小于 1%（体积分数）。

密封式储油柜在运行中，应经常检查柜内气室呼吸是否畅通、油位变化是否正常，如发现呼吸器堵塞或密封件油侧积存有空气，应及时排除，以防发生假油位或溢油现象。

装有密封油柜的变压器，应定期检查油质情况。特别是油中含气量和含水量的变化。运行中当油中含水量、含气量异常时，应查明是否由于胶膜和胶囊破损引起，消除缺陷，并对设备内的油进行真空脱气、脱水处理。运行两年后可结合大修开盖直接检查胶膜、囊是否破损或变形。

（二）安装净油器

净油器可分为吸附型净油器和精密过滤型净油器。

1. 吸附型净油器

吸附型净油器是利用吸附剂对油进行连续再生的一种装置，广泛应用于不同形式的电力变压器，其使用效果主要取决于所用吸附剂的性能与用量。对于超高压电气设备或对运行油的洁净度有严格要求的设备，由于吸附剂粉尘有可能进入油中，因此不宜采用此类净油器。

　　吸附型净油器是一种渗流过滤装置，从循环动力学上可分为为温差环流净油器（俗称热虹吸器）和强制环流净油器两种。

　　（1）温差环流净油器（热虹吸器）。它可以消除油中的水分、游离碳和氧化产物。通常是利用运行变压器油的自然对流作用进行净化的，如图 3-5 所示。当油在热虹吸器内循环时，可与吸附剂充分接触，油中的酸性组分、水分、油泥等氧化产物和污染物被吸附，过滤掉。热虹吸器一般为金属圆筒形容器，容量大小以能容纳变压器油量的 1%～1.5% 的吸附剂为准则，其构造如图 3-6 所示。

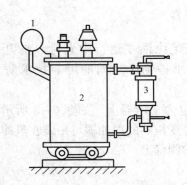

图 3-5　变压器采用的热虹吸器示意图

1—油枕；2—变压器油箱；3—热虹吸器

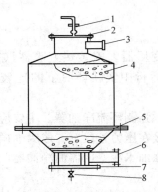

图 3-6　热虹吸器构造简图

1—放气阀；2—上盖；3—油入口；4—吸附剂；
5—立体法兰；6—油出口；7—下堵板；8—放油阀

　　热虹吸器容器容积按式（3-4）计算，即

$$V = \frac{G}{r} \tag{3-1}$$

式中　V——热虹吸器容积，m^3；

　　　G——吸附剂质量，kg；

　　　r——吸附剂比重，kg/m^3。

　　由容积再求出热虹吸器的高度与直径，按式（3-5）计算。选取的高度为直径的 1.3～1.5 倍为宜，热虹吸器的高度最大不超过 1.5m 为宜，则

$$h = \frac{4V}{\pi D^2} \tag{3-2}$$

式中　h——热虹吸器的高度，m；

　　　D——热虹吸器的直径，m；

　　　V——热虹吸器的容积，m^3。

　　对容量较大的变压器可选用图 3-7 中 Ⅰ 型或 Ⅱ 型的净油器；对较小容量的变压器（如配电变压器），可选用图 3-7 中的 Ⅲ 型的净油器（联管上无阀门）或在油箱内装设吸附剂袋。吸附剂用量一般为设备内油量的 0.5%～1.5%（质量分数）。在一台设备上如装一台净油器不够时，可增加净油器的个数。

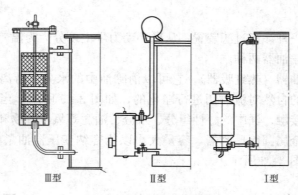

图 3 - 7　强制环流净油器

　　在变压器上安装热虹吸器（简称净油器），防止绝缘油在运行中老化，是电力系统多年在运行中实践证明了的比较成熟和行之有效的维护绝缘油质的可靠技术防劣措施之一。

　　（2）强制环流净油器。主要应用在强迫油循环的电力变压器上，如图 3-8 所示。一般将其连接在压力管段上，成为油循环的支路。强油风冷变压器的净油器可吊装在风冷却器的下端，强油水冷变压器的净油器可附着于冷却器筒体的侧壁上。

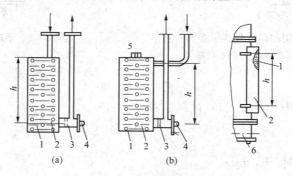

图 3 - 8　净油器安装方式
（a）装在强油风冷却下端的强制环流净油器；（b）附着于水冷却器侧壁的强制环流净油器
1—壳体；2—吸附剂；3—滤网；4—取样门；5—放气塞；6—水冷却器

　　2. 精滤型净油器
　　精滤型净油器利用精密过滤层对设备内油进行精密过滤。主要应用于小油量设备及自动调压开关装置中，以吸附截留在油中的碳粒和油泥沉淀物等物质。

　　（三）添加抗氧化剂
　　在绝缘油、汽轮机油添加抗氧化剂，减缓油在运行中的老化速度，延长油质使用寿命，是多年来电力系统所采用的行之有效的防劣技术措施之一，大量实践数据说明，采用此方法具有操作简便、无需专用设施、使用过程中维护工作量少、无油耗、防劣效果好、经济效益高等能优点。

　　1. 抗氧化剂的基本选择
　　能在油中起抗氧化作用的物质较多，但并不是所有物质都能作抗氧化剂使用，还必须具有抗氧化能力强，油溶解性好，挥发性小；不与油中组分起化学反应，长期使用不变质，不损害油品的优良性质和使用性能，不溶于水；不腐蚀金属及设备中的有关材料，在用油设备的工作温度下不分解、不蒸发、不易吸潮等；感受性好，能适用于各种油品等特点。

当使用某种新的抗氧化剂时，一般应通过下列试验确定其抗氧化作用的能力和使用效果。

（1）氧化诱导期试验。将欲采用的新抗氧化剂添加至油品中，在一定条件下，通过吸氧试验，测定该油品氧化的诱导期，诱导期越长，则表明其效果越好。

（2）感受性试验。同一抗氧化剂对不同油品（基础油的来源或油品牌号不同等）的使用效果有所不同。因此，对未用过某种抗氧化剂的油品应进行感受性试验。该试验是将未加抗氧化剂的试油与加有抗氧化剂的试油置于相同条件下，分别进行人工氧化，测定其酸值并进行比较，其比值即为油品的感受性，又称安定性倍数，即

$$安定性倍数 = \frac{未加抗氧化剂试油氧化后的酸值}{加有抗氧化剂试油氧化后的酸值}$$

若某油品的安定性倍数在 8～10 之间，氧化油的其他指标并不比未加抗氧化剂的试油差时，则可认为此油品对该抗氧化剂的感受性较好，这一抗氧化剂可以选用。此外，通过上述试验还可确定添加抗氧化剂的最佳浓度。

（3）模拟试验。经上述两种试验，认为可选用的抗氧化剂，最好再在变压器的模拟实验台上进行试验，以进一步鉴定其使用效果。常用的抗氧化剂（如 T501 等），已经有关部门试验、使用、给予肯定的，可不做上述试验。

2. 抗氧化剂的分类

油品抗氧化剂的种类较多，可按起作用机理、元素组成、官能团等方面进行分类。按其作用机理可大致分为两类。

（1）抑制剂。如酚类、胺类等。它通常可与活性自由基作用，使油品氧化反应的链中断，从而延长了油品氧化反应的诱导期。

（2）分解剂。又称过氧化物分解剂。如二烷基二硫代磷酸锌（我国代号为 T201～T204）等，能使油品氧化中生成的过氧化物分解，并生成稳定的产物，从而减缓了油品的氧化。

此外，也可按其作用机理细分为三类，见表 3-14。这种分类方法与抗氧化剂结构中的官能团及其所在位置也有关。第 I 类主要是仲胺，取代基主要在 β 位或间位；第 II 类主要是伯胺，取代基主要是 α 位或对位；第 III 类的取代基兼有第 I 类和第 II 类的特点，具有双重性质。但要注意，这不是抗氧化剂的普遍规律，有时也有例外。

3. 抗氧化剂的作用机理

从油品烃类氧化的链锁反应学说可知，抗氧化剂之所以能减缓油品的氧化，关键是抑制剂能消耗活性自由基，分解剂能终止氧化的链反应。如果用 RH 表示组成油品的液态烃；用 $A_I H$、$A_{II} H$ 和 $A_{III} H$ 分别表示第 I 类、第 II 类和第 III 类抗氧化剂，其作用机理如图 3-9 所示。

表 3 - 14　抗氧化剂的分类及作用

种类	在氧化过程动力学上的影响	抗氧化剂的名称	抗氧化剂结构式	添加浓度 (%)	与自由基 $R\cdot$、$ROO\cdot$、$ROOH$ 的相互作用
I		(1) 二苯胺		0.017	能与自由基 $R\cdot$、$ROO\cdot$、对 $ROOH$ 不作用
		(2) 苯基-β-萘胺		0.023~0.07	
		(3) 对羟基二苯胺		0.018, 0.036	
		(4) 对羟基苯~β-苯胺		0.072	
		(5) 安替比林		0.05	
		(6) 甲代苯胺		2.00	
		(7) 二甲代苯胺		3.00	
II		(1) α-萘胺		0.2	能与 $ROO\cdot$ 作用，可迅速使 $ROOH$ 的分解
		(2) 对苯二胺		0.01	
		(3) 对氨基苯酚		0.01	

续表

种类	在氧化过程动力学上的影响	抗氧化剂的名称	抗氧化剂结构形式	添加浓度（%）	与自由基 $R\cdot$、$ROO\cdot$、$ROOH$ 的相互作用
II		（4）二硫化 [4，4'] 二氨基代二苯	$H_2N-\!\!\bigcirc\!\!-S-S-\!\!\bigcirc\!\!-NH_2$	0.003	与自由基 $R\cdot$、$ROO\cdot$、$ROOH$ 的相互作用
		（5）对叔丁基苯酚	$HO-\!\!\bigcirc\!\!-C(CH_3)_3$	0.20	
		（6）对二氨基联苯	$H_2N-\!\!\bigcirc\!\!-\!\!\bigcirc\!\!-NH_2$	0.036	
		（7）联邻位甲苯胺	$H_2N(CH_3)-\!\!\bigcirc\!\!-\!\!\bigcirc\!\!-(CH_3)NH_2$	0.042	能与 $ROO\cdot$ 作用，可迅速使 $ROOH$ 的分解
		（8）β-萘酚	萘-OH	0.1	
		（9）二乙基对位苯二胺	$(C_2H_5)_2N-\!\!\bigcirc\!\!-NH_2$	0.008~0.017	
		（10）对一苯二酚	$HO-\!\!\bigcirc\!\!-OH$	0.11	
III		（1）β-萘胺	萘-NH_2	0.1	能与自由基 $R\cdot$ 和 $ROO\cdot$ 的相互作用，可缓慢地分解 $ROOH$ 或不分解
		（2）苯基-β-萘胺	苯基-NH-萘	0.01	

续表

种类	在氧化过程动力学上的影响	抗氧化剂的名称	抗氧化剂结构式	添加浓度（%）	与自由基 R·、ROO·、ROOH 的相互作用
Ⅲ		（3）二苯基—对位—苯二胺		0.05	
		（4）间氨基苯酚		0.20	
		（5）3、5—二叔丁基对甲酚		0.16（0.033）	
		（6）β—萘酚		0.1；0.3	能与自由基 R· 和 ROO· 的相互作用，可缓慢地分解 ROOH 或不分解
		（7）二苯对苯二胺		0.26	
		（8）二—α—萘基—对苯二胺		0.07	
		（9）匹拉米同		0.022 （0.44、0.88、0.05）	

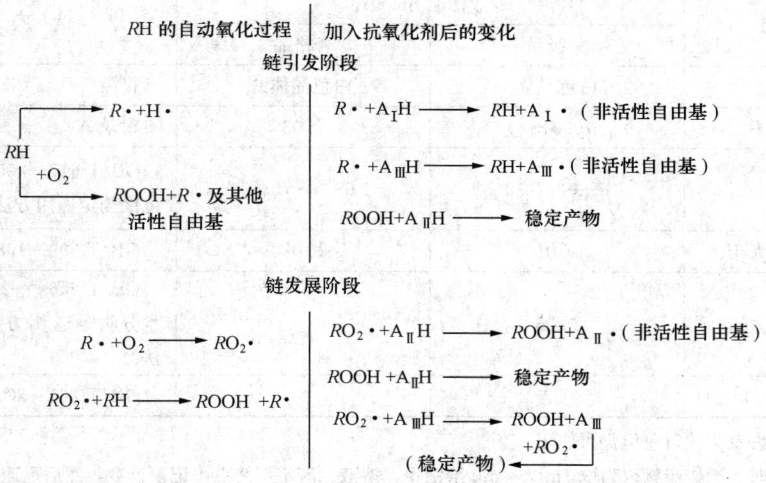

图 3-9 抗氧化剂的作用机理

目前，在变压器油中已比较广泛地采用了添加 T501 抗氧化剂的维护措施。T501 是 2.6 二叔丁基对甲酚，简称烷基酚，国外简称 DBPC，属第三类抗氧化剂，其作用原理是利用屏蔽酚的化学活性，与油中的活性自由基和过氧化物发生反应，最终形成稳定的化合物，从而消耗油中生成的自由基，阻止了油分子自身的氧化过程，T501 的抗氧化作用机理如图 3-10 所示。质量标准见表 3-15。

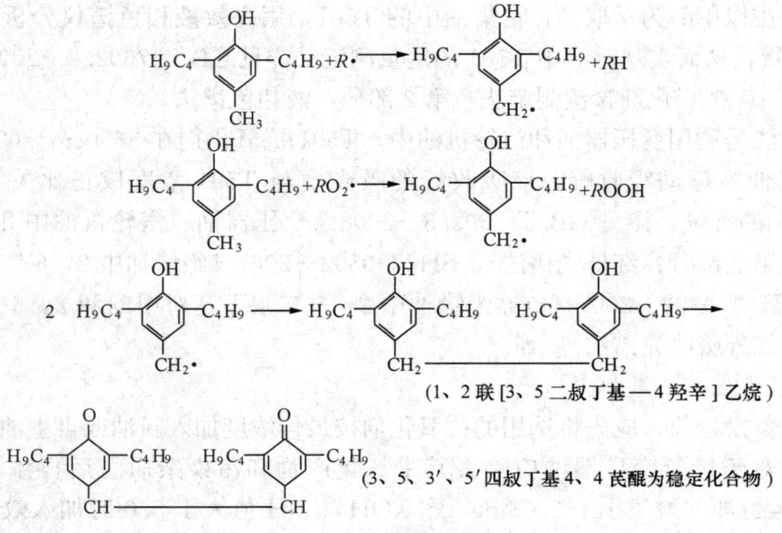

图 3-10 T501 的抗氧化作用机理

表 3-15　　　　　　　　　　　　　　**T501 抗氧化剂的质量标准**

项　　　目	专业标准 SH0015		试 验 方 法
	一级品	合格品	
外状	白色晶体	白色晶体①	目测
游离甲酚（%），不大于	0.015	0.03	附录 A
初溶点（℃）	69.0～70.0	68.5～70.0	GB/T 617—2006《化学试剂熔点范围测定通用方法》
灰分（%），不大于	0.01	0.03	GB/T 509—1985
水分（%），不大于	0.06	—	GB/T 606②—2003《化学试剂水分测定通用方法　卡尔·费休法》
闪点（闭口，℃）	报告		GB/T 261—2008

① 储存后允许变为淡黄色但仍可使用。

② 测定水分时，操作步骤改为取 3mL～4mL 溶液甲，溶液乙滴定至终点不记录读数，然后迅速加入试样 1g（称准至 0.01g），在不断搅拌下使之溶解，用溶液乙滴定至终点。

油中 T501 抗氧化剂含量的测定检测方法主要有分光光度法、液相色谱法、红外光谱法。

分光光度法的原理是以石油醚、乙醇做溶剂，磷钼酸作发色剂，根据 T501 抗氧化剂与磷钼酸形成的钼蓝络合物在分光光度计 700nm 处的吸光度，利用该吸光度值与 T501 含量成正比的关系，进行定量分析。详见 GB/T 7602.1—2008《变压器油、汽轮机油中 T501 抗氧化剂含量测定法　第 1 部分：分光光度法》。

液相色谱法以甲醇为萃取剂，富集油中的 T501，用高效液相色谱仪分析溶解在萃取液中 T501 的含量，从而实现对油中 T501 的定量测定。详见 GB/T 7602.2—2008《变压器油、汽轮机油中 T501 抗氧化剂含量测定法　第 2 部分：液相色谱法》。

红外光谱法是利用变压器油和汽轮机油中，T501 抗氧化剂在 3650cm^{-1}（2.74μm）波数处出现酚羟基伸缩振动吸收峰，该吸收峰的吸光度与 T501 浓度成正比关系，从而求出 T501 抗氧化剂的含量。详见 GB/T 7602.3—2008《变压器油、汽轮机油中 T501 抗氧化剂含量测定法　第 3 部分：红外光谱法》、SH/T 0802—2007《绝缘油中 2，6-二叔丁基对甲酚测定法》和 SH/T 0792—2007《电器绝缘油中 2，6-二叔丁基对甲酚和 2，6-二叔丁基苯酚含量测定法（红外吸收光谱法）》等。

4. T501 抗氧化剂的添加

在用油设备投运前，应先将选用的抗氧化剂按最佳浓度加入新油或再生油中，并在系统内充分混匀。对于运行变压器油应除去其中氧化产物和污染杂质之后再添加为好。使用 T501 时，在运行油的酸值小于 0.03mg/g（KOH）、pH 值大于 5.0 时加入效果较好。加入方式：一般取抗氧化剂的总用量加入少量油中，配成母液（5% T501）。配制时加热母液至溶解温度（67～68℃）、搅拌，使抗氧化剂全部溶解，待母液冷却、接近运行油温时，经过滤后再注入变压器内。此外，也可将添加的抗氧化剂分散置于热虹吸器上部的硅胶层内，随热油循环流动可将其逐步溶解。但该种方式的效果不如前种方式。添加操作最好选在变压器停运、检修或补油时进行。添加后，应加强对油质进行监督和维护。在加入抗氧化剂后的一段时期内，应经常监督油质的变化情况，若运行油混浊时，需及时进行过滤并查明其原因。一年之后可按一般油质进行正常监督。此外，还应定期监测油中抗氧化剂的含量，若 T501 的含量低于 0.15％时应及时补加。国产原 25 号变压器油在不同老化程度下补加抗氧化剂的效果如图 3-11 所示。

在油中添加和补加 T501 抗氧化剂时，应注意以下事项。

（1）药剂的质量应按标准进行验收，并注意药剂的保管，防止变质。

（2）对不明牌号的新油（包括进口油）、再生油及老化污染情况不明的运行油应做油对抗氧化剂的感受性试验（感受性：通过油的氧化或老化试验，其结果若有一项指标比不加 T501 抗氧化剂的油提高 20％～30％，而其余指标均无不良影响）。确定该油是否适合添加和添加时的有效剂量。对感受性差的油，可将油进行净化或再生处理后，再进行感受性试验。

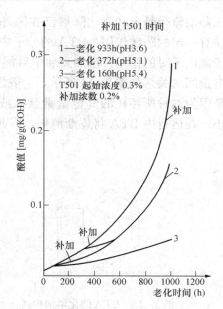

图 3-11　国产原 25 号变压器油在不同老化程度下补加抗氧化剂的效果

（3）新油、再生油中 T501 抗氧化剂的含量应不超过 0.3％（质量分数）；对于运行中油，虽然在 GB/T 7595—2008 和导则 GB/T 14542—2005 并没有规定测定 T501 含量的试验周期，但各单位应根据设备的运行情况不定期检测 T501 含量，一般运行油应不低于 0.15％。当其含量低于 0.15％时，应视情况适当补加。补加时，油的 pH 值应不低于 5.0。

（4）运行中油添加或补加 T501 抗氧化剂时，应在设备停运或检修时进行。添加前，应先清除设备内和油中的油泥、水分和杂质。添加时应采用热溶解法添加，即将 T501 抗氧化剂在 50℃下配制成含 5％～10％（质量分数）的油溶液，然后通过滤油机将其加入循环状态的设备内的油中并混合均匀，以防药剂过浓导致未溶解的药剂颗粒沉积在设备内。添加后，应检测油的电气性能试验合格。

（5）对含抗氧化剂的油，如发现油质老化严重，应对油进行处理，当油质达到合格要求后再补加抗氧化剂。

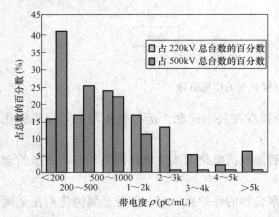

图 3-12　进行中变压器油的带电度分布情况

（四）添加静电抑制

对于大型强油循环的变压器，油在循环流动中产生静电荷已成为危及变压器安全运行的一个值得关注的问题。部分运行中变压器油的带电度分布情况如图 3-12 所示，运行中 90％以上油的带电度高于新油的带电度，原因是变压器油注入变压器后，油中纤维素及氧化产物等杂质增加所致。

向油中加入少量化学添加剂抑制油的流动带电现象。苯并三氮唑（BTA）是一种常用的静电抑制剂，添加苯并三氮唑来抑制变压器油流带静电和氧化降解已在国外许多公司应用。BTA 是一种铜的优良缓蚀剂,对铜、铁有一定的防锈作用。BTA 的分子中含有三个孤电子对的氮原子,结构如图 3-13 所示,由于孤电子对的作用,添加到油中后能明显抑制油流所带的静电荷密度。BTA 含量与油流放电量间的关系如图 3-14 所示,一般添加量为 10mg/kg 左右。但是如果高的油流带静电倾向是因为油种所存在的其他微量杂质或其他因素的影响而造成的,则 BTA 的抑制作用会很小。在运行中 BTA 将逐渐消耗,因此,也像抗氧化剂一样存在补加问题。

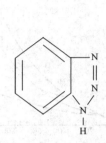

图 3-13　BTA 的化学结构式

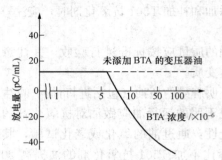

图 3-14　BTA 含量与油流放电量间的关系

(五)添加金属减活(钝化)剂

金属钝化剂因能抑制腐蚀性硫和铜发生反应,被广泛用于以防止因变压器油硫腐蚀引发的变压器故障。常见的金属钝化剂是苯并三氮唑及其衍生物(N,N-二烷基氨基亚甲基苯三唑 T551、TAA Irgamet 30 和 TTAA Irgamet 39 等)。目前,国内外变压器添加的钝化剂大部分是 Irgamet 39,一种甲基苯并三氮唑类衍生物,常温下为液体,在矿物油中的溶解度大于 5%,它和铜金属反应,并且在表面形成薄的保护膜,该保护膜防止铜与腐蚀性油接触,其基本作用机理如图 3-15 所示。关于金属钝化剂在变压器中详细的作用机理、钝化剂效果的长久性等问题,国内外正在研究中。

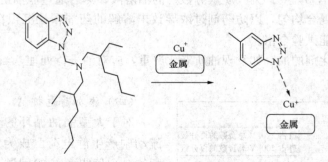

图 3-15　Irgamet 39 钝化剂的作用机理

在运行中 Irgamet 39 将逐渐降低,因此一样存在补加问题。运行变压器油中金属钝化剂含量会降低,降低的原因如下。

(1)对于已经老化的变压器油,特别是没有添加抗氧化剂或抗氧化剂消耗时,添加的金属钝化剂会很快消耗掉。

(2)金属钝化剂在金属表面形成一层类似聚合物的保护膜,有一部分金属钝化剂在金属表面发生螯合被固定了。

（3）在变压器油和金属线圈之间的是层层的绝缘纸和绝缘纸板，纸质材料对金属钝化剂有吸附作用。

运行油中金属钝化剂含量的标准，目前国内还是空白，可依据 IEC 60422—2013》（电气设备中矿物绝缘油监督维护导则 Mineral insulating oils in electrical equipment-Supervision and maintenance guidance）的规定进行监督，见表 3-16。当金属钝化剂含量大于 70mg/kg 时，含量稳定，降低的速度小于 10mg/（kg·年）时，表明该指标良好，可以降低检测的频率；当金属钝化剂含量处于 50～70mg/kg 时，或者含量小于 70mg/kg 且降低的速度明显大于 10mg/（kg·年）时，表明该指标一般，需要定期监测含量；当金属钝化剂含量小于 50mg/kg 时，且降低的速度大于 10mg/（kg·年）时，表明该指标差，需要采取以下措施：①换油；②进行滤油处理；③短期解决方案是继续添加金属钝化剂，浓度至少到 100mg/kg。

表 3-16　　　　　　　　　　IEC 60422 中关于金属钝化剂含量的运维指标

检测项目	质 量 指 标			测 试 方 法
	好	一般	差	
金属钝化剂含量 (mg/kg)	＞70 含量稳定，降低的速度＜10mg(kg·年)	50～70 或者＜70 降低的速度＞10mg(kg·年)	＜50 降低的速度＞10mg (kg·年)	IEC 60666

结合国际标准和我国变压器油的现状，广东电网提出以下建议：对于金属钝化剂含量小于 5mg/kg 的主变压器油进行抗氧化剂含量和腐蚀性硫检测，如果抗氧化剂检测不出或者检测出腐蚀性硫，而油品老化又较严重的，建议换油，如油品老化不严重，建议补加金属钝化剂到 100mg/kg；对于含量处于 5～50mg/kg 的主变压器，三个月检查一次，跟踪含量变化，如有迅速下降趋势，及时采取同含量小于 5mg/kg 时的措施；对于含量大于 50mg/kg 的主变压器，每年检查一次。建议将变压器油中金属钝化剂含量检测纳入每年普查项目，进行跟踪，及时发现问题解决问题。

三、防止电力变压器运行中油温过高

变压器运行中，其铁损和铜损均转为热量，使变压器的绕组、铁芯、绝缘油的温度相继升高，这是正常的。如果经检查确认负荷基本不变，冷却装置良好，温度计指示也正常，而油温不断增高，超过允许值，则说明变压器内部已有故障，如铁芯起火及绕组导体短路等，此时变压器不应继续运行。

据试验，温度低于 60～70℃，油的氧化作用很小；高于此温度，每升高 10℃，油的氧化速度约加快 1 倍。为此，变压器运行中应避免油温过高。油浸变压器最高上层油温可按表 3-17 中的规定运行（以温度计测量）。变压器运行中的温升值，也是不能忽视的。所谓温升，是指变压器温度与周围介质温度的差值。考虑到变压器运行中，其内部绕组首先达到最高温度，各部位温度差别很大，变压器内部的散热能力又不与周围气温变化成正比，为了合理、正确地控制绕组的温度，不但规定上层油温的允许值，同时也规定温升不应超过规定值。当冷却介质温度下降时，变压器最高上层油温也应相应下降。为防止绝缘加速老化，自然循环变压器上层油温一般不宜经常超过 85℃。

表 3-17   油浸变压器允许最高上层油温

变压器冷却方式	冷却介质最高温度(℃)	最高上层油温(℃)
自然循环、自冷、风冷	40	95
强迫油循环风冷	40	85
强迫油循环水冷	30	70

为了充分发挥防劣措施的效果，应对几种防劣措施进行配合使用并切实做好监督和维护工作。对大容量或重要的电力变压器，必要时可采用两种或两种以上的防劣措施配合使用，如抗氧化剂与热虹吸器联合使用，可使油的有效使用期延长到几十年以上。在运行中，应避免引起油质劣化的超负荷、超温运行方式并应采取措施定期清除油中气体、水分、油泥和杂质等，做好设备检修时的加油、补油和设备内部清理工作。

四、及时补油

1. 变压器油位过低

运行中变压器器身温度的变化，会使绝缘油体积变化，从而引起油位的升降。引起变压器油位过低的原因大致如下。

（1）变压器运行中，因阀门、垫圈、焊接质量的问题，会发生渗漏油。

（2）变压器本来油量不太足，加上气温降低的影响。

（3）多次试验取油样而未及时补油。

（4）由于油位计管堵塞、储油柜吸湿器堵塞等原因造成的假油位，未及时发现及补油。

长期油位过低运行会对变压器产生严重的危害。其一，油位低到一定程度时，气体保护动作，带来不必要的麻烦。其二，油位低到大盖以下时，变压器绕组曝漏出油面，绕组接触空气，吸收空气中的潮气，降低了绝缘水平，严重时，可能导致变压器的烧毁。

变压器缺油时应及时补油。若因大量漏油使油位骤降，低至气体继电器以下或继续下降时，应立即停用此变压器。

2. 混油规定

电气设备补充油时，应优先选用符合相关新油标准的未使用过的变压器油。最好补加同一油基、同一牌号及同一添加剂类型的油品。补加油品的各项特性指标都应不低于设备内的油。当新油补入量较少时，例如小于5%时，通常不会出现任何问题；但如果新油的补入量较多，在补油前应先做油泥析出试验，因新油与已劣化的运行油对油泥的溶解度不同，为了防止补油后导致油泥析出，在补油前必须预先进行混合样的油泥析出试验，确认无油泥析出，且酸值、介质损耗因数值不大于设备内油时，方可进行补油。

混油应注意以下事项。

（1）不同油基的油原则上不宜混合使用。在特殊情况下，如需将不同牌号的新油混合使用，应按混合油的实测凝点决定是否适于此地域的要求。然后再按 DL/T 429.6—1991《电力系统油质试验方法——运行油开口杯老化测定法》方法进行混油试验，并且混合样品的结果应不比最差的单个油样差。

（2）如在运行油中混入不同牌号的新油或已使用过的油，除应事先测定混合油的凝点以外，还应按 DL/T 429.6—1991 的方法进行老化试验，还应测定老化后油样的酸值和介质损耗因数，并观察油泥析出情况，无沉淀方可使用。所获得的混合样品的结果应不比原运行油的差，才能决定混合使用。

（3）对于进口油或产地、生产厂家来源不明的油，原则上不能与不同牌号的运行油混合使用。

当必须混用时，应预先进行参加混合的各种油及混合后的油老化试验，并测定老化后各种油的酸值和介质损耗因数及观察油泥沉淀情况，在无油泥沉淀析出的情况下，混合油的质量不低于原运行油时，方可混合使用；若相混的都是新油，其混合油的质量应不低于最差的一种油，并需按实测凝点决定是否可以适于该地区使用。例如，有甲、乙两种油，通过老化试验判断其能否混合，试验结果见表 3 - 18。

表 3 - 18　　　　　　　　　　两种油样混合前后试验结果比较

试 验 项 目	甲　　油	乙　　油	甲、乙混合（按实际需要比例）
（老化后）酸值 [mg/g(KOH)]	0.45	0.22	0.33
沉淀物（%）	0.22	0.10	0.15

从表 3 - 18 结果可以看出混合油的质量虽然不如乙油，但比甲油好，故可以混合使用。如果混合油的试验结果的酸值或沉淀物，其中的一项大于乙油，就不能混合使用。

（4）在进行混油试验时，油样的混合比应与实际使用的比例相同；若无法确定混油比，则采用 1：1 质量比例混合进行试验。

注意：矿物汽轮油与用作润滑、调速的合成液体有本质的区别，切勿将两者混合使用。

五、变压器油泥的冲洗

油泥是变压器油长期运行中由于发生热氧化的作用，使油的热裂解产物大量生成物的产物。油泥对变压器设备的危害是最严重的，必须将设备内堆积的油泥彻底清除干净。热的变压器油是其裂解产物的溶剂，从而解决了冲洗设备油泥的容积问题。需要加热的温度可由其苯胺点试验确定。将变压器油加热到 80℃ 时，就可以溶解掉设备内沉积的油泥，热油冲洗变压器内的油泥是将再生、清洗和油的溶解能力结合起来。加热、吸附和真空过滤处理（脱气、脱水）的具体实施是将再生设备和变压器组成闭路循环系统，被处理的油从变压器中流出，经过加热器使油加热到 80℃，再通过过滤装置，除去油中的粗大杂质和水分，最后经过吸附过滤器去掉油中溶解的油泥，再经过真空过滤和精密过滤后，纯净的油重新返回变压器中。通过变压器的循环次数（通常为 10～20 次）取决于油泥的量。

注意采用此除油泥的方式，可在带电和停电的情况下作业。变压器带电滤油时，应注意以下 5 条。

（1）遵守现场安全要求，确保滤油时的安全。

（2）所使用的设备外壳应有良好的接地。

（3）应将变压器的气体继电器推出跳闸回路，改接信号回路。

（4）注意选择充油设备油的进、出口位置，以防止油流死角和将沉淀物冲起。

（5）要控制油的流速，防止油流带电。

一般为了安全起见，最好采用停电冲洗作业。

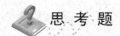 思 考 题

1. 运行中变压器油监督指标与新油有何不同？

2. 抗氧化剂的作用机理是什么？

3. 某次主变压器大修后，用压力管道补油，油箱油位由 4.50m 下降至 2.85m。已知油箱内径为 2.5m，油的密度为 0.86g/cm³，试求此次补油多少。

4. 为什么吸附净化与抗氧化剂联合效果会更好？

5. 当需要混油和补油时应遵守哪些原则？

6. 试论述运行变压器油主要维护措施。

第四章 油浸式变压器气体监督和潜伏性故障的检测

本章主要介绍油浸式电力变压器产生故障气体的机理、特征及判断变压器潜伏性故障的基本方法。

电力变压器不仅属于电力系统中最重要的和最昂贵的设备,而且也是导致电力系统事故最多的设备之一,其运行状态的好坏直接关系到电力系统的安全、稳定运行,及时而准确地检测出变压器早期潜伏性故障是很有价值的。油浸式电力变压器采用油纸绝缘结构,整个器身完全浸泡在变压器油中。通过油中溶解气体分析技术(Dissolved Gas Analysis-DGA)定性、定量分析变压器油中溶解气体的组分和含量,可及时发现变压器内部存在的潜伏性故障,如油中气体成分异常是反映设备内部潜伏性故障的征兆;绝缘老化反映在油中水分、酸值、糠醛等含量的增加;油中含气量的增加显示了密封变压器密封上的缺陷等。很多情况下,油只是获取信息的载体,并不是问题的根源。从目前国内外对变压器故障监督技术手段来看,变压器油溶解气体分析法是相对成熟的、有效的、最受电力部门欢迎的方法之一。变压器油在热和电的作用下,分解成氢气、一氧化碳以及多种烃类气体,设备内部故障的类型及严重程度与这些气体分子的组成及产气速率有着密切关系,利用这一关系判断设备内部故障和监视设备的运行状况,成为充油电气设备安全运行不可缺少的手段,运行部门普遍认为用色谱法分析变压器故障是一种重要的有实际意义的方法,得到了广泛的使用。国际电工委员会制定了专门的油中溶解气体分析导则 IEC 567 和 IEC 599,我国也制定了 GB/T 17623—1998、DL/T 722—2000 和 GB/T 7252—2001 等相关标准。分析油中溶解气体的组分和含量是监视充油电气设备安全运行的最有效的措施之一,此法的最大优点在于无需停运变压器,而且在变压器发生故障的初期就可以查明发展中的内部故障。油中溶解气体法除油样和操作及仪器引起的误差外,不受磁场干扰,检测结果具有重复性和再现性。以油中溶解气体组分含量和特征气体比值法等为基础的模糊数学、神经网络、灰色系统、粗糙集等诊断方法及专家系统都可以用于油中溶解气体的分析中。同时,更重要的是国内外已经积累了丰富的故障诊断经验,使目前的故障诊断准确率达 90% 以上。

第一节 变压器的产气故障

产生变压器故障的原因很多,究其本质主要原因为热、电和机械应力,第一是过热,包括局部过热和大面积过热,局部过热热点温度可达 500℃,但还不足以使纤维素碳化,这是故障早期。第二是放电,包括电晕放电—由电离产生,首先发生在电场集中处如导线的锐边上。火花放电—间隙性放电,放电延续时间很短,一般为微秒或更少。电弧放电—持续时间较长,持续放电现象,产生比电晕更明亮的电弧光。

一、电介质放电的基本知识

1. 局部放电

若作用于绝缘油等电介质的电场强度过高，超过某一极限值时，则油将失去绝缘作用。在此过程中，如果强电场区只局限于电极附近很小的区域内，则电介质只遭受局部损坏，产生放电脉冲电流，此现象即为电介质的局部放电（Partial Discharge）。若强电场的区域很大，形成贯穿性的通道，造成极间短路，则为电介质的击穿。由此可知，局部放电往往是液体或固体电介质击穿的前奏，若不及时消除，有可能发展为基础故障。检测局部放电的目的是发现设备结构和制造工艺的缺陷。例如，绝缘内部局部电场强度过高；金属部件有尖角；绝缘混入杂质或局部带有缺陷，产品内部金属接地部件之间、导电体之间电气连接不良等，以便消除这些缺陷，防止局部放电对绝缘造成破坏。

2. 气体放电

电流通过气体的现象，又称气体放电或导电（Gas Discharge）。在通常情况下气体是由不带电的分子或原子组成的，它是良好的绝缘体。但是，当气体中出现电子和离子时，在外电场作用下，电子和离子做定向漂移运动，气体就导电了。通常把气体导电组分分成以下两种类型：依靠外界作用维持气体导电，且外界作用撤除后放电即停止的叫做非自持放电或被激放电；不依靠外界作用，在电场作用下能自己维持导电状态的叫做自持放电或自激放电。气体的导电性和气体中电子与离子的产生以及它们在电场中的运动情况密切相关。气体中的分子或原子可以失去电子而成为正离子或得到电子而成为负离子，这叫做电离。通常把能使气体发生电离的物质（如紫外线、放射性等）叫做电离剂，电离剂能维持气体的非自持放电。从微观上看，能量足够大的光子、电子、离子等微观粒子撞击气体中的分子或原子时，能使分子或原子电离成电子和正离子，这叫做碰撞电离；而在足够高的温度下，由于热运动，气体分子相互碰撞也可以产生电离，这叫做热电离。

电极的表面也可以释出电子或离子。炽热的阴极可以发射电子（叫做热电子发射），而炽热的阳极也可以发射正离子（叫做热离子发射）。在电场力作用下获得较大动能的正离子撞击阴极时，能使阴极表面发射电子（叫做次级电子发射）；在光的照射下或在强电场作用下也可以引起电极表面发射电子（分别叫做光电发射与场致发射）。在电场作用下，气体中的电子和离子分别作定向运动，形成电流，但其运动情况有重要差别。电子质量比离子质量小得多，在气体中电子的平均自由程也比离子的大，因此，在电场作用下电子得到的定向运动速度比离子得到的大得多。由于电子质量很小，可以推知，能量较低的电子与气体分子发生弹性碰撞时，电子动能损失很小，因而能在电场中积累能量，而能量足够高的电子与气体分子则可以发生非弹性碰撞，把动能传递给气体分子，引起气体分子的电离，产生新的离子和电子，或者使气体分子受激发而发光。另外，离子质量大，在电场中得到的定向运动速度小，而当离子与气体分子作弹性碰撞时，离子动能损失较大，因此，离子往往不易在电场中积累能量以使气体分子受到激发或电离。此外，气体中的电子与正离子相遇时，可以重新复合成中性分子并以发光的方式放出电离能，速度较小的电子与某些中性分子（如氧分子）相遇时，可以附在中性分子上形成负离子。正、负离子相遇也可以复合。上述各种基本过程的存在是气体放电现象比较复杂的原因。

气体的非自持放电由于宇宙射线、少量放射性射线、紫外线等的存在，通常的气体总有微弱的电离，当在阳极和阴极间加电压时，电极间的气体中即出现微弱的电流。如果用电离剂使气体电离，则可由实验得到这种非自持放电。

气体的自持放电特性取决于气体的种类、压强、电极材料、电极形状、电极温度、两极间距离等多种因素，并且往往有发声、发光等现象伴随发生。因条件不同，放电采取不同的形式，可分为辉光、电晕、火花、电弧、沿面放电等主要形式。

（1）辉光放电。辉光放电（Glow Discharge）是在低压气体、电源功率比较小，电极的气隙中出现特殊的亮区和暗区，呈现瑰丽的发光现象。特征是电流强度较小（约几毫安），温度不高，放电占满电极间隙的整个空间。例如，水银日光灯管，在置有板状电极的玻璃管内充入低压（约几毫米汞柱）气体或蒸气，当两极间电压较高（约 1000V）时，稀薄气体中的残余正离子在电场中加速，有足够的动能轰击阴极，产生二次电子，经簇射过程产生更多的带电粒子，使气体产生辉光放电。辉光放电的主要应用是利用其发光效应（如霓虹灯、日光灯）以及正常辉光放电的稳压效应（如氖稳压管）。

（2）电晕放电。电晕放电（Corona Discharge）是气体介质在不均匀电场中的局部自持放电，是最常见的一种气体放电形式。在曲率较大的导体表面或电极表面上（其他导体或电极距离较远），当电场强度升高到某一临界值以上时，在非均匀强电场作用下，表面附近的气体电离和激励，引起气体导电并发光，因而出现电晕放电。发生电晕时在电极周围可以看到光亮，导体或电极周围形成电晕层，并伴有咝咝声。电晕层外电场很弱，气体不发生碰撞电离。此时气体间隙的大部分尚未失去绝缘作用，仍能耐受一定的压力，当导体或电极与周围导体间的电压增大时，电晕层逐步扩大到附近其他导体，过渡到火花放电。电晕放电是一种不完全的火花放电或电弧放电。电晕放电可以是相对稳定的放电形式，也可以是不均匀电场间隙击穿过程中的早期发展阶段。电晕放电在工程技术领域中有多种影响。实际上，导线表面如有损伤、雨滴、附着物等，都会使电晕放电易于发生。电力系统中的高压及超高压输电线路导线上发生电晕，会引起电晕功率损失、无线电干扰、电视干扰及噪声干扰。进行线路设计时，应选择足够的导线截面积或采用分裂导线，降低导线表面电场的方式，以避免发生电晕。对于高电压电气设备，发生电晕放电会逐渐破坏设备绝缘性能。电晕放电的空间电荷在一定条件下又有提高间隙击穿强度的作用。当线路出现雷电或操作过电压时，因电晕损失而能削弱过电压幅值。利用电晕放电可以进行静电除尘、污水处理、空气净化等。地面上的树木等尖端物体在大地电场作用下的电晕放电是参与大气电平衡的重要环节。电晕放电是高压输电线上漏电的主要原因。利用电晕放电，可使导体或电极上的电荷逐渐消失，这就是避雷针泄放电荷的道理。电晕放电可用于静电过滤器中，以消除气体中的尘粒。海洋表面溅射水滴上出现的电晕放电可促进海洋中有机物的生成，还可能是地球远古大气中生物前合成氨基酸的有效放电形式之一。

（3）火花放电。火花放电（Spark Discharge）是高电压电极间的气体被击穿，出现闪光和爆裂声的气体放电现象。在通常气压下，当在曲率不太大的冷电极间施加高电压时，若电源供给的功率不太大，就会出现火花放电，火花放电时，碰撞电离并不发生在电极间的整个区域内，只是沿着狭窄曲折的发光通道进行，并伴随爆裂声。由于气体击穿后突然由绝缘体变为良导体，电流猛增，而电源功率不够，因此电压下降，放电暂时熄灭，待电压恢复，再次放电。因此，火花放电具有间隙性。雷电就是自然界中大规模的火花放电。火花放电可用于金属加工，钻细孔。火花间隙可用来保护电器设备，使之在受雷击时不会被破坏。

（4）电弧放电。电弧放电（Arc Discharge）是气体放电中最强烈的一种自持放电。当电源提供较大功率的电能时，若极间电压不高（约几十伏），两极间气体或金属蒸气中可持续通过较强的电流（几安至几十安），并发出强烈的光辉，产生高温（几千至上万度），这就是电弧放电。电弧是一种常见的热等离子体。电弧放电最显著的外观特征是明亮的弧光柱和电极斑点。电弧的重要特点是电流增大时，极间电压下降，弧柱电位梯度也低，每厘米长电弧电压降通常不过几百伏，有时在 1V 以下。弧柱的电流密度很高，每平方厘米可达几千安，极板上的电流密度更高。

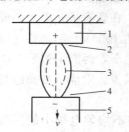

图 4-1　电弧示意图

1—静触头；2—阳极区；3—弧柱；
4—阴极区；5—动触头

用开关切断有电流通过的电路时，在开关触头刚分开的瞬间，触头间会产生电弧，如图 4-1 所示。断路器是开关的一种。下面以高压断路器为例，分析开关切断电路时，触头间发生电弧的条件和物理过程。

高压断路器触头刚分离时，由于触头间的间隙很小，触头间会出现很高的电场强度，当电场强度超过 $3 \times 10^6 \text{V/m}$ 时，阴极触头的表面在强电场的作用下将发生高电场发射。在阴极表面发射出来的自由电子，在电场力的作用下向阳极做加速运动，它们在向阳极运动的途中碰撞介质的中性质点（原子或分子），只要电子的运动速度足够高，其动能大于中性质点的游离能（能使电子释放出来的能量）时，便产生碰撞游离，原中性质点则游离为正离子和自由电子。新产生的电子将和原有的电子一起以极高的速度向阳极运动，当它们和其他中性质点相碰撞时又再一次发生碰撞游离，依次连续发生，如图 4-2 所示。

碰撞游离连续进行的结果是触头间隙充满了电子和正离子，介质中带电质点剧增，使触头间隙具有很大的电导，在外加电压的作用下，大量的电子向阳极运动，形成电流，这是由于介质被击穿而产生的电弧，这时电流密度增大，触头间电压降很小。电弧产生后，弧柱的温度很高，可达

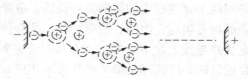

图 4-2　碰撞游离过程示

5000K 以上，这时处于高温下的介质分子和原子产生剧烈运动，使它们之间不断发生碰撞，其结果又游离出电子和正电子，这便是热游离过程。在电弧稳定燃烧的情况下，弧柱的温度很高，而电弧电压和弧柱的电场强度却很低，因此，弧柱的游离作用是依靠热游离维持和发展的。由于电弧放电主要靠的是热游离，所以维持电弧燃烧只要一定的电流（通常为 80～100mA）和不很强的电场（其场强在 10～50V/cm）即可。众所周知，高压断路器所要开断的电流为几百安至几千安，电压为几万伏至几十万伏，因此，开断过程中必然会形成电弧。

从以上分析可以看出，电弧形成的过程是高压断路器阴极触头在强电场作用下发射电子，所发射出的电子在触头间电压作用下产生碰撞游离，形成了电弧。在高温的作用下，在介质中发生了热游离，使电弧维持和发展。

根据电弧所处的介质不同又分为气中电弧和真空电弧两种。液体（油或水）中的电弧实际在气泡中放电，也属于气中电弧。真空电弧实际是在稀薄的电极材料蒸气中放电。这两种电弧的特性有较大差别。电弧是一束高温电离气体，在外力作用下，如气流、外界磁场甚至电弧本身产生的磁场作用下会迅速移动（每秒可达几百米），拉长、卷曲，形成十分复杂的形状。电弧在电极上的孳生点也会快速移动或跳动。在电力系统中的断路器分断电路时会出

现电弧放电，由于电弧弧柱的电位梯度小，如大气中几百安以上电弧电位梯度只有15V/cm左右。在大气中开关分断100kV　5A电路时，电弧长度超过7m。电流增大，电弧长度可达30m。因此，要求高压开关能够迅速地在很小的封闭容器内使电弧熄灭，为此，专门设计出结构各异的灭弧室。灭弧室的基本类型如下：

1）采用六氟化硫、真空和油等介质；

2）采用气吹、磁吹等方式快速从电弧中导出能量；

3）迅速拉长电弧等。

直流电弧要比交流电弧难以熄灭。电弧放电可用于焊接、冶炼、照明、喷涂等。这些场合主要是利用电弧的高温、高能量密度、易控制等特点，都需使电弧稳定放电。

（5）沿面放电。沿面放电（Creeping Discharge）是指在气体与液体或气体与固体的交界面上，由于电压分布不均匀造成的击穿现象。在实际绝缘结构中，固体电介质周围往往有气体或液体电介质，如线路绝缘子周围充满空气、油浸变压器固体绝缘周围充满变压器油，往往产生沿面放电。影响沿面放电的因素主要有电场的均匀程度、介质表面的介电系数的差异程度、有无淋雨、污秽的程度等。

运行变压器中存在一定的气体或用气体作绝缘介质时，上述几种形式的放电均有可能发生，其中火花放电、电弧放电的危害较大。

二、变压器产气故障的类型及特征

根据变压器发生故障主要原因将其分为过热性故障和放电故障。至于变压器的机械性故障，除因运输不慎受振动，使某些紧固件松动、绕组位移或引线损伤外，也可能由于电应力的作用，如过励磁振动造成，这些最终仍将以过热性或放电故障形式表现出来。变压器内部进水受潮作为一种潜伏性故障，也会发展成放电故障。充油电气设备的典型故障见表4-1～表4-3。

表4-1　　　　　　　　　　　油浸式电力变压器的典型故障

故障类型	举　例
局部放电	由于不完全浸渍、高湿度的纸、油的过饱和或空腔造成的充气空腔中的局部放电，并导致形成碳氢聚合物（X蜡）
低能量放电	不良连接形成不同电位或悬浮电位造成的火花放电或电弧，可发生在屏蔽环、绕组中相邻的线饼间，以及连线开焊处或铁芯的闭合回路中；夹件间、套管与箱壁、绕组内的高压和地端的放电；木质绝缘块、绝缘构件胶合处以及绕组垫块的沿面放电，油击穿，分接开关的切断电流
高能量放电	局部高能量或短路造成的闪络、沿面放电或电弧；低压对地、接头之间，绕组之间，套管与箱体之间、铜排与箱体之间的短路；环流主磁通的两个邻近导体之间的放电，铁芯的绝缘螺钉、固定铁芯的金属环之间的放电
低温过热（$t<300℃$）	在救（紧）急状态下，变压器超铭牌运行；绕组中油流被阻塞；在铁轭夹件中的杂散磁通量
中温过热（$300℃<t<700℃$）	螺栓连接处（特别是铝排）、滑动接触面、分接开关内的接触面（形成积碳）以及套管引线和电缆的连接接触不良；铁轭处夹件与螺栓之间、夹件和铁芯叠片之间的环流，接地线中的环流，以及磁屏蔽上的不良焊点和夹件的环流；绕组中平行的相邻导体之间的绝缘磨损
高温过热（$t>700℃$）	油箱和铁芯上的大环流；油箱壁未补偿的磁场过高，形成一定的电流；铁芯叠片之间的短路

　　据有关部门对 359 台故障变压器进行统计，发现过热性故障占 63％，高能量放电占 18.1％，过热兼高能量放电占 10％，火花放电占 7％，受潮或局部放电占 1.9％。

表 4 - 2	充油套管的典型故障
故障类型	举 例
局部放电	纸受潮、不完全浸渍，油的过饱和或纸被 X 蜡沉积物污染，造成充气空腔中的局部放电。也可能在运输期间把松散的绝缘纸弄皱、弄折，造成局部放电
低能量放电	电容末屏连接不良引起的火花放电，静电屏蔽连接线中的电弧，纸上有沿面放电
高能量放电	在电容均压金属箔片间的短路，局部高电流密度能熔化金属箔片，但不会导致套管爆炸
热故障（300℃＜t＜700℃）	由于污染或不合理地选择绝缘材料引起的高介损，从而造成纸绝缘中的环流，并造成热崩溃；套管屏蔽间或高压引线接触不良，温度由套管内的导体传出

表 4 - 3	充油互感器的典型故障
故障类型	举 例
局部放电	纸不完全浸渍造成充气空腔、纸中水分、油的过饱和，以及纸的皱纹或重叠处造成局部放电，生成的 X 蜡沉积，介损增加；附近变电站母线系统开关操作导致局部放电（在电流互感器情况下），电容器元件边缘上的过电压引起的局部放电（在电容型电压互感器情况下）
低能量放电	连接松动或悬浮的金属带附近火花放电，纸上有沿面放电，静电屏蔽中的电弧
高能量放电	电容型均压箔片之间的局部短路，带有局部高密度电流，能导致金属箔局部熔化；短路电流具有很大的破坏性，结果造成设备击穿或爆炸，而在事故之后进行油中溶解气体分析一般是不可能的
过热	X 蜡的污染、受潮或错误地选择绝缘材料，都可引起纸的介损过高，从而导致纸绝缘中产生环流，并造成绝缘过热和热崩溃；连接点接触不良或焊接不良；铁磁谐振造成电磁互感器过热；在铁芯片边缘上的环流

　　1. 过热故障产生的原因及产气特征

　　过热性故障又称热性故障或热点故障。过热性故障是由于有效热应力所造成的绝缘加速劣化，具有中等水平的能量密度。过热指局部过热，是由变压器内部故障引起的，局部温度超过了变压器的正常运行温度，并使绝缘材料分解出气体。按过热温度分为低温过热（＜300℃）、中温过热（300～700℃）、高温过热（＞700℃）；按其产生故障的部位分为裸金属过热故障和介入绝缘的裸金属故障。

　　过热故障产生的原因如下：

　　（1）触点接触不良。如分接开关接触不良，引线夹件螺钉松动，导体接头焊接不良等。

　　（2）磁路故障。如铁芯两点或多点接地，造成循环电流发电；铁芯部分硅钢片短路造成涡流发热；漏磁引起的外壳、铁芯夹件、压环等的局部过热。

　　（3）导体故障。如导体超负荷过流发热，绝缘膨胀和油路堵塞引起的散热不良；部分绕组短路或不同电压比并列运行引起的循环电流发热。

　　伴随过热性故障有一些特征气体。如果热应力只引起热源处变压器油的分解，产生的特征气体主要是甲烷和乙烯，两者之和一般占总烃 80％以上。随温度升高，乙烯含量急剧增加，如温度超过 700℃，据有关部门统计 78 台产生热性故障的油浸式变压器，乙烯约占 62.5%，甲烷占 27.3%。其次是乙烷和氢气。实测在 110 台过热性故障变压器中，乙烷占总烃 13.3%，乙烷一般不超过烃总类的 20%。氢气的含量与热源温度也有密切关系，一般高、中温过热时，氢气占氢和烃总量的 27% 以下；在低温过热时，一般为 30% 左右。可能的原因是当温度升高时，烃类气体增长速度很快，尽管氢气的绝对含量升高，但是其比例相对下降。通常热性故障不产生乙炔，但是严重过热时，会产生微量乙炔，最大量不超过总烃量的 6%。

当涉及固体绝缘的过热故障时还会产生较多 CO 和 CO_2，当 $CO_2/CO < 3$ 时故障可能涉及固体绝缘材料，而固体绝缘正常老化时，一般 $CO_2/CO > 7$。

2. 放电故障产生的原因及产气特征

放电故障又称电性故障，在高电应力下所造成的绝缘劣化，按能量密度的不同分为高能量放电（约 $10^{-6}C$）、低能量放电（小于 $10^{-6}C$，即局部放电和火花放电）等不同的故障类型。高能量放电将导致绝缘电弧击穿。局部放电的能量密度最低，并常常发生在气隙和悬浮带电体的空间。产生此类故障的原因主要是材质不良。（如固体绝缘中存在空腔或小空隙，已造成局部放电、设计制造和安装不符合要求及运行维护不良）

（1）电弧放电。又称高能量放电，多以线圈匝、层间绝缘击穿为主要故障模式，其次是引线断裂或对地闪络和分接开关飞弧等。其特点是产气急剧而且量大，尤其是匝、层间绝缘故障，因无前驱现象，一般难以预测，最终以突发事故暴露出来。其故障特征气体主要是 C_2H_2 和 H_2，其次是大量的 C_2H_4 和 CH_4。由于电弧放电故障速度很快，往往气体还来不及溶解于油中就聚集到气体继电器内，因此，油中溶解气体组分含量往往与故障点位置、油流速度和故障持续时间有很大关系。一般 C_2H_2 占总烃的 20%～70%，H_2 占总烃的 30%～90%，并且在大多数情况下 C_2H_4 含量高于 CH_4。

（2）火花放电。一般是低能量放电，即一种间隙性放电故障，在变压器、互感器、套管中均有发生。火花放电常发生于不同电位的导体与导体、绝缘体与绝缘体之间以及不固定电位的悬浮体，在电场极不均匀或畸变以及感应电位下，都可能引起火花放电。常见如下：

1）引线或套管储油柜对电位未固定的套管导电管放电。

2）引线局部接触不良或铁芯接地片接触不良。

3）分接开关拔叉电位悬浮而引起。其特征气体以 C_2H_2、H_2 为主。C_2H_2 占总烃量 25%～90%，H_2 占总烃量 30% 以上，C_2H_4 含量占总烃量的 20% 以下。

（3）局部放电。是指油—纸绝缘结构中的气隙（泡）和尖端，因绝缘薄弱、电场集中而发生局部和重复性击穿现象。局部放电往往发生在一个和几个很小的空间内，放电的能量很小，局部放电的存在短时并不影响设备的绝缘强度。但设备在运行电压下，如在不可恢复的绝缘中存在局部放电时，局部放电呈不断蔓延与发展趋势，这些微弱的放电能量和由此产生的不良效应，可以缓慢损坏绝缘，最终发展成整个绝缘被击穿。

变压器内部局部放电，也是一个从电晕发展到爬电、火花放电，最后形成电弧放电的过程。其发展速度取决于故障部位和故障能量的大小。发生局部放电时，其特征气体组分含量依放电能量密度不同而不同，一般总烃不高，主要成分是 H_2，其次是 CH_4，通常 H_2 占总产气量的 90% 以上；甲烷占总烃量的 90% 以上。当放电能量密度增高时，也可以出现 C_2H_2，但在总烃量中一般小于 2%。无论哪一种放电现象，只要固体绝缘介入，都会产生

CO_2 和 CO。如某 150MVA、220kV 变压器运行在轻瓦斯保护动作,色谱实验数据见表 4-4。

表 4-4 色谱实验数据 $\times 10^{-6}$

气体组分	H_2	C_2H_2	总烃	CO	CO_2
含量	41.7	51.1	84	285	2035

分析表 4-4 可知:油色谱分析中乙炔含量大大超标,反映变压器内部有严重的放电故障。通过停机放油后进入变压器油箱检查,发现 220kV C 相套管均压球严重松动,均压球与套管连接的螺纹上积有大量游离碳。经查明该变压器 220kV C 套管均压球处结构较特殊,外包一碗形绝缘件。均压球未拧紧,又有碗形绝缘件的支持,因此,变压器振动时,均压球发生悬浮电位放电。由于放电发生在均压球与套导杆之间,所以油色谱分析的 CO 和 CO_2 含量并不增大。

3. 受潮

一种内部潜在性故障,除非早期发现,否则最终也会发展为放电故障。由于油中水分和含湿度的杂质易形成"小桥"或绝缘中含有气隙均能引起局部放电而放出氢气,另外,水分在电场作用下的电解作用、水与铁的化学反应($3H_2O + 2Fe \rightarrow F_2O_3 + 3H_2 \uparrow$),也可产生大量的氢气。理论上,每克铁产生 $0.6dm^3$ 的 H_2,因此在进水受潮的设备里,H_2 在总烃含量中占比例更高。正常劣化时,受潮的变压器也产生甲烷。由于局部放电和受潮两种异常现象有时同时存在,且特征气体基本相同,因此,目前从油中气体分析结果难以区分,必要时应根据外部检查和其他试验结果加以综合判断,如局部放电测量和油中微量水分分析等。

综上所述,不同类型的变压器故障,故障产气具有如下特征:电弧放电的电流大,变压器主要分解出 C_2H_2、H_2 及较少的 CH_4;局部放电的电流较小,变压器油主要分解出 H_2 和 CH_4;变压器油过热时分解出 H_2 和 CH_4、C_2H_4、C_3H_6 等,而纸和某些绝缘材料过热时还分解出 CO 和 CO_2 等气体。我国现行的 DL/T 722—2000 和 GB/T 7252—2001《变压器油中溶解气体分析和判断导则》中将不同故障类型产生的主要特征气体和次要特征气体归纳为表 4-5。表 4-6 列出了通常已得到公认的变压器油中气体组分与内部状况的关系,是人们建立油中溶解气体组分极限值判据,即特征气体判断法的基本依据。

表 4-5 不同故障类型产生的气体成分

故障类型	主要气体组分	次要气体成分
油过热	CH_4、C_2H_4	H_2、C_2H_6
油和纸过热	CH_4、C_2H_4、CO、CO_2	H_2、C_2H_6
油纸绝缘中局部放电	H_2、CH_4、CO	C_2H_2、C_2H_6、CO_2
油中火花放电	H_2、C_2H_2	—
油中电弧	H_2、C_2H_2	CH_4、C_2H_4、C_2H_6
油和纸中电弧	H_2、C_2H_2、CO、CO_2	CH_4、C_2H_4、C_2H_6
进水受潮或油中气泡	H_2(可能)	—
自然老化	CO, CO_2	—

表 4-6　　　　　　　　　　设备内部状况与油中气体组分的关系

被 测 气 体	设备内部状况
N_2 和 5%或更少的 O_2	密封变压器处于正常运行状况
N_2 和大于 5%的 O_2	检查变压器密封情况
N_2、CO 或 CO_2 或 CO、CO_2 同时存在	变压器过载或过热，引起绝缘纸热裂解，检查运行条件
N_2 和 H_2	电晕放电，水电解或铁锈
N_2、H_2、CO 和 CO_2	电晕放电涉及绝缘纸或变压器严重过载
N_2、H_2、CH_4 和少量的 C_2H_4、C_2H_6	火花放电或别的不严重的故障，在油中引起放电
N_2、H_2、CH_4、CO，CO_2 及少量的其他烃类气体，通常不存在 C_2H_2	火花放电或别的不严重的故障，涉及固体绝缘
N_2、大量的 H_2 及其他烃类气体，包括 C_2H_2	内部存在高能量的电弧放电，引起油快速裂化
N_2、大量的 H_2、CH_4、C_2H_4 及少量的 C_2H_2	小区域的高温过热，通常由于接触不良引起，故障未涉及固体绝缘
N_2、大量的 H_2、CH_4、C_2H_4 及少量的 C_2H_2，另外还有 CO，CO_2 存在	小区域的高温过热，通常由于接触不良引起，故障已涉及固体绝缘

第二节　变压器油中溶解气体

变压器中溶解气体是指变压器内以分子状态溶解在油中的气体，油中含气量（总含气量）为油中所有溶解气体含量的总和，用体积百分率表示。不同变压器油中气体含量组成见表 4-7。

表 4-7　　　　　　　　　　不同变压器油中气体含量组成

项目	开放式变压器油（%）	充氮保护（%）	隔膜保护（且真空脱气，真空注油,%）	一般国内进口（%）	进口超高压（%）
油中总气量（占油的体积）	10	6~8	< 3	4~6	< 3
氮气占气体总量	80~70	>90			
氧气占气体总量	20~30	0.5~8		10	∞

一、变压器油中溶解气体的产生与特征

变压器油中溶解气体组分主要有 N_2、O_2、H_2、CH_4、C_2H_2、C_2H_4、C_2H_6、C_3H_6、C_3H_8、CO、CO_2 等气体。上述气体来源主要有下面途径产生。

（一）空气的溶解

变压器油在炼制、运输和储藏等过程中会与大气接触，可吸收空气。对于强油循环的变压器，因油泵的空穴作用和管路密封不严等会便于空气混入。在 101.3kPa、25℃时，空气在油中溶解的饱和含量约为 10%（体积比），但其组成与空气（N_2 占 79%、O_2 占 20%、其他气体占 1%）不一样；而油中溶解的空气 N_2 占 71%、O_2 占 28%、其他气体占 1%。原因是 O_2 在变压器油中的溶解量比 N_2 大。表明了油的亲氧性。空气在变压器油中的溶解量与变压器的密封有极大的关系，通常情况下，开放式运行变压器油中溶解气体总含量为 6%~

8%，接近饱和；对于密封式变压器总含气量控制标准：330kV 及以上为不大于 1.0%，220kV 及以下为不大于 3.0%。一般变压器油中溶解气体的主要成分是 N_2 和 O_2，都来源于空气。

（二）正常气体产生的原因和特征

变压器内产生的气体可分为故障气体和正常气体。正常气体是变压器在正常运行时产生的气体；故障气体则为变压器发生故障时产生的气体。正常气体类型及含量见表 4-8。

表 4-8 变压器油中的正常气体

气体	正常运行变压器油中溶解气体量（%）	新变压器油储存时的溶解气体量（%）	干燥空气组成的平均含量（%）
氢	0.0~0.05		氩 0.934
氧	20~30	20.6	20.946
氮	60~78		78.084
二氧化碳	0.81~1.50	1.19	0.033
一氧化碳	0.002~0.02	0.006	
甲烷	0.0005~0.05	0.0008	
乙炔	0.0001		
乙烯	0.001~0.05	0.0005	
乙烷	0.001~0.05	0.0003	
丙烯	0.0011~0.05	0.0013	
丙烷	0.0006~0.005	0.002	
可燃气体总量	0.02~0.1	0.0089	

由于变压器油在其炼制、运输和储藏等过程中与大气接触，可吸入空气。对于强迫油循环的变压器，因油泵的空穴作用和管路密封不严密等会便于空气混入。一般正常运行的变压器油中溶解气体的组成主要是氧气和氮气。但是，油中含气量和氧氮比例与变压器的密封方式、油的脱气程度和注油的真空度等因素有关。由于存在以下某些原因，即使是正常运行的变压器，变压器油中也含有一定量的气体。

（1）正常劣化产气。变压器油、纸等 A 级绝缘材料，正常运行时，由于受温度、电场、氧气及水分和铜、铁等材料的催化作用，随运行时间发生速度缓慢的老化与分解，生成一定量的酸、脂、油泥和少量的氢气（H_2）、CH_4、C_2H_2、C_2H_4、C_2H_6、C_3H_6、C_3H_8 等低分子的烃类气体和碳的氧化物，其中碳的氧化物成分最多，其次是 H_2 和烃类气体。纤维纸板正常老化分解产生的主要气体 CO_2 和少量 CO，其比值为 7~10 倍。油中 CO、CO_2 含量与变压器的绝缘材料的性质、运行年限、负荷及油保护方式有关，开放式变压器 CO 的含量一般在 $300\mu L/L$ 以下，对储油柜中带有隔膜（或胶囊）的密封式变压器油中 CO 含量一般均高于开放式变压器。

（2）油在精炼过程中可能形成少量气体，在脱气时未完全除去。

（3）在制造厂干燥、浸渍及试验过程中，绝缘材料受热和电应力的作用产生的气体被多孔性纤维材料吸附，残留在绕组和纸板内，其后在运行时溶解于油中。许多新变压器（特别是中、小型变压器）投运前油中氢气含量较高，且在投运后逐步增长，一般在大约半年至一年达到最大值后才逐渐减低。这是制造过程中的残气在运行中逐渐释放到油中，使其浓度达到最大值之后，由于气体逸散损失而逐渐降低的缘故。

（4）安装时，热油循环处理过程中也会产生一定量的二氧化碳气体，有时甚至产生少量的 CH_4。

（5）由于以前发生过故障所产生的气体，即使油已经脱气处理，但仍有少量气体被纤维材料吸附并渐渐释放于油中。

（6）在变压器油箱或辅助设备上进行电氧气焊时，即使不带油，但箱壁残油受热也会分解出气体。

（三）故障气体产生的原因和特征

当变压器内部存在某种故障时，故障点附近的油和绝缘材料在热性（电流效应）或放电故障（电压效应）应力作用下裂（分）解产生气体，故障点产生气体的组分和含量取决于故障类型、故障能量级别以及所涉及的固体绝缘材料。油和固体绝缘材料在发生故障分解产生的各种气体中，对变压器故障诊断有价值的有 H_2、CH_4、C_2H_2、C_2H_4、C_2H_6、C_3H_6、CO、CO_2 等气体。

绝缘材料的产气机理是建立在化学热力学和动力学基本理论的基础上的，绝缘材料产气过程从碳氢化合物（或纤维素）分子的断裂开始，通过合成反应，导致产生气体而终止。

1. 变压器油的裂解产气机理

变压器油是由许多不同分子量的碳氢化合物分子组成的混合物，分子中含有 $CH_3 \cdot$、$CH_2 \cdot$ 和 $CH \cdot$ 等活性自由基，通过碳原子连接成碳链或碳环，也与别的元素原子连接成杂环，其中碳—碳的化学键又分三种，即 C—C 键（烷键）、$C = C$（烯键）、$C \equiv C$（炔键）。变压器油热解产气取决于具有不同化学键结构的碳氢化合物分子在高温下的不同稳定性，一般规律是产生炔类气体的不饱和度随裂解能量密度（温度）的增大而增加；由于不同化学键具有不同键能（见表 4-9），则裂解产物的出现依次为烷烃、烯烃、炔烃、焦炭。

表 4-9　　　　　　　　有 关 化 学 键 能 数 据

化学键	键能 （kJ/mol）	化学键	键能 （kJ/mol）
H—H	436	$C \equiv C$	837
C—H	414	C—O	326
C—C	332	$C = O$	727
$C = C$	611	O—H	464

当变压器内部发生、存在潜伏性故障时，在电、热、机械应力和氧、水分及铜、铁等金属的作用下，这些碳氢化合物将发生裂解，某些 C—H 键和 C—C 键断裂，生成不稳定的 $H \cdot$、$CH_3 \cdot$、$CH_2 \cdot$、$CH \cdot$、$C \cdot$ 等游离基，这些游离基通过复杂的化学反应迅速重新化合，最终生成氢气和低分子烃类气体，如甲烷、乙烷、乙烯、乙炔等，也可能生成碳的固体颗粒及碳氢聚合物（X 蜡）。碳的固体颗粒及碳氢聚合物可沉积在设备的内部。在故障初期，所形成的气体溶解于油中；当故障能量较大时，也可能聚集成游离气体。

根据 M. shirai 等人对矿物变压器油分解的热力学研究结果得出，烃类热分解可分为两个阶段：第一阶段分解生成物由原烃类平衡；第二阶段分解生成物包括第一阶段分解生成物在内，进一步发生热解。组成变压器的烃类组分中，烷烃的热稳定性最差。在热点温度较低或油与热点接触时间较短时，变压器油分解过程处于第一阶段，主要为烷烃中的 C—C 键裂解或脱氢，生成较低分子烷烃和烯烃及氢气等。烷烃热解，同时发生以下反应

$$C_n H_{2n+2} \Longleftrightarrow C_n H_{2n} + H_2$$

$$C_n H_{2n+2} \Longleftrightarrow CH_4 + C_{n-1} H_{2(n-1)}$$

$$C_n H_{2n+2} \Longleftrightarrow C_{n-2} H_{2(n-2)} + C_2 H_4 + H_2$$

烷烃在低温下的分解随碳分子数增加而增加，在 300℃ 热分解平衡条件时，全部烷烃分解为碳原子数在 C_4 以下的烃类，并且在第一阶段分解时，饱和烃气体析出量大于不饱和烃气体的析出量。因此，当变压器油气体中乙烯及丙烯含量低于乙烷和丙烷时，该变压器油可能仅发生了第一阶段的分解。第二阶段是烯烃、环烷烃和芳香烃的分解。虽然烯烃比烷烃的热稳定性好，且新绝缘油中一般不含烯烃，但第一阶段热分解过程所产生的烯烃，在高温下，又会在第二阶段热分解中进一步分解。这种分解也是 C—C 键裂解和脱氢反应。其产物是烷烃及二烯烃或炔烃，其中烯烃或二烯烃脱氢反应将产生氢气。

环烷烃的碳环开环反应后生成烯烃。它的热稳定性随碳原子数结构的不同而各异。C_5 和 C_6 的稳定性最大，稳定温度为 400~500℃，C_7 和 C_8 的分解温度比 C_5、C_6 的低，而 C_2 及 C_4 仅在室温下处于不稳定状态。所以变压器油组成多为 C_5 和 C_6 的环烷烃。

芳香烃的热稳定性最佳，苯环在 1000℃ 以上时分解为低分子烃类，如 $C_6 H_6 \rightarrow 3C_2 H_2$。以丙烷分解为例，当分解物达到平衡时，下列反应式成立，即

$$C_3 H_8 \Longleftrightarrow CH_4 + C_2 H_4$$

$$C_3 H_8 \Longleftrightarrow C_3 H_6 + H_2$$

$$C_3 H_6 \Longleftrightarrow CH_4 + C_2 H_2$$

$$C_2 H_4 \Longleftrightarrow C_2 H_2 + H_2$$

$$2 CH_4 \Longleftrightarrow C_2 H_2 + 3 H_2$$

低能量放电性故障，如局部放电通过离子反应促使最弱的键 C—H 键（338kJ/mol）断裂，主要重新化合成氢气而积累。对 C—C 键的断裂需要较高的温度以及较多的能量，然后迅速以 C—C 键（607kJ/mol）、C═C 键（720kJ/mol）和 C≡C 键（960kJ/mol）的形式重新化合成烃类气体，依次需要越来越高的温度和越来越多的能量。

在较低的温度时虽然也有少量乙烯生成，但主要是在高于生成甲烷和乙烷的温度，即大约为 500℃ 下生成。乙炔一般在 800~1200℃ 的温度下生成，而且当温度降低时，反应迅速被抑制，作为重新化合的稳定产物而积累。因此，虽然在较低的温度下（低于 800℃）也会有少量乙炔生成，但有大量乙炔在电弧的弧道中产生。油在起氧化反应时，伴随生成少量的 CO 和 CO_2，并且 CO 和 CO_2 能长期积累，成为数量显著的特征气体。油生成碳粒的温度为 500~800℃。

在变压器油的裂解中，氧气是基本因素，而水分、铜、铁是主要的催化剂，电、热、机械应力则起到了加速剂的作用。根据化学热动力学中的阿累尼乌斯方程（Arrhe-niusequation），即

$$k = A\exp\left(-E_a / RT\right) \tag{4-1}$$

式中　k——反应速率常数，min^{-1}；

　　　A——指前因子或表现频率因子，其因次与 k 相同；

E_a——阿累尼乌斯活化能，简称活化能，kJ/mol；

R——理想气体常数；

T——绝对温度，K。

式（4-1）定量表示 k 与 T 之间的关系，常用于计算不同温度 T 所对应的反应的速率常数 k 以及反应的活化能 E_a。化学反应速度取决于温度（故障点能量密度）、浓度和催化剂，其中温度是关键，它与放电速率通常呈指数关系；不同分子具有不同活化能。

英国中央电气研究所哈斯特（Halstead）根据热力动力学原理，对矿物变压器油在故障下裂解产气的规律进行模拟试验研究，用热力动力学计算出每种气体产物的分压作为温度函数的关系，如图 4-3 所示。从图中可知，氢生成的量大，但与温度相关性不明显；烃类气体各自有唯一的依赖温度，尤其明显的是 C_2H_2。哈斯特研究表明，油裂解时任何一种烃类气体的产气速率取决于裂解温度的高低，随着裂解温度的变化，烃类气体各种组分的比例不同。每一种气体在某一特定的温度下，有一最大的产气速率，随着温度的升高，产气速率最大的气体依次是 CH_4、C_2H_6、C_2H_4、C_2H_2。图 4-4 直观地反映了油在承受不同裂解温度时，其产期速率与裂解温度的非定量关系。此研究结果为利用气体组分相对含量（或比值法）进行充油电气设备故障检测诊断，以及估计故障点温度提供了理论依据。日本山风道彦在实验室模拟变压器在运行条件下，变压器油裂解试验情况，即将变压器油局部加热到 230~600℃时，其产气结果见表 4-10。许多模拟实验都证明，变压器油过热可分解 CO_2、低分子烃类气体和 H_2 等。

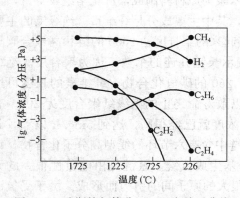 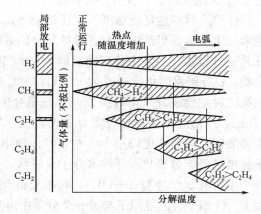

图 4-3　哈斯特气体分压—温度关系曲线　　　图 4-4　油的产气速率与裂解温度的非定量关系

表 4-10　　230~600℃局部加热时变压器油分解的气体（无氧，将油加热 10 min 后）　　　mL/g

气　体 \ 加热温度（℃）	230	300	400	500	600
CH_4			0.042	4.258	5.848
C_2H_6				0.045	2.601
C_2H_4				0.017	3.247
C_3H_8			0.042	0.118	0.208

加热温度（℃） 气　　体	230	300	400	500	600
C_4H_{10}			0.055	0.326	0.097
CO_2	0.017	0.022	0.219	0.067	0.028
H_2				0.152	0.320
其他				0.096	0.225

由表 4-10 可知，在 300℃ 以下，只产生少量的 CO_2；400℃ 时，除产生 CO_2 外，还有相当的 CH_4；当温度在 500℃ 以上时，则产生大量的低分子烷烃和烯烃以及 H_2，且随温度的升高而急剧增加。

当油承受较大的电应力（如电弧），变压器油裂解释放如表 4-11 所示的气体。在矿物油中含有 2800 多种碳氢化合物，但在此情况下仅产生这几种气体。这就是色谱诊断的基础。

表 4-11　　　　　　　　　　　　　变 压 器 油 裂 解 产 物

成分	H_2	C_2H_2	H_2	C_2H_4
含量（%）	60～80	10～25	1.5～3.5	1.0～2.9

2. 固体绝缘材料的分解产气机理

固体绝缘材料包括绝缘纸、层压纸板等，均以木浆为原材料制成，从化学组成上讲，为纤维素、木质素、半纤维素及各种微量金属等物质，其中主要成分是纤维素。绝缘纸的主要成分是 α-纤维素，它是由葡萄糖基借 1-4 配键连接起来的聚合度达 2000 的链状高聚合碳氢化合物，α-纤维素的化学通式为 $(C_5H_{10}O_5)_n$，n 表示长链并连的个数，称为聚合度。绝缘纸的第二种主要成分是半纤维素，它是聚合度小于 250 的碳氢化合物。纤维素的长度可达 1～4mm，一般新纸平均聚合度为 1300，极度老化以致寿命终止的绝缘纸聚合度为 200。有关实验表明，当聚合度降至 300 左右时，油中糠醛浓度就已经很高，达到 5mg/L 以上，此时绝缘纸已经严重脆化。纤维素分子呈链状，是主链中含有六节环的线型高分子化合物，每个链节中含有 3 个羟基（—OH），每根长链间由羟基生成氢键。氢键是由电负性很大的元素如 F、O 相结合的氢原子与另一个分子中电负性很大的原子间的引力而形成。由于受氢键长期互相之间的引力和摩擦力作用，纤维素有很大的强度和弹性，因此机械性能良好。纸、层压板或木板等固体绝缘材料分子内含有大量的无水右旋糖环和弱的 C—O 键及葡萄糖，它们的热稳定性比油中的碳氢键要弱，并能在较低的温度下重新化合，见表 4-12。

表 4-12　　　　　　　　纤维素热解（温度为 470℃）产物　　　　　　　　%

热解产物	质量分数	热解产物	质量分数
水	35.5	CO_2	10.40
醋酸	1.40	CO	4.20
丙酮	0.07	CH_4	0.27
焦油	4.20	C_2H_4	0.17
其他有机物质	5.20	焦炭	39.59

当受到电、热和机械应力及氧、水分等作用时，聚合物发生氧化分解、裂解（解聚）、水解化学反应，使C—O、C—H、C—C键断裂，生成CO、CO_2、少量的烃类气体和水、醛类（糖醛等）。这一过程的主要影响因素也是电、热、机械应力、水分、氧气。聚合物裂解的有效温度高于105℃，聚合物热解（完全裂解和碳化）温度高于300℃，在生成水的同时，生成大量的CO和CO_2及少量烃类气体和糠醛化合物，同时油被氧化。CO和CO_2的生成不仅随温度升高而加快，而且随油中氧的含量和纸的湿度增大而增加。

在实验室模拟变压器的运行条件下，得到的实验结果为纤维纸板在密封条件下过热时，在140℃时，分解的主要气体是CO、CO_2，CO_2含量比CO高；在250℃时，分解的CO含量比CO_2高，CO的体积可能为CO_2体积的4倍，甚至更高。总之，纤维纸板随受热温度升高，CO在气体组分中比例越占越高。

将纤维纸板加热到破坏的程度（热解），其热解产物见表4-13～表4-16。从表中分析可知：纤维素热分解的气体组分主要是CO和CO_2，且CO_2含量比CO含量高。在纤维素热解过程中温度和氧化起主要作用，水分极大地加速其分解，金属触媒也对分解起到加速作用。不同的化学键具有不同的键能。对变压器油，最弱的分子键是C—C键，在较低的温度下即可能发生断裂，因此氢气、甲烷、乙烷在较低温度下即可形成，乙烯的形成温度在500℃以上，而乙炔组分只有在800～1200℃才会形成。对于纤维素中的C—O键，其热稳定性比变压器油中最弱的C—H键还差，因此绝缘纸、绝缘纸板的分解温度比油还低，大于105℃时聚合链就会快速断裂，高于300℃就会完全分解和炭化。绝缘纸、绝缘纸板分解的主要产物是CO和CO_2，其形成量随氧含量和水分含量的增加而增加。在相同的温度下纸、纸板裂化产生的CO、CO_2远比油裂化产生的量大，因此，油中CO、CO_2气体主要是反映绝缘纸、绝缘纸板的指标。

表4-13　　　　　　　　　　油浸绝缘纸的热解（O_2存在）产气组分

		175℃，3h	220℃，3h
产气组分（%）	CO	10	17
	CO_2	88	82
	H_2	1	0.3
	气态烃	1	0.7
烃类气体组成（%）	CH_4	55	52
	C_2H_6	39	40
	C_2H_4	6	8
产气量（mL/L）		9600	40 300

表4-14　　　　　　　　　　固体绝缘材料热解气体组成

气体组成（%）	绝缘漆			胶木（L-131）	层压板
	ω-10	ω-25	环氧树脂		
H_2	0.10	0.50	0.85	0.06	0.02
CO	83.40	69.00	72.10	95.00	97.40
CO_2	1.20	0.80	4.40	—	0.05

气体组成（%）	绝缘漆			胶木（L-131）	层压板
	ω-10	ω-25	环氧树脂		
CH_4	14.20	20.10	17.70	3.70	2.20
C_2H_6	0.80	2.00	0.20	0.20	0.03
C_2H_4	0.10	0.60	0.02	0.02	0.05
C_2H_2	0.04	1.70	1.20	0.10	—
C_4H_{10}	0.10	0.06	2.10	0.01	—
C_4H_8	0.04	0.20	1.00	0.01	—
其他	0.02	0.05	0.04	0.91	0.15

表 4 - 15　　　　　　　　绝缘物在不同放电能量时的产气组分　　　　　　　　%

绝缘物	放电能量（C）	H_2	CH_4	C_2H_4	C_2H_6	CO	CO_2
油	10^{-10}	100	—	—	—	—	—
	10^{-9}	97	1	1	1	—	—
	8×10^{-6}	85	2	2	10	1	0
油/油浸纸	10^{-10}	100	—	—	—	—	—
	10^{-9}	100	—	—	—	—	—
	2×10^{-6}	95	2	2	1	—	—
	10^{-7}	65	3	3	25	3	1

表 4 - 16　　　　　　　　　　不同绝缘物在放电时的产气组分　　　　　　　　%

绝缘物	H_2	CO	CO_2	CH_4	C_2H_6	C_2H_4	C_2H_2	O_2
油	60	0.1	0.1	3.3	—	2.1	25	—
油/牛皮纸	52	14	0.2	3.8	—	8	12	2.4
油/层压板	48	27	0.4	5	0.05	5	6	3
油/醇酸漆	55	20	0.2	4	0.05	5	8	2
油漆/聚氨基甲酸乙酯	60	1	0.1	9	—	11	10	2.4
油/环氧玻璃布	57	2	0.1	14	—	10	8	2
油/白布带	55	11	4	8	—	8	5	2.5

　　利用油中溶解气体分析进行设备内部故障判断的原理正是基于绝缘材料的这种产气特点。不同的故障，由于故障点能量不同、温度不同以及涉及的绝缘材料不同，其产气情况也不同。

　　不同的故障具有不同的特征气体，见表 4 - 17，从此表分析可知：

　　(1) 过热故障。主要特征气体是 CH_4 和 C_2H_4。随着故障点温度的增高，C_2H_4 含量将大大增加，当温度高于 $800℃$ 时还会出现少量的 C_2H_2。

　　(2) 放电故障。主要特征气体是 H_2、C_2H_2。当故障点能量较大（如电弧放电）时还会产生大量的 C_2H_4。

当故障涉及绝缘纸和绝缘纸板时，还会产生大量的 CO、CO_2。

表 4 - 17　　　　　　　　　　　　　不同故障类型的产气组分

故 障 类 型		产气特征组分（括弧内为一般组分）
热点	油	CH_4、C_2H_4、H_2（C_2H_6、C_2H_2）
	油/固体绝缘材料	CH_4、C_2H_4、H_2、CO、CO_2（C_2H_6、C_2H_2）
局部放电	油	CH_4、H_2（C_2H_2）
	油/固体绝缘材料	H_2、CH_4、CO、CO_2（C_2H_2）
其他放电	油	H_2、C_2H_2（CH_4、C_2H_4）
	油/固体绝缘材料	H_2、C_2H_2、CO（CH_4、C_2H_4、CO_2）

3. 其他产气途径

正常运行的变压器，某些原因也会导致油中有一定数量的故障特征气体，有时这种原因所产生的特征气体浓度甚至远远超过 DL/T 722—2000《变压器油中溶解气体分析和判断导则》中的注意值。例如，油中含有水，可与铁作用生成氢。过热的铁芯层间油膜裂解也可生成氢。新不锈钢中也可能将加工过程中或焊接时吸附的氢慢慢释放到油中。特别是在温度较高，油中有溶解氧时，设备中某些油漆（醇酸树脂），在某些不锈钢的催化下，甚至可能生成大量的氢。某些改性的聚酰亚胺型的绝缘材料也可生成某些气体而溶解于油中。油在阳光照射下也可以生成某些气体。气泡通过高电场区域时会发生电离，可能附加产生 H_2，设备检修时，暴露在空气中的油可吸收空气中的 CO_2 等。这时如果未进行真空滤油，则油中 CO_2 的含量约为 $300\mu L/L$（与周围环境的空气有关）。

另外，某些操作也可生成故障气体。例如，有载调压变压器中分接开关油室的油向变压器本体主油箱渗漏或分接开关在某个位置动作时，悬浮电位放电的影响；设备曾经有过故障，而故障排除后绝缘油未经彻底脱气，部分残余气体仍留在油中；设备油箱或油管道等处曾经作过带油补焊；原注入的油含有某些气体等。这些气体的存在一般不影响设备的正常运行，但当利用气体分析结果确定内部是否存在故障及其严重程度时，应特别注意这些非故障产气的干扰可能引起的误判断。

变压器油中气体的产气机理十分复杂，有的还没有被人们完全认识，气体的含量与油种、固体绝缘材料、油的保护方式、变压器的结构、温度、压力、运行年限等众多因素密切相关。

二、气体在变压器油中溶解的传质过程

充油电气设备内部绝缘材料分解出的气体形成气泡，经扩散和对流，不断溶解于油中，其传质过程为气泡的运动、气体分子的扩散、对流、交换、释放与向外逸散。

1. 气体在油中的溶解

正常运行的变压器油中往往会溶解一部分正常气体，运行过程中溶解气体的增长系油和固体绝缘材料的正常老化及内部潜伏性故障所致。在一定的温度和压力下，绝缘材料分解产生的气体形成气泡，在油中经扩散和对流，不断溶解于油中。当气体在油中的溶解速度等于气体从油中析出的速度时，则气—油液两相处于动态平衡，此时一定量的油中溶解的气体量，即为气体在油中的溶解度。在气—油液两相的密封体系中，气体溶解于液体，最终在某一压力、温度下，达到溶解与释放平衡。变压器油与气体接触，气体会溶解于油中。各种气

体在变压器油中的近似溶解度服从亨利（Henry）定律，见表4-18和表4-19。

表4-18 各种气体在变压器油中的近似溶解度（25℃，101.325kPa）

气体种类	溶解度（%）	气体种类	溶解度（%）	气体种类	溶解度（%）
H_2	7	C_2H_2	400	N_2	8.6
CO	9	C_3H_6	1200	Ar	15
CH_4	30	C_3H_8	1000	O_2	16
C_2H_6	230	C_4H_{10}	72 000	CO_2	120
C_2H_4	280	C_4H_8	72 000	空气	0

表4-19 气体在油中的（20℃，101.325kPa）

气体	溶解度系数	气体	溶解度系数
H_2	0.05	CH_4	0.43
O_2	0.17	C_2H_6	2.40
N_2	0.09	C_2H_4	1.70
CO	0.12	C_2H_2	1.20
CO_2	1.08	C_3H_8	10.0

当变压器内部存在潜伏性故障时，在变压器故障的初始阶段，由于故障点温度较低，绝缘材料分解较缓慢，产气速率也较缓慢，形成的气泡较小，只有溶解度低的气体才会聚集于气体继电器中，而溶解度高的气体仍在油中；相反，当变压器发生突发性故障时，因气泡大，上升快，与油接触时间短，溶解和置换过程来不及充分进行，分解气体就以气泡的形态进入气体继电器中，导致气体继电器中积存的故障特征气体往往比油中含量高很多。表4-20为两台故障变压器油中气体与气体继电器气体的比较。

表4-20 两台故障变压器油中气体与气体继电器气体的比较（体积） %

气体名称	变压器A		变压器B	
	油中气体	气体继电器气体	油中气体	气体继电器气体
H_2	0.036	1.53	1.35	28.3
O_2	19.10	13.60	86.60	56.4
N_2	72.00	7.93		
CH_4	0.021	0.322	4.27	3.92
CO	0.038	0.041	0.843	0.039
CO_2	1.08	1.654	0.64	0.504
C_2H_4	0.211	1.255	5.24	3.25
C_2H_6	0.045	0.176	0.805	0.387
C_2H_2	0.009		0.85	6.84

气体名称	变压器 A		变压器 B	
	油中气体	气体继电器气体	油中气体	气体继电器气体
C_3H_6	0.208	0.042	0.029	0.047
C_3H_8		0.15	0.021	0.022
可燃气总量	0.568	3.885	13.408	42.805

　　热分解气体在油中的溶解度与压力和温度相关。在一定的压力和温度下达到饱和后，如果压力降低或温度升高，会导致一部分以分子的形态释放出来，形成游离气体。另外，由于温度升高时，空气在油中的溶解度增加，因此，对于空气溶解饱和的油，若温度降低，将会有空气释放出来；当设备负荷或环境温度突然下降时，油中溶解的空气也会释放出来。所以，正常运行的变压器，有时压力和温度下降时，油中空气因过饱和而逸出，严重时甚至可引起气体继电器报警。

　　变压器内部绝缘材料热分解产生气体时，即使有游离气体进入气体继电器，其成分也并非完全是热分解气体。如在含有饱和氮气或空气的油中发生热分解，产生某些可燃性气泡时，这种气泡将与已溶解的氮气或空气发生溶解与游离的交换，这种交换将一直进行到新的平衡状态为止。这样，热分解的可燃性气体各组分，依其分压和溶解度的大小而溶解于油中，被置换的 N_2 或空气游离出来，进入气体继电器中，随同进入气体继电器的热分解气体只有溶解度小的组分。如果此时仅仅分析气体继电器中的积存气体，就不能正确判断故障，必须对油中溶解气体加以分析。

　　除此之外，气体在油中溶解或释放还与机械振动有关，机械振动将使饱和溶解度降低。研究和掌握上述规律，对于判别变压器运行中突然释放出的气体，是空气偶然释放还是内部故障气体析出是十分有益的。

　　2. 气体在变压器油中溶解传质过程的损失

　　充油电气设备内部故障产生的气体通过扩散和对流而均匀溶解于油中。由于气体在单位时间内和单位表面上的扩散量与浓度成正比，因此，可用扩散系数来表征气体在充油电气设备中的扩散状况。扩散系数不仅是浓度和压力的函数，而且随温度增高或黏度降低而增大。充油电气设备各部位油的温差导致油的连续自然循环，即对流。通过对流，溶解于油中的气体可转移到充油电气设备的各个部位，对于强迫油循环的变压器，这种对流的速度更快。由于存在这种对流，故障点周围高浓度的气体仅仅是瞬间存在。同样，由于储油柜的温度低于变压器本体油箱的温度，将引起两者间油的对流。这种对流速率取决于变压器油箱与连接储油柜管道的尺寸和环境温度。对流促使气体从变压器本体油箱向储油箱转移，从而造成气体损失。

　　变压器内部固体材料的吸附作用也可能使油中溶解气体减少，其机理是固体材料表面的原子和分子能够吸附外界分子，吸附的容量取决于被吸附物质的化学组成和表面结构。

　　实际上，充油电气设备中热解气体的传质过程十分复杂，可大致归结如下。

　　(1) 热解气体气泡的运动与交换。故障点产生的气泡会因浮力而做上升运动，在其运动过程中会与附近油中已溶解的气体发生交换。气泡的运动与交换还使进入气体继电器气室的气体成分和实际故障源产生的气体在组分上发生变化。据此可以帮助了解故障的性质与发展趋势，例如，可以配合气体继电器中气体分析诊断故障的性质。

（2）热解气体的析出与逸散。当热解气体溶解于油中而达到饱和时，如果不向外逸散，在压力、温度变化的条件下，饱和油内便会析出已溶解的热解气体而形成气泡；变压器在运行中还会受到油的运动、机械振动以及电场的影响，使气体在油中的饱和溶解度减小而析出气泡。在诊断变压器故障时，特别是诊断具有开放式油箱的变压器故障时考虑这种情况，将使诊断更加符合实际。

（3）热解气体的隐藏与重现。大量的研究发现，充油电气设备的固体绝缘对热解气体存在吸附现象。当油温在80℃以下时，随着温度的降低，绝缘纸对CO、CO_2及烃类气体的吸附量会随之增加，使油中这些气体组分含量不断减少，称为热的隐藏；当油温大于80℃后，吸附现象消失，绝缘纸中吸附的气体又会重新释放出来，称为热的重现。因此，在对充油电气设备故障的发展进行追踪观察时，应密切注意变压器的油温和负荷等运行状况，如遇油中气体含量异常变化，应考虑热解气体的隐藏和重现。

第三节　气相色谱法分析变压器油中溶解气体

通过变压器油中溶解气体的组分分析，诊断充油电气设备内部的潜伏性故障，是绝缘油监督工作中的一项重要内容，也是电厂油务监督的一个显著特点。

目前，国内外测定充油电气设备油中溶解气体组分含量的测定方法主要是气相色谱法。经过多年的试验和完善，我国修改、制订了GB/T 17623—1998《绝缘油中溶解气体组分含量的气相色谱法》标准，该标准实施以后，极大地促进了电力系统气相色谱监督检测水平的提高。

然而，由于油中溶解气体分析操作环节多，气相色谱仪型号繁杂，分析流程不统一及操作人员分析熟练的程度上的差异等因素，致使分析结果的重复性、可比性差，误判、漏判故障的情况时有发生，严重影响了电力的生产安全。

应该说，在气相色谱仪硬件配置、分析流程、操作条件合理的情况下，按照标准方法进行检测分析，得到油中溶解气体的分析数据并不难，但是要保证分析数据的准确却不易，这需要做大量认真细致的工作。

一、气相色谱仪及分析原理

色谱法也称层析法，是一种分离技术，当这种技术应用于化学分析时，就是色谱分析。色谱分析是一个专业学科，有其独立的理论体系。

1. 气相色谱仪

气相色谱仪一般包括四大部分，即载气（辅助气）系统、色谱柱、检测器和数据处理系统。气相色谱仪流程如图4-5所示。

单柱分析流程图和双柱分析流程图分别如图4-6和图4-7所示。

2. 气相色谱分离原理及色谱流出曲线

气相色谱分离是依据流动相和固定相间的两相分配原理进行的。具体来说，就是利用色谱柱的固定相对流动相中的样品组分吸附（或溶解）的能力不同，或者说组分瞬间留在流动相的比例与吸附（或溶解）在固定相的比例不同，即分配系数不同而达到分离的目的。

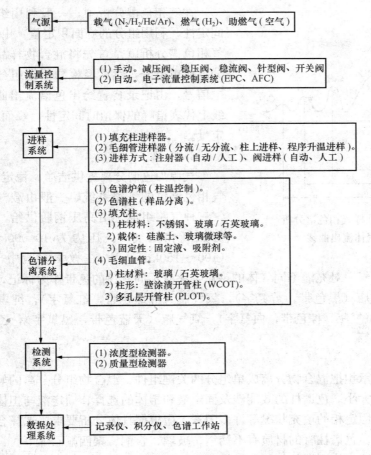

图 4-5 气相色谱仪流程图

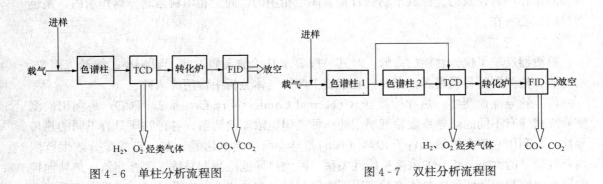

图 4-6 单柱分析流程图　　　　　图 4-7 双柱分析流程图

当样品被载气带入色谱柱中后,样品中的组分就在流动相与固定相间反复进行分配(吸附—解吸或溶解—释出),由于固定相对各组分的吸附或溶解能力不同(即分配系数不同),因而各组分在色谱柱中的运动速度就不同,分配系数小的组分较快的流出色谱柱,分配系数大的组分流出色谱柱的速度较慢,流出的组分依次进入检测器,产生的电子信号被记录仪按时间顺序连续记录下来,就得到了反映组分性质和含量的色谱图,也称色谱流出曲线,如图 4-8 所示。

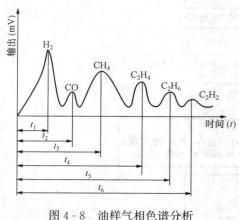

图 4-8　油样气相色谱分析
特征气体流出曲线

在气相色谱分析中，一般利用组分的保留时间定性，利用组分的峰面积定量。由此不难看出，气相色谱分析就是首先将混合物样品，用色谱柱分离成单组分，然后经检测器把组分信息转化为电信号，由记录装置绘出色谱流出曲线，根据曲线上代表谱峰的保留时间定性，峰面积（或峰高）定量。

3. 气源

气源为色谱分离提供洁净、稳定的连续气流。气相色谱仪的气路系统，一般由载气、氢气和空气三种气路组成，由高压钢瓶供给，常用的载气有氢气和氮气，其压力为 10 000～15 000kPa（100～150kg/cm），在教学实验中，为了安全，通常使用氮气作载气。对充灌不同气体的钢瓶，涂有不同颜色的色带作为标记，以防意外事故的发生。如氮气瓶（黑色带，黄氮字），氢气瓶（深绿色带，红氢字），纯氩气瓶（灰色带，绿纯氩字），氦气瓶（棕色带，白氦字），氧气瓶（天蓝色带，黑氧字），乙炔气瓶（白色带，红乙炔字）等。

4. 气相色谱柱

气相色谱柱是承担把混合物分离成单组分的关键组件。混合物组分分离的好坏，直接影响检测结果的误差大小。色谱柱的效能涉及固定液和担体的选择、固定液与担体的配比、固定液的涂渍状况、固定相的填充状况等许多因素，应根据具体分析要求，选择合适的固定相装填于色谱柱管中。色谱柱管的材质有不锈钢、玻璃、紫铜、聚四氟乙烯等。

电力用油油中溶气检测用的气相色谱柱一般是由内径 3mm、长度 2～4m 的螺旋不锈钢管和固定相填料构成的。螺旋不锈钢管是装固定相用的，固定相填料是起分离作用的，是色谱柱的核心所在。

5. 气相色谱检测器

检测器反映了仪器性能的高低。对其一般要求是检测灵敏度高、噪声小、线形范围宽、响应快。检测器的种类很多，在此只介绍油中溶解气体分析中常用的两种。

（1）热导池检测器。热导检测器（Thermal Conductivity Detector，TCD）是利用检测物质与载气有不同的热导系数原理制成的一种通用型浓度检测器。各种物质具有不同的热传导性质，利用它们在热敏元件上传热过程的差异，而产生电信号，在一定的组分浓度范围内，电信号的大小与组分的浓度呈线性关系，因此热导池检测器是浓度型检测器。热导池检测器有两臂和四臂两种，池体多数采用不锈钢材料，在池体上钻有孔径相同的呈平行对称的两孔道或四孔道。将阻值相等的钨丝或其他金属丝热敏元件装入孔道，分别作参比臂和测量臂，构成两臂或四臂的热导池检测器，四臂的热导池检测器比两臂的热导池检测器的灵敏度要提高一倍。热导池检测器电路以惠斯登电桥方式连接。

当只有载气通过热导检测器中的参考臂和测量臂时，载气从参考臂和测量臂带走的热量相同，因而两臂的热敏元件温度不变，其电阻值也不变，电桥保持平衡，没有信号输出；当从参考臂后的进样器中注入样品气时，流过参考臂的只有载气，而流过测量臂的气体却是载气和样品气，因流过两臂气体的组分发生了变化，导致气体的热导系数发生了改变，因而气体从两臂带走的热量也就不同，导致两臂热敏元件的温度不同，其电阻值也不同，电桥失去平衡，就会有信号输出，这个信号的大小反映了进样组分的含量。

热导检测器有恒电流和恒热丝温度检测器之分。国产热导检测器基本上都是恒电流检测器，即在惠斯登电桥上施加一个恒定的电流，其热敏丝的温度是随载气中气体的组分变化而改变的，最终测量的是因热丝电阻值变化引起的信号变化；国外的热导检测器大多是恒热丝温度检测器，即在测量过程中热丝温度是恒定的，载气从热丝带走的热量是通过改变施加的电流补偿的，最终测量的是维持热丝温度不变的补偿电流的大小。

对于给定的色谱仪，在一定的范围内，恒电流检测器通过增加热丝电流来提高检测灵敏度；恒热丝温度检测器则通过提高热丝温度来提高检测灵敏度。恒电流检测器在不通载气时，检测器易于烧毁；而恒热丝温度检测器则不会烧毁。

恒热丝温度检测器除了安全性高外，其灵敏度也较高，是热导检测器的发展方向。

（2）氢焰离子化检测器。氢焰离子化检测器（Flame Ionization Detector，FID）是一种专用型质量检测器，主要用于测定含碳有机化合物。由绝缘瓷环、收集筒、极化电压环、喷嘴、离子室底座、加热块等组成，并与微电流放大器电路相连接。氢焰点燃前应先将其加热至110℃左右，以防氢气和氧气燃烧后生成的水凝结在不锈钢圆罩上，造成绝缘性能下降，影响实验正常进行。喷嘴由铂管制成，其内径为0.10～0.15mm。喷嘴内径较粗时，检测灵敏度将下降，但受流量波动的影响小，可使测量线性范围变宽。发射极是一个由较粗铂丝制成的圆环，固定在喷嘴附近，兼用作氢焰点火。收集极是用铂片或铂丝网加工制成的小圆筒。两个电极间距约10mm，施加100～300V极化电压。圆罩起电屏蔽作用和防止外界气流对氢火焰的扰动以及防止灰尘侵入。离子室内两个电极的结构、几何形状、极间距离以及它们相对于火焰的位置，都直接影响检测器的灵敏度，实验时必须引起重视。

经色谱柱分离后的有机物组分，由载气带入氢火焰中燃烧并被离子化，经一系列反应，形成带正负电荷的离子对，在直流电场的作用下，分别移向发射极（负极）和收集极（正极），形成约10^{-14}～10^{-6}A的微电流，经微电流放大器放大后，在记录仪上绘出相应有机物组分的色谱峰。氢火焰离子化检测器产生的电信号与单位时间内进入火焰的有机物组分质量成正比，因此它是质量型检测器，其检测极限为10^{-12}g/s，具有结构简单，死体积小、响应快、灵敏度高、稳定性好以及线性范围宽等优点。它的灵敏度比热导池检测器高三个数量级。对于给定色谱仪的氢焰离子化检测器，其检测灵敏度主要是受氢气、空气及载气流量的影响，以氢气流量的影响最大。另外，氢气、空气供应的方式对检测器的灵敏度也有显著的影响。试验表明：燃气、助燃气混合后通过喷嘴进入（尾吹）检测器，比燃气、助燃气不通过喷嘴供应的火焰灵敏度高。

二、影响油中溶解气体分析结果的因素

1. 取样

要准确测定变压器油中溶解气体的组分含量，取样是重要的一环。在异常变压器的跟踪分析中，正确采样尤为重要。采取油样的方法，原则上要按照 GB/T 7597—2007 中的有关规定进行。取样部位应注意所取的油样能代表油箱本体的油。一般应在设备下部的取样阀门取油样，在特殊情况下，可在不同的取样部位取样。取样量，对大油量的变压器、电抗器等可为50～80mL，对少油量的设备要尽量少取，以够用为限。

　　从设备中取油样的全过程应在全密封的状态下进行，油样不得与空气接触。对电力变压器及电抗器，一般可在运行中取油样。需要设备停电取样时，应在停运后尽快取样。对可能产生负压的密封设备，禁止在负压下取样，以防止负压进气。设备的取样阀门应配上带有小嘴的连接器，在小嘴上接软管。取样前应排除取样管路中及取样阀门内的空气和"死油"，所用的胶管应尽可能的短，同时用设备本体的油冲洗管路（少油量设备可免除）。取油样时油流应平缓。

　　当气体继电器内有气体聚集时（即气体继电器动作后），应立即采集气样，马上分析。以防故障气体回溶到油中和气体组分在注射器存留过程中的扩散损失。采用密封良好的玻璃注射器取气样。取样前应用设备本体油润湿注射器，以保证注射器滑润和密封。取气样时应注意不要让油进入注射器并注意人身安全。

　　油样和气样取样后的容器应立即贴上标签，并尽快进行分析。为避免气体逸散，油样保存期不得超过 4 天，气样保存期应更短些。在运输过程及分析前的放置时间内，必须保证注射器的芯子不卡涩。油样和气样都必须密封和避光保存，在运输过程中应尽量避免剧烈振荡。油样和气样空运时要避免气压变化的影响。

　　2. 油样脱气

　　若取得的是油样，需在实验室中用脱气装置将油中的溶解气体脱出，再将脱出的气样注入气相色谱仪中进行分析。由于脱气程度不一样，是造成溶解气体分析普遍存在分析数据重复性差、实验室之间的可比性不高的主要原因。

　　国内脱气装置种类、型号很多，下面主要介绍机械振荡平衡法（溶解平衡法）和变径活塞泵真空全脱气。

　　（1）机械振荡平衡法（溶解平衡法）。其是洗脱法的一种，该法利用亨利定律，在规定的条件下使气—液两相快速达到平衡，通过测定气相中的浓度，计算油中的溶解气体浓度。该法最重要的参数是分配系 K_i，它是在平衡条件下，油中溶解气体组分 i 的浓度 C_{iL} 与气相中组分 i 的浓度 C_{ig} 的比值，即

$$K_i = C_{iL}/C_{ig} \tag{4-2}$$

　　根据物料平衡原理，可推导出油样中溶解气体的各组分的浓度（X_i），即

$$X_i = C_{ig}(K_i + V_g/V_1) \tag{4-3}$$

式中　V_g——试验室温 t、压力 p 的平衡气体体积，mL；

　　　　V_1——试验室温下的平衡液体体积，mL。

　　　　K_i——气体组分 i 的称奥斯特瓦尔德（Ostwald）系数，又称为溶解度系数或分配系数，指在一定的温度和一定的气体分压下气液平衡时，单位体积液体内溶解的气体体积数。

　　表 4-21 是 50℃时国产矿物绝缘油的气体分配系数。

表 4-21　　　　　　　　　　50℃ 时国产矿物绝缘油的气体分配系数

气　体	K_i	气　体	K_i	气　体	K_i
氢气（H_2）	0.06	一氧化碳（CO）	0.12	乙烯（C_2H_4）	1.46
氧气（O_2）	0.17	二氧化碳（CO_2）	0.92	乙烷（C_2H_6）	2.30
氮气（N_2）	0.09	甲烷（CH_4）	0.39	乙炔（C_2H_2）	1.02

因此，只要通过色谱分析，求出 C_{ig} 的数值，就可以得到油中溶解气体的组分含量。

注意：K_i 值受油品的组成和平衡温度影响，即油品的组成不同，K_i 值不同；平衡温度不同，K_i 值也不同。

在 50℃ 的平衡条件下，把油中溶解气体换算到 20℃、101.3kPa 标准状况下的浓度，用式（4-4）～式（4-6）计算，即

$$X_i = 0.929p/101.3C_{ig}(K_i + V_g'/V_l') \qquad (4-4)$$

$$V_g' = V_g[323/(273+t)] \qquad (4-5)$$

$$V_l' = V_l[1+0.0008(50-t)] \qquad (4-6)$$

式中　　p——试验时大气压力，kPa；

　　　　t——试验时的室温，℃；

　　　V_g'——校正到 50℃、压力 p 下的平衡气体体积，mL；

　　　V_l'——校正到 50℃ 的油样体积，mL；

　　　C_{ig}——试验压力、温度下，平衡气体的组分含量，$\mu L/L$；

　0.0008——绝缘油的热膨胀系数；

　0.929——油样中的溶解气体浓度校正系数（从 50℃ 校正到 20℃）。

这种方法，可直接使用取样所用的注射器，操作简便，外来影响因素小，脱气的重复性好，适合低含气量油品的分析。但是由于该法属于不完全脱气方法，脱出气体的浓度相对较低，因而需要配备高灵敏度的气相色谱仪。

（2）变径活塞泵真空全脱气法。该法自动化程度高，人为操作带来的误差小，与溶解平衡法相比，脱出气体的浓度较高，因而检测灵敏度较高。用该脱气方法，油中溶解气体的浓度可用式（4-7）～式（4-9）计算，即

$$X_i = C_{ig}V_g''/V_l'' \qquad (4-7)$$

$$V_g'' = V_g(p/101.3)[293/(273+t)] \qquad (4-8)$$

$$V_l'' = V_l[1+0.0008(20-t)] \qquad (4-9)$$

式中　V_g''——校正到 20℃、101.3kPa 状况下的气体体积平衡条件下的气体体积，mL；

　　　V_l''——校正到 20℃ 下的油样体积，mL。

其他符号同上。

总之，不同的脱气方法，对分析结果的影响也不同。我国曾做过不同装置的脱气比较试验，但由于种种原因，没有发表正式报告。现将 IEC 和 ASTM 组织的由美国、加拿大一些实验室参加的，利用标准油样进行比较试验，其结果见表 4-22 中，从表中可以看出洗脱脱气法较好。

表 4-22　　　　　　　　　DGA（油中溶解气体分析）结果的综合准确度

脱气方式与评价　　试验数据	与真实值的偏差（%）	
	样品 A	样品 B
真空（单级泵）	13	40
真空（多级泵）	23	35

续表

试验数据 脱气方式与评价	与真实值的偏差（%）	
	样品 A	样品 B
洗脱	22	27
最佳实验室	7	14
最差实验室	39	70
对一种气体的最大偏差	150	400

注 1. 样品 A：中等浓度，烃为 $9\sim60\mu L/L$，CO、CO_2 为 $100\sim500\mu L/L$。

     2. 样品 B：低浓度，烃为 $1\sim10\mu L/L$、CO、CO_2 为 $30\sim100\mu L/L$。

3. 进样分析

气相色谱定量分析的理论依据是：分析组分的含量（浓度）与检测器输出的响应信号 A_i（峰面积）成正比，即

$$C_i = f_i \times A_i \tag{4-10}$$

显然，只要准确测出比例常数 f_i（校正因子）及组分峰的峰面积，就可测出样品中的组分含量 C_i 值。

油中溶解气体分析是用外标法定量的，即用混合标准气体求出每种组分单位峰面积的浓度 f_i，然后进样品，求出样品气中每个组分的峰面积 A_i，从而得到每个组分的浓度。

前面提到的计算式（4-4）、式（4-7）中的 C_{ig} 就是式（4-10）中的 C_i。

（1）校正因子。用标准气体标定、求出。由式（4-10）可知

$$f_i = C_i / A_i \tag{4-11}$$

f_i 表示单位峰面积的浓度。用一个已知浓度 C_i 的标准样品，用注样器向色谱仪中准确地注入一定量，在记录仪或色谱数据工作站上，就会得到具有一定面积 A_i 的色谱峰，当然也就求出了组分的校正因子 f_i 值。为了便于区分未知组分的浓度和峰面积，通常已知标准样品的浓度和峰面积，分别用 C_s、A_s 表示，把式（4-11）改写成式（4-12）的形式，即

$$f_i = C_s / A_s \tag{4-12}$$

校正因子在应用上有非常重要的意义：

1）在一定程度上表示出了检测器灵敏度的高低，其数值越小，灵敏度越高；

2）可以判断出仪器是否稳定，因为对于操作条件稳定的仪器来说，如不考虑人员的进样误差，f_i 值是个常数，若 f_i 值的重现性差，则说明仪器稳定性差；

3）可表示出仪器的工作状态是否最佳，指导仪器工作条件的选择。因为在最佳的工作条件下，f_i 符合碳数定律，即 C_1 的校正因子数值是 C_2 的两倍；

4）在仪器稳定的情况下，说明操作人员水平的高低，操作人员水平高，重复性、重现性好；

5）可以判断所用标准气体是否失效或标准气体的各组分是否浓度准确。因为对油中溶解气体的六个含碳组分来说，甲烷、一氧化碳、二氧化碳三个组分的校正因子应近似相同，且应近似等于乙烯、乙烷、乙炔三个组分的两倍，若其中的某个或几个组分的校正因子明显

不符合这个规律，则说明标准气体有问题。

（2）进样分析。在定量分析中，准确地求得组分峰的峰面积是定量准确与否的关键。我国曾采用记录仪绘制谱图，再用人工方法进行测量计算，此操作很麻烦，是一种近似方法。随着计算机技术的发展，现普遍采用专用的色谱数据处理工作站，既解决了峰面积测量误差大的问题，又实现了分析计算的自动化，能较准确求地求出组分的峰面积，再用式（4-10）求出脱出气体组分的浓度，用式（4-4）或式（4-7）求出油中溶解气体的浓度。

第四节　变压器潜伏性故障判断

变压器中溶解气体分析，是运行充油电气设备中最重要的一项监督工作。它是诊断充油电气设备潜伏性故障与保证设备安全运行的一项行之有效的重要手段。实践表明，要准确诊断充油电气设备的潜伏性故障，就应及时准确地分析充油电气设备油中溶解气体的含量，并对得到的结果进行科学的分析，结合其他检测项目和手段，综合判断故障的类型、性质及发展趋势。

一、油中溶解气体的选取

变压器绝缘材料分解所产生的可燃和非可燃气体达 20 多种，选取哪几种油中溶解气体作为检测分析对象，对准确有效地分析诊断变压器故障类型、能量、程度及发展趋势极其关键。油中溶解气体的检测种类，GB/T 7252—2001 和 DL/T 722—2000《变压器油中溶解气体分析和判断导则》规定了 9 种气体，即 CO、CO_2、H_2、CH_4、C_2H_6、C_2H_4、C_2H_2、N_2、O_2。除此之外，除了 N_2、O_2 是推荐检测的气体外，其余 7 种气体都是故障情况可能增长的气体，所以是必测组分，其中 CH_4、C_2H_6、C_2H_4、C_2H_2 4 种气体统称为总烃，简写为 C_1+C_2。油中 9 种溶解气体的分析目的见表 4-23。

表 4-23　　　　　　　　　　　　油中 9 种溶解气体的分析目的

被分析的气体		分析目的
推荐检测气体	O_2	了解脱气程度和密封（或漏气）情况，严重过热时也会因极度消耗而明显地减少
	N_2	在进行 N_2 测定时，可了解 N_2 饱和程度，与 O_2 的比值可更准确地分析 O_2 的消耗情况。在正常情况下，N_2、O_2 和 CO_2 之和还可估算出油的总含气量
必测气体	H_2	与甲烷之比可判断并了解过热故障点温度，或了解是否有局部放电情况和受潮情况
	CH_4	了解过热故障点温度
	C_2H_6	
	C_2H_4	
	C_2H_2	了解有无放电现象或存在极高的过热故障点温度
	CO	了解固体绝缘的老化情况或内部平均温度是否过高
	CO_2	与 CO 结合，有时可了解固体绝缘有无热分解

除此九种气体外，国外标准规定还有丙烷、丙烯和异丁烷等十二种气体。近年来，随着脱气技术的研究和发展，日本对油中气体已可以分析到 C_3、C_4 烃类气体，并根据

C_3 烃类气体的浓度比值和可燃性气体的产气速率，估计变压器局部过热温度和故障点的面积。

国内外也有人主张采用 C_3 烃类气体纳入检测分析对象，作为设备故障信息的补充，以利于更精确地诊断故障，理由是 C_3 烃类气体很容易溶解于油中，其浓度不易扩散到周围空气中。事实上，在具有自由呼吸器的变压器中，这种扩散是常存在的。对于不易溶解的气体，如 H_2、CH_4、CO，一般都容易扩散。C_3 烃类气体则不同，由于其易溶解于油中，要从油中脱出 C_3 烃类气体相对比较困难，其分析结果在很大程度上取决于所采用脱气方法和装置。即使脱气技术发展到可以比较准确地取出这类溶解度高的气体，但根据对大量故障数据的统计分析，尚未发现有 C_3 烃类气体很高，而 C_1、C_2 烃类气体没有反映的实例，即 9 种气体已足够能较全面地反映设备内部的状态信息。基于国内现况，油中溶解气体的选取首先应该注重诊断的准确性，在确保诊断准确性的前提下，分析对象数量应尽量少为宜。在诊断故障方面，若必需的最小限度的分析对象足够时，分析气体过多反而是不经济的。基于上述原因，分析 C_3 烃类气体以上的气体似乎没有必要。但作为研究课题，研究分析 C_3 烃类以上气体与故障类型和热点温度的关系及烃类气体之间的相互关系，仍具有一定的意义。

二、油中溶解气体的故障诊断方法

通过对油中溶解气体进行分析，诊断充油电气设备内部是否有潜伏性故障，原则上按照 GB/T 7252 和 DL/T 722 进行，当已经分析得出油中溶解气体含量数据之后，推荐按图 4-9 所示的 DGA 诊断流程进行设备内部状况的分析诊断。

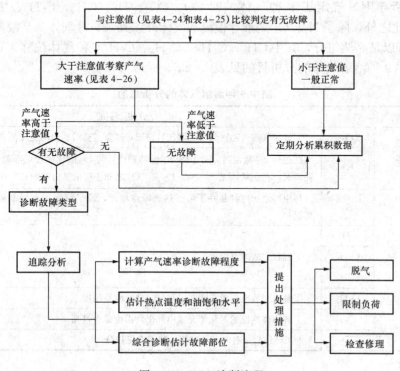

图 4-9　DGA 诊断流程

表 4 - 24　　　　**运行中变压器、电抗器和套管中溶解气体含量的注意值**　　　　μL/L

设备	气体组分	含　量	
		220kV 及以下	330kV 及以上
变压器和电抗器	总烃	150	150
	C_2H_2	5	1
	H_2	150	150
	CO	可与 CO 结合计算 CO_2/CO 的比值作参考	
	CO_2		
套管	CH_4	100	100
	C_2H_2	2	1
	H_2	500	500

注　表中所列数值不适用于从气体继电器放气嘴取出的气样。

表 4 - 25　　　　　　　**互感器油中溶解气体含量的注意值**　　　　　μL/L

设备	气体组分	含　量	
		110 kV 及以下	220 kV 及以上
电流互感器	总烃	100	100
	C_2H_2	2	1
	H_2	150	150
电压互感器	总烃	100	100
	C_2H_2	3	2
	H_2	150	150

表 4 - 26　　　　　　　**变压器和电抗器绝对产气速率注意值**　　　　　mL/d

气体组分	开放式	隔膜式
总烃	6	12
乙炔	0.1	0.2
氢气	5	10
一氧化碳	50	100
二氧化碳	100	200

注　当产气速率达到注意时，应缩短检测周期，进行追踪分析。

诊断充油电气设备内部潜伏性故障一般有以下几个主要步骤：

（1）通过对油中溶解气体组分含量的测试结果进行分析，分析产生气体的原因及变化。

（2）判断设备是否有故障。

（3）在确定设备有故障后，判断故障的类型。

（4）判断故障的发展趋势和严重程度。

（5）提出处理措施和建议。

（一）设备有无故障的判断

从变压器故障诊断的一般步骤可见，根据色谱分析的数据着手诊断变压器故障时，首先要判断设备是否存在异常情况，进行三查，即查对注意值、考查特征气体的产气速率、调查设备有关情况。

（1）出厂和新投运的设备。对出厂和新投运的变压器和电抗器的要求：出厂试验前、后两次分析结果以及投运前、后两次分析结果不应有明显区别。设备气体含量应符合表4-27的要求。

表4-27　　　　　　　　　　对出厂和新投运的设备气体含量的要求　　　　　　　　μL/L

设　　备	气　体　组　分	含　　量	
		330kV及以上	220kV及以下
变压器和电抗器	氢气	<10	<30
	乙炔	<0.1	<0.1
	总烃	<10	<20
互　感　器	氢气	<50	<100
	乙炔	<0.1	<0.1
	总烃	<10	<10
套　　管	氢气	<50	<150
	乙炔	<0.1	<0.1
	总烃	<10	<10

（2）运行中设备油中溶解气体组分含量注意值。运行中设备内部油中溶解气体含量超过表4-24和表4-25中的注意值时，说明设备可能存在异常情况，要引起注意以下几点。

在识别设备是否存在故障时，不仅要考虑油中溶解气体含量的绝对值，还应注意以下几点。

1）注意值是指导性的，来自于大量运行设备分析数据总结，其作用在于给出引起注意的信号，以便对设备展开全面的检查，以判断有无故障。注意值是一道引起注意的警戒线，不是划分设备是否异常的唯一判据，不应当强制执行，超过注意值并不能马上肯定设备有故障，更不意味设备需要立即停止运行，而应进行跟踪分析，加强监视，注意观察其产生速率的变化。查对注意值时应考虑对不同设备的区别，有的设备因某些原因使气体含量超过注意值，也不能断定有故障。有的设备气体含量虽低于注意值，如气体含量增长迅速，也应引起注意。对于新投入运行或重新注油的设备，短期内各气体含量迅速增长，但尚未超过注意值，也可判定为内部有异常。对待进口变压器，应考虑国外和国际标准，国内标准只能作为参考。

2）表4-24对于330kV及以上的电抗器，当出现痕量（小于1μL/L）乙炔时应引起注意，如气体分析虽已出现异常，但判断不至于危及绕组和铁芯安全时，可在超过注意值较大的情况下运行。

3）影响电流互感器和电容式套管油中氢气含量的因素较多，有的氢气含量虽低于表4-24和表4-25中的数值，但有增长趋势，也应引起注意；有的只是氢气含量超过表中数值，若无明显增长趋势，也可判断为正常。

4）注意区别非故障情况下的气体来源，进行综合分析。

（3）运行中设备油中气体增长率注意值。仅仅根据分析结果的绝对值是很难对故障的严重性作出正确判断的，因为故障常常以低能量的潜伏性故障开始，若不及时采取相应的措施，可能会发展成较严重的高能量的故障。因此，必须考察故障的发展趋势，也就是故障点的产气速率。产气速率与故障消耗能量大小、故障部位、故障点的温度等情况有直接有关。

产气速率通常用绝对产气速率和相对产气速率表示（未考虑气体损失）。

绝对产气速率是指设备每运行日产生某种气体的平均值，计算式为

$$r_a = \frac{C_{i2} - C_{i1}}{\Delta t} \times \frac{m}{\rho} \tag{4-13}$$

式中　r_a —— 绝对产气速率，mL/d；

C_{i2} —— 第二次取样测得油中某气体浓度，$\mu L/L$；

C_{i1} —— 第一次取样测得油样中某气体浓度，$\mu L/L$；

Δt —— 两次取样时间间隔中实际运行时间，d；

m —— 设备总油量，t；

ρ —— 油的密度，t/m^3。

变压器和电抗器绝对产气速率注意值见表 4-26，表 4-26 中产气速率注意值不适合经脱气后投运短期内的变压器判断。

相对产气速率即每运行月（或折算到月）某种气体含量增加原有值的百分数的平均值，计算式为

$$r_r = \frac{C_{i2} - C_{i1}}{C_{i1}} \times \frac{1}{\Delta t} \times 100\% \tag{4-14}$$

式中　r_r —— 相对产气速率，%/月；

Δt —— 两次取样时间间隔中实际运行时间，月。

相对产气速率也可以用来判断充油电气设备内部的状况。总烃的相对产气速率大于 10% 时，应引起注意。对总烃起始含量很低的设备不宜采用此判据。

产气速率在很大程度上依赖于设备类型、负荷情况、故障类型和所用绝缘材料的体积及其老化程度，应结合这些情况进行综合分析。判断设备状况时，还应考虑到呼吸系统对气体的逸散作用。

对于发现气体含量有缓慢增长趋势的设备，可适当缩短检测周期或使用在线监测仪随时监视设备的气体增长，以便监视故障发展趋势。

在判断设备是否存在故障时，不能只根据一次结果来判定，而应经过多次分析后，将分析结果的绝对值与相应的注意值作比较，将测定计算的产气速率与其注意值作比较，当两者都超过时，才可判定为故障。如可根据总烃含量及产气速率运用表 4-28 进行经验诊断。

表 4-28　　　　　　　　　　　　　经　验　判　断

判　　断	变压器状态
总烃的绝对值小于注意值，总烃产气速率小于注意值	变压器正常
3 倍的注意值＞总烃绝对值＞注意值，总烃产气速率小于注意值	缓慢，可继续运行
3 倍的注意值＞总烃绝对值＞注意值，总烃产气速率为注意值的 1~2 倍	变压器有故障应缩短分析周期，密切注意故障发展趋势
总烃的绝对值＞3 倍注意值，总烃产气速率＞3 倍注意值	变压器有严重故障，发展迅速，应立即采取必要的措施，有条件时可进行吊罩检修

（4）有时变压器内部并不存在故障，但由于其他原因，在油中也会出现上述这些特征气体。为此，须仔细了解设备的结构和其制造、安装、试验、运行及检修等环节情况，注意可能引起误判断的这些气体的来源，以免造成误判断。造成误判断的非故障产气原因见表 4 - 29。另外，为了减少可能引起的误判断，必须按 DL/T 596—1996《电力设备预防性试验规程》的规定：新设备及大修后在投运前，应至少作一次检测；在投运后按规定周期进行检测。故障设备检修后，绝缘材料、残油中往往吸附着一定量的故障气体，这些故障气体在设备重新投运的初期，还会逐步溶于油中，因此，在追踪分析的初期，常发现油中气体有明显增长的趋势，只有通过多次检测，才能确定检修后投运的设备是否消除了故障。

表 4 - 29   造成油色谱分析误判断的非故障产气原因

非故障产气原因	对油中溶解气体组分变化的影响	误判的可能
设备结构原因		
（1）有载调压器灭弧室油向本体渗漏	使本体油的乙炔增加	放电故障
（2）使用不稳定绝缘材料，造成早期热分解（如使用 1030 号醇酸绝缘漆）	产生 CO 与 H_2 等，增加它们在油中的浓度	固体绝缘发热或受潮
（3）使用有活性的金属材料，促进油的分解（如使用奥氏体不锈钢）	增加油中 H_2 含量	油中有水分
安装、运行、维护的原因		
（1）充氮保护时，使用不合格的氮气	氮气含 H_2、CO 等杂气	固体绝缘发热
（2）油与绝缘物中有空气泡，如安装投运前，油未脱气及真空注油，运行中系统不严密而进气等	由于气泡性放电产生 H_2 和 C_2H_2	发热受潮
（3）安装或检修过程中进行带油焊接作业，高温下焊区附近变压器油分解产气		
（4）滤油机加热元件制造不良，绝缘降低，造成变压器油局部过热		
（5）滤油机控制系统设计不完善，突然停电或误操作时造成变压器油局部过热	增加 C_2H_2 等含量	放电故障
（6）未按规程操作，油未循环时仍然加热，造成变压器油局部过热		
（7）滤油机油泵缺少检修，转轴发生偏移，叶片摩擦泵内壁时，若高速旋转会发热，甚至产生火花		
（8）用油设备（油罐、滤油机）使用前未清洗干净	油溶解度大的可燃烃气体含量高	发热、放电
（9）注充含可燃烃类气体的油或原有过故障，油未脱气或脱气不彻底		
附属设备或其他原因		
（1）潜油泵、气体继电器触点电火花或电动机故障	增加 C_2H_2 等可燃气体	放电故障
（2）设备环境空气中 CO 和烃类含量高	增加油中 CO 和烃含量	固体绝缘发热

（5）变压器正常运行时，内部油和有机绝缘材料在热和电的作用下会逐渐老化和分解，产生少量的各种低分子烃类气体及 CO、CO_2 等气体。在热和电故障的情况下，也会产生这些气体。这两种来源的气体在技术上不能分离，在数值上也没有严格的界限，而且与负荷、温度、油中的含水量、油的保护系统和循环系统以及取样和测试等诸多因素有关。因此，在判断变压器是否存在故障及故障的严重程度时，要根据变压器运行的历史状况和变压器的结构特点及外部环境等因素进行综合判断。

（6）对于故障检修后的设备，特别是变压器和电抗器，即使检修后已将油进行了真空脱气处理，但考虑到器身固体绝缘和其吸附的残油存在一定的故障气体，在真空注油后这些故障特征气体会释放至已脱气的油中，在跟踪分析期间，往往会发现故障特征气体的增加明显。这时，有可能错误判断为故障还未排除或怀疑有新的故障。因此，即使检修时油已充分脱气，在检修后两三个月内，如果特征气体增长速率比正常设备快，则应对设备内部纤维材料中的残油所溶解的残气进行估算。

（二）故障类型的判断

采用油中溶解气体分析法分析诊断变压器内部状况，根据油中溶解气体成分、特征气体含量和变化趋势判断故障的性质、状态时，常用的判断方法和标准可分以油中特征气体组分含量为特征量的故障诊断法和以油中特征气体组分比值为特征量的故障诊断法两大类。

1. 特征气体法

在正常情况下，变压器内部的绝缘油及固定绝缘材料，在热和电的作用下，逐渐老化和受热分解，会缓慢地产生少量的氢和低分子烃类，以及 CO 和 CO_2 气体。当变压器内部存在潜伏性的局部过热和局部放电故障时，这种分解作用就会显著加强。一般来说，对于不同性质的故障，绝缘物分解产生的气体不同；而对于同一性质的故障，由于程度不同，所产生的气体的性质的数量也不同。因此，根据变压器油中气体的组分和含量，可以判断故障的性质和严重程度。

利用油中特征气体诊断故障的方法，又称特征气体法，是基于哈斯特（Halstead）的试验：任何一种特征的烃类气体产气速率随温度变化，在特定温度下，某一种气体的产气速率会呈现最大值，随着温度升高，产气速率从大到小的气体依次为 CH_4、C_2H_6、C_2H_4、C_2H_2。哈斯特的工作证明故障温度与溶解气体含量之间存在着对应关系。因此，根据长期的实践和对统计数据的分析，人们总结出了一系列利用特征气体进行故障分析的方法。如以油中特征气体组分含量为特征量的故障诊断法，以油中气体的总烃及 CO、CO_2 为特征量的故障诊断法，以气体继电器中的游离气体为特征量的故障诊断法。当前应用普遍的为以油中特征气体组分含量为特征量的故障诊断法。

国内外通常以油中溶解的特征气体组分含量分析数据与注意值比较来诊断充油电力变压器故障的性质。特征气体主要包括总烃（C_1+C_2）、C_2H_2、H_2、CO、CO_2 等。变压器内部因不同故障产生的气体有不同的特征，可以根据变压器油的气相色谱测定结果和产气的特征及特征气体的注意值，对变压器等设备有无故障性质作出初步判断。

故障点产生气体的特征随故障类型、故障能量及其涉及的绝缘材料的不同而不同，可以反映故障点引起的周围油、纸绝缘的热分解本质。从大量统计数据中可以看出，变压器内部故障发生时产生的总烃中，各种气体的比例在不断变化，随着故障点温度的升高，CH_4 所占比例逐渐减少，而 C_2H_4、C_2H_6 所占比例逐渐增加，严重过热时将产生适量数量的 C_2H_2。当达到电弧稳定维持的温度时，C_2H_2 将成为主要成分。其特点是故障点局部能量密度越高，产生碳氢化合物的不饱和度越高，即故障点产生烃类气体的不饱和度与故障源的能量密度之间有密切关系。因此，可以用表 4-30 的特征气体特点来判断变压器故障的性质。该诊断法对故障性质有较强的针对性，比较直观、容易掌握，不足是没有明确量的概念。

表 4-30　　　　　　　　　　　　　　用特征气体特点判断变压器故障的性质

序号	故障性质	特征气体的特点
1	一般过热（低于 500℃）	总烃较高，C_2H_4 含量大于 CH_4，C_2H_2 占总烃的 2% 以下
2	严重过热（高于 500℃）	总烃高，CH_4 含量小于 C_2H_4，C_2H_2 占总烃的 5.5% 以下，H_2 占氢烃含量的 27% 以下
3	局部放电	总烃不高，H_2 含量大于 100L/L，并占氢烃总量的 90% 以上，CH_4 占总烃的 75% 以上，为主要成分
4	火花放电	总烃不高，C_2H_2 含量大于 10μL/L，并且一般占总烃的 25% 以上，H_2 一般占氢烃总量的 27% 以上，C_2H_4 占总烃含量的 18% 以下
5	电弧放电	总烃较高，C_2H_2 占总烃含量的 18%~65%，H_2 占氢烃含量的 27% 以下
6	过热兼电弧放电	总烃较高，C_2H_2 占总烃含量的 5.5%~18%，H_2 占氢烃含量的 27% 以下

根据对各类大型变压器的诊断和对检查结果进行的大量比较、分析，归纳出特征气体中主要成分与变压器异常情况的关系，见表 4-31。

表 4-31　　　　　　　　　　特征气体中主要成分与变压器异常情况的关系

主要成分	异常情况	具 体 情 况
H_2 主导型	局部放电、电弧放电	(1) 绕组层间短路，绕组击穿。 (2) 分接开关触头间局部放电，电弧放电短路
CH_4、C_2H_4 主导型	过热、接触不良	分接开关接触不良，连接部位松动，绝缘不良
C_2H_2 主导型	电弧放电	绕组短路，分接开关切换器闪络

2. 三比值法

(1) 三比值法的原理。通过大量的研究证明，变压器故障诊断不能只依赖于油中溶解气体的组分含量，还应取决于气体的相对含量。热力动力学研究结果表明，随着故障点温度的升高，变压器油裂解产生烃类气体按 $CH_4 \rightarrow C_2H_6 \rightarrow C_2H_4 \rightarrow C_2H_2$ 的顺序推移，并且，在低温时，H_2 是由局部放电的离子碰撞游离所产生。基于上述观点，罗杰斯（Rogers）提出了以 CH_4/H_2、C_2H_6/CH_4、C_2H_4/C_2H_6、C_2H_2/C_2H_4 进行判断的四比值法，即罗杰斯法。由于在四比值法中 C_2H_6/CH_4 的比值只能有限地反映热分解的温度范围，于是 1977 年国际电工委员会 IEC 将其删去，而推荐采用一个新的比值法，即三比值法。

三比值法是根据变压器绝缘材料在故障下裂解产生气体组分含量的相对浓度与温度的相互依赖关系，从五种特征气体中选用两种溶解度和扩散系数相近的气体组分组成 C_2H_2/C_2H_4、CH_4/H_2、C_2H_4/C_2H_6 三对比值，以不同的编码表示；根据编码规则和故障类型判断方法作为诊断故障性质的依据。这种方法每一对比值选用的两种气体的溶解度和扩散系数相近（即每一对比值之两种气体脱气速率之比都接近于 1），即消除了油的体积效应影响，也克服了因脱气速率的差异所带来的影响。实践证明采用此法判断变压器故障的准确性相当高。

专家们通过大量运行变压器色谱数据的分析归纳和实践总结，得出在一定范围三比值数据的组合排列对应不同的故障类型的规律。用这一规律反过来应用于指导实践，准确率达到 70% 以上。三比值法判断故障见表 4-32。1979 年日本电气协会以 156 台变压器的油中溶解气体分析数据对罗杰斯法和 IEC 三比值法的有效性进行了验证，结果表明：罗杰斯法诊断的准确率仅为 38.6%，IEC 三比值法为 60.1%。在 IEC 三比值法基础上，对编码对应的比值范围上、下限作了更明确的规定，同时简化了故障的分类，提出了电协研法。该法在日本得到了广泛的应用，其故障诊断准确率可达 81%。

表 4-32　　　　　　　　　　三 比 值 法 判 断 故 障

特征气体的比值	比值范围编码			说　　　　明
	$\dfrac{C_2H_2}{C_2H_4}$	$\dfrac{CH_4}{H_2}$	$\dfrac{C_2H_4}{C_2H_6}$	
<0.1	0	1	0	例如：$C_2H_2/C_2H_4=1\sim3$，编码为 1
0.1~1	1	0	0	$CH_4/H_2=1\sim3$ 时，编码为 2
1~3	1	2	1	$C_2H_4/C_2H_6=1\sim3$ 时，编码为 1
>3	2	2	2	

序号	故障特征				典型例子
0	无故障	0	0	0	正常老化
1	低能量密度局部放电	0	1（但不明显）	0	由于浸渍不完全引起含气孔穴中放电或高湿度等引起的孔穴中放电
2	高能量密度局部放电	1	1	0	由于浸渍不完全引起含气孔穴中放电或高湿度等引起的孔穴中放电，但已导致固体绝缘的放电痕迹或穿孔
3	低能量放电	1→2	0	1→2	不同电位间油中连续火花放电或悬浮电位之间的火花放电等
4	高能量放电[1]	1	0	2	有工频续流的放电。线圈、线饼、线匝之间或线圈对地之间的油的电弧击穿。有载分接开关的选择开关切断电流
5	低温过热<150℃[2]	0	0	1	一般性绝缘导线过热
6	低温热点 150~300℃[3]	0	2	0	分接开关接触不良，引线夹件螺钉松动，接头焊接不良，涡流引起铜过热，铁芯漏磁，局部短路，层间绝缘不良，铁芯多点接地等
7	中温热点 300~700℃		2	1	
8	高温热点>700℃[4]	0	2	2	

[1]　随着火花放电强度的增长，特征气体的比值有如下增长趋势，C_2H_2/C_2H_4 从 0.1~3 增到 3 以上；C_2H_4/C_2H^6 从 0.1~3 增到 3 以上。

[2]　这一情况，说明 C_2H_4/C_2H_6 比值的变化。

[3]　此故障通常由气体浓度的不断增加来反映。甲烷/氢的比值通常大约为 1。实际值大于或小于 1 与很多因素有关，如油维护措施、实际温度、油质等。

[4]　乙炔含量增加，表明热点温度可能高于 1000℃。

但也应看到,日本电气协会法没有考虑到实际上有时会有几种故障同时存在的编码组合等。因此,我国将日本电气协会法的编码组合作了改良,进一步改良了日本电气协会法,其编码规则和故障类型诊断分别见表4-33和表4-34。

表4-33 改良三比值法(原改良电协研法)的编码规则

气体比值(n)范围	比值范围编码		
	C_2H_2/C_2H_4	CH_4/H_2	C_2H_4/C_2H_6
$n<0.1$	0	1	0
$0.1\leqslant n<1$	1	0	0
$1\leqslant n<3$	1	2	1
$n\geqslant 3$	2	2	2

表4-34 改良三比值法(原改良电协研法)的故障类型诊断

编码组合			故障类型判断	故障实例(参考)
C_2H_2/C_2H_4	CH_4/H_2	C_2H_4/C_2H_6		
0		1	低温过热 (低于150℃)	绝缘导线过热
	2	0	低温过热 (150～300℃)	分接开关接触不良,引线夹件螺钉松动或接头焊接不良,涡流引起铜过热,铁芯漏磁,局部短路,层间绝缘不良,铁芯多点接地等
	2	1	中温过热 (300～700℃)	
	0,1,2	2	高温过热 (高于700℃)	
2	1	0	局部放电	高湿度、高含气量引起油中低能量密集的局部放电
	0,1	0,1,2	低能放电	引线对电位未固定的部件之间连续火花放电,分接抽头引线和油隙闪络,不同电位之间的油中火花放电或悬浮电位之间的火花放电
	2	0,1,2	低能放电兼过热	
1	0,1	0,1,2	电弧放电	线圈匝间、层间短路,相间闪络,分接头引线间油隙闪络,引线对箱壳放电,线圈熔断,分接开关飞弧,导电回路电流引起电弧,引线对其他接地体放电等
	2	0,1,2	电弧放电兼过热	

DL/T 722—2000推荐将改良日本电气协会法作为设备故障诊断的主要方法,并正式将其命名为改良三比值法。在应用改良三比值法不能给出确切诊断结论时,推荐采用溶解气体分析解释表(见表4-35)或解释简表(见表4-36)来进行故障诊断。若仍不能确切诊断时,建议采用三角图示法或立体图进行诊断。

表4-35 溶解气体分析解释表

情况	特征故障	C_2H_2/C_2H_4	CH_4/H_2	C_2H_4/C_2H_6
PD	局部放电	NS	<0.1	<0.2
D1	低能量局部放电	>1	0.1～0.5	>1
D2	高能量局部放电	0.6～2.5	0.1～1	>2
T1	热故障(<900℃)	NS	>1但NS>1	<1
T2	热故障(300℃<t<700℃)	<0.1	>1	1～4

续表

情况	特征故障	C_2H_2/C_2H_4	CH_4/H_2	C_2H_4/C_2H_6
T3	热故障（>700℃）	<0.1*	>1	>4

注 1. 表中比值在不同地区可稍有不同。

2. 表中比值在至少表中气体之一超过正常值并超过正常增长率时计算才有效。

3. 在互感器中 CH_4/H_2<0.2 时为局部放电，在套管中 CH_4/H_2<0.7 时为局部放电。

4. 气体比值落在极限范围之外，而不对应于本表的某个故障特征，可认为是混合故障或一种新的故障。这个新的故障包括了高含量的背景气体水平。在这种情况下，本表不能提供诊断，但可以使用图示法给出直观的、与本表最接近的故障特征。

5. NS 表示无论什么数值均无意义。

* C_2H_2 的总量增加，表明热点温度增加，高于 1000℃。

表 4 - 36　　　　　　解　释　简　表

情况	特征故障	C_2H_2/C_2H_4	CH_4/H_2	C_2H_4/C_2H_6
PD	局部放电	—	<0.2	—
D	低能量或高能量放电	>0.2	—	—
T	热故障	—	>0.2	—

（2）以三比值法诊断故障的步骤。DL/T 722 指出，对出厂的设备，按表 4 - 27 的气体含量要求进行比较，并注意积累数据；当根据试验结果怀疑有故障时，应结合其他检查性试验进行综合诊断。对运行中的变压器，按下述步骤进行故障诊断：将试验结果的几项主要指标（总烃、CH_4、C_2H_2、H_2 含量）与表 4 - 24 列出的油中溶解气体含量注意值作比较，同时将产气速率与表 4 - 26 列出的产气速率注意值作比较。短期内各种气体含量迅速增加，但尚未超过表 4 - 24 的数值，也可诊断为内部有异常状况；有的设备因某种原因使气体含量基值较高，超过表 4 - 24 的注意值，但产气速率低于表 4 - 26 的注意值，仍可认为是正常设备。

当认为设备内部存在故障时，可用特征气体法、三比值法和其他方法并参考溶解气体分析解释和气体比值的图形诊断法，对故障的类型进行诊断。

（3）三比值法的应用原则。

1）只有根据气体各组分含量的注意值或气体增长率的注意值判断设备可能存在故障时，气体比值才是有效的，并应予计算。对气体含量正常，且无增长趋势的设备，比值没有意义。

2）假如气体的比值与以前的不同，可能有新的故障重叠在老故障或正常老化上。为了得到仅仅相应于新故障的气体比值，要从最后一次的分析结果中减去上一次的分析数据，并重新计算比值（尤其是在 CO 和 CO_2 含量较大的情况下）。在进行比较时，要注意在相同的负荷和温度等情况下和在相同的位置取样。

3）由于溶解气体分析本身存在的试验误差，导致气体比值也存在某些不确定性。对气体浓度大于 $10\mu L/L$ 的气体，两次的测试误差不应大于平均值的 10%，而在计算气体比值时，误差提高到 20%。当气体浓度低于 $10\mu L/L$ 时，误差会更大，使比值的精确度迅速降低。因此，在使用比值法判断设备故障性质时，应注意各种可能降低精确度的因素。尤其是对正常值普遍较低的电压互感器、电流互感器和套管，更要注意这种情况。

【**例 4 - 1**】　某变压器（型号 SFPS10—120000/220）故障前、后油中气体分数测定值见

表 4 - 37。

表 4 - 37　　　　　　　某 220kV 变压器故障前、后油中气体组分测定值　　　　　　　$\mu L/L$

样品	H_2	CH_4	C_2H_6	C_2H_4	C_2H_2	总烃	CO	CO_2
故障前	24.3	10.3	3.2	11.4	0.24	25.1	384	2613
故障后	266	30.2	4.9	26.2	60.2	121.5	587	3048

　　该变压器中故障气体主要由 H_2 和 C_2H_2 构成,但体积分数不是很高。根据导则中的特征气体法判断,属于低能量放电(火花放电),与实际故障相符。当用改良三比值法判断时,若直接用故障后的测定数据计算比值,由比值 C_2H_2/C_2H_4 得到的编码为 1,故障类型属于电弧放电,与实际情况不符。但从表 4 - 37 可知,故障前油中的 C_2H_4 体积分数为 $11.4\mu L/L$,占故障后 C_2H_4 体积分数的 43.5%。因此,将故障后的测定数据减去故障前的测定数据后再重新计算,由 C_2H_2/C_2H_4 比值为 4.05,查表 4 - 3,得到的编码为 2,故障类型属于低能量放电,与实际故障相符。

　　在诊断出该变压器内部存在故障后,经吊罩检查,确定故障原因是高压套管均压球与导管接触不良,造成均压球与导管之间产生悬浮电位放电。

　　3. 对油中 CO 和 CO_2 气体进行分析诊断

　　当故障涉及固体绝缘时,会引起 CO 和 CO_2 含量明显增长。根据现有的统计资料,固体绝缘的正常老化过程与故障情况下的劣化分解,表现在油中 CO 和 CO_2 的含量上,一般没有严格的界限,规律也不明显。这主要是由于从空气中吸收的 CO_2、固体绝缘老化及油的长期氧化形成 CO 和 CO_2 的基值过高造成的。开放式变压器溶解空气的饱和量为 10%,设备里可以含有来自空气中的 $300\mu L/L$ 的 CO_2。在密封设备里,空气也可能经泄漏进入设备油中。经验证明,当怀疑设备固体绝缘材料老化时,一般 $CO_2/CO>7$;当怀疑故障涉及固体绝缘材料时,高于 200℃,可能 $CO_2/CO<3$,必要时,应从最后一次的测试结果中减去上一次的测试数据,重新计算比值,以确定故障是否涉及固体绝缘。

　　当怀疑纸或纸板过度老化时,应适当地测试油中糠醛含量,或在可能的情况下测试纸样的聚合度。可参考第四章第四节。

　　4. 比值 O_2/N_2

　　一般油中都溶解有 O_2 和 N_2,这是油在开放式设备的储油罐中与空气作用,或密封设备泄漏的结果。在设备里,考虑到 O_2 和 N_2 的相对溶解度,油中 O_2/N_2 的比值反映空气的组成,接近 0.5。运行中,由于油的氧化或纸的老化,这个比值可能降低,因为 O_2 的消耗比扩散更迅速。负荷和保护系统也可影响这个比值。但当 $O_2/N_2<0.3$ 时,一般认为是出现氧被极度消耗的迹象。

　　5. 比值 C_2H_2/H_2

　　在电力变压器中,有载调压操作产生的气体与低能量放电的情况相符。假如某些油或气体在有载调压油箱与主油箱之间相通或各自的储油罐之间相通,这些气体可能污染主油箱的油,并导致误判断。主油箱中 $C_2H_2/H_2>2$,认为是有载调压污染的迹象。此情况可用比较主油箱和储油罐的油中溶解气体浓度来确定。气体比值和乙炔浓度值依赖于有载调压的操作次数和产生污染的方式。

6. 气体比值的图示法

利用气体的三对比值，在立体坐标图上建立的立体图示法可方便地直观不同类型故障的发展趋势。利用 CH_4、C_2H_2 和 C_2H_4 的相对含量，在三角形坐标图上判断故障类型的方法也可辅助这种判断。图示法对在三比值法或溶解气体解释表中给不出诊断的情况下是很有用的，因为它们在气体比值的极限之外。使用图 4-10 的最接近未诊断情况的区域，容易直观地注意这种情况的变化趋势，而且在这种情况下，大卫三角形法总能提供一种诊断，如图 4-11 所示。

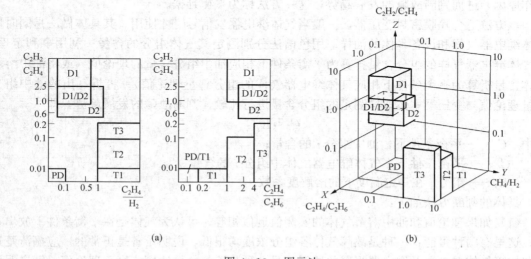

图 4-10 图示法
(a) 面图示法；(b) 立体图示法
PD—局部放电；D1—低能放电；D2—高能放电；
T1—热故障（$t<300℃$）；T2—热故障（$300℃<t<700℃$）；T3—热故障（$t>700℃$）

在气体继电器内出现气体的情况下，应对气体继电器内气样进行分析诊断。根据上述结果以及其他检查性试验（如测量绕组直流电阻、空载特性试验，绝缘试验、局部放电试验和测量微量水分等）的结果，并结合该设备的结构、运行、检修等情况进行综合分析，诊断故障的性质及部位，并根据具体情况对设备采取不同的处理措施，如缩短试验周期、加强监视、限制负荷、近期安排内部检查、立即停运等。

（三）判断故障的发展趋势和严重程度

当故障类型确定后，必要时应进一步判断故障的发展趋势和严重程度，以便提出设备的处理意见和建议。

1. 利用平衡判据确定故障的发展趋势

存在潜伏性故障的变压器，故障源产生的热

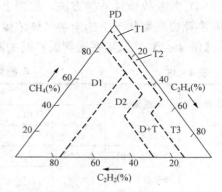

图 4-11 大卫三角形法
PD—局部放电；D1—低能放电；D2—高能放电；
T1—热故障（$t<300℃$）；T2—热故障
（$300℃-<t<700℃$）；T3—热故障（$t>700℃$）

解气体不断地溶解在绝缘油中，经过一定时间，在特定条件下会达到饱和。对于气体继电器发信号的运行设备，在排除继电器误动的情况下，可能有如下原因：

一是设备有较为严重的故障，高温热解产生的大量气体致使继电器动作；

二是设备本体没有故障，因潜油泵负压区漏气，大量空气进入变压器本体所致；

三是新投运设备检修、安装时，真空滤油、注油环节工艺不当，设备积存的或油中溶解的空气在设备投运后因温度升高，析出空气所致。

因此，分析比较油中溶解气体和气体继电器中游离气体的浓度，可以判断气体继电器的动作原因，进而判断故障的发展趋势，这一方法称为平衡判据。

该方法适合隔膜密封变压器，一般当气体继电器发信号时才使用。其具体做法是同时取气体继电器气样和设备本体的油样；用色谱法分别测定其气体组分的含量；利用亨利定理，把气体继电器气样的组分含量折算为平衡条件下相应油中组分含量的理论值（或将油中溶解气体含量折算为平衡条件下相应气体继电器气样的组分含量理论值）；将折算出的油中组分含量理论值与变压器本体取样测定的组分含量进行比较，判断故障的发展趋势，即

$$C_{il} = K_i C_{ig} \tag{4-15}$$

式中 C_{il}——平衡条件下，油中组分 i 的含量；

C_{ig}——平衡条件下，气体继电器气体中组分 i 的含量；

K_i——组分 i 在一定温度下的溶解度系数。

具体的判断方法如下：

（1）如果理论值和油中溶解气体的实测值近似相等，可认为气体是在平衡条件下放出来的。这里有两种可能：一种是故障气体各组分浓度均很低，说明设备是正常的。应搞清楚这些非故障气体的来源及继电器报警的原因；另一种是溶解气体浓度略高于理论值，则说明设备存在产生气体较缓慢的潜伏性故障。

（2）如果气体继电器中的故障气体浓度明显超过油中溶解气体浓度，说明释放气体较多，设备存在产生气体较快的故障。应进一步计算气体的增长率。

（3）判断故障性质的方法，原则上与油中溶解气体相同，但是如上所述，应将游离气体浓度换算成平衡状况下的溶解气体浓度，然后计算比值。

【例 4-2】   采用平衡判据诊断的两台故障变压器，色谱分析数据见表 4-38。

表 4-38 平衡判据诊断故障变压器实例   μL/L

变压器序号	数据来源	分析及计算气体组分结果							
		H_2	CO	CO_2	CH_4	C_2H_4	C_2H_6	C_2H_2	总烃
1	油样实测值	60	71	10000	40	110	9.9	70	230
	气样实测值	53 000	720	870	6700	4400	490	10 000	21 590
	油样折算为气样的理论值	1000	592	10870	102	75	4.3	69	25
3	油样实测值	90	320	8000	160	330	54	29	573
	气样实测值	90 000	1800	5800	3800	860	42	46	4748
	油样折算为气样的理论值	1500	2667	8696	410	226	23	28	687

分析可知，气体继电器中气体组分的实测值除 CO、CO_2 外，均比气体理论计算值大得多，说明故障与主绝缘无关，但发展较快。查实结果：1 号主变压器分接开关电弧放电；2 号主变压器低压侧两套管引线相碰，且铁芯多点接地。

2. 估计油中气体达到饱和状态所需时间

在故障下，油被裂解的气体逐渐溶解于油中，当油中全部溶解气体（包括 O_2、N_2）的分压总和等于外部气体压力时，气体将达到饱和状态，由此可在理论上估计气体进入气体继电器所需的时间。

在一般情况下，气体溶于油中不妨碍变压器运行，但气体达到饱和状态时，就会使油中某些自由气体以气泡形式释放出来，这是危险的。特别是在超高压设备中，可能在气泡中产生局部放电，甚至导致绝缘闪络。

外部气体压力为 1 个标准大气压时，油中溶解气体的饱和值可由式（4-16）近似地算出，即

$$S_{at}\% = 10^{-4} \sum \frac{C_i}{K_i} \qquad (4-16)$$

式中　C_i——气体组分 i（包括 O_2、N_2）的浓度，$\mu L/L$；

　　　K_i——气体组分 i 的溶解度系数。

当 $S_{at}\%$ 接近 100% 时，即油中气体接近于饱和状态，可按式（4-17）估算达到饱和时所需的时间，即

$$t = \frac{1 - \sum \frac{c_{i2}}{k_i} \times 10^{-6}}{\sum \frac{c_{i2} - c_{i1}}{k_i \Delta t} \times 10^{-6}} \qquad (4-17)$$

式中　C_{i1}——组分 i 第一次分析值，$\mu L/L$；

　　　C_{i2}——组分 i 第二次分析值，$\mu L/L$；

　　　Δt——两次分析间隔的时间，月。

注意：由于实际上故障发展往往是非等速的，因而在故障加速发展的情况下，估算出的时间可能比实际油中气体达到饱和的时间长，所以在追踪分析期间，应随时根据最大产气速率重新进行估算，并修正报警，报警时间要尽可能提前。

3. 故障源热点温度的估算

油裂解后的产物与温度有关，温度不同产生的特征气体也不同，在三比值法中已粗略地阐明了这种关系；反之，知道了故障下油中产生的有关各组分气体的浓度，就可估算故障源的温度。关于故障热源温度的推定，国内外已有不少研究报道，如三比值等也反映出比值与温度的依赖关系。法国赛伯特（Thibault）等人根据对绝缘纸的裂解研究，提出纸热解时，产气组分一氧化碳与二氧化碳的比值与温度的关系，结果如图 4-12 所示。

日本研究者通过变压器模拟试验，提出了烃类气体三组分之和与可燃性气体总量（TCG）的比值（K）与温度的关系，结果如图 4-13 所示。图 4-13 中 $K=(CH_4+C_2H_4+C_3H_6)/TCG$。

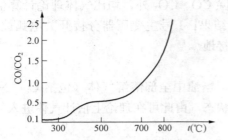

图 4-12 纸热解时 CO/CO_2 比值与温度变化的关系

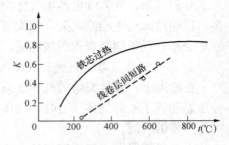

图 4-13 故障时比值 K 与温度的关系

还有 PEM 法也反映了丙烯、乙烯、甲烷三组分比值（%）与温度在 $200 \sim 700℃$ 范围内的关系，如图 4-14 所示。有研究者提出了纯油分解时三比值 C_2H_4/C_2H_6、C_3H_6/C_3H_8、C_2H_4/C_3H_8 与温度的关系，结果如图 4-15 所示。由图 4-15 可知，在 $400℃$ 以下时，上述比值的变化不大；超过 $400℃$ 时，比值与温度呈直线关系急剧上升。

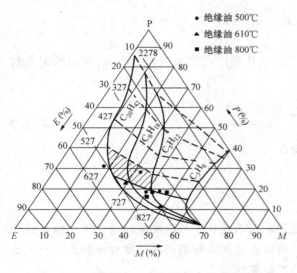

P—C_3H_6 的比值；E—C_2H_4 的比值；M—CH_4 的比值

图 4-14 PEM 比值法

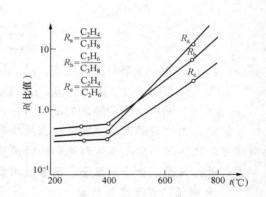

图 4-15 纯油裂解产气三组分比值与温度的关系

同样在绝缘纸存在的情况下，油纸绝缘材料热分解产气的 C_2H_4/C_2H_6、C_3H_6/C_3H_8、C_2H_4/C_3H_8 三比值与温度的关系，结果如图 4-16 所示。分析此图 4-16 可知，热解温度在 $400℃$ 以上时，与图 4-15 中所示纯油裂解的情况几乎是一样的，即比值与温度呈直线关系急剧上升；但是在 $400℃$ 以下时，比值与温度不成直线关系。在 $100 \sim 700℃$ 时绝缘纸在油中裂解产生 CO_2/CO 比值的温度特性，结果如图 4-17 所示，根据以上研究得出有绝缘纸存在的绝缘油中局部过热时，估算热点温度（T）的经验公式为

$$T = 322\log\left(\frac{C_2H_4}{C_2H_6}\right) + 525 \tag{4-18}$$

$$T = 206\log\left(\frac{C_3H_6}{C_3H_8}\right) + 400 \tag{4-19}$$

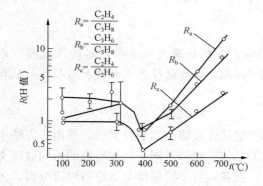

图 4-16　油纸绝缘裂解产气三组分比值的温度特性　　图 4-17　CO_2/CO 的温度特性

$$T = 190\log\left(\frac{C_2H_4}{C_3H_8}\right) + 465 \tag{4-20}$$

热点温度在 300℃以上时，$T = -1196\log\left(\frac{CO_2}{CO}\right) + 660 \tag{4-21}$

热点温度在 300℃以下时，$T = -241\log\left(\frac{CO_2}{CO}\right) + 373 \tag{4-22}$

4. 故障功率的估算

绝缘油热裂解需要一定的活化能，在 200～300℃ 时，绝缘油的平均活化能约为 210kJ/mol，即油热解产生 1mol 体积（标准状况下为 22.4L）的气体需要吸收热能为 210kJ，则每升热解气所需的能量的理论值约为 9.33 kJ/L。但油裂解时实际消耗的热量要大于理论值，因而有一个热解效率问题，热解时需要吸收的理论热量为 Q_i，实际需要吸收的热量为 Q_p，则热解效率系数为

$$\varepsilon = Q_i/Q_p$$

如果已知单位故障时间内的产气量，则可导出故障功率估算公式为

$$P = Q_iU/\varepsilon t \tag{4-23}$$

式中　P——故障源的功率，kW；

　　　Q_i——理论热值，9.33kJ/L；

　　　U——故障时间内产气量，L；

　　　ε——热解效率系数；

　　　t——故持续时间，s。

ε 可以查日本木下仁智模拟试验所得到的热解效率系数与温度关系曲线，如图 4-18 所示。为方便起见，也可根据该曲线测定出的近似公式式（4-24）～式（4-26）表示。

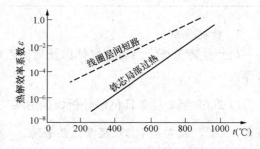

图 4-18　热解效率系数 ε 与温度 T 的关系

局部放电为

$$\varepsilon = 1.27\times10^{-3} \tag{4-24}$$

铁芯局部放电为

$$\varepsilon = 10^{(0.00988T-9.7)} \tag{4-25}$$

绕组层间短路为

$$\varepsilon = 10^{(0.00686T - 5.83)} \qquad (4-26)$$

式中：T——热源温度℃。

　　注意：由于气体损失和气体分析精度的影响，实际故障产气速率计算的误差可能比较大，一般偏低，故障能量估算一般也可能偏低。因此，计算故障产气量时应对气体扩散损失加以修正。

　　（四）综合分析

　　油中溶解气体分析对于诊断运行设备内部的潜伏性故障虽然十分灵敏，但由于方法本身的技术特点，也有其局限性。如无法确定故障的部位，对涉及同一气体特征的不同故障类型易于误判。因此必须结合电气试验、油质分析、设备运行及检修情况等进行综合分析，才能较准确地判断出故障的部位、原因及严重程度，从而制订出合理的处理措施。

　　【例 4-3】　某 110kV 1 号主变压器，型号为 SSZ10-63000/110，油重 29t。该设备自 2005 年初投运后一直运行良好，虽然该站负荷一直较重，但始终控制在允许范围内；没有受到过短路冲击，历史试验数据正常。2007 年 7 月 10 日该主变压器按照计划安排停电进行预试试验，试验中发现该主变压器 110kV 套管 B 相电容值比前次数据明显升高，随后将 B 相套管更换，更换套管过程中未进行添补油和焊接等操作，当时进行的油品试验分析结果均在 DL/T 596—1996 相关指标允许范围内，因此，套管更换后设备随即投入运行。设备投入运行后，在油色谱跟踪过程中发现油中氢气、总烃都有上升趋势，至 8 月 23 日总烃由最初的 $10.56\mu L/L$ 增长到 $91.98\mu L/L$，色谱分析数据见表 4-39，试分析并提出处理措施。

表 4-39　　　　　　　　　　色 谱 分 析 数 据

时间	H_2	CO	CO_2	CH_4	C_2H_6	C_2H_4	C_2H_2	总烃
2007 年 7 月 14 日	73.91	778	2018	3.53	2.29	5.50	0.24	10.56
2007 年 7 月 20 日	102.96	860	2426	6.62	2.21	10.24	0.24	19.31
2007 年 8 月 23 日	167.18	1243	2753	23.98	9.78	57.08	1.14	91.98
2007 年 9 月 5 日	176.98	978	2563	189.40	41.27	371.21	6.44	608.32
2007 年 9 月 6 日	227.60	1218	2683	251.02	46.74	458.43	8.49	764.68
2007 年 9 月 7 日	173.20	1073	2840	258.54	43.08	510.33	9.19	821.14

　　1. 情况分析

　　（1）故障分析。由特征气体以及气体乙烯占有总烃的主要成分，初步判断设备存在过热故障。

　　以 2007 年 9 月 7 日色谱分析数据运用三比值法计算的故障编码 $\dfrac{C_2H_2}{C_2H_4}\dfrac{CH_4}{H_2}\dfrac{C_2H_4}{C_2H_6}$ 为 022，查表 4-32，属大于 700℃高温过热故障。

　　（2）增长速率分析。从 2007 年 7 月 14 日到 2007 年 9 月 7 日总烃绝对故障产气平均速率为

$$r_a = \frac{C_{i2} - C_{i1}}{\Delta t} \times \frac{m}{\rho}$$
$$= (821.14 - 10.56) \div 53 \div 24 \times 29 \div 0.87$$
$$= 21.2 \ (\text{mL/h})$$

根据热点温度经验估算公式（4-18），对 2007 年 9 月 7 日数据进行热点温度估算为

$$T = 322\log\left(\frac{C_2H_4}{C_2H_6}\right) + 525$$
$$= 322\log\ (510.33/43.08)\ + 525$$
$$= 870\ (\text{℃})$$

总烃绝对产气速率达 21.2 mL/h，远远大于规程规定的注意值（0.5mL/h），故障点温度为 870℃，表明故障已经很严重。

从一氧化碳、二氧化碳的变化进行分析，这两项数据相对变化趋势并不明显，特别是反映高温导致绝缘材料分解的一氧化碳数值变化迟缓，表明该故障并不涉及固体绝缘材料，属于裸金属过热。

综合以上分析认为，该主变压器内部存在 700℃以上高温过热故障，故障部位在导电回路的裸金属部分，故障还没有对设备内部固体绝缘材料造成破坏，但由于故障发展迅速，应立即安排停电处理。

2. 处理措施

2007 年 9 月 7 日下午将设备退出运行进行高压试验，试验中发现该设备 35kV 侧三相直流电阻值比以往都有增大，并且三档不平衡系数超标，其他高压测试项目数据正常。综合油色谱分析判断，将故障部位进一步锁定在 35kV 无载调压开关和套管引下线处，但考虑到现在软连接都采用焊接方式，此部位出故障几率非常小，并且三相同时出现故障的几率几乎没有，故将故障部位定在了 35kV 无载调压开关处。经综合研究决定放油后进行检查、检修。

检查发现 35kV 无载分接开关多处触头有烧伤痕迹，其他部位未发现异常，确定为 35kV 无载分接开关触头过热，导致了本体内部绝缘油氢气、甲烷、乙烯等故障组分迅速增长。

确定了故障原因及具体部位后，检修人员将烧损的触头（包括动触头、静触头）以及固定撑条等部件拆下，与厂方共同更换了 A、B、C 相共 6 个触头及导电环、固定撑条，安装后进行直阻测试，结果合格，并且与出厂试验值基本相符，确定故障已经彻底排除，在对绝缘油进行真空过滤、脱气后，2007 年 9 月 14 日该主变压器高压试验及绝缘油各项试验数据合格，主变压器顺利投入运行，后经过长时间色谱跟踪分析无异常。

三、油浸式变压器绝缘老化判断

油浸式变压器寿命一般是指油纸绝缘系统的寿命。因为绝缘油可以在变压器使用寿命期间再生或更换，而纸绝缘的老化过程是不可逆的，所以变压器寿命实际是指绝缘纸和层压纸板（以下简称纸绝缘）的寿命。纸绝缘寿命的判据，主要取决于机械特性。变压器的实际寿命除制造质量外，与运行条件关系很大。按"当变压器绕组绝缘温度在 80～130℃ 范围内，温度每升高 6℃，其绝缘老化速度将增加一倍，即绝缘寿命就降低二分之一"的"6 度法则"的相对老化率来计算相对寿命损失。变压器运行中的热点温度是受到严格限制的。在较高温度下运行的相对寿命损失值可以用较低温度下少损失的值来补偿。变压器负载大小直接对寿命有影响，负载率较低的变压器应比负载率较高的变压器运行年限更长。正常运行的变压器应该有 30 年以上的寿命，达不到预期寿命而退役，通常是设备隐患或其他原因所致。

1. 纸绝缘的聚合度

新变压器纸绝缘的聚合度大多在 1000 左右。试验表明，纸的抗张强度等随聚合度下降

而逐渐下降。聚合度降到 250 时，抗张强度出现突降，说明纸深度老化；聚合度约为 150 时，绝缘纸完全丧失机械强度。建议当变压器中采集的纸或纸板样品的聚合度降低到 250 时，应对该变压器的纸绝缘老化引起注意；如果从气体分析中已发现存在局部过热的可能，则部分绝缘有可能已炭化，机械强度会受到影响，此时糠醛含量也应较高，则不宜再继续运行；或鉴于对设备的可靠性要求较高，且有条件更换时，也可考虑退出运行。当纸或纸板样品的聚合度降低到近 150 时，应当考虑该变压器退出运行，具体判据见表 4 - 40。

表 4 - 40　　　　　　　　　　　　变压器纸绝缘聚合度判据

样品聚合度 DP_v	>500	500~250	250~150	< 150
诊断意见	良好	可以运行	注意（根据情况作决定）	退出运行

　　尽管聚合度是表征纸的机械强度的一个重要参数，由于变压器复杂的绝缘结构和取样位置的限制，所取纸板或垫块等样品的聚合度往往高于老化严重部位纸绝缘的聚合度。但是正常老化的变压器，其不同部位纸的聚合度分布有一定规律性，因此用能取到的样品聚合度也可大致判断变压器绝缘老化状况。如果属于故障性的局部绝缘加速老化，在不能取到该老化部位样品的情况下，测试结果反映的老化程度是不真实的，只能代表取样部位的聚合度。

　　另外，样品的聚合度有时可能比实际情况偏低，如取某些引线的外包绝缘纸，即使纸已过度老化，但不一定代表变压器内部绝缘情况。引线绝缘的老化可能是引线设计电流密度过大或焊接不良造成的，此时内层绝缘比外层绝缘老化严重；也可能是油的过度老化，酸性腐蚀引起外层绝缘严重劣化，虽然油的过度老化对其他部位的绝缘也有影响，但引线绝缘暴露在油中的面积大，影响也大。还有，在设备检修中被焊接高温烤焦的绝缘纸的聚合度也偏低。此外，取引线绝缘时应避免取属于棉纤维的白布带。

　　为了从测试结果得到正确判断，应在多个部位取样（加以标明），以便尽可能真实地反映整体绝缘的聚合度。

　　取样部位包括绕组上、下部位的垫块、绝缘纸板、引线纸绝缘、散落在油箱内的纸片等。各不同部位的取样量应大于 2g。有吊检机会时，在下述情况下取纸样：

　　(1) 油中糠醛含量超过注意值。

　　(2) 负载率较高的变压器运行 25 年左右。

　　(3) 变压器准备退役前。

　　2. 油中糠醛

　　充油电气设备的固体绝缘物中的纤维素材料降解，会生成相应的分解产物，如糖类和呋喃衍生物。呋喃衍生物，大部分吸附在电气设备中的绝缘纸上，仅微溶于油中。其存在可作为在用设备的检查依据和溶解气分析的补充信息。油中糠醛含量反映变压器内部纸绝缘的老化趋势。

　　变压器油中糠醛含量应随运行时间的增加而增加，但不同变压器除了制造上的固有差异外，还因运行中环境温度、负载率等不同，造成在相同运行时间内糠醛含量的分散性；另外，变压器油纸比例不同，测试结果用单位体积油中糠醛的毫克量表示，使相同老化状况的不同设备的测试结果出现不同；变压器油处理也是影响糠醛含量的重要因素。从而变压器的运行时间同糠醛含量的对数之间表现为一个线性区域。通过对千台以上变压器进行统计，大部分变压器的运行时间与油中糠醛含量在图 4 - 19 的区域 B 范围内。图 4 - 19 的区域 B 和 C

的数据占总数据的 90% 以上，区域 A 不到 10%。因此，将图 4 - 19 中不同运行年限落入区域 A 的变压器油中糠醛含量的下限值作为可能存在纸绝缘非正常老化的注意值。根据国内外近年来的研究表明，油中糠醛含量随着变压器运行年限的增加，存在的系式为

$$\log(Fa) = -1.65 + 0.08T \quad (4 - 27)$$

式中　Fa——糠醛含量，mg/L；

　　　　T——运行年限。

如果变压器油中糠醛含量超过式（4 - 27）值，则设备可能存在纸绝缘过渡性老化分解故障。

当油中糠醛含量落入区域 A 时，应该了解变压器在运行中是否经受或多次经受急救性负载、运行温度是否经常过高、冷却系统和油路是否异常，以及含水量是否过高等情况；绝缘的局部过热老化，也能够引起油中糠醛含量高于注意值。

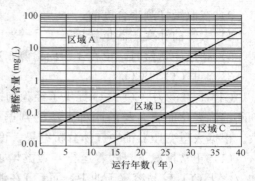

图 4 - 19　变压器油中糠醛含量同运行时间的关系

为了诊断设备绝缘是否的确存在故障，应当根据具体情况缩短分析周期，监测油中糠醛和 CO、CO_2 含量及其增长速度，并应避免外界因素对测试结果的影响，对运行时间不很长（如小于 10 年）的变压器，当油中糠醛含量过高时尤其需要重视。

（1）油中糠醛含量虽能反映绝缘老化状况，但测试结果会受多种因素影响。因此，设备在运行过程中可能出现糠醛含量波动。主要有以下影响因素：

1）作为一般多相平衡体系，糠醛在油和纸之间的平衡关系受温度影响。变压器运行温度变化时，油中糠醛含量会随之波动。

2）对变压器进行真空滤油处理时，随着脱气系统真空度的提高、滤油温度的升高、脱气时间的增加，油中糠醛含量相应下降。变压器油经过某些吸附剂处理后，油中糠醛全部消失。

3）变压器油中放置硅胶（或其他吸附剂）后，由于硅胶的吸附作用，油中糠醛含量明显下降。装有净油器的变压器，油中糠醛含量随吸附剂量和吸附剂更换时间的不同而有不同程度的下降，每次更换吸附剂后可能出现一个较大降幅。

4）变压器更换新油或油经处理后，纸绝缘中仍然吸附有原变压器油。这时，油中糠醛含量先大幅度降低，然后由于纸绝缘中的糠醛向油中扩散，油中糠醛含量逐渐回升，最后达到平衡。

针对上述情况，为了弥补由于更换新油或油处理造成变压器油中糠醛含量降低，影响连续监测变压器绝缘老化状况，应当在更换新油或油处理前以及之后数周各取一个油样品，以便获得油中糠醛的变化数据。对于非强油循环冷却的变压器，进行油处理后可适当推迟取样时间，以便使糠醛在油纸之间达到充分的平衡。变压器继续运行后的绝缘老化判断，应当将换油或油处理前后的糠醛变化差值计算进去。

对于需要重点监视的变压器应当定期测定糠醛含量，观察变化趋势，一旦发现糠醛含量高，应引起重视。在连续监测中，测到糠醛含量高而后又降低，往往是受干扰所致。

油中糠醛测定采用液—液萃取方法，首先将绝缘油中呋喃衍生物萃取出来，然后将萃取物导入到高效液相色谱仪（HPLC）中进行分析。详细参见 NB/SH/T 0812—2010。

（2）测定油中糠醛含量按照 GB/T 7597—2007 取油样。在下述情况下取油样：

1）需了解绝缘老化情况时；

2）油中气体色谱分析判断有过热故障，需确定是否涉及纸绝缘时；

3）在取纸样测聚合度前；

4）大修前和变压器重新投运 1 月～2 月后；

5）超过注意值时，可在 1 年内检测 1 次。

3. 油中 CO 和 CO_2

GB/T 7252 中 CO_2/CO 提供了经验判据，并对 CO、CO_2 产气速率提出了注意值。但对判断绝缘老化而言，与前两种方法的判据相比，用 CO、CO_2 判断绝缘老化的不确定性更大。根据大量变压器油中气体分析结果，得出以下判断经验：

（1）正常情况下，随着运行年数的增加，绝缘材料老化，使 CO 和 CO_2 的含量逐渐增加。由于 CO_2 较易溶解于油中，而 CO 在油中的溶解度小、易逸散，因此，CO_2/CO 一般是随着运行年限的增加而逐渐变大的。当 CO_2/CO 大于 7（也有大于 10）时，认为绝缘可能老化，也可能是大面积低温过热故障引起的非正常老化。

（2）根据对数百台 220kV 及以上隔膜密封式变压器投运后 CO 含量的增长情况进行分析，大致有以下一些规律：

1）随着变压器运行时间的增加，CO 含量虽有波动，总的是增加的趋势；

2）变压器自投入运行后，CO 含量开始增加速度快，而后逐渐减缓，正常情况下不应发生陡增；

3）不同变压器（如生产厂家不同、年代不同）投运初期 CO 含量差别很大。

据此提出经验公式（4-28），不满足时要引起注意，即

$$C_n \leqslant C_{n-1} \times 1.2^{\frac{2}{n}} \qquad (n \geqslant 2) \tag{4-28}$$

式中 C_n——运行 n 年的 CO 年平均含量，$\mu L/L$；

n—— 运行年数。

（3）根据某地区近 150 台 220kV 及以上隔膜式密封变压器油中 CO_2 气体分析结果，得出经验公式（4-29），不满足时要引起注意，即

$$C \leqslant 1000 \ (2+n) \tag{4-29}$$

式中 C——运行 n 年的 CO_2 年平均含量，$\mu L/L$；

n——运行年数。

第五节 变压器油中溶解气体的在线监测

变压器油中溶解气体分析法作为一种成熟、有效的变压器内部故障检测手段，得到了国内外技术专家的一致认可。实验室油中溶解气体气相色谱分析是间隔一定时间的周期性分析，它能够监测出变压器内部潜伏期长、发展缓慢的故障。但对故障发展快或突发性故障往往容易漏检，难以预防此类事故的发生。

变压器油中溶解气体含量在线监测，就是为了弥补实验室周期分析的不足而发展起来的。从理论上来说，即使突发性故障，也有一个发生、发展的时间过程，只要及时地进行检测分析，可以在很大程度上避免突发性事故的发生。从 20 世纪 70 年代开始，世界各国为试

验室油中溶解气体色谱分析的补充和发展，相继开展了油中溶解气体在线监测技术的研究。

一、变压器油中溶解气体在线监测必要性

1. 电气设备绝缘在线监测技术

电力变压器是导致电力系统事故最多的设备之一，其运行状态的好坏直接关系到电力系统的安全、稳定运行，及时而准确地检测出变压器早期潜伏性故障是很有价值的。高压电器设备主要由金属和绝缘物两类材料构成，相对金属材料而言，绝缘材料更容易损坏。因此，绝缘性能的好坏就成为决定整个设备寿命的主要因素。为了确保各类电气设备在制造、安装、运行中有良好的机械和电气性能，就必须对其进行一系列的试验和监测，尤其是对运行中的设备要进行定期或不定期的预防性试验。实践证明，预防性试验对各种电压电气设备的安全运行起到极其重要的作用。

但是随着电网运行电压的提高，从运行中大量的绝缘事故可以看出，经预防性试验合格的电气设备在运行中还可能发生事故。从事故分析来看，很多事故是局部故障扩大引起的突发事故，目前对设备运行状况的判据依赖于预防性试验，传统的预防性试验方法因试验周期长、加试电压低、试验条件和运行条件不等效等原因，使其检出缺陷、预测绝缘事故的有效性很低。为此，必须找寻新的更有效的绝缘监测方法，这就是绝缘在线监测技术。

另外，随着市场经济的发展，长期以来形成的定期检修已不能满足供电企业生产目标——用最低的成本，建设具有足够可靠水平的输送电能网络。激烈的市场竞争迫使电力企业面临着多种棘手问题，如如何提高设备运行可靠性、如何有效控制检修成本、合理延长设备使用寿命等，因此，状态检修已成为必然。而状态检修的实现，必须建立在对主要电气设备有效地进行在线监测的基础上，通过实时监测高压设备的实际运行情况，提高电气设备的诊断水平，做到有针对性的检修维护，才能达到早期预报故障、避免恶性事故发生的目的。

绝缘在线监测的优点如下：

(1) 在线监测的周期可以任意选定。既可以巡回监测，也可以连续监测，可以提供用于判断绝缘状况的足够多的信息参数，提高检出缺陷的概率。

(2) 在线监测可利用一系列仅在运行中才有的对发现缺陷有利的因素。在运行电压下监测，克服了传统预防性试验方法因加试电压低而漏检缺陷的缺点，大大提高缺陷的检出率，同时，运行和监测的综合工况等效性强，使所测参数值能真实地表征设备的绝缘状况，提高了绝缘诊断的准确性。

(3) 在线监测不用拆接设备，不受周期限制，不用停止发供电。在线监测可避免盲目的停电试验，可在设备出现异常先兆时立即安排检修或更换设备，从而减少检修工作的盲目性，提高了系统的安全水平和经济效益。

(4) 测量和分析可实现自动化。不仅能减少测量和运行人员的工作量，而且消除了数据处理的系统误差、随机误差和工作人员的主观误差，提高了测量的准确度。信息测量系统根据事先编定的程序处理测量结果，排除各种干扰，提高监测的可靠性。采用自动连续监测可通过人工智能专家系统评定测得的数据，作出准确判断，达到异常报警和事故跳闸，避免因个别设备事故破坏系统正常运行。

(5) 实现远程状态监控，如图 4-20 所示，试验人员在实验室的监控工作站上可随时全方位地了解系统的运行状态和各种工况条件，实现系统的状态维护，同时也杜绝了系统误报警的可能性。

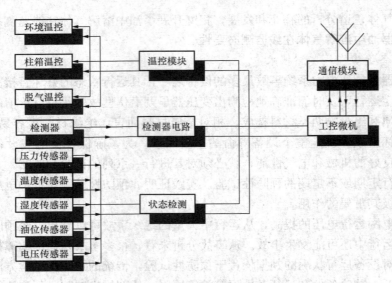

图 4-20 远程状态监控图

在线监测技术的发展将给设备的设计、制造、检修部门提供技术改进的依据，以提高设备质量、使电网的安全运行得到保障。

2. 变压器油中溶解气体常规油色谱分析方法的优点及局限性

实施变压器的在线监测已成为绝缘诊断的一个重要组成部分。从目前国内外对变压器故障监督技术手段来看，变压器油中溶解气体分析法是相对成熟的、有效的、最受电力部门欢迎的方法之一。变压器油在热和电的作用下，分解成氢气、一氧化碳、二氧化碳以及多种烃类气体，设备内部故障的类型及严重程度与这些气体分子的组成及产气速率有着密切关系，利用这一关系判断设备内部故障和监视设备的运行状况，成为充油电气设备安全运行不可缺少的手段，运行部门普遍认为用色谱法分析变压器故障是一种重要的有实际意义的方法，得到了广泛的使用。

与目前其他的检测方法相比，油中溶解气体分析色谱法最大的优点在于无需停运变压器，而且在变压器发生故障的初期就可以查明发展中的内部故障。除采取油样、试验操作及色谱仪器可能引起的误差外，油中溶解气体分析色谱法不受磁场干扰，检测结果具有良好的重复性和再现性。以油中溶解气体组分含量和特征气体比值法等为基础的模糊数学、神经网络、灰色系统、粗糙集等诊断方法及专家系统都可以用于油中溶解气体的分析，同时通过国内外已经积累的丰富的故障诊断经验，使目前的故障诊断准确率达 90% 以上。由此可见，变压器油中溶解气体分析是判断变压器内部故障最有效的方法之一，已为世界很多国家采用。但常规的油色谱分析存在以下不足之处。

（1）采样、脱气存在较大的人为误差。

（2）从取样到实验室分析，作业程序复杂，花费的时间和费用比较高。

（3）检测周期长，不能及时发现潜伏性故障和有效的跟踪发展趋势。

3. 变压器油中溶解气体在线监测系统的优点

从 20 世纪 70 年代开始，世界各国针对油中溶解气体分析法周期长、分析时间长、精确度差以及不易捕捉到突然性故障征兆等不可避免的弊端，作为油中溶解气体实验室色谱分析的补充和发展，相继研究油中溶解气体在线监测技术，开发以油中溶解气体组分含量为特征量的在线监测装置及系统，此系统的优点如下：

（1）初步实现油中溶解气体定时在线智能化监测与故障诊断，及时掌握变压器的运行状况，发现和跟踪潜伏性故障，并且可以及时根据专家系统对故障自动进行诊断，以便运行人员迅速做出处理。

（2）可以降低常规油色谱分析法的误差，提高故障诊断的可靠性。

（3）可以在主控室对变电站每台主变压器的油色谱分析进行巡回在线监测。

（4）根据需要还可以实现反映变压器电气异常的多特征量的在线智能化监测和对故障综合评判诊断。

二、变压器油中溶解气体在线监测系统的发展现状

据了解，四川、北京、福建、浙江、安徽等省市已安装了几百套变压器油中溶解气体的在线监测装置（不含单组分监测装置），所采用产品厂家主要有英国凯尔曼有限公司（简称英国凯尔曼、宁波理工监测股份有限公司（简称宁波理工）、河南中分仪器股份有限公司（简称河南中分）、重庆海吉科技有限公司（简称重庆海吉）、美国 TRUEGAS、上海思源电气股份有限公司（简称上海思源）等，对变压器的安全起到了一定的作用。

目前，国内外现有的油中溶解气体在线监测装置按测试对象的不同可分为两大类：①检测单组分氢气或测可燃气总量，使用气敏元件做传感器，只能起报警作用，不能明确故障状况，仅作为故障的初期警报，不是真正意义上色谱在线。②使用色谱分离原理，可测量 4～7 种组分的含量，这种类型可称为在线色谱，目前，在国内外有多家生产、研究在线监测系统的厂家机构，工艺制造水平也在不断得到提高。从测试原理上归纳起来主要有气相色谱法、陈列式气敏传感器法、变换红外光谱法（FTIR）、光声光谱法（PAS）等。国内常用在线监测装置基本情况和国内外主要在线监测装置的技术特点汇总分别参见表 4 - 41 和表 4 - 42。

表 4 - 41　　　　　　　　　　　　在线监测装置基本情况

项目	宁波理工	英国凯尔曼	河南中分	重庆海吉	上海思源
检测原理	气相色谱	光声光谱	气相色谱	陈列式气敏传感器	气相色谱
检测器	纳米晶半导体气敏元件	微音器	微桥式检测器	6 个半导体气敏元件	1 个气敏传感器
脱气方式	中空式膜分离	动态顶空	动态顶空	膜渗透	真空脱气
平衡时间	<1h	<1h	<1h	<72h	<2h
配气瓶及气体种类	需要气瓶、高纯空气	不需要气瓶	需要气瓶、高纯氮气	不需要气瓶	需要气瓶、高纯氮气
取油方式	循环方式	循环方式	非循环方式	非循环方式	循环方式
排油方式	回变压器	回变压器	直接排放	不需排放	不需排放
数据传输方式	有线 RS485、电话线 Moden、无线、GPRS	有线 RS485、电话线 Moden、无线、GPRS	有线 RS485、RS232、无线、GPRS	工业总线通信、有线 485UBS、电话线 Moden	无线 GPRS、有线、485UBS

项目	宁波理工	英国凯尔曼	河南中分	重庆海吉	上海思源
能检测气体组分数	六种（CH_4、C_2H_4、C_2H_6、C_2H_2、H_2、CO)	七种（CH_4、C_2H_4、C_2H_6、C_2H_2、H_2、CO、CO_2)	七种（CH_4、C_2H_4、C_2H_6、C_2H_2、H_2、CO、CO_2)	六种（CH_4、C_2H_4、C_2H_6、C_2H_2、H_2、CO)	六种（CH_4、C_2H_4、C_2H_6、C_2H_2、H_2、CO)

表 4-42　　　　　　　　　　国内外主要在线监测装置的技术特点汇总

产品型号	国别	检测器技术	用油量	脱气方式	载气	检测周期	对 H_2 检测范围（$\mu L/L$）
ServerTrueGas1D	美国	GC/TCD	240L	毛细管平衡渗透	高纯氮气	4h	10～2000
MorganSchafferCalisto	加拿大	TCD	108L	PTEE渗透膜	—	3h	0～5000
MitsubishiC-TCG-6C	日本	SEM/GC	200mL	真空	压缩空气	1h	20～2000
Hydran201Ri	加拿大	SEM	与油接触面积小	半透膜	—	—	
Hydran2010							
FaradayTNU		FTIR	不采油样				10～2000
KelmanTransfix	英国	PAS	800mL	动态顶空		1h	6～5000
CantronicC202-6	中国	GC/TCD	不采油样	渗透膜	高纯氮气	4h	1～1000
LigongMGA2000A				毛细管平衡渗透	压缩空气	1h	1～2000
Zhongfen3000			800mL	动态顶空	高纯氮气	30min	1～5000

采用特殊膜分离（膜渗透脱气）、顶空脱气分离、真空脱气分离、毛细管渗透等油气分离方式均能满足将气体从油中分离出来的目的，热导、半导体、特殊气敏传感器、光声光谱检测等几种检测原理的监测装置都能够对分离出来的六种气体各组分进行定量检测，大部分检测系统的最小检测周期都能在 4h 内完成一次检测，采用膜分离技术方式分离时间较长，一般需 2～3 天达到平衡，宁波理工、河南中分、英国凯尔、上海思源产检测系统在 1～4h 内可完成一次检测，重庆海吉采用膜分离方式完成一次检测需 48h 左右。对于乙炔最低检测限问题，大部分在线测试均能在油中乙炔含量在 $1\mu L/L$ 以下能有反应，其中宁波理工、英国凯尔曼、河南中分、上海思源产品在乙炔含量在 $0.1\mu L/L$ 情况下反应较灵敏，C_2H_2 和总烃的相对误差都能满足小于或等于 30% 的要求。

然而，变压器油中溶解气体在线监测技术还存在一些实际困难，主要表现如下：

（1）传统的脱气方法——机械振荡法和真空气全脱气法，机械条件复杂，难满足以在线测量的要求。

（2）变压器油中溶解气体的浓度微量，且几种有机物性质相近，缺乏有效的检测手段。

（3）目前，大多数变压器油中溶解气体在线监测装置，大多存在灵敏度低、结构复杂、稳定性差、维护工作量大或者检测的组分不够多等缺点。

由于以上种种原因，国内油中溶解气体在线监测装置实际投运率并不高。

三、在线监测装置及其监测技术要点

目前，使用最为普通的是色谱在线检测装置，该法自 1952 年由 James 和 Martin 提出以

来已成为使用最广泛和最有效的气体分离、分析方法。电力部门定期、离线的变压器油气分析实验即由气相色谱仪实现。该法运用于变压器油中其他在线监测装置，如图 4-21 所示，须先解决好自动油中脱气、在线气体分离和检测等问题。

图 4-21　色谱在线监测装置图

需要指出的是，也有部分在线检测装置不是采用色谱分析原理的，因而没有组分分离单元。

评价在线监测装置性能主要应看其装置的稳定可靠性及检测结果的重复性。装置的稳定可靠性需要完善的制造工艺做保证，检测结果的重复性需要先进的研发技术为基础。

从分析技术的角度来说，在线监测装置的性能主要取决于油气分离、组分分离及检测器测定三个环节。

（一）油气分离

把变压器油中溶解的气体组分定量地分离出来，是在线检测关键所在。与实验室分析不同的是，在线分析对油—气分离装置的要求更高。因在线分析的需要，要求其油气分离装置自动化程度更高、结构更简单、分离更快速，且便于与检测部分连用。

在线式油气分离应遵循"三不"条件（不污染、不消耗、不渗漏）。不污染、不消耗是指分析后的油样不排出变压器本体，分析完后回注到变压器油箱中，原因是日积月累的油样排放一方面导致变压器污油，另一方面增加运行、维护工作量，并可能造成环境污染；不渗漏是指油气分离装置的油路、脱气腔、电磁阀以及接头不能发生油渗漏现象。

从表 4-41 所列装置使用的油气分离方法来看，可以归结为三大类，即膜分离、顶空分离和真空分离。顶空分离和真空分离是成熟的分离技术，在实验分析中都有应用，只要装置设计合理，其油—气分离的稳定性和可靠性是能够保证的。在此，对各种分离方法进行简要介绍。

1. 膜分离（膜渗透脱气）

膜分离是利用特殊结构的高分子薄膜，把变压器油与集气室隔开，油中的溶解气体组分渗透穿过薄膜进入集气室，经过一定的时间后，油侧油中气体的浓度会与集气室气侧的浓度达到动态平衡，通过检测气室内气体的浓度，计算出变压器油中组分的浓度。由此可见，高分子薄膜分离出的气体，只是油中溶解气体的一部分，而薄膜两侧气体达到平衡是定量的条件和基础。

由于油中溶解气体的组分向集气室的渗透需要时间，而不同气体组分对同一种渗透膜的渗透率是不同的，所以薄膜两侧油—气达到平衡需要一定的时间，且不同组分达到平衡的时间也有差异。另外，变压器油的温度、渗透膜与油的接触面积及油中气体的浓度等，都影响薄膜两侧气体的浓度达到平衡的时间。因此，使用膜分离技术，必须要采取保证渗透膜渗透率稳定、缩短各组分油—气平衡时间的措施。

毛细管渗透膜技术是平面膜技术的发展和提高。毛细管渗透膜解决了平面膜存在的不足，增加了膜与变压器油的接触面积，使分离气体效率更高，达到平衡的时间更短；不直接安装在变压器本体上，而是设计成一个独立的控温部分，既增强了油样的代表性，又稳定了渗透膜的渗透率。

　　但是不管使用什么形式的高分子薄膜，只要采用渗膜技术，就存在着因膜表面污染、膜溶胀及膜老化等引起的渗透率不稳定、油—气平衡时间较长、分析结果重复性较差等问题。

　　2. 顶空脱气

　　顶空脱气原理是油样进入脱气模块后，把载气通入油中，在持续的气流吹扫下，样品中的组分随载气逸出，并通过一个装有吸附剂的捕集装置进行浓缩，在一定吹扫时间之后，样品中的组分全部或定量进入捕集器，由切换阀将捕集器中的组分迅速切换到色谱柱中进行分离。

　　采用这种分离技术具有脱气速度快（一般仅需 $15\sim30\text{min}$）、效率高、重复性好等优点，但油样与气样之间没有隔离，脱出的气样中会含有少量的油蒸汽，从而造成对色谱柱的污染，降低色谱柱的使用寿命。

　　3. 真空脱气

　　真空脱气原理是将变压器油抽进波纹管，带动波纹管反复压缩抽成真空，将油中气体抽出。采用这种分离技术具有脱气速度快（$20\sim40\text{min}$）、效率高、重复性好等优点，但由于波纹管里面油有残留，可能会使下次测试产生误差。

　　综上所述，三种脱气方法比较见表 4-43。

表 4-43　　　　　　　　　　　　　　　三种脱气方法比较

脱气方法	特 点
膜渗透脱气	（1）优点：流程简单。 （2）缺点：平衡时间长，稳定性差，灵敏度低，渗透膜容易被污染而失效。 （3）应用：半透膜透气（靠分子浓度差异进行扩散）和毛细管平衡渗透脱气
真空脱气	（1）优点：时间短，脱气率高。 （2）缺点：结构复杂，机械部件容易损坏，重复性受环境影响大，需要定期校准真空度和脱气率
顶空脱气	（1）优点： 1）静态顶空脱气：流程简单；时间长，脱气率低。 2）动态顶空脱气：流程简单，脱气时间短，脱气效率高 （2）缺点：由于波纹管里面油有残留，可能会使下次测试产生误差

　　（二）气体组分分离

　　采用气相色谱技术的在线监测装置是实验室色谱分析技术的改进和应用。在线色谱技术的主要问题，一是如何保证自动化进样的重复稳定性，二是如何可长期保证色谱柱对各组分的分离度。

　　（三）组分检测

　　检测器是在线监测装置的心脏部件，它的功能是把各种组分浓度大小转变为电信号，便于测量和处理。目前，在线监测装置主要使用四类检测器：热导池检测器（TCD）、半导体热敏检测器、红外分光光谱检测器、光声光谱检测器。使用色谱柱分离，利用热导池检测是成熟实验室分析技术，并且热导池检测器的优点是能够检测油中溶解的所有气体组分，但其检测灵敏度相对较低。近年来发展起来的微型热导池检测技术，虽然其检测灵敏度有了很大的提高，但对一氧化碳和二氧化碳的检测灵敏度仍然没有大的突破。使用色谱技术的主要缺点是需要气体载气。用高纯瓶装气体，需要定期更换；使用压缩空气，既影响一氧化碳和二氧化碳的定量测定，又影响色谱柱的使用寿命。

1. 半导体热敏检测器（SEM）

半导体热敏检测器种类很多，检测原理也不尽相同，如可利用待测气体与半导体表面接触时产生的电导率变化来检测气体等。总体上，它是根据气体组分的特征物理参数设计的专用检测器。该类检测器有两种使用方式，一种是像热导池检测器那样，接到色谱柱的出口，对分离的组分进行检测；另一种是同时采用多个不同参数的检测器，利用检测器本身的选择性特点，直接检测未经分离的混合气体组分。第一种使用方式有类似热导池检测器的特点；第二种使用方式，因其检测组成的单一、固定，对每一种组分都有较高的检测灵敏度。其优点是结构简单，缺点是气体选择性差、存在交叉敏感问题，在气体含量高时容易发生中毒，主要用于少组分检测。

2. 傅立叶红外光谱检测器（FTIR）

典型的 FTIR 光谱仪的检测原理如图 4-22 所示。当动镜子移动时，透过气体样品池的光束照射在探测器上，探测器将得到强度不断变化的干涉光，通过傅立叶变换，得到各频率相应的光强度，再经过一系列的数学运算，得到各频率相应的光强度，再经过一系列的数学运算，获得样品的吸收光谱。根据吸收光谱频率识别气体的组分，根据光谱的吸收强度计算气体组分的含量。

该检测技术的特点是不用载气和色谱性，气体组分不需要分离；检测线性范围宽，检测灵敏度高；分析数据重复性好，准确度高。该类装置的主要缺点是难以测量样品中氢气，且价格昂贵。

3. 光声光谱检测器（PAS）

光声光谱是一种光声效应的检测技术。光声光谱的检测原理如图 4-23 所示。广谱光源发出光束，经调制、滤光后，将特定频率的光波顺序射到气体样品池。特定频率的光波激发样品池中某一特定的组分分子，引发其分子平均动能增加，从而在样品池中产生特定频率的压力声波。这种声波的强度，被装在样品池两侧的拾音器检测和记录下来，用于组分的定量分析。光声技术就是利用不同组分分子对不同特定频率光波的吸收和激发之间的对应关系，通过检测激发后的声波强度进行定量分析的。吸收、激发光束的频率由调制盘和滤光片决定，检测到的声波强度只与吸收该频率的特定组分分子数量有关，即与样品池中该气体组分的浓度成正比。优点是重复性高，不需要载气；缺点是灵敏度低，受环境影响比较大（如温度、振动等），维护困难。

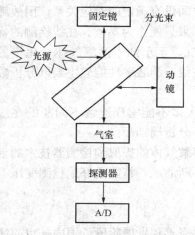

图 4-22　FTIR 光谱仪的检测原理图

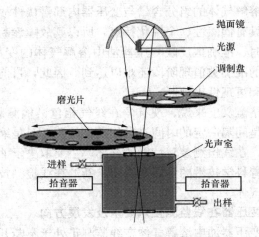

图 4-23　光声光谱原理图

光声光谱法应用于检测变压器油溶解气体，需要解决两个关键问题。确定每种气体特定的分子吸收光谱，从而可对红外光源进行波长调制，使其能够激发某一特定气体分子；确定气体吸收能量后退激产生的压力波强度与气体浓度间的比例关系。

基于光声效应原理，英国克耳曼公司 (Kelman) 研制出了光声光谱在线监测装置。该装置的检测灵敏度及线索性检测范围，不仅优于目前使用的在线检测仪器，且其分析结果与实验室气相色谱仪相当。四种多组分气体在线监测方法的综合比较见表 4 - 44。

表 4 - 44   四种多组分气体在线监测方法的综合比较

检测方法	通用性	灵敏度	气路	样气量	维护量	扩展量	价格
气相色谱法 (FID+TCD)	很好	好	复杂	很小	较大	很好	一般
半导体气敏传感器	特定气体如可燃气	一般	简单	小	一般	差	一般
红外光谱法	H_2 无吸收	较好	一般	较多	较小	一般	高
光声光谱法	好	好	一般	小	较小	一般	高

（四）数据传输方法

数据传输方法见表 4 - 45。

表 4 - 45   常用数据传输方法比较

数据传输方法	特 点
GPRS 无线方式	优点是现场不需要敷设通信线，施工简单，不占用用户的通信资源，当变压器有异常时，数据可以直接发到用户的手机上；缺点是现场需要 GPRS 信号支持
RS485 有线方式	与光纤方式相比施工简单，缺点是传输距离有限，变电站主控室需要配置一个上位机
光纤有线方式	与 GPRS 无线及 RS485 有线方式相比，现场作业复杂、施工周期长、检修难度大，优点是主机可直接与局内服务器进行数据传输而无需上位机

油中溶解气体的组分含量与变压器内部潜伏性故障之间没有确定的对应关系，因故障部位及能量具有偶然性、个性化特点，所以其故障诊断的结果只能作为参考。在线检测的优势在于能及时、准确地反映变压器油中溶解气体的变化情况，至于油中溶解气体变化量的大小、含量的准确数值现阶段还难以达到。因此，目前，在线监测装置性能应主要以分析数据的重复性和再现性来评断。

从严格意义上来说，现有的在线气相色谱检测装置大多不能实现连续不间断的在线检测，而只是间隔一定的时间进行周期性检测，只是缩短了分析周期而已。

总之，在线检测装置性能的好坏，主要取决于油中溶解气体的提取和检测器技术的创新突破。随着科学技术的发展和进步，新的在线检测技术不断涌现，将能更好地检测变压器油中的溶解气体。

四、变压器在线监测技术要求及发展方向

由于变压器油中溶解气体在线监测正处于不断开发、完善和发展阶段，国内外目前还没有一个统一的技术标准。从变压器内部故障监测原理以及目前在线监测应用情况来看，要使其能够起到应有的作用以及能广泛推广，应该具备以下技术要求。

1. 可靠性高

变压器油中溶解气体在线监测装置要能长期稳定运行，不允许出现误报警或漏报警，必须有足够长的定标、维护检修周期和数年以上的使用寿命，要做到少维护或不用维护，因此，比实验室或便携式仪器要求严格得多。

2. 检测组分足够多

变压器溶解气体在线监测的目的就是要及时发现和有效监视变压器内部潜伏性故障，防止突发性事故的发生。因此，如果在线监测装置所检测到的组分不够多，就无法正确监视和诊断变压器内部故障状况，有可能出现漏警或者对故障性质进行错误诊断。

3. 检测速度快

变压器油中溶解气体在线监测装置对变压器内部气体的变化情况要具有快速反应能力，否则就无法预防突发性故障的发生。

4. 诊断报警准确

变压器油中溶解气体在线监测装置所测得的油中气体组分含量应与实验室色谱分析数据要有可比性，同时要具有良好的重复性和再现性。此外，还应具有自动诊断故障类型、性质、严重程度及发展趋势预测等功能，而且诊断的可信度要高，只有这样才能真正做到不误报警或漏报警，才能真正确保变压器安全稳定运行。

5. 自动化程度高

随着自动化控制技术和人工智能的发展，电力系统已投入了各类专家系统，因此，在线监测装置的型号处理技术不仅要智能化程度高，而且要尽可能和变电站的自动化管理系统连接，同时能实现多台监测装置共同构成综合智能诊断系统，科学地判断变压器的运行状况。

6. 造价低

在线监测的最终目的是保障电气设备的安全运行并取得更好的经济效益，因此，希望在线监测装置在长期运行中能降低一些设备的不可用率、减少维修费用，提高供电效益。目前，国内变压器的故障率大约为 1%，因此所投入的在线监测费用也应该在这个水平上。当然，除了考虑变压器故障率的因素以外，还应该考虑变压器故障所造成的间接损失，因为间接损失往往要比直接损失大得多。

总的来说，变压器油中溶解气体在线监测目前还不能完全取代现有的实验室色谱分析手段，随着变压器油中溶解气体在线监测技术的发展，逐步满足以上的技术要求后，才能够广泛推广使用，才能够提高电力系统的运行安全可靠性以及为供电部门带来可观的经济效益。

思 考 题

1. 简述变压器油产生故障气体的原因和特点。
2. 简述判断变压器内潜伏性故障的大体步骤和应注意的主要问题。
3. 何谓 IEC 三比值法？它在判断故障类型时应注意哪些事项？
4. 简述气相色谱分离原理、色谱峰参数及其含义、气相色谱分离指标。

5. 某台变压器油量为 20t，第一次取样进行色谱分析，乙炔含量为 $2.0\mu L/L$，相隔 24h 后又取样分析，乙炔为 $3.5\mu L/L$。求此变压器乙炔含量的绝对产气速率。（油品的密度为 $0.85g/cm^3$）

6. 某变压器油量为 40t，油中溶解气体分析结果见表 4-46。

（1）求变压器的绝对产气速率。（每月按 30 天）

（2）试判断是否存在故障。（油的密度为 $0.895g/cm^3$）

表 4-46 油中溶解气体分析结果

分析日期	油中溶解气体组分浓度（$\mu L/L$）							
	H_2	CO	CO_2	CH_4	C_2H_4	C_2H_6	C_2H_2	$\Sigma CxHy$
2005 年 7 月 1 日	93	1539	2598	58	27	43	0	138
2005 年 11 月 1 日	1430	2000	8967	6632	6514	779	7	13932

7. 某供电局南坪 1 号主变压器油中气体色谱分析结果见表 4-47。油总重为 25t，密度为 $0.89kg/m^3$，试利用平衡判据确定故障的发展趋势。

表 4-47 1 号主变压器油中气体色谱分析结果

分析次数	取样日期	取样部位	油中气体组分（$\mu L/L$）							
			H_2	CH_4	C_2H_6	C_2H_4	C_2H_2	总烃	CO	CO_2
1	1992 年 11 月 26 日	本体	285	338	76	731	5.2	1147	948	5473
2	1993 年 1 月 26 日	本体	181	344	84	792	4.6	1224	889	4679
3	1993 年 1 月 26 日	瓦斯	161	320	75	745	4.3	1144	879	5496

8. 用气相色谱法分析油中溶解气时进样操作应注意哪些事项？

9. 油中溶解气体组分分析的对象及其目的是什么？

10. 充油设备的潜伏性故障所产生的可燃性气体大部分会溶于油，随着故障持续，这些气体在油中不断积累，直至饱和甚至析出，因此，故障气体的含量及其累计程度是诊断故障的存在与发展情况的一个依据。现有一台 110kV 双绕组主变压器，投运后一直运行正常，在进行色谱周期性检查中，发现其特征气体异常，随后进行了连续的跟踪检测与分析，试根据表 4-48 中所列数据进行计算和判断（为方便计算，对检测数据进行了处理，只保留整数部分）。

（1）利用产气速率公式计算两个时间区间的总烃月相对产气速率（保留三位有效数字），对设备是否存在故障进行判断，并指出判断依据。

（2）对第三组数据进行三比值计算，并判断设备的故障类型。

（3）为进一步确认（2）中的分析结果，还需要结合哪些电气试验数据进行综合判断？

表 4-48　　　　　　　　　　　　跟踪检测与分析数据

日期 组分	2014 年 3 月 17 日	2014 年 9 月 17 日	2014 年 10 月 2 日
H_2	9	12	14
CO	57	54	75
CO_2	2900	2375	3040
CH_4	5	23	29
C_2H_6	0	9	18
C_2H_4	33	98	174
C_2H_2	0	0	0
总烃	38	130	221

第五章　六氟化硫（SF₆）绝缘气体

　　矿物绝缘油是电气设备的传统绝缘介质，这是由于绝缘油具有高的绝缘特性。电力变压器多数采用绝缘油，因为它既是绝缘介质，又是冷却介质。而在断路器内，绝缘油既是良好的绝缘介质，又是优异的灭弧介质。然而绝缘油也有一个最大的缺点，就是易燃，一旦电气设备发生损坏、短路，出现电弧，电弧高温即可将绝缘油引燃，引起火灾。这个问题在城市电网中特别突出，因城市人口密集，供电功率大，连续性高，且城网变电站一般都建在负荷中心、建筑密集、人口拥挤区，有时还与民房、工业厂房相连，一旦发生火灾，便会造成重大损失，因此急需寻找不燃的绝缘和灭弧介质。

　　1900 年，法国 Modsson 和 Lebeau 等人首次用元素硫和氟直接反应合成出 SF₆（Sulfur Hexafluoride），合成的 SF₆ 气体具有不燃的特性，并具有良好的绝缘性能和灭弧性能。到 1938 年，美国人 Cooper 和德国人 V. Grosse 建议用它来作为绝缘介质，将其用作高压断路器的灭弧介质，但直到 1955 年才由美国西屋公司研制成世界上第一台 SF₆ 断路器，并在 115kV 电网中投运。现在，SF₆ 绝缘气体在高压断路器、变压器、高压电缆、粒子加速器、X 光设备、超高频（UHF）等系统领域都有应用。由于 SF₆ 断路器具有体积尺寸小、质量轻、空间利用率高、容量大、能成套速装、投运后运行费用少等优点，目前，国内外，特别是高压或超高压断路器大部分都是采用 SF₆ 断路器。

第一节　SF₆ 绝缘气体的基础知识

一、物理性质

（一）基本的物理性能

　　SF₆ 由卤族元素中最活泼的氟（F）原子与硫（S）原子结合而成，其分子结构是由六个处于顶点位置的氟原子和一个处于中心位置的硫原子构成的正八面体，如图 5-1 所示。

　　常温、常压下，纯净的 SF₆ 绝缘气体是一种无色、无味、无毒、不燃的气体，其密度为 6.16g/L（20℃、101.325kPa），约是空气密度（1.29g/L）的 5 倍，空气中的 SF₆ 易于自然下沉，下部空间的 SF₆ 绝缘气体浓度升高，且不易扩散稀释，因此具有强烈的窒息性。

　　SF₆ 绝缘气体微溶于水，不溶于盐酸和氨，且在酒精和醚中的溶解度都大于水，水中的溶解度为 $5.4cm^3/kg$（SF₆/H₂O，SF₆ 分压为 101.325kPa，25℃）。

　　SF₆ 绝缘气体在较低的游离温度下具有高导热性，不但气流能带走热量，而且在电弧中心区有较高的导热系数，为优良的冷却介质。

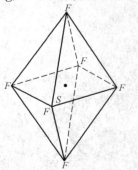

图 5-1　SF₆ 分子结构示意图

　　SF₆ 绝缘气体重要的物理性质见表 5-1。

表 5 - 1　　　　　　　　　　　　　SF₆ 绝缘气体重要的物理性质

名　　称		数　　值
分子量		146.7
熔点（℃）		−50.8
升华温度（℃）		−63.8（101.3kPa）
临界温度（℃）		45.64
临界压力（MPa）		3.85
热导率［W/(m·K)］		0.0141（30℃）
摩尔定压比热［J/(mol·K)］		97.26（25℃）
表面传热系数［W/(m²·K)］		15
密度	气态（g/L）	6.16（101.3kPa，20℃）
	液态（g/cm³）	2.683（−195℃）；2.51（−50℃）
	临界（g/cm³）	0.74

（二）SF₆ 绝缘气体的状态参数

1. SF₆ 绝缘气体状态参数的计算

在通常情况下，大多数气体可视为理想气体，他们的状态函数之间存在简单的关系，即理想气体状态方程为

$$pV = \frac{mRT}{M} \tag{5-1}$$

或

$$p = \rho R'T\left(\rho = \frac{m}{V}, R' = \frac{R}{M}\right) \tag{5-2}$$

式中　p——气体压强，MPa；

　　　V——气体体积，L；

　　　R——摩尔气体常数，为 0.0082MPa·L/(K·mol)；

　　　m——气体的质量，g；

　　　T——温度，K；

　　　M——气体摩尔质量，g/mol；

　　　ρ——气体的密度；

　　　R'——通用气体常数。

根据状态方程式可知气体状态变化时各参数之间的关系，当气体在作等温压缩（或膨胀）时，压力与密度成正比，如图 5 - 2 所示直线变化，在通常工程涉及的使用范围，大多数气体与理想气体的特性差异很小，按理想气体分析计算不会有显著误差。但 SF₆ 绝缘气体则不同，SF₆ 绝缘气体分子量大，分子间相互作用显著，这种强的相互作用使它表现出与理想气体的特性相偏离。图 5 - 2 给出了在温度不变的条件下，SF₆ 绝缘气体压力随体积压缩

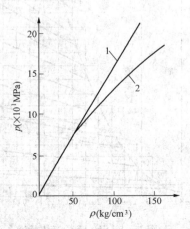

图 5 - 2　SF₆ 绝缘气体压力变化（$t = 20℃$）
1—理想气体变化；2—实际压力变化

而变化的情况。当压力高于 0.3～0.5MPa 时，由于 SF_6 绝缘气体分子间吸引力随密度的增大，分子间距离的减小越明显，实际的压力变化特性与按理想气体变化压力特性之间的偏离也越来越大。基于理想气体定律推导出来的各种关系式用来计算 SF_6 绝缘气体参数会产生较大的误差，在实际使用中，为较准确地计算 SF_6 绝缘气体的状态参数，常采用经验公式，比较实用的是比蒂·布立奇曼公式，即

$$p=[0.58\times10^{-3}\rho T(1+B)-\rho^2 A]\times10^{-1}$$
$$A=0.764\times10^{-3}(1-0.727\times10^{-3}\rho)$$
$$B=2.51\times10^{-3}\rho(1-0.846\times10^{-3}\rho) \tag{5-3}$$

式中　p——SF_6 绝缘气体压力，MPa；

　　　ρ——SF_6 绝缘气体的密度，kg/m^3；

　　　T——SF_6 绝缘气体的温度，K。

2. SF_6 绝缘气体状态参数曲线

在工程应用中经验公式计算太麻烦，把 p、ρ、T 的关系绘成一组状态参数曲线图，如图 5-3 所示，图中气态区域的斜直线簇就是经验公式中所表示的 p—ρ—T 关系。图中绘出了气态转变为液态和固态的临界线，即饱和蒸气压力曲线，它表示在给定温度下气相与液相，气相与固相处于平衡状态时的压力（饱和压力）值。

3. SF_6 绝缘气体状态参数关系图的应用

应用 SF_6 绝缘气体状态参数图可以很方便地计算 SF_6 绝缘气体的状态参数，也可求解液化或固化的温度。在计算时应注意，公式中的压力为绝对压力，而通过压力表所测得的压力为表压。绝对压力等于表压加上大气压（一般为 0.1MPa）。

（1）估算 SF_6 断路器内部充气体积。

【例 5-1】　某 SF_6 断路器在 20℃下，工作压力为 0.45MPa（表压），充气量为 31kg，计算此 SF_6 断路器内部充气体积。

解　由图 5-3 查出 20℃时，绝对压力为 0.55MPa 时的工作点 s，确定其密度 $\rho=35kg/m^3$。

则充气体积为

$$V=31/35=886（L）$$

答：此 SF_6 断路器内部充气体积为 886L。

（2）判断压力的允许值。

【例 5-2】　某 SF_6 断路器在 20℃下，额定压力为 0.45MPa，若气温下降至 -10℃，此时 SF_6 断路器允许压力是多少？

解　如图 5-3 所示，根据温度 20℃、绝对压力为 0.55MPa（工作点 S）

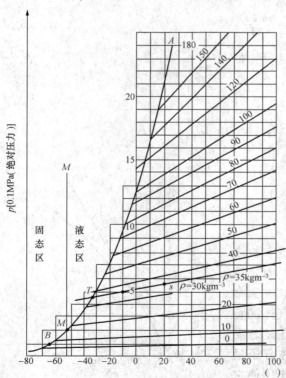

图 5-3　SF_6 绝缘气体状态参数曲线

M—熔点；$T_M=-50.8℃$；$p_M=0.23MPa$；

B—沸点；$T_B=-63.8℃$；$p_B=0.1MPa$

气体密度为 $35kg/m^3$，沿 $\rho=35kg/m^3$ 密度斜线可以 S 点左侧查找 $-10℃$ 时，绝对压力为 $0.49MPa$，从而计算出相应的表压为 $0.39MPa$。

（3）估算 SF₆ 绝缘气体的液化温度。在上述两例中，SF₆ 绝缘气体的密度为 $35kg/m^3$，若计算此断路器中 SF₆ 绝缘气体的液化温度，只需沿此密度线延伸，交于 SF₆ 绝缘气体状态曲线，为气、液分界线，此点对应的温度为液化温度 $-35℃$，绝对压力为 $0.45MPa$，则工作压力为 $0.35MPa$，即该断路器在 $-35℃$ 时开始液化，此时的绝对压力为 $0.45MPa$。从此点开始，若温度继续下降，气体不断凝结成液体，气体的密度不再保持常数而是不断减少，而且气体的压力下降得更快，温度降到液化点，此时并不表示全部气体立刻被凝结成液体，只是凝结的开始。但温度继续降低，气体的压力、密度下降更快，SF₆ 绝缘气体的绝缘、灭弧性能都迅速下降，因此，断路器不允许工作温度低于液化点温度。

从上述例子看出，液化温度与断路器的工作压力有关，工作压力越高，液化温度也越高。若按液化温度不高于 $-20℃$ 考虑，相应于 $-20℃$ 时的工作压力不应高于 $0.8MPa$（即表压 $0.7MPa$）。

若考虑到温度升高时断路器的工作压力升高，同样沿 $\rho=$ 常数的直线找到相应的工作点。

有时，断路器的工作压力很低，温度下降时可能不出现液化而直接凝成固体。如在 $20℃$ 时，工作压力小于 $0.28MPa$（表压为 $0.18MPa$），其 p-T 直线与临界线的交点在 M 以下，即固态区。

4. SF₆ 绝缘气体的临界参数

SF₆ 绝缘气体的临界参数为 $45.64℃$、$3.85MPa$，这两个参数都较高。临界温度表示 SF₆ 绝缘气体可以被液化的最高温度，临界压力表示 SF₆ 绝缘气体在这个温度下出现液化所需的气体压力。一般气体临界温度越低越好，表示它不易被液化。SF₆ 绝缘气体在普通的环境条件下就有可能液化，只有在温度高于 $45℃$ 时才能恒定的保持在气态。因此，SF₆ 绝缘气体不能在过低温度和过高压力下使用。在电气设备中使用 SF₆ 绝缘气体时要保持其稳定的气体状态，防止压力过高或过低，使 SF₆ 绝缘气体出现液化的问题。

二、化学性质

SF₆ 的化学性质非常稳定，在空气中不燃烧也不助燃，其惰性与氮气相似。它不仅不与水作用，也不与氢、氧、熔化的 KOH、NaOH、HCl、H_2SO_4 等活性物质作用，但某些金属的存在，会使 SF₆ 的稳定性大大降低。超过 $150℃$ 时，SF₆ 与钢、硅钢开始缓慢作用形成硫化物和氟化物，与铬或铜则在 $200℃$ 以上发生轻微分解，与金属钠低于 $200℃$ 不反应，而加热至 $250℃$ 时开始进行反应。

与氯、碘、氯化氢等非金属在常温下也不反应，但能与硫化氢发生反应，生成氟化氢。

高温下 SF₆ 绝缘气体比较活泼，因而可以用来保护熔融金属不受氧化，特别是用在熔铸镁上，SF₆ 绝缘气体能在金属表面形成一层抗渗透性的薄膜，防止镁被氧化，同时还能抑制镁的蒸发。虽然镁熔液温度很高，但是 SF₆ 绝缘气体分解很少。

三、电气性能

（一）绝缘性能

1. 绝缘强度高

SF₆ 绝缘气体是一种高绝缘强度的电介质，在均匀电场下 SF₆ 绝缘气体的绝缘强度为同一气压下空气的 2.5～3 倍，3 个大气压下 SF_6 绝缘气体的绝缘强度约与变压器油相当。SF_6 绝缘气体和空气、变压器油在工频电压下击穿电压的比较，如图 5 - 4 所示。

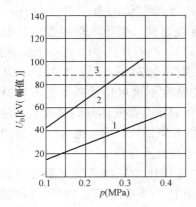

图 5 - 4　SF_6 绝缘气体和空气、
变压器油在工频电压下
击穿电压的比较
1—空气；2—SF_6；
3—变压器油

一般来说，SF_6 绝缘气体的化学性质是稳定的。SF_6 绝缘气体在电弧作用下接受了电能而解离成低氟化合物，但当电弧解除后，低氟化合物急速再结合成 SF_6，再结合时间在 $10^{-6}\sim10^{-7}s$ 之内，因此，SF_6 具有优越的电气绝缘性能，仅有极小部分分解产物与电气材料的金属蒸气反应，生成金属氟化物。

2. 绝缘强度高的原因

SF_6 之所以具有较高的绝缘特性，是由于 SF_6 分子中的含氟量高、分子直径大以及分子结构复杂。

(1) 氟原子的电负性很大，最外层 7 个电子，很容易吸收一个电子形成稳定的电子层，另因其又浓密地围绕在 SF_6 分子的表面，故使 SF_6 具有很强的电负性，容易与电子结合形成负离子，削弱电子碰撞游离的能力，阻碍电离的形成和发展。负离子形成的反应为

$$SF_6 \longrightarrow SF_6^+ + e^-$$
$$SF_6 + e^- \longrightarrow SF_6^-$$

(2) SF_6 分子直径较大，使得电子在 SF_6 绝缘气体中的平均自由行程相对缩短，不易在电场中积累能量，从而减小了电子的碰撞能力。

(3) SF_6 绝缘气体的分子量大，是空气的 5 倍，故形成的 SF_6 离子的运动速度比空气作介质时形成的氮、氧离子的运动速度更慢，正、负离子间更容易发生复合作用，使 SF_6 绝缘气体中带电质点减少，阻碍了气体放电的形成和发展，绝缘介质不易被击穿，即

$$S + 6F \longrightarrow SF_6$$
$$SF_6^+ + SF_6^- \longrightarrow 2SF_6$$
$$\cdots\cdots$$

从上述分析可知，由于 SF_6 的电子截面积极大，具有极强的吸附电子的能力，SF_6 的电子亲和力高达 3.4eV，所以 SF_6 具有优良的绝缘性能。

3. SF_6 绝缘气体间隙的绝缘特性

影响 SF_6 绝缘气体间隙绝缘最重要的因素是电场均匀性，在极不均匀电场中击穿电压约是空气的 1/3。SF_6 绝缘气体的电晕起始电压与极间击穿电压很接近。SF_6 绝缘气体局部放电时，因分子直径大没有电晕层，就没有屏蔽作用，易形成电子崩击穿。对空气绝缘而言，因热运动使空间电荷扩散，形成放电电晕，导致空气的击穿电压大于局部放电电压。导电粒子的存在会使 SF_6 绝缘气体的击穿电压降低。电极表面的形状和表面粗糙度会使 SF_6 电极间的击穿电压降低，若存在加工屑、运行磨损、脱皮、检修时的黏附粉末等，会在电极表面形成放电尖端，导致击穿电压降低。SF_6 中若混入空气会显著降低其绝缘能力，例如：100% 的 SF_6 绝缘气体的击穿电压为 63kV，50% SF_6＋50% 空气的击穿电压为 53kV，25% SF_6＋75% 空气的击穿电压降为 46kV。SF_6 与空气间隙绝缘性能的比较见表 5 - 2。

表 5 - 2　　　　　　　　　　**SF₆ 与空气间隙绝缘性能的比较**

类　别		空气间隙绝缘性能	SF₆ 间隙绝缘性能
电场结构		长间隙不均匀电场	短间隙不均匀电场
极性效应		正极性击穿电压低	负极性击穿电压低
冲击特性	冲击系数	1.0～1.1	1.1～1.3
	放电延时		同样电场结构下，放电时延比空气长
	波形	操作冲击波下，随着波头时间的改变，击穿电压有极小值	击穿电压随波头时间增加而减小
气体压力		击穿电压随气压增大而增加，但有饱和的趋势	同空气
电极表面的状况、面积与导电粒子		无影响	有影响

4. SF₆ 绝缘气体中固体绝缘件沿面放电的特性

电场分布的均匀程度、电极表面粗糙度、电弧分解物（主要是 SF₄O₂ 粉末）及水分都会影响 SF₆ 绝缘气体与固体表面的击穿电压。

（二）灭弧性能

作为良好的灭弧介质，首先要在对灭弧具有决定作用的温度范围内，具有良好的导热性，能快速冷却电弧。在电流过零时，能迅速地去游离，使弧隙的介质强度能迅速恢复。SF₆ 能够很好地满足这些要求。对交流电弧的熄灭起决定作用的是 SF₆ 的电负性，以及 SF₆ 独特的热特性和电特性。

1. SF₆ 的电负性

SF₆ 具有吸附电子的能力。SF₆ 吸附电子一方面可减少电子的密度，降低电导率，促使电弧熄灭；另一方面在电弧作用下 SF₆ 发生分解，其产物不会像绝缘油那样产生能导电的碳原子，而是产生出极微量的电性能类似于 SF₆ 的低氟化合物和氟原子。这些分解产物都具有较强的电负性，在电弧中能吸收大量的电子，形成负离子，这些负离子移动缓慢，导致与正离子结合的概率大大增加。在交流电弧电流过零的瞬间，弧隙中有部分电弧产物复合成 SF₆，剩余弧柱的介质强度可很快地恢复到初始阶段的某种程度。

2. SF₆ 独特的热特性和电特性

SF₆ 有优良的热化学性能。SF₆ 绝缘气体在大气压下随着温度增大而产生分解和电离，在 727℃ 以下几乎没有分解，随着温度增加，分解作用逐渐显著，在 1727℃ 附近达到高峰，SF₆ 分子被分解成 SF₄、SF₂ 等低氟化合物及硫氟原子，SF₆ 分子数明显减少。当温度继续增大时，氟化物继续分解成 S、F 原子，到 4727℃ 以上逐渐出现显著的电离，空间产生自由电子（e^-）和正离子（S^+），以及 F^-，形成显著的导电性能，如果电弧温度继续增大，那么电离现象会加剧。

SF₆ 绝缘气体分解温度（2000k）比空气（N_2 的分解温度为 7000k）的低，所需的分解能（22.4eV）又比空气的（9.7eV）高，因此分子在分解时吸收的能量多，对弧柱的冷却作用强。而在相应的分解温度上，SF₆ 绝缘气体热导率很高，是优良的冷却介质，其冷却散热的效果较好，可有效地降低电弧温度，有利于电弧的消灭。

3. 电弧时间常数极小

电弧时间常数是指电弧突然消失后，电弧电阻增大到初始值 e 倍所需时间，它表示电导减小的速度，是反映灭弧速度的一个重要指标。电弧时间常数越小，表明弧柱温度或热量变化越小，灭弧能力越强。SF_6 的电弧时间常数极小，比空气等介质的小两个数量及以上，加上 SF_6 分子在电弧作用下分解后的迅速复合能力，使其具有强灭弧能力。SF_6、空气和绝缘油性能的比较见表 5-3。

表 5-3　　　　　　　　　　　　　SF_6、空气和绝缘油性能比较

项　　目	与空气比较	与绝缘油比较
绝缘耐力	2～3 倍	在 300kPa 下与油相同
电弧时间常数（μs）	空气为 1，SF_6 为 10^{-2}	
介电常数电弧作用下的分解	同等 SF_6 会分解有毒的物质	在与固体组合的情况下，不如绝缘油
密度	5 倍	油因电弧分解而可能爆炸
不可燃	—	1/140
冷却性	比空气好	着火点，140℃
防音性	比空气好	比油好
热稳定性	200℃以下（SF_6）	105℃以下（油）
热损坏	在 SF_6 气氛中材料不发生劣化变质	油本身发生劣化损坏

（三）SF_6 绝缘气体在电弧作用下的分解

SF_6 电气设备内部绝缘材料有 SF_6 绝缘气体和固体绝缘材料两类。SF_6 绝缘气体是所有设备共有的，而固体绝缘材料因不同设备和厂家有所区别。固体绝缘材料的品种主要有环氧树脂、聚酯尼龙、聚四氟乙烯、聚酯乙烯、绝缘纸和漆等。断路器中的固体绝缘材料有环氧树脂、聚酯尼龙和聚四氟乙烯；其他设备则除了有环氧树脂、聚酯尼龙外，还有聚酯乙烯、绝缘纸和漆等。

SF_6 在断路器的电弧作用下，不仅本身分解，而且还涉及 F 与电极材料中的金属（Cu 和 W 等）蒸气的反应，以及 SF_6 的分解物与设备中微量水分等的反应，其产物较为复杂。

SF_6 绝缘气体在电弧的作用下分解的主要成分是 SF_4、金属氟化物。在有水分、氧存在时，会有 SOF_2、SO_2F_2、SOF_4、HF、SO_2 等存在。其电弧分解反应过程如图 5-5 所示。若氧与水同时存在，则有如图 5-6 所示的转化反应，其中以 SF_4 为主导作用，可生成氟氧化合物和 HF 等。SF_6 在电弧作用下主要分解产物的性质见表 5-4。

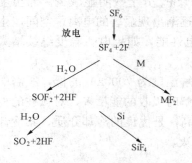

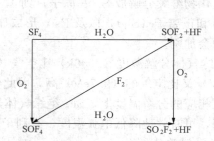

图 5-5　SF_6 电弧分解过程示意图　　　图 5-6　水和氧对 SF_6 分解气体的作用转化示意图

表 5 - 4 SF₆ 在电弧作用下主要分解产物的性质

序号	组分名称	分子式	毒 性	允许含量
1	四氟化硫	SF_4	对肺有侵害作用，影响呼吸系统	$0.1\mu L/L$
2	氟化硫	SF_2	有毒的刺激性气体，影响呼吸系统	—
3	二氟化硫	S_2F_2	与 HF 相似	$5\mu L/L$
4	十氟化二硫	S_2F_{10}	剧毒，主要破坏呼吸系统	$0.025\mu L/L$
5	氟化亚硫酰	SOF_2	剧毒，刺激黏膜，可造成肺水肿	$5\mu L/L$
6	氟化硫酰	SO_2F_2	可导致痉挛的有毒气体	$5\mu L/L$
7	四氟化硫酰	SOF_4	对肺部有侵害作用	$2.5mg/m^3$
8	氟化氢	HF	对皮肤、黏膜有强刺激性作用	$3\mu L/L$
9	二氧化硫	SO_2	强刺激性气体，损害黏膜和呼吸系统	$2\mu L/L$

由以上反应物及其性质可知：应经常检测运行中的 SF₆ 电气设备的漏气情况，定期检测 SF₆ 中电弧分解产物的组成及含量，如水分及可冷凝物的含量等。

第二节 SF₆ 绝缘气体的实验室检测技术

本节主要介绍 SF₆ 绝缘气体密度测定、SF₆ 绝缘气体中湿度的检测、SF₆ 绝缘气体中酸度的测定、SF₆ 绝缘气体中空气和四氟化碳等含量的测定、可水解氟化物含量的测定、SF₆ 绝缘气体中矿物油含量的测定及 SF₆ 绝缘气体毒性生物试验，从检测方法的原理、操作步骤、结果处理及注意事项等方面阐述。

一、SF₆ 绝缘气体密度测定（称重法）

密度测定法（称重法）基于经典的重量法原理，是一种鉴别 SF₆ 绝缘气体的主要方法。与其他方法（如红外吸收光谱法、热导率测定法、气相色谱法）相比，具有简便、可靠的优点。下面依据 DL/T 917—2005《六氟化硫气体密度测定法》来介绍其测定方法。

（一）原理

在一定的温度下，对一定体积的 SF₆ 绝缘气体质量进行称量，根据气体体积和质量计算出密度，以 kg/m^3 表示。

（二）操作步骤

（1）用注水称重法标定球形玻璃容器瓶的容积 V。

1）将球形玻璃容气瓶洗净、烘干，真空活塞 A、B 涂上真空脂。

2）将球形玻璃容气瓶与真空泵，U 形水银压差计相连接，抽真空，待 U 形水银压差计示值稳定后关闭真空活塞，停掉真空泵，观察压差计示值，半小时之内应稳定不变，否则应当重涂真空脂。

3）测定容气瓶容积（V_0）。称量空容气瓶质量为 m_1，准确至 $\pm 0.1g$。将称过质量的容气瓶充满水，擦净外部多余的水，称其质量 m_2，准确至 $\pm 0.1g$。记录水的温度（t），查出温度 t 时水的密度（ρ_w）。

按式（5-4）求出容气瓶容积（V_0），即

$$V_0 = \frac{m_2 - m_1}{\rho_w} \times 10^{-3} \tag{5-4}$$

式中：V_0——用注水称重法标定球形玻璃容气瓶的容积，m^3；

m_1——空容气瓶质量，g；

m_2——充满水后容气瓶质量，g；

ρ_w——$t℃$下水的密度，kg/m^3。

（2）按图5-7连接好抽真空系统。

1）关闭图5-7中真空活塞A，开启真空活塞B，启动真空泵。至U形水银压差计示值稳定后，缓缓开启真空活塞A，少顷关闭A，再抽真空至U形水银压差计示值稳定。如此重复操作三次。

2）至图5-7中U形水银压差计示值稳定后，继续抽真空2min。

3）关闭真空活塞B，停真空泵，拆下球形玻璃容气瓶。

4）称取玻璃容气瓶质量m_3，精确至±0.2mg。

（3）按图5-8安装SF_6充气装置，并进行如下操作。

1）将SF_6气瓶倒置，把球形玻璃容气瓶的真空活塞A与SF_6气瓶的减压阀出口相连，真空活塞B与湿式气体流量计相连。

2）开启SF_6气瓶减压阀，顺序打开真空活塞A和真空活塞B，同时用秒表计时，调节气体流速约为1L/min。

3）通气30s，依次关闭真空活塞B、A和SF_6气瓶减压阀。

4）迅速取下球形玻璃容气瓶，使活塞B开口向上并迅速开闭一次，使瓶内外压力平衡，然后立即关闭。

5）称量球形玻璃容气瓶的质量m_4，精确至±0.2mg。

（4）记录大气压力（p）及室温（t），重复上述操作，进行平行试验。

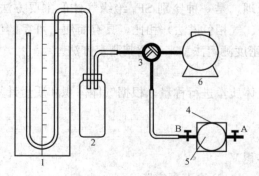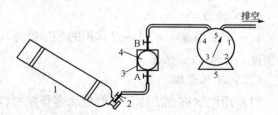

图5-7 抽真空系统装置示意图

1—U形水银压差计；2—缓冲瓶；3—三通活塞；
4—防护罩；5—球形玻璃容器瓶；
6—真空泵；A、B—真空活塞

图5-8 SF_6充气连接装置

1—SF_6气瓶；2—氧气减压表；
3—防护罩；4—球形玻璃容气瓶；
5—湿式气体流量

（三）结果计算

1. SF_6绝缘气体体积的校正

按式（5-5）将充入容气瓶内的SF_6绝缘气体体积（V_0）校正为标准状况（20℃、101.325kPa）下的体积，即

$$V = V_0 \times \frac{293 \times p}{101325 \times (273+t)} \tag{5-5}$$

式中　V——SF₆ 校正体积，m³；

　　　V_0——充入的 SF₆ 体积，m³；

　　　p——大气压力，Pa；

　　　t——室温，℃。

2. SF₆ 绝缘气体密度的计算

$$\rho = \frac{m_4 - m_3}{V} \times 10^{-3} \tag{5-6}$$

式中　ρ——SF₆ 绝缘气体密度，kg/m³；

　　　V——20℃、101.325kPa 状态下球形容器瓶的校正体积，m³；

　　　m_3——抽真空的球形玻璃容气瓶质量，g；

　　　m_4——充满 SF₆ 绝缘气体的容气瓶质量，g。

3. 精确度

取两次平行试验结果的算术平均值为测定值。重复性要求相对误差小于 0.5%。

（四）注意事项

1. 容气瓶体积的测定

能否准确测量容气瓶体积，是能否准确测定密度的关键。装水称量是测量容器容积的常用方法。采用这种方法，必须既要保证容器内完全充满水，又要防止容器外部沾有多余的水。为达此目的，采取先将容气瓶抽空，然后由一端使水通入的办法。

2. 容气瓶的抽空

容气瓶的抽空程度，是影响测定结果准确度的一个重要因素。抽空过程应该注意以下三点。

（1）应先将容气瓶洗净、烘干。

（2）抽空前必须用真空脂涂敷真空活塞，并经检查证实其密封性能确实良好。

（3）容气瓶充过 SF₆ 绝缘气体后重新抽空时，必须用空气冲洗三次，以确保瓶内不残留 SF₆ 气体。

3. SF₆ 绝缘气体的灌充

往容气瓶内灌充 SF₆ 绝缘气体，应该满足以下条件。

（1）保证装入的气体为纯净样品气，从而要求瓶内不能有残留气体，同时管道系统不能漏气。

（2）瓶内 SF₆ 绝缘气体的压力与大气压力平衡。由于 SF₆ 钢瓶的出口压力高于一个大气压，所以充入瓶内的 SF₆ 绝缘气体压力也就会略高于外界压力。因此，每次充满 SF₆ 绝缘气体之后，务必要与外界压力平衡，否则测定结果就会偏高。由于 SF₆ 的密度比空气大，所以在进行压力平衡时必须将真空活塞竖直向上放置，然后将活塞开启少顷即迅速关闭。

（3）所取样品必须有代表性。为了达到这一目的，在取样时应将 SF₆ 钢瓶倒置。

4. 精密度的影响因素

在严格操作和操作条件固定的情况下，本方法的重复性较好、精密度也较高。影响重复性的主要因素是容气瓶的气密性、充气后的平衡情况以及称量操作的熟练程度。

（1）关于容气瓶的气密性问题，除认真涂敷真空脂外，还应注意在试验过程中旋转真空活塞时始终保持向一个方向旋转，这样可以保持有较长时间的良好气密性，从而减少涂敷次数。此外，尚须随时注意试验情况，一旦发现误差较大或称量结果不稳定时，应及时检查容气瓶的气密性，并重新涂敷真空脂。

（2）充满 SF_6 绝缘气体后，使瓶内压力与大气压力平衡的操作，也是影响重复性的重要因素。如果瓶内压力高于外界压力，则结果偏高；如果每次平衡程度不同，则会造成较大误差。

（3）称量时必须快速准确。操作者必须戴洁净的细纱手套。为加快称量速度，最好使用电子自动天平。

5. 安全

由于使用的容气瓶为玻璃材质，并且又是在真空下操作的，所以必须特别注意安全，容气瓶在使用前必须进行耐压试验。试验时，在抽真空和充 SF_6 绝缘气体的过程中，瓶子外面应加防护罩。

二、SF_6 绝缘气体湿度的检测（重量法）

通常无论是 SF_6 新气或是运行气体，都具有一定的湿度，湿度的大小直接影响 SF_6 绝缘气体的使用性能。因此，测量 SF_6 绝缘气体的湿度，对于质量控制有重量意义。测量 SF_6 绝缘气体湿度的方法大致有两类，一类是用仪器测量，如 DL/T 506—2007《六氟化硫电气设备中绝缘气体湿度测量方法》规定了的电解式湿度计、冷凝式露点仪和电阻电容式湿度计的要求；另一类是用经典的重量法测量。

使用仪器进行含水量测定简便、快速、精确度较高，而且基本不受外界条件的影响，因此一般在实验室和现场采用此法。按照所用仪器原理的不同，可分为电解法、露点法和阻容法等。由于经典的重量法，对环境条件要求高，如实验室需恒温、恒湿等，测量时间长、耗气多，所以一般实验室不作为常规方法采用，而只作为标准方法或作仲裁方法用。下面依据 DL/T 914—2005《六氟化硫气体湿度测定法（重量法）》介绍重量法，其他方法在本章第三节做详细介绍。

（一）原理

用恒重的无水高氯酸镁吸收一定体积 SF_6 绝缘气体中的水分，并测定其增加的质量，由此计算出 SF_6 绝缘气体的湿度。

（二）操作步骤

1. 准备

实验室需要在恒温、恒湿的房间里进行。温度为 20～35℃，偏差为 ±2℃；湿度为 30%～50%，偏差为 ±2%。按要求填装吸收管，校准湿式气体流量计，对系统进行干燥，操作步骤如下：

（1）用干燥氮气吹扫取样管。

（2）湿度测定装置示意图如图 5-9 所示，用硅橡胶管将吸收管 7～9 和吸收管 10（作保护用，防止外界环境水蒸气对吸收系统的干扰）紧密对接起来，并按图 5-9 连接成测定装置系统，整个系统应严密、不漏气。

（3）记下湿式气体流量计的读数，打开氮气瓶阀门，并调节流量至 250mL/min。

（4）通入 5L 氮气后，关闭氮气瓶阀门，拆下吸收管（图 5-9 中 7～9），并用塑料帽盖住其两端。

（5）戴上手套，用干净绸布将吸收管擦净，放入天平盘中，20min 后称重，精确至 0.1mg。

（6）重复上述操作，直至每一个吸收管连续两次称重之差小于 0.2mg 为止。分别记录图 5-9 中吸收管 7～9 的质量 m_a、m_b、m_c。

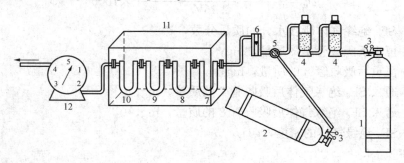

图 5-9　湿度测定装置示意图

1—氮气瓶；2—SF₆ 气瓶；3—减压阀；4—干燥塔；5—四通阀；6—流量计；
7～10—吸收管；11—干燥箱；12—湿式气体流量计

2. 湿度测定

（1）用四通阀切换气源，通入 SF₆ 绝缘气体，冲洗取样管。

（2）关闭 SF₆ 气源阀门，按图 5-9 连接好装置。

（3）记录湿式气体流量计读数 V_1、试验室温度 t_1 和大气压力 p_1。

（4）打开 SF₆ 气源阀门，并调节流速为 250mL/min。通入 10L 后，关闭钢瓶阀门，记下流量计读数 V_2、试验室温度 t_2 和大气压力 p_2。

（5）将气源切换成干燥氮气，以同样流速通入氮气 2L 后结束。

（6）关闭氮气钢瓶阀门，取下吸收管 7～9，盖上塑料帽，戴上棉纱手套，用绸布擦净吸收管，然后称重，精确至 0.1mg。并分别记录吸收管 7～9 的质量 m_x、m_y、m_z。（若吸收管 8 的增重大于 1mg，或者达到了吸收管 7 增重的 10% 以上，则此两管应重新装填干燥剂。若吸收管 9 有增重，吸收管 7、8 也应重新装填干燥剂。）

整个试验工作要熟练、细心地进行，同时要保持清洁。在整个操作过程中，不能用手接触 U 形管。所有连接管路最好用内抛光的不锈钢管。

（三）结果计算

1. SF₆ 绝缘气体体积的校正

将通入的 SF₆ 绝缘气体体积校正为标准状况下（20℃、101.325kPa）的体积，即

$$V_C = \frac{(V_2 - V_1) \times \frac{1}{2}(p_1 + p_2) \times 293}{101.325 \times [273 + \frac{1}{2}(t_1 + t_2)]} \tag{5-7}$$

式中　V_C——通入的 SF₆ 绝缘气体在标准状况下的体积，L；

p_1——通 SF₆ 绝缘气体前的大气压力，kPa；

p_2——通 SF₆ 绝缘气体结束时的大气压力，kPa；

t_1——通 SF₆ 绝缘气体前的环境温度，℃；

t_2——通 SF_6 绝缘气体结束时的环境温度,℃;

V_1——通 SF_6 绝缘气体前流量计的读数,L;

V_2——通 SF_6 绝缘气体结束时流量计的读数,L。

2. SF_6 绝缘气体中水分含量的计算为

$$\omega_W = \frac{(m_x - m_a) + (m_y - m_b)}{6.16 V_c} \times 1000 \qquad (5-8)$$

式中　ω_W——SF_6 绝缘气体所含水分的质量分数,10^{-6};

m_a——恒重后吸收管 7 的质量,mg;

m_b——恒重后吸收管 8 的质量,mg;

m_x——通入 SF_6 绝缘气体后吸收管 7 的质量,mg;

m_y——通入 SF_6 绝缘气体后吸收管 8 的质量,mg;

6.16——SF_6 绝缘气体的密度,g/L。

3. 精确度

两次测量结果的差值应在 5×10^{-6} 以内,取平行测量结果的算术平均值为测量结果。

(四) 注意事项

(1) 若吸收管 8 的增加质量大于 1mg,或者达到了吸收管 7 增加质量的 10%,则此两管必须重新装填干燥剂。若吸收管 9 的质量有增加,吸收管 7、8 也应重新装填干燥剂。

(2) 试验室、天平室要求恒温、恒湿,相对湿度不超过 60%。天平载荷为 100g 或 200g,感量为万分之一。天平底座应当有防震设施。

(3) 整个试验工作要熟练、细心地进行。同时要严格保持清洁,在整个操作过程中,不能用手接触 U 形管。

(4) 所有连接管路最好用内抛光的不锈钢管。

三、SF_6 绝缘气体中酸度的测定 (酸、碱滴定法)

SF_6 绝缘气体中的酸度是指 SF_6 绝缘气体中的酸 (如 HF) 和酸性物质 (如 SO_2) 的存在程度,为方便起见,一般以 HF 的质量分数表示。

SF_6 绝缘气体中酸和酸性物质的存在对电气设备的金属部件和绝缘材料造成腐蚀,从而直接影响电气设备的机械、导电、绝缘性能。特别是酸性组分与水分同时存在时,有可能发生凝聚,将会严重威胁电气设备的安全运行。同时酸度的大小在一定程度上代表着 SF_6 绝缘气体的毒性大小。因此,对 SF_6 绝缘气体中的酸度应给予严格限制,以保证人身和电气设备的安全。SF_6 绝缘气体中酸度的检测,必须有严格的采样方式和分析方法,以便使检测能够满足低含量、高精度、准确可靠的要求。下面依据 DL/T 916—2005《六氟化硫气体酸度测定法》来介绍。

(一) 原理

一定体积的 SF_6 绝缘气体以一定的流速通过盛有氢氧化钠溶液的吸收装置,使气体中的酸和酸性物质被过量的氢氧化钠溶液吸收,然后用经校正的微量滴定管,以硫酸标准溶液滴定吸收液中剩余的氢氧化钠溶液,采用弱酸性指示剂指示滴定终点,根据消耗硫酸标准溶液的体积、浓度和一定吸收体积 (换算为 20℃、101.325kPa 时的体积) 的 SF_6 绝缘气体计算酸度,以氢氟酸 (HF) 的质量分数表示。

由于整个吸收、滴定过程中受环境的干扰较大,因此要求操作严谨、快速、准确。

（二）操作步骤

1. 准备工作

按要求配制 0.005mol/L 硫酸标准溶液、0.01mol/L 氢氧化钠标准溶液和混合指示剂。现场制备试验用水。

2. 采样

（1）钢瓶的放置。为采集到具有代表性的液相六氟化硫样品，需将六氟化硫钢瓶倾斜倒置，使钢瓶出口处于最低点。

（2）采样装置的连接。采样装置如图 5-10 所示，将减压阀直接与六氟化硫气体钢瓶连接，再将不锈钢（或聚四氟乙烯）取样品的一端通过接头与氧气减压表接通，另一端接在微量气体流量计的进口上；微量气体流量计出口处串接一真空三通，与各级吸收瓶入口连接。需注意各接口的气密性。最后将湿式气体流量计与各级吸收瓶的出口相接，并将湿式气体流量计出口管接至室外通风处。

（3）采样操作。

1）在吸收瓶 5~7 内各加入 150mL 试验用水，再用微量移液管分别加入 2.0mL 的 0.01mol/L 氢氧化钠标准溶液，摇匀，并尽快按图 5-10 连接好。

2）记录湿式气体流量计的数值 V_1，大气压力 p_1 及室温 t_1。

3）依次打开 SF₆ 绝缘气体钢瓶及氧气减压表的阀门，并调节微量气体流量计，使 SF₆ 绝缘气体的流量约为 500mL/min，通气约 20min 后（吸收瓶砂芯分散孔度大于 1 时，应减小气体流速至吸收液面不起气泡），依次关闭钢瓶及氧气减压表的阀门。

4）记录湿式气体流量计的数值 V_2，大气压力 p_2 和室温 t_2。

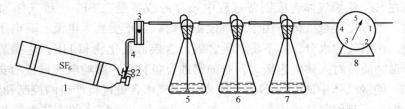

图 5-10　采样装置图

1—SF₆ 绝缘气体钢瓶；2—氧气减压表；3—微量气体流量计；
4—不锈钢管；5~7—吸收瓶；8—湿式气体流量计

3. 样品分析

（1）拆下各级吸收瓶 5~7，待滴定分析，分别加入 8 滴混合指示剂，立即置于磁力搅拌器上，边搅拌边用 0.005mol/L 的硫酸标准液通过微量滴定管滴定至终点（酒红色），滴定管顶端应加二氧化碳吸收管。

（2）分别记录各吸收瓶 5~7 中吸收液所消耗的 0.005mol/L 硫酸标准溶液体积 V_5、V_6、V_7，若第二级吸收瓶的耗酸量大于第一级吸收瓶的耗酸量的 10%，则认为吸收不完全，需重新吸收。

（三）结果计算

（1）SF₆ 绝缘气体体积的校正，按式（5-7）计算。

（2）酸度的计算，以氢氟酸质量分数（μg/g）表示，按式（5-9）计算，即

$$\omega_{HF} = \frac{20 \times 2 \times c\left[(V_7 - V_5) + (V_7 - V_6)\right]}{6.16V_c} \times 10^3 \qquad (5\text{-}9)$$

式中　ω_{HF}——SF_6 绝缘气体酸度，$\mu g/g$；

　　　　c——硫酸标准溶液的浓度，mol/L；

　　　　V_5——第一级吸收液耗硫酸标准溶液体积，mL；

　　　　V_6——第二级吸收液耗硫酸标准溶液体积，mL；

　　　　V_7——第三级吸收液耗硫酸标准溶液体积，mL；

　　　　20——氢氟酸的摩尔质量，g/mol；

　　6.16——SF_6 绝缘气体的密度，g/L。

（3）精确度。取两次测定结果的算术平均值为测定值，两次测定结果的相对偏差小于 15%。

（四）注意事项

（1）各接口的气密性要好。

（2）尾气排放前需经碱洗处理。

（3）连接管路的乳胶管要尽量短。

（4）连接钢瓶的采样阀门系统必须能耐压 4MPa。

（5）取样完毕首先将钢瓶阀门关闭，待减压阀表压降为零后，关闭减压阀门，以免损坏减压阀。

四、SF_6 绝缘气体中空气、四氟化碳等含量的测定（气相色谱法）

SF_6 绝缘气体中常含有空气（O_2、N_2）、四氟化碳（CF_4）和二氧化碳（CO_2）等杂质气体。它们是在 SF_6 绝缘气体合成制备过程中残存的或者是在 SF_6 绝缘气体加压充装运输过程中混入的。当 SF_6 绝缘气体应用于电气设备中时，由于受到大电流、高电压、高温等外界因素的影响，在氧气和水分作用下将产生含氧、含硫低氟化物和 HF。这些杂质气体，有的是有毒或剧毒物质，对人体危害极大；有的腐蚀设备材质，影响电气设备的安全运行。因此，必须对 SF_6 绝缘气体中的 O_2、N_2、CF_4 等杂质气体含量进行严格的控制和监测。

常用的分析 SF_6 绝缘气体中空气（O_2、N_2）、CF_4 等杂质气体的方法为气相色谱法，以下依据 DL/T 920—2005《六氟化硫气体中空气、四氟化碳的气相色谱测定法》介绍。

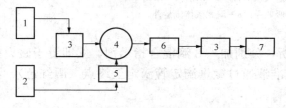

图 5-11　空气、四氟化碳测定装置图

1—载气瓶；2—SF_6 绝缘气体钢瓶（倒置）；

3—热导池；4—六通阀；5—定量管；

6—恒温箱（内装分离柱）；

7—记录仪或数据处理机

（一）原理

采用气相色谱仪将 SF_6 中 O_2、N_2、CF_4 和 SF_6 完全分离，其浓度可从不同物质的峰区面积和被测化合物对检测器的校正系数来确定。结果以空气、四氟化碳与 SF_6 的质量百分数（%）表示。

空气、四氟化碳测定装置示如图 5-11 所示，常用的气路流程分为单柱流程、双柱串联流程和双柱并联流程，示例见表 5-5。

表 5 - 5　　　　　　　　　　　　常用的气路流程示例

流程	流程示意图	常用固定相	说明
单柱	SF₆，H₂ 进入：1—干燥管；2—稳压阀；3—热导池参考臂；4—六通定量法；5—进样器；6—流量计；7—色谱柱；8—热导池测量臂	60～80 目 GDX-104 或 Porapak-Q	可分离：空气、CF₄ 和 SF₆
双柱并联	1—热导池参考臂；2—六通阀；3—进样器；4—色谱柱；5—热导池测量臂；Ⅰ、Ⅱ—三通	柱1、柱2：60～80 目 GDX-104 或 Porapak-Q	柱1：可分离空气、CF₄、SF₆ 柱2：可分离空气、CF₄、SF₆
双柱串联	1—热导池参考臂；2—六通阀；3—进样器；4—分子筛柱；5—进样器；6—色谱柱；7—热导池测量臂	柱1：13X分子筛柱 2：Porapak-Q	柱1：可分离 O₂、N₂ 柱2：CF₄、SF₆

（二）操作步骤

1. 准备工作

使气相色谱仪性能处于稳定备用状态，选择合适的色谱条件，常采用的色谱条件：层析温度（即柱温）为 40℃，载气流速为 35mL/min，热导池桥电流为 200mA。

采用归一化定量法进行质量校正系数的测定。归一化定量法与进样量无关，受操作条件的影响小，故分析结果较准确。但因同一浓度的不同物质在同一种检测器上的响应信号值不相同，为了使检测器产生的响应信号能真实地反映出物质的含量，就要对响应值进行校正。故采用此法时，必须测定校正因子。在实际定量分析中，采用相对校正因子，即某物质与一标准物质绝对校正因子之比。此处可以采用 SF₆ 作为标准物质。具体测定方法如下：

（1）配制已知百分浓度的 O₂、N₂、CF₄、CO₂ 和 SF₆ 绝缘气体的标准混合气。

（2）将标准混合气在相同分析条件下注入色谱仪，记录各组分的保留时间和峰面积。

（3）根据式（5-10）分别计算各组分对 SF₆ 的相对质量校正因子，即

$$f_x = \frac{A_{SF_6}}{A_x} \cdot \frac{M_x}{146} \qquad\qquad (5-10)$$

式中 f_x——组分 x 的校正系数（当无条件测定校正系数时，可 $f_{SF_6}=1$、$f_{CF_4}=0.7$、

          $f_{Air}=0.4$）；

    A_{SF_6}——SF_6 峰面积，$\mu V \cdot s$；

     A_x——组分 x 的峰面积，$\mu V \cdot s$；

     M_x——组分 x 的摩尔质量（空气为 28.8，CF_4 为 88）；

     146——SF_6 的摩尔质量。

2. 样品分析

（1）样品气体的定量采集。将 SF_6 样品钢瓶倒置（以取液态样品），并与气体采样阀的进气口处相连接。依次打开样品钢瓶阀，旋转六通阀，使 SF_6 样品钢瓶与采样管相连，用样品气冲洗 0.5mL 采样管及管路 3～5min，把取样回路中的空气、残气吹洗出去，然后旋转六通阀，取样管闭路，待用，并关闭 SF_6 样品钢瓶阀门。

（2）样品分析。在稳定的色谱仪工作条件下，旋转六通阀，使载气与采样管相连，并迅速经分离柱、检测器进行分离检测，记录各不同组分的峰区面积 A_x（或峰高），然后将六通阀转至采样位置。

以并联流程为例，各组分的出峰谱图如图 5-12 所示。各组分的保留时间见表 5-6。

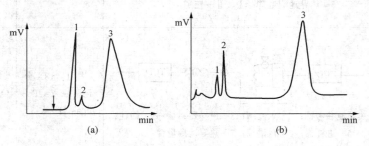

图 5-12   各组分出峰谱图（1—空气；2—CF_4；3—SF_6）

（a）用 Porapak-Q 分离空气、CF_4、SF_6 色谱图（色谱柱：$2\times\phi 3$ 不锈钢管柱，柱温为 40℃）；

（b）用 13X 分子筛分离 O_2、N_2 色谱图（色谱柱：$2\times\phi 3$ 不锈钢管柱，柱温为 40℃）

表 5-6   各 组 分 的 保 留 时 间

色谱 \\ 组分	O_2	N_2	空气	CF_4	CO_2	SF_6
13X 分子筛柱	40	50	—	126	—	1096
Porapak-Q 柱	—	—	43	58	92	139

（三）结果计算

1. 组分 x 的质量百分浓度

根据实验得出的各组分的峰面积和测定好的相对质量校正因子，即可采用归一化法计算各组分的质量百分浓度，计算公式为

$$\omega_x = \frac{A_x f_x}{\sum A_x f_x} \times 100\%$$ (5-11)

式中　ω_x——组分 x 的质量百分浓度；

　　　A_x——组分 x 的峰面积；

　　　f_x——组分 x 的相对质量校正因子；

$\sum A_x f_x$——各组分的峰面积与相对质量校正乘积之和。

2. SF₆ 绝缘气体纯度计算

由于 SF₆ 新气中所能够检测的其他杂质组分含量数量级都为 10^{-6}，只有空气、四氟化碳组分的允许含量为 10^{-4}，一般以常用的差减法计算，即以 SF₆ 为 100%计，减去测出的空气、SF₆ 组分含量，结果为 SF₆ 绝缘气体的纯度。

（四）注意事项

（1）新的分离柱在使用时，应在 120℃下通载气至少 4h。

（2）标准混合气含量检验合格证应在有效期内使用，各组分的质量百分数应大于相应未知组分浓度的 50%，或者小于未知浓度的 300%。

五、可水解氟化物含量的测定（比色法或氟离子选择电极法）

SF₆ 绝缘气体中的可水解氟化物，是 SF₆ 绝缘气体中能够水解和碱解的含硫、氧的低氟化物的总称，通常以氢氟酸的质量与 SF₆ 绝缘气体质量比（μg/g）表示。

SF₆ 绝缘气体中的含硫、氧低氟化物大多数可与水或碱发生化学反应，如 SF_2、S_2F_2、SF_4、SOF_2、SOF_4 等，有的可部分碱解，如 SO_2F_2。下面以 DL/T 918—2005《六氟化硫气体中可水解氟化物含量测定法》来介绍。

（一）原理

六氟化硫气体中可水解氟化物的测定方法是利用稀碱与 SF₆ 绝缘气体在密封的定容玻璃吸收瓶中振荡进行水解（或碱解）反应的，所产生的氟离子用茜素—锆络合试剂显色分光光度比色法或氟离子选择电极法测定。有研究表明，一般氟离子电极法更适合于 SF₆ 绝缘气体中的可水解氟化物的测定，它具有快速简单、省时省力的优点，试验结果好，精确度满足要求。

（二）操作步骤

1. 准备工作

按要求配制茜素—锆络合试剂、氟化钠储备液（1mg/mL）、氟化钠工作液 A（1μg/mL）和 B（0.1mol/L）及总离子调节液（缓冲溶液）。

2. 吸收方法

采用如图 5-13 所示的振荡吸收法取样。

（1）将球胆中的空气挤压干净，充满 SF₆ 绝缘气体，再将 SF₆ 绝缘气体挤压干净，然后再充满 SF₆ 绝缘气体，如此重复操作三次，使球胆内完全无空气，全部充满 SF₆ 绝缘气体后旋紧螺旋夹。

（2）将预先准备测量过体积的玻璃吸收瓶及充满 SF₆ 绝缘气体的球胆，按图 5-13 所示接入取样系统。将真空三通活塞 2 和 3 分别旋到 a 和 b 的位置，开始抽真空，当 U 形水银压差计液面稳定后（真空度达 13.3Pa 时）再继续抽 2min，然后将真空三通活塞 2 旋到 b 的位置，将吸收瓶 1 与真空系统连接处断开，停止抽真空。

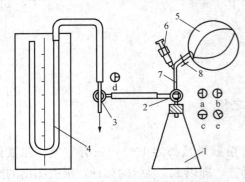

图 5-13　振荡吸收法取样系统示意
1—玻璃吸收瓶；2、3—真空三通活塞；
4—U 形水银压差计；5—球胆；
6—医用注射器；7—上支管；8—螺旋夹

（3）缓慢旋松螺旋夹，球胆中的 SF_6 绝缘气体就会缓慢地充满玻璃吸收瓶。将活塞 2 旋至 c 瞬间后再迅速旋至 b 的位置，使吸收瓶中的压力与大气压平衡。

（4）用医用注射器将 10mL 的 0.1mol/L 氢氧化钠溶液从胶管处缓慢注入玻璃吸收瓶中（此时要用手轻轻挤压充有 SF_6 绝缘气体的球胆，以使碱液全部注入）。随后将真空三通活塞 2 旋至 d 的位置，旋紧螺旋夹 8，取下球胆，紧握玻璃吸收瓶，在 1h 内每隔 5min 用力摇荡 1min（一定要用力摇荡，使 SF_6 绝缘气体尽量与稀碱充分接触）。

（5）取下玻璃吸收瓶上的塞子，将瓶中的吸收瓶及冲洗液一起并入一个 100mL 小烧杯中，在酸度计上用 0.1mol/L 盐酸溶液和 0.1mol/L 氢氧化钠溶液调节 pH 值为 5.0～5.5，然后转入 100mL 容量瓶中待用。

3. 比色法测定氟离子

（1）在上述装有处理好吸收液的 100mL 容量瓶中加入 10mL 茜素—镧络合试剂，用去离子水稀释至刻度，混匀后避光静置 30min。

（2）用 2cm 或 4cm 的比色皿，在波长 600nm 处，以加入了所有试剂的"空白"试样为参比测量其吸光度，从工作曲线上读取氟含量（m）。

（3）绘制工作曲线。向五个 100mL 的容量瓶中，分别加入 0、5.0、10.0、15.0、20.0mL 的氟化钠工作液 A 及少量去离子水。混匀后与样品同时加入 10.0mL 茜素—镧络合试剂。以下操作同上述（1）、（2）两项。用所测得的吸光度绘制氟离子含量（μg）—吸光度（A）的工作曲线。

4. 氟离子选择电极法测定氟离子

（1）使用氟离子选择电极前，先将其在 $10^{-3}mol/L$ 的氟化钠溶液中浸泡 1～2h，再用去离子水清洗，直到其在去离子水中的负电位值为 300～400mV 止。

（2）将氟离子选择电极、甘汞电极与酸度计或高阻抗的电位计连接好，并用标准氟化钠溶液校验氟电极的响应是否符合能斯特公式（参考制造厂家说明书），若不符合则应查明原因。

（3）在 2.（5）的 100mL（V_a）容量瓶中加入 20mL 总离子调节液，用去离子水稀释至刻度。

（4）把溶液转移到 100mL 烧杯中。将甘汞电极及事先活化好的氟离子选择电极浸到烧杯的溶液中，打开酸度计，开动搅拌，待数值稳定后读取电位值，从工作曲线上读出样品溶液中的氟离子浓度—lg 值，然后算出氟离子浓度（n）。

（5）绘制工作曲线。用移液管分别向两个 100mL 的容量瓶中加入 10mL 氟化钠工作液 B。在其中一个容量瓶中加入 20mL 总离子调节液，然后用去离子水稀释到刻度，该溶液中氟离子浓度为 $10^{-2}mol/L$，而在另一个容量瓶中则直接用去离子水稀释到刻度，该溶液中氟离子浓度也为 0.01mol/L。

　　再用移液管分别向两个 100mL 的容量瓶中加入 10mL 未加总离子调节液的 0.01mol/L 的氟化钠标准液，在其中一个容量瓶中加入 20mL 总离子调节液，然后用去离子水稀释到刻度，该溶液中氟离子浓度为 10^{-3} mol/L；而在另一个容量瓶中则直接用去离子水稀释到刻度，该溶液中氟离子浓度也为 10^{-3} mol/L。以相同方式依次配制加有总离子调节液的 10^{-4}、10^{-5}、10^{-6}、$10^{-6.5}$ mol/L 的氟化钠标准溶液，以下操作同 4.（4）项。用所测得的负电位值与氟离子浓度负对数（$-\lg[F^-]$）绘制工作曲线。

（三）结果计算

1. 采用比色法

可水解氟化物含量以氢氟酸（HF）质量比表示的计算公式为

$$\omega_{HF} = \frac{20m}{19 \times 6.16V \dfrac{p}{101\,325} \times \dfrac{293}{273+t}} \qquad (5-12)$$

式中　ω_{HF}——SF₆ 绝缘气体中以氢氟酸（HF）质量比表示的可水解氟化物含量，$\mu g/g$；

　　　　m——吸收瓶溶液中氟离子含量，μg；

　　　　V——吸收瓶体积，L；

　　　　p——大气压力，Pa；

　　　　t——环境温度，℃；

　　　　19——氟离子摩尔质量，g/mol；

　　　　20——氢氟酸摩尔质量，g/mol；

　　　6.16——SF₆ 绝缘气体密度，g/L。

2. 氟离子选择电极法

可水解氟化物的含量以氢氟酸（HF）质量比表示的计算公式为

$$\omega_{HF} \frac{20 \times 10^6 nV_a}{6.16V \dfrac{p}{101\,325} \times \dfrac{293}{273+T}} \qquad (5-13)$$

式中：ω_{HF}——SF₆ 绝缘气体中以氢氟酸（HF）质量比表示的可水解氟化物含量，$\mu g/g$；

　　　　n——吸收液中的氟离子浓度，mol/L；

　　　　V_a——吸收液体积，L；

　　　　V——吸收瓶体积，L；

　　　　p——大气压力，Pa；

　　　　T——环境温度，℃；

　　　　20——氢氟酸摩尔质量，g/mol；

　　　6.16——SF₆ 绝缘气体密度，g/L。

3. 精确度

两次平行试验结果的相对偏差不能大于 40%，取两次平行试验结果的算术平均值为测定值。

（四）注意事项

（1）茜素—镧络合试剂在 15～20℃下可保存一周，在冰箱冷藏室中可保存一个月。如果茜素氟蓝溶液中有沉淀物，需要用滤纸将它过滤到 250mL 容量瓶中，再用少量去离子水冲洗滤纸，随后将冲洗液和滤液一并加到容量瓶中。冲洗烧杯及滤纸的水量都应尽量少，否则最后液体体积会超出 250mL。加丙酮摇匀的过程中有气体产生，因此要防止溶液逸出，最后要把容量瓶塞子打开一下，以防崩开。

（2）氟化钠储备液应储存在聚乙烯瓶中。

（3）不管采用比色法还是氟离子选择电极法测定氟离子，每天测定都需重新绘制工作曲线。

六、SF$_6$ 绝缘气体中矿物油含量的测定（红外光谱法）

SF$_6$ 绝缘气体在生产和使用过程中，很容易被矿物油污染，造成气体的绝缘水平下降，SF$_6$ 设备中矿物油含量达一定值时可导致放电，威胁设备的安全，因此，必须严格控制矿物油的含量。下面依据 DL/T 919—2005《六氟化硫气体中矿物油含量测定法（红外光谱分析法）》来进行介绍。

（一）原理

将定量的 SF$_6$ 绝缘气体按一定流速通过两个装有一定体积四氯化碳的封固式洗气管，从而使分散在 SF$_6$ 绝缘气体中的矿物油被完全吸收，然后测定该吸收液 2930cm^{-1} 吸收峰的吸光度，此处相当于链烷烃亚甲基非对称伸缩振动，再从工作曲线上查出吸收液中矿物油浓度，计算其含量。

（二）操作步骤

1. 红外分光光度计的调整

按仪器说明书调整好红外分光光度。

2. 液体吸收池的选择

在两只液体吸收池中都装入新蒸馏的四氯化碳，使它们分别放在仪器的样品池架及参比池架上，记录 3250～2750cm^{-1} 范围的光谱图。如果在 2930cm^{-1} 出现反方向吸收峰，则把池架上两只吸收池的位置对调一下，做好样品及参比池的标记，计算出 2930cm^{-1} 吸收峰的吸光度，在以后计算标准溶液及样品溶液的吸光度时应减去该数值。

3. 工作曲线的绘制

（1）矿物油工作液（0.2mg/mL）的配制。在 100mL 烧杯中，称取直链饱和烃矿物油 100mg（精确到 ±0.0002g），用四氯化碳将油定量地转移到 500mL 容量瓶中并稀释至刻度。

（2）矿物油标准液的配制。用移液管向七个 100mL 容量瓶中分别加入 0.5（5.0）、1.0（10.0）、2.0（20.0）、3.0（30.0）、4.0（40.0）、5.0（50.0）、6.0（60.0）mL 矿物油工作液，并用四氯化碳稀释至刻度，其溶液浓度分别为 1.0（10.0）、2.0（20.0）、4.0（40.0）、6.0（60.0）、8.0（80.0）、10.0（100.0）、12.0（120.0）mg/L。

（3）吸光度 A 的测定及工作曲线的绘制。将矿物油标准液与空白四氯化碳分别移入样品池及参比池，放在仪器的样品池架及参比池架上，记录 3250～2750cm^{-1} 的光谱图，以过 3250cm^{-1} 且平行于横坐标的切线为基线，计算 2930cm^{-1} 吸收峰的吸光度（如图 5-14 所示），然后用溶液浓度相对于吸光度绘图，即得工作曲线（如图 5-15 所示）。

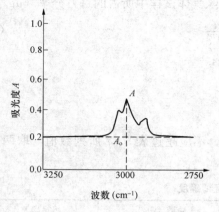
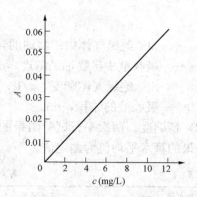

图 5 - 14　基线法求 2930cm⁻¹吸收峰的吸光度图　　图 5 - 15　测定矿物油含量的工作曲线图例

4. 矿物油含量的测定

（1）SF₆绝缘气体中矿物油的吸收。分别于两只洁净干燥的洗气瓶中加入 35mL 四氯化碳，将洗气瓶置于 0℃冰水浴中并按图 5 - 16 组装好，记录在湿式气体流量计处的起始环境温度、大气压力和体积读数（读准至 0.025L）。在针形阀关闭的条件下，打开钢瓶总阀，然后小心地打开并调节针形阀（或浮子流量计），使气体以最大不超过 10L/h 的流速稳定地流过洗气瓶，约流过 29L 气体时，关闭钢瓶总阀，让余气继续排出，直到流完为止。关闭针形阀，同时记录气体流量计处的终结环境温度、大气压力和体积读数（读准至 0.025L）。从洗气瓶的进气端至出气端，依次拆除硅胶管节（一定要防止四氯化碳吸收液倒吸），撤掉冰水浴。将洗气瓶外壁的水擦干，用少量空白四氯化碳将洗气瓶硅胶管节连接处的外壁冲洗干净，然后把两只洗气瓶中的吸收液定量地转移到同一个 100mL 容量瓶中，用空白四氯化碳稀释至刻度。

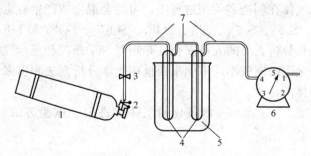

图 5 - 16　吸收系统

1—SF₆气瓶；2—氧气压力表；3—针型阀；4—固式玻璃洗气瓶；

5—冰水浴；6—湿式气体流量计；7—硅橡胶管

（2）吸光度 A 及矿物油浓度的测定。测定吸收液 2930cm⁻¹吸收峰的吸光度，再从 c-A 工作曲线上查出吸收液中矿物油浓度。

（三）结果计算

（1）SF₆绝缘气体体积的校正。按式（5 - 7）计算在 20℃和 101.325kPa 时的校正体积V_C（L）。

（2）按式（5-14）计算矿物油总量在 SF_6 绝缘气体试样中所占的百万分率（$\mu g/g$），即

$$\omega = \frac{100a}{6.16V_C} \qquad\qquad (5-14)$$

式中 ω——SF_6 绝缘气体中矿物油的含量，$\mu g/g$；

　　　a——吸收液中矿物油的浓度，mg/L；

　6.16——SF_6 绝缘气体密度，g/L；

　　100——吸收液的体积，mL。

（3）精确度。两次平行试验结果的相对误差，不应超过表 5-7 所列数值，取两次平行试验结果的算术平均值为测定值。

表 5-7   矿物油含量测定精确度

含油量（mg）	相对误差（%）	含油量（mg）	相对误差（%）
0.1	±25	0.5	±15
1.0	±10		

（四）注意事项

（1）配制矿物油标准液时，根据需要可按括号内的取液量，配制大浓度标准液；如果由于环境温度变化，使已经稀释至刻度的标准液液面升高或降低，不得再用四氯化碳调整液面。

（2）吸收 SF_6 绝缘气体中矿物油时，往洗气瓶中加四氯化碳，只能用烧杯或注射针筒，不能用硅（乳）胶管作导管；如果由于倒吸，吸收液流经了连接的硅胶管节，此次试验结果无效。

七、SF_6 绝缘气体毒性生物试验

纯净的 SF_6 绝缘气体是无毒的，它对生物的危害同氮气一样，不同的仅在于它的窒息作用。但由于 SF_6 绝缘气体在制造和使用过程中，可能会混入或产生有毒的含硫、氧低氟化物及酸性产物，如 SF_2、S_2F_2、S_2F_{10}、SF_4、SOF_4、SO_2F_2、SOF_2 和 HF、SO_2 等，为了保护运行、监督、检修以及分析人员的人身安全，必须对 SF_6 新气和运行气的毒性进行监测。因毒性杂质在空气中的允许浓度较小，不能很快地用化学分析方法测出来，故常采用生物学方法来检测 SF_6 绝缘气体的毒性。

目前，依据 DL/T 921—2005《六氟化硫气体毒性生物试验方法》进行 SF_6 毒性生物试验。

（一）原理

DL/T 921—2005 中方法是模拟大气中 O_2 和 N_2 的含量，以 SF_6 绝缘气体代替空气中的 N_2，即以 79% 体积的 SF_6 绝缘气体和 21% 体积的 O_2 混合，让小白鼠在此环境下连续染毒 24h，然后将已染毒的小白鼠在大气中饲养，连续观察 72h，观察小白鼠有无异常，以此判断 SF_6 绝缘气体样品是否有毒。

在做 SF_6 绝缘气体生物毒性试验时，发现小白鼠有轻度呼吸加深、活泼性降低、精神欠佳、停食或死亡等表现，且解剖发现内脏充血，则该气体具有毒性，不宜出厂或使用。

（二）操作步骤

1. 试验前的准备工作

（1）染毒缸容积的测定。用注水法测定染毒缸及气体混合器的容积。

（2）SF$_6$ 绝缘气体及氧气流量计算。根据 IEC 376 规定，通入染毒缸的混合气体，每分钟流量不得少于染毒缸总容积的 1/8，混合气配比为 79％体积的 SF$_6$ 绝缘气体和 21％体积的氧气，混合气的总流量及分流量（mL/min）的计算为

$$Q_总 = V_染 \div 8$$
$$Q_{SF_6} = Q_总 \times 79\%$$
$$Q_{O_2} = Q_总 \times 21\%$$

例如，染毒缸容积为 $V_染 = 4000 \text{mL}$，则

$$Q_总 = 4000 \div 8 = 500 (\text{mL/min})$$
$$Q_{SF_6} = 500 \times 79\% = 395 (\text{mL/min})$$
$$Q_{O_2} = 500 \times 21\% = 105 (\text{mL/min})$$

（3）流量计校准。用皂膜流量计分别对 SF$_6$ 绝缘气体和氧气流量计进行校准，打上标记。

（4）选购 5 只至 10 只体重在 20g 左右的雌性健康小白鼠，预先饲养在透气良好的容器里，生物试验前观察五天，以确认它们是健康的。

2. 试验步骤

（1）按图 5-17 连接好整个试验装置，检查气路系统的气密性。

（2）按照二 1.（2）计算好的流量通入混合器，然后计算 SF$_6$ 绝缘气体和氧气的流速。

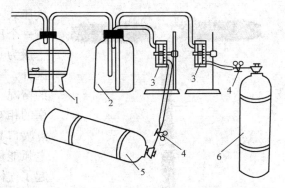

（3）待气体稳定后，将 5 只确认健康的试验小白鼠进行编号，放入染毒缸中，同时放入充足的鼠食和水。

（4）每隔 1～2h 观察并记录一次小白鼠的活动情况。

（5）24h 后染毒试验结束，把小白鼠放回原饲养器中，继续观察 72h。

图 5-17　SF$_6$ 绝缘气体毒性实验装置示意图
1—染毒缸；2—气体混合器；3—流量计；
4—压力表；5—SF$_6$ 绝缘气体钢瓶；6—氧气钢瓶

（三）试验结果的判断

（1）如小白鼠在 24h 试验和 72h 观察中，都活动正常，则说明该样品气无毒。

（2）如果偶尔有一只或几只小白鼠出现异常现象或者死亡，则可能是毒性造成，应重新用十只小白鼠进行重复试验，以判定前次试验结果的正确性。

（3）在有条件的地方，应对任何一只在试验中死亡或者有明显中毒症状的小白鼠进行解剖，以查明死亡或中毒原因；有条件时可对试验用气体进行有毒成分含量测试。

（四）注意事项

（1）试验中应控制好气体的比例，否则不能真实反映试验结果。

（2）试验室温度不宜波动太大，以 25℃左右为宜。

（3）试验残气经净化处理后排至室外。

第三节　SF₆电气设备现场检测技术

一、SF₆电气设备

以 SF₆绝缘气体为绝缘介质的电气设备简称 SF₆电气设备，包括断路器、隔离刀闸、接地刀闸、全封闭组合电器（GIS、HGIS）、复合开关、高压开关成套设备（C−GIS、充气环网柜）等。

除用于以上高压开关设备外，SF₆绝缘气体也用于中、高压输变电设备中的互感器、电容器、避雷器、熔断器、气体绝缘输电管道和变压器等领域。

目前，12～1000kV 所有电压等级的电力设备都在使用 SF₆绝缘气体。据不完全统计，全国 SF₆电气设备达数十万台，已成为电力系统的主要设备。

（一）SF₆断路器（GCB）

断路器别名自动开关、空气开关、空气断路器、漏电保护器等，它是指能接通、承载以及分断正常电路条件下的电流，也能在规定的非正常电路条件下接通、承载一定时间和分断电流的一种机械开关电器。

1. SF₆断路器的构成

常用的 HPL B2 型断路器结构简图如图 5-18 所示。

SF₆断路器是用 SF₆绝缘气体作为绝缘和灭弧介质的。目前，常用的 SF₆断路器结构为气压式（即单压式）和自我膨胀式结构。压气式只有一个压力不高的气体系统，结构简单，工作压力一般为 0.6MPa，液化温度为−30℃。除一些高寒地区外，一般地区的使用温度不加热也不会发生液化的情况。单压式 SF₆断路器开断时利用压气缸与活塞的相对运动将 SF₆绝缘气体压缩，产生气流在触点喷口高速喷出，使电弧熄灭。自我膨胀式是利用电弧能量加热膨胀室内的气体，气体温度的上升引起了气体压力的增加。这种具有压力的 SF₆绝缘气体，一方面用来在电流过零时吹弧，另一方面在电极间形成绝缘间隙。这种断路器不需要压气缸，总体结构简单紧凑，触点开距小，所需的机械操作功小。

2. SF₆断路器的优点

SF₆断路器与其他类型断路器相比较，具有以下优点：

（1）开断和绝缘性能优良。超高压断路器一般要求端口电压高、开断容量大、操作过电压低、结构简单、维修方便。SF₆断路器的断口电压可以做得较高，在电压等级相同、开断电流相当和其他性能

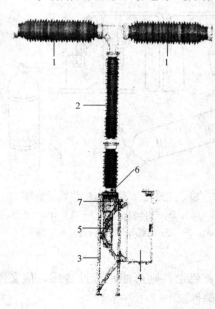

图 5-18　HPL B2G 型断路器结构简图
1—灭弧室；2—支持瓷瓶；3—支架；
4—BLG 型操作机构；5—分闸弹簧；
6—气体监测装置（在对面）；
7—合、分闸位置指示器

接近的情况下，SF₆断路器的串联端口数较少。

由于近区开断时，恢复电压上升速率很高，超高压大容量断路器开断近区故障相当困难。一般的空气和少油断路器，介质强度恢复速度比SF₆断路器要低。SF₆断路器不但有很高的介质强度恢复速度，而且对恢复电压不敏感，所以具有很好的开断近区故障的能力，可以开断比空气断路器大许多倍的电流，而无需附加并联电阻，因而SF₆断路器的串联端口数较少。

在开断小电流时，空气和少油断路器容易引起高的操作过电压。而SF₆断路器在开断小电流时无重燃，在开断小电感电流时，无截流现象发生，因而开断小电流时过电压低。

SF₆断路器在这方面显示的优点，使得SF₆断路器更有利于向超高压断路器的方向发展。

（2）结构简单紧凑，维修方便。SF₆断路器，由于断口电压较高，所以断口数较少，特别是单压式灭弧室结构的采用，使得SF₆断路器的结构比空气和少油断路器都要简单得多。另外，SF₆断路器即使在开断大电流时，电弧电压也不高，约为空气断路器电弧电压的1/10左右，所以电弧功率小。而且，SF₆绝缘气体的散热能力比空气强，所以对触头烧毁轻微，大大延长了触头的寿命。因此，SF₆断路器检修周期长，一般情况下，三年以内不必检修。

（二）SF₆全密封组合电器（GIS）

SF₆全封闭组合电器是指将具有优良绝缘和灭弧性能的SF₆绝缘气体充入金属外壳内的封闭式新型成套高压电器。目前，变电站除了变压器外，所有一次设备（开关、互感器、刀闸、接地刀闸、母线避雷器、电缆头等）都装在充有SF₆绝缘气体的密封金属外壳内，并保持一定的压力。

1. SF₆全封闭组合电器的构成

图5-19是一个全封闭组合电器的结构示意图，由断路器、隔离开关、接地开关、快速接地开关、电流互感器（TA）、电压互感器（TV）、避雷器、母线、进（出）线套管、电缆终端等电器元件组成，按照电气主接线的要求，一次组成一个整体，各元件的高压带电部分封闭于接地的金属壳体内，壳内充以表压0.25～0.3MPa的SF₆绝缘气体，作为绝缘和灭弧介质。

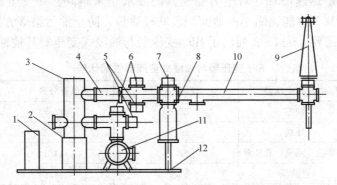

图5-19　SF₆全封闭组合电器的结构示意图
1—汇控柜；2—弹簧机构；3—断路器；4—TA；5—ES；6—DS；7—ESF；
8—TV或LA；9—TR；10—分箱母线；11—共箱母线；12—底架

2. SF₆全密封组合电器的特点

与常规变电站相比SF₆全密封组合电器具有以下特点。

（1）结构紧凑。电压等级越高，其占地面积越少。220kV GIS 设备占地面积只有常规设备 1/3 左右，500kV GIS 设备占地面积只有常规设备的 1/4 左右，故 SF_6 全密封组合电器对于山区水电站、人口稠密的城市来说非常适合。表 5 - 8 为 SF_6 全封闭组合电器与常规敞开式电器占地面积与空间体积的比较。

表 5 - 8　　　　SF_6 全封闭组合电器与常规敞开式电器占地面积与空间体积的比较

电压 （kV）	占地面积			空间体积		
	SF_6 全封闭组合 电器 A（m^2）	常规敞开式 电器 B（m^2）	缩小率 A/B（%）	SF_6 全封闭组合 电器 C（m^3）	常规敞开式 电器 D（m^3）	缩小率 C/D（%）
66	21	123	17	136	1360	10
154	37	435	7.7	331	8075	4.1
275	66	1200	3.8	414	28 800	1.4
500	90	3706	2.4	900	147 696	0.6

（2）受周围环境因素的影响较小。由于 SF_6 全密封组合电器设备是全封闭的电气元件全部密封在封闭的外壳之内，与外界空气不接触，故几乎不受周围环境的影响，故 SF_6 全密封组合电器非常适合工业污染较严重地区、潮湿地区以及高海拔地区。

（3）安装方便。由于 SF_6 全密封组合电器采用积木式结构，由若干气室单元组成，设备生产厂家将各个单元封闭运输到现场，安装对接非常方便，可以大大缩短现场施工周期。

（4）运行安全可靠、维护工作量少。由于 SF_6 绝缘气体优良的绝缘和灭弧性能，以及 SF_6 全密封组合电器自身的特点，使得该设备运行安全可靠，维护工作量少。

（5）价格太高，由于相邻单元距离很近，在某单元发生严重故障时很容易波及其他单元，造成更加严重的损失。

（三）SF_6 变压器（GIT）

随着电力传输线路长度的增长，传输容量增大，输电电压等级不断提高，两个电压等级之间的电力变换容量迅速增加，对电力变压器的要求越来越高。在安全运行的可靠性、防火、防爆、噪声控制、节能、缩小占地面积、减轻质量、防止油污染等方面，传统的油侵式变压器已不能满足需要。表 5 - 9 列出了 SF_6 变压器与油浸式变压器其他性能的比较。

表 5 - 9　　　　　　　　　　SF_6 变压器与油浸式变压器性能比较

项目		油浸式变压器	SF_6 变压器	差值百分数（%）	差值百分数（%）
质量（t）	铁芯	26.44	22.73		—14
	导线	12.38	6.12		—51
	不带油（或气）总质量	62.14	44.14		—29
	总质量	85.96	44.82		—48
损耗（kW）	铜损	248	208		—16
	铁损	47	41		—13
空间利用率（%）	绕组部分	23%	69%		200%
	铁芯部分	17%	50%		194%

　　用压缩 SF$_6$ 绝缘气体和聚酯薄膜作为绝缘介质的 SF$_6$ 变压器显示出了它的优良性能，但同时与常规的油浸式变压器比较，SF$_6$ 变压器具有以下特点。

　　1. 冷却系统方面

　　（1）在电力变压器中 SF$_6$ 绝缘气体压力为 0.2MPa，若提高其气体压力，就需增加变压器壳体强度，导致壳体质量和成本增加。

　　（2）SF$_6$ 变压器多采用液体（C$_8$F$_{16}$ 或 C$_8$F$_{18}$）作为冷却介质，而油浸式变压器则采用变压器油作为冷却介质。因为 SF$_6$ 绝缘气体的导热性能不如变压器油好，所以大容量的变压器需加氟碳化合物冷却剂，增设冷却系统。

　　（3）为了获得与油浸式变压器同样的冷却特性，SF$_6$ 变压器需增设空气压缩机。

　　2. 在绝缘结构方面

　　（1）根据工作电压和容量不同，GIT 选用各种饼式绕组和箔式绕组，高低压绕组间、绕组对地之间的主绝缘的绝缘强度主要决定于 SF$_6$ 绝缘气体的绝缘强度，而 SF$_6$ 对电场的均匀性依赖程度很高，因此，在设计中要严格控制气体中的电场强度。

　　（2）在绝缘材料方面，油浸式变压器采用绝缘纸，GIT 则采用具有很高机械强度和绝缘能力的高密闭性的塑料薄膜作为铜线的绝缘包布。

　　3. 在保护装置方面

　　SF$_6$ 变压器取消了气体继电器，装设了与气体继电器等效的突发压力继电器，该继电器测量气体压力的上升速度以确定内部故障并给出一个跳闸信号。由于 SF$_6$ 变压器的气体容量很大，除非故障能量非常大和故障时间特别长，否则内部故障造成的本体压力不会上升到危险状态，因此，GIT 也不需要油浸式变压器安装的压力释放设备。

　　（四）SF$_6$ 绝缘电力电缆（GIC）和其他 SF$_6$ 电气设备

　　SF$_6$ 绝缘电力电缆是指将单相导体或三相导体封装在充有 SF$_6$ 绝缘气体的金属圆筒中，由 SF$_6$ 绝缘气体作为导体带电部分与接地的金属圆筒间的绝缘介质的电气装置。普通的电力电缆是采用绝缘油和纸作为绝缘介质的，由于绝缘油和纸的介电常数大，充电电流较大，且随线路长度的增加成正比例上升，到达一定长度，即使末端开路，始端的充电电流也可达满载数值。较长距离的电缆必须加并联电抗器进行补偿。SF$_6$ 电力电缆在输送容量和输送距离方面均比传统电缆要高，目前已在国内外投入运行。

　　与油纸电力电缆相比，SF$_6$ 电力电缆具有如下优点：

　　（1）SF$_6$ 的介电常数 ε 为 1，而油纸绝缘电缆的 ε 为 3.6，因此，电容量只有充油电缆的几分之一。

　　（2）充电电流小，介质损失小，允许工作温度高，具有更大的传输容量。

　　（3）终端套管结构简单，价格相对便宜。

　　以 SF$_6$ 绝缘气体作绝缘介质，在电流互感器和电压互感器上已开始使用，并显示出其相对于光电式电压互感器的优点。在套管、避雷器等电气设备上也得到使用。

　　二、SF$_6$ 绝缘气体湿度的现场检测

　　（一）湿度的表示方法

　　湿度是指气体中的水汽含量，而固体或液体中的含水量称为水分。表示气体中水汽含量的基本量可以是水蒸气压力，它表示湿气（体积为 V，温度为 T）中的水蒸气于相同 V、T 条件下单独存在时的压力，也称水蒸气分压力。

　　重量法是湿度测量中一种绝对的测量方法。在当今所有湿度测量方法中它的准确度最高。人们普遍以这种方法作为湿度计量的基准。其量值是以混合比来表示的。湿气中的混合比是湿气中所含水汽质量和与它共存的干气质量的比值。因此可以认为，混合比是湿度最基本的表示方法。

　　基于混合比定义概念的还有几种常见的湿度表示方法。其中，质量分数（×10^{-6}）是以百万分之一为单位表示的水汽与其共存的干气的质量之比值；体积分数（×10^{-6}）是以百万分之一为单位表示的水汽与其共存的干气的体积之比值。绝对湿度也称为水汽浓度，是湿气中的水汽质量与湿气总体积之比。相对湿度是湿气中水蒸气的摩尔分数与相同温度和压力条件下饱和水蒸气的摩尔分数之百分比。露点温度是指压力为 p、温度为 T、混合比为 γ 的湿气，其热力学露点温度温度 T_d 是指在此给定压力下，该湿气为水面所饱和时的温度。饱和水蒸气压是指水蒸气与水（或冰）面共处于相平衡时的水蒸气压。

　　综上所述，露点温度、饱和水蒸气压、水蒸气分压力、混合比、质量分数、体积分数、绝对湿度、相对湿度都可用以表示气体湿度。根据它们的物理意义，相互之间可以转换。

　　（二）湿度计量单位换算

　　1. 气体湿度的体积分数计算为

$$\varphi_W = \frac{V_W}{V_T} \times 10^6 = \frac{p_W}{p_T} \times 10^6 \tag{5-15}$$

式中　φ_W——测试气体湿度的体积分数，10^{-6}；

　　　　V_W——水汽的分体积，L；

　　　　V_T——测试气体的体积，L；

　　　　p_W——气体中水汽的分压，Pa；

　　　　p_T——测试系统的压力，Pa。

　　2. 气体湿度的质量分数计算为

$$\omega_W = \frac{m_W}{m_T} \times 10^6 = \varphi_W \frac{M_W}{M_T} \tag{5-16}$$

式中　ω_W——气体湿度的质量分数，×10^{-6}；

　　　　m_W——水蒸气的质量，g；

　　　　m_T——测试湿气的质量，g。

　　　　M_W——湿气中水的摩尔质量，g/mol；

　　　　M_T——测试气体的摩尔质量，g/mol。

　　3. 气体含水量相对值的计算

　　根据相对湿度的定义，气体湿度的相对值 RH 表示水蒸气在测试露点下的分压与系统温度下的饱和水蒸气压之比，以百分数表示，即

$$RH = \frac{p_W}{p_S} \times 100\% \tag{5-17}$$

式中　p_W——测试露点下水蒸气的分压力，Pa；

　　　　p_S——测试系统温度下的饱和水蒸气压力，Pa。

　　4. 气体含水量绝对值的计算

　　根据绝对湿度的定义，气体湿度的绝对值 AH 表示单位体积湿气中水蒸气的质量，也

就是水蒸气的密度，它可由理想气体状态方程推得，即

$$AH = 2.195 \frac{p_w}{T_K}$$

(5 - 18)

式中　　p_w——水蒸气的分压力，Pa；

　　　　T_K——系统温度，K。

（三）湿度的常用检测方法

在湿度测量中有多种方法可以应用，除了经典的重量法之外，目前，电力系统常用的 SF_6 绝缘气体湿度检测方法主要有电解法、露点法和阻容法。下面简要介绍这三种方法的原理，详细测定步骤参见 GB/T 11605—2005《湿度的测量方法》。

1. 电解法

被测试样中的微量水分进入传感器—电解池，被内壁的五氧化二磷吸湿涂膜吸收，在直流电压作用下，释放出 H_2 和 O_2。

吸收反应为

$$P_2O_5 + H_2O \longrightarrow 2HPO_3$$

电解反应为

$$2HPO_3 \longrightarrow \frac{1}{2}O_2 \uparrow + H_2 \uparrow + P_2O_5$$

当吸收和电解过程达到平衡时，电解电流正比于气样中的水蒸气含量，可通过测量电解时消耗的电流，计算出气体中的水分含量。详细步骤参见 DL/T 915—2005《六氟化硫气体湿度测定（电解法）》。

2. 露点法

使被测气体在恒定压力下，以一定流速通过露点仪测试室中的抛光金属镜面。当气体中的水蒸气随着镜面温度逐渐降低而达到饱和时，镜面上开始出现露（或霜），此时所测量到的镜面温度即为露点。由此可换算或查相对应的气压—露点—湿度图，得出气体中微量湿度的含量。

3. 阻容法

通过电化学方法在金属铝表面形成一层氧化膜，进而在膜上镀一薄层金属，这样铝基体和金属膜便构成了一个电容器。当 SF_6 绝缘气体通过时，多孔氧化铝层就吸附了水蒸气，使两极间电容发生改变，其改变量与水蒸气浓度成一定关系，经过标定即可定量使用。

此外，SF_6 绝缘气体湿度的检测，还有许多方法，如吸附热量法、石英晶体振荡法、气相色谱法等。

（四）SF_6 电气设备中气体水分的来源及危害

1. 水分来源

对 SF_6 绝缘气体来说，湿度的主要来源有：生产过程中气体本身带来的、气瓶里残留的湿度、运输过程中渗透进来的。

对充 SF_6 绝缘气体的电气设备来说，主要来源有 SF_6 绝缘气体及吸附剂本身带有的湿度；充气前，气体净化处理不干净，残留的少量湿度；电气设备中的绝缘件带有 $0.1\sim 0.5\mu L/L$ 的水分，在运行过程中，逐渐释放出来；设备在制造、运输、安装、检修过程中都可能接触水分，外界湿度从设备的泄漏处侵入。

2. 水分对设备的危害

水与 SF_6 发生水解反应生成氢氟酸、亚硫酸，可严重腐蚀电气设备。可加剧低氟化物的水解，生成有毒物质；水分可使金属氟化物水解，水解产物能腐蚀固体零件表面，有的甚至为剧毒物；水分在设备内结露，附着在零件表面，如电极、绝缘子表面等，易产生沿面放电（闪络）而引起事故。

（五）SF_6 电气设备气体湿度现场检测方法

SF_6 高压电气设备气体湿度现场检测主要是 SF_6 断路器和 GIS 的气体湿度检测和 SF_6 绝缘气体泄漏检测。

现场检测的关键问题是解决设备本体与检测仪器的连接问题。检测时，设备本体中的气体必须经气路引出，以一定流速通过检测仪器的检测器（如电解式水分仪的电解池、阻容式水分仪的探头等）。由于 SF_6 绝缘气体中水分含量是微量的，气体湿度的测量又是一项严密的工作，因此对气路连接的要求就比较严格。

1. 设备本体与检测仪器之间的连接要求

以 SF_6 高压断路器为例，断路器的一般气路系统包括压力表、密度继电器、阀门、充放气口（或气体检查口）等，如图 5-20 所示。

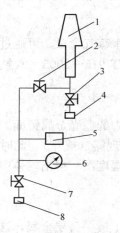

图 5-20　SF_6 断路器的气路系统
1—断路器本体；2、7—截止阀（常开）；
3—截止阀（常闭）；4—SF_6 充、放气口；
5—SF_6 密度继电器；6—SF_6 压力表；
8—气体检查口

设备中 SF_6 绝缘气体的压力是用压力表和气体密度继电器来监视的，在气体密度降低时，SF_6 绝缘气体密度检测器自动报警或发出闭锁信号。截止阀 2 在设备运行中处于常开状态，截止阀 3、7 是处于常闭状态。SF_6 充、放气口 4 在设备安装、补气时给设备作充气或放气用。气体检查口可用于日常监督中对设备中气体进行检测。

SF_6 绝缘气体湿度检测一般是从气体检查口取气。将检测仪器由气体检查口经专用接头连接到设备本体上。连接之前。先将截止阀 7 关闭，打开气体检查口处的密封盖口，用专用接头经管路连入，再打开截止阀 7，调节适宜的气体流量，而后即可开始进行气体湿度测量。

测量仪器的操作参见 DL/ T 506—2007《六氟化硫电气设备中绝缘气体湿度测量方法》。

2. 测试结果的计算

实际测量中，各种仪器测量的结果可用不同的量值来表示，如电解式水分仪测量结果以体积分数表示，阻容式和露点式水分仪测量结果直接以露点表示。我国国家标准规定 SF_6 高压断路器气体湿度以体积分数表示，实际工作中测量结果的换算是不可避免的。下面举例说明测试结果的计算。

【例 5-3】　某 SF_6 高压电气设备，SF_6 绝缘气体充装压力为 0.43MPa（表压），在环境温度 20℃时，用露点仪测得 SF_6 绝缘气体露点为 −36℃，测试系统压力为 0.1MPa（绝对压力），试计算 SF_6 绝缘气体含水量。

解　由测得 SF_6 绝缘气体露点 −36℃，查相应露点下的饱和水蒸气压 $p_w = 20.0494Pa$，

已知 $p_T = 0.1MPa$，水的摩尔质量 $M_W = 18$，SF_6 的摩尔质量 $MSF_6 = 146$，则体积分数浓度为

$$\varphi_W = \frac{p_W}{p_T} \times 10^6 = \frac{20.0494 \times 10^{-6}}{0.1} \times 10^6 = 200.49$$

质量分数浓度为

$$\omega_W = \varphi_W \frac{M_W}{M_{SF_6}} = \frac{200.49 \times 18}{146} = 24.72$$

绝对湿度为

$$AH = 2.195 \frac{P_W}{T_K} = \frac{2.195 \times 20.0494}{273 + 20} = 0.15(g/m^3)$$

【例 5 - 4】　例 [5 - 3] 中某电气设备，若假设测试时测量压力等同于设备压力，试推算测得露点应当是多少。SF_6 高压电气设备内部水分的饱和蒸汽压是多少？计算 SF_6 绝缘气体含水量的体积分数浓度 [设备内 SF_6 绝缘气体绝对压力为（0.43＋0.1）MPa]。

解　由公式

$$p_{wo} = p_{wa} \frac{p_o}{p_a}$$

计算得

$$20.0494 \times \frac{(0.43 + 0.1)}{0.1} = 0.106 \text{ (kPa)}$$

查露点与饱和蒸汽压表得到相应露点为 $-19.7℃$，体积分数浓度为

$$\varphi_W = \frac{p_W}{p_T} \times 10^6 = \frac{0.106 \times 10^3}{0.53 \times 10^6} \times 10^6 = 200.49$$

可以看出，此例中 SF_6 电气设备在常压下测量时露点为 $-36℃$，在设备压力下测量时露点为 $-19.7℃$，设备内部 SF_6 绝缘气体中水分的饱和蒸气压为 0.106kPa，SF_6 绝缘气体含水量的体积分数浓度是 200.94（$\times 10^6$）。说明设备内部 SF_6 绝缘气体中水分的饱和蒸气压（设备压力下）与将气体释压引出设备时气体中水分的饱和蒸气压（常压下）是不同的，它们与压力成正比。因此，在常压下测量和在设备压力下测量得到的气体露点值是不同的。无论在何种情况下测量，气体含水量的体积分数浓度是不变的。由于体积分数浓度的概念是相对的概念，这种测量与计算结果是合理的。

【例 5 - 5】　在环境温度为 20℃时，若使用露点仪测得环境大气的露点为 7℃，计算环境相对湿度是多少。

解　20℃时，查水的饱和蒸汽表得

$$p_S = 2.3385kPa$$

7℃时，查水的饱和蒸汽表得

$$p_W = 1.0019kPa$$

则

$$RH = \frac{p_W}{p_S} \times 100\% = \frac{1.0019}{2.3385} \times 100\% = 42.8\%$$

答：环境的相对湿度为 42.8%。

三、SF_6 绝缘气体现场检漏技术

检漏是指检测设备泄漏点和泄漏气体浓度的手段。由于充有 SF_6 绝缘气体的各气室有额

定的充气压力，设备有泄漏，则气压下降，影响其使用特性，使设备不能正常运行，而且 SF_6 绝缘气体比较昂贵，又造成很大的损失；加上泄漏出的 SF_6 绝缘气体，尤其是电弧分解气，含有害杂质，对人体有害。故对 SF_6 绝缘气体进行检漏对保证设备的安全运行和人身安全具有重要意义。

SF_6 电气设备气体检漏分两个方面：一是定性检漏，它是直接对设备各接头密封点铝铸件进行检测，可以查出设备各泄漏点位置，判断是否漏气，是大漏还是小漏，不能确定漏气量，一般用于日常维护；二是定量检漏，它可以确定漏气率的大小，判断产品是否合格，主要用于设备制造、安装、大修和验收。

（一）定性检漏

定性检漏一般分为抽真空检漏法和检漏仪检测法。

（1）抽真空检漏法。常用于新建制造安装中或大修后 SF_6 电气设备的初步检漏，它既可以检查设备的安装情况又可以除去设备内的水分。首先将设备抽真空，维持真空度在 133×10^{-6} MPa 以下，使真空泵运转 30min，停泵 30min 后在真空表上读真空度 p_A，再过 30min 读真空度 p_B，若 $p_B - p_A \leqslant 133$ Pa，则初步认为密封良好。

（2）检漏仪检测法。采用校验过的灵敏度较高的 SF_6 绝缘气体检漏仪，沿被测面以大约 25mm/s 的速度移动，无泄漏点发现，则认为密封良好。

1）检漏仪的工作原理。检漏仪由探头、探测器和泵体三部分组成。其原理是用探测器产生高频电场并导致电晕放电，当设备漏气时，探头借助真空泵的抽力将 SF_6 绝缘气体吸入探测器的高频电场内，由于 SF_6 捕获电子的能力较强，必将使电晕放电大为减弱，将这种电子信号转换成声、光报警信号，泄漏量越大，声光信号越强烈，检漏仪电表读数变化越明显，能较充分地反映漏气情况，也能定量地检测气体泄漏量。

2）检漏仪检测的注意事项。探头移动速度应慢，以防探头移动过快而错过泄漏点；检漏时不应在风速大的情况下，避免泄漏气体被风吹走而影响检漏；选择灵敏度高、响应速度小的检漏仪，一般使用检漏仪的最低检出量小于 $1\mu L/L$，响应速度小于 5s 较为合适。

（二）定量检漏

定量检漏有挂瓶法、整机扣罩法、局部包扎法、压力降法四种方法。

（1）挂瓶法。适用于法兰面有双道密封槽的 SF_6 电气设备泄漏检测。双道密封槽之间留有与大气相通的检漏孔。在试品充气至额定压力，并经一定时间间隔后，在检漏之前，取下检漏孔的螺塞，过一段时间，待双道密封间残余的气体排尽后，用软胶管分别连接检漏孔和挂瓶（挂瓶一般为体积 1L 的塑料瓶）。挂一定时间间隔后，取下挂瓶，用灵敏度不低于 0.01×10^{-6}（体积分数）的、经校验合格的检漏仪，测量挂瓶内 SF_6 绝缘气体的浓度。根据测得的浓度计算试品累计的漏气量、绝对泄漏率、相对泄漏率等。

（2）整机扣罩法。适用于体积较小的 35kV 和 10kV SF_6 开关现场，对于大型 SF_6 高压开关设备制造厂，由于其开关的安装现场体积太大，进行该法实验比较困难，故一般是在厂内进行测试。用塑料薄膜、塑料大棚、密封房或金属罩等把试品罩住，扣罩前吹净试品周围残余的 SF_6 绝缘气体。试品充 SF_6 绝缘气体至额定压力后不少于 6~8h 才可以进行扣罩检漏。扣罩 24h 后用检漏仪测试罩内 SF_6 绝缘气体的浓度。测试点通常选在罩内上、下、左、右、前、后，每点取 2~3 个数据，最后取得罩内 SF_6 绝缘气体的平均浓度，计算其累计漏气量、绝对漏气率、相对漏气率等。

注意：塑料薄膜可以制成一个塑料罩，内有骨架支撑，塑料罩不得漏气，为了便于计算，尽可能作成一定的几何形状，在罩内上、下、左、右、前、后开适当的小孔，用胶布密封作为测试孔。

（3）局部包扎法。一般适用于组装单元和大型产品。用约 0.1mm 厚的塑料薄膜对设备的密封面、管道接头进行封闭包扎，测量包扎体积，经过 24h 后用检漏仪测量包扎腔内 SF₆ 绝缘气体的浓度。根据测得的浓度计算漏气率等指标。

（4）压降法。适用于设备气室漏气量较大时的设备检漏，以及在运行中用于监督设备漏气情况。通过测量一定时间间隔内设备的压力差，根据压力降低的情况来计算设备的漏气率。具体方法是：先测定压降前的 SF₆ 压力 p_1，根据 p_1 和当时的温度 T_1 换算出 SF₆ 的密度 ρ_1，过一段较长的时间间隔，如 2～3 个月或半年，再测定压降后的 SF₆ 压力 p_2，根据 p_2 和当时的温度 T_2 换算出 SF₆ 的密度 ρ_2，根据 SF₆ 在一定时间间隔密度的改变计算漏气率。

通常，SF₆ 设备在交接验收试验中，检漏工作都使用局部包扎法和扣罩法。详细试验方法参见 GB 11023—1989《高压开关设备六氟化硫气体密封试验方法》。

（三）泄漏量的计算方法

因为 SF₆ 电气设备中气体的泄露直接影响电网的安全运行和人身的安全，所以，六氟化硫气体泄漏量检查是 SF₆ 电气设备交接和运行监督的主要项目。

累计泄漏量是指整台设备所有漏气量的总和。泄漏率分绝对泄漏率和相对泄漏率之分，绝对泄漏率是指单位时间内气体的泄漏量，以 Pa·m³/s 或 g/s 表示；相对泄漏率是指设备在额定充气压力下的绝对泄漏量与总充气量之比，以每年的泄漏百分率表示，即%/年。

1. 漏气量以 Pa·m³/s 表示的计算

若用扣罩法检查设备的泄漏情况，以 F_0 表示单位时间的漏气量，F_y 表示年漏气率，则

$$F_0 = \frac{\varphi \cdot (V_m - V_1)p_S}{\Delta t} \qquad (5-19)$$

$$F_y = \frac{F_0 t}{V(p_r + 0.1)} \times 100\% \qquad (5-20)$$

式中 F_0——单位时间漏气量，Pa·m³/s；
φ——扣罩内 SF₆ 绝缘气体的平均浓度（体积分数）；
V_m——扣罩体积，m³；
V_1——SF₆ 设备的外形体积，m³；
p_S——扣罩内的气体压力，MPa；
Δt——扣罩至测量的时间间隔，s；
F_y——年漏气率，%；
t——以年计算的时间，每年等于 31.5×10^6 s；
V——设备内充装 SF₆ 绝缘气体的容积，m³；
P_r——SF₆ 设备气体充装压力（表压），MPa。

2. 漏气量以 g/s 表示的计算

若用局部包扎法来检查设备的泄露情况，假设共包扎了 n 个部位，单位时间内的漏气量以 F_0 表示，年漏气率以 F_y 表示，则

$$F_0 = \frac{\sum_{i=1}^{n}(\varphi_i V_i) \cdot \rho}{\Delta t} \qquad (5-21)$$

$$F_y = \frac{F_0 t}{m_T} \times 100\% \qquad (5-22)$$

式中　　ρ——SF$_6$ 绝缘气体的密度，6.16g/L；

$\quad\quad\ \varphi_i$——每个包扎部位测得的 SF$_6$ 绝缘气体泄漏浓度（体积分数）；

$\quad\quad\ V_i$——每个包扎腔的体积，m^3；

$\quad\quad\ \Delta t$——包扎至测量的时间间隔，s；

$\quad\quad\ t$——以年计算的时间，每年等于 31.5×10^6 s；

$\quad\quad m_T$——设备内充入 SF$_6$ 绝缘气体的总量，g。

3. 压力降法检漏的计算

若以压力降法检查设备的漏气情况，要考虑 SF$_6$ 绝缘气体的温度、压力和密度三者的关系，按两次检查记录的设备 SF$_6$ 绝缘气体压力和检查时的环境温度算出 SF$_6$ 绝缘气体的密度，据此计算年漏气率 F_y，则

$$F_y = \frac{\Delta\rho}{\rho_1} \times \frac{t}{\Delta t} \times 100\% \qquad (5-23)$$

$$\Delta\rho = \rho_1 - \rho_2 \qquad (5-24)$$

式中　　$\Delta\rho$——SF$_6$ 绝缘气体在两次检查时间间隔间的密度变化；

$\quad\quad\ \rho_1$——第一次检查设备压力时换算出的气体密度；

$\quad\quad\ \rho_2$——第二次检查设备压力时换算出的气体密度；

$\quad\quad\ \Delta t$——两次检查之间的时间间隔，月；

$\quad\quad\ t$——以年计算的时间。

4. 计算举例

【例 5-6】　采用扣罩法测量 SF$_6$ 断路器的泄漏率。

已知：一台 SF$_6$ 断路器，所占空间体积为 1.3m^3，塑料罩容积为 1.6m^3，断路器气室容积为 0.65m^3，设备表压为 0.46MPa，用检漏仪测得塑料罩内泄漏；SF$_6$ 绝缘气体的平均浓度为 85×10^{-6}（体积分数），间隔时间为 24h，塑料罩内气体压力假设为 0.1MPa（绝对压力）。断路器内 SF$_6$ 绝缘气体填充量为 24kg，气体密度为 6.16g/L。计算年漏气率。

解一：

$$F_0 = \frac{\varphi \cdot (V_m - V_1)p_S}{\Delta t} = \frac{85 \times 10^{-6} \times (1.6 - 1.3) \times 10^3 \times 0.1 \times 10^{-3}}{24 \times 60 \times 60}$$

$$= 29.5 \times 10^{-12} \ (\text{MPa} \cdot \text{m}^3/\text{s})$$

解二：

$$F_0 = \frac{\varphi \cdot (V_m - V_1)\rho}{\Delta t} = \frac{85 \times 10^{-6} \times (1.6 - 1.3) \times 10^3 \times 6.16}{24 \times 60 \times 60} = 18.1 \times 10^{-7} (\text{g/s})$$

$$F_y = \frac{F_0 t}{Q} \times 100\% = \frac{18.2 \times 10^{-7} \times 31.5 \times 10^6}{24 \times 10^3} \times 100\% = 0.24 (\%/\ \text{年})$$

【例 5-7】　采用局部包扎法检测 SF$_6$ 电气设备年漏气率。

已知：包扎部位与检测浓度见表 5-10。

表 5 - 10　　　　　　　　　　　　　　　部位与检测浓度

项目	V_1	V_2	V_3	V_4	V_5	V_6	V_7
体积（L）	10	10	10	10	10	1	1
浓度（10^{-6}）	40	30	36	60	80	20	30

解：设备内 SF₆ 绝缘气体填充量为 24kg，间隔时间为 24h。则年漏气率为

$$F_0 = \frac{\sum_{i=1}^{7}(\varphi_i V_i) \cdot \rho}{\Delta t} = \frac{2510 \times 10^{-6} \times 6.16}{60 \times 60 \times 24} = 1.78 \times 10^{-7}(\text{g/s})$$

$$F_y = \frac{F_0 t}{Q} \times 100\% = \frac{1.78 \times 10^{-7} \times 31.5 \times 10^6}{24 \times 10^3} \times 100\% = 0.02(\%/\text{年})$$

【例 5 - 8】　采用压力降法检查设备的泄漏。

已知：某 SF₆ 断路器，使用 YB—100 型压力表，第一次检查压力时环境温度为 20℃，压力为 0.42MPa，第二次在间隔 6 个月后检查气体压力，检查时环境温度为 25℃，压力为 0.43MPa。计算这台 SF₆ 断路器的年漏气率。

解　由第一次检查时环境温度为 20℃，压力为 0.42MPa，查出 SF₆ 绝缘气体密度 $\rho_1 =$ 32.86kg/m³，由第二次检查时环境温度为 25℃，压力为 0.43MPa，查出 SF₆ 绝缘气体密度 $\rho_2 = 32.46$kg/m³，则

$$F_y = \frac{\rho_1 - \rho_2}{\rho_1} \times \frac{t}{\Delta t} = \frac{32.86 - 32.46}{32.82} \times \frac{12}{6} \times 100\% = 2.4\%$$

（四）SF₆ 电气设备气体现场检漏要点

1. 电气设备易泄漏的部位

（1）对于 220kV SF₆ 高压开关。各个检漏口、裂缝、SF₆ 绝缘气体充气嘴、法兰连接面、压力表连接管、滑动密封底座。

（2）对于 35kV 和 10kV SF₆ 开关。SF₆ 绝缘气体充气嘴、操作机构、导电杆环氧树脂密封处、压力表连接管路。

（3）对于 SF₆ 断路器。各检测口、焊缝、充气嘴、法兰连接面、压力表连接管、密封底座等。

（4）GIS（组合电器由断路器、隔离开关、接地开关、互感器、避雷器、母线、连接件等单元，封闭在接地的金属体内组成）的常见漏气点有焊缝、法兰结合面、充气嘴和压力表等处。

2. SF₆ 漏气率的标准

（1）在定量检漏孔处挂瓶检漏，漏气率不得超过下列标准。

1）额定压力为 0.6MPa（表压），挂瓶 33min，漏气率为 2.57×10^{-6}MPa·mL/s；

2）额定压力为 0.4MPa（表压），挂瓶 33min，漏气率为 1.7×10^{-6}MPa·mL/s。

（2）年漏气率。用整机扣罩法计算漏气率的标准均按制造厂家的规定，一般规定为不大于 1%。

3. 监视密度及压力

目前，SF₆ 电气设备的气体监视多数采用带温度补偿、具有两级报警的压力表。

（1）对于温度补偿、具有报警接点的压力表，应每月进行一次压力表读数记录，并分析记录结果，防止由于报警回路失灵而失去监视。

（2）密度监视继电器由于不能观察到压力值，若密度继电器或其报警回路有异常，则不能起到密度监视作用，如果产生气体泄漏将会引起严重后果。补救措施是定期（半年或一年）采用外接压力表测量每一个隔室的压力，根据温度压力曲线和历史数据判断隔室是否漏气。

（3）只采用压力表监视 SF₆ 设备，应每天进行一次巡视，观察压力表数值。每周进行一次压力表读数记录，并根据温度压力曲线判断是否正常。

（4）根据有关规程，运行中的 SF₆ 绝缘气体监视仪表须每 3～5 年进行一次校验。对于报警回路的检查，可结合二次设备定期检验进行。

4. 补充气

SF₆ 设备发生漏气是不可避免的。按有关规定，SF₆ 设备单个隔室的年泄漏量应小于1%，以此泄漏量计算，该隔室第一级报警需补气的时间约为 7 年，若在 7 年内发生漏气报警，说明该隔室的密封程度不合格。当 SF₆ 设备发生气体泄漏时，应立即进行补充气，一般情况下，补充气不需 SF₆ 设备停电，补充气过程要注意如下几点。

（1）充入的气体首先要经检验合格，充气小车管道最好抽真空，条件不允许情况下也要用合格的 SF₆ 绝缘气体冲洗管道 2～3 次。

（2）环境湿度高低对补气影响不大，但操作过程要注意充气接口的清洁。湿度高的情况下可用电热吹风对接口处进行干燥。

（3）充气前，最好调节充气压力与设备内 SF₆ 绝缘气体的压力基本一致，再接入充气接口，充气压差应小于 100kPa，禁止不经减压阀直接用高压充气。

（4）充入设备内的气体压力应稍高于规定压力，以补充今后气体湿度测量所消耗的气体量。补充气的数量也要做好记录，方便进行统计分析。

5. 现场检漏的注意事项

SF₆ 设备发生大量泄漏的现象极少见。若隔室发出补充气报警后，又在 30min 内出现紧急隔离报警，或明显听到气体泄漏声音，说明隔室发生严重漏气，应采取紧急措施进行隔离。大多数情况下，SF₆ 设备都会发生轻微泄漏。因此，在进行补充气后立即开展查漏工作，查漏过程要注意如下几点。

（1）检漏工作要确保人身安全，保持安全距离，加强监护。必要时需将设备停电后再进行检漏工作。

（2）各种型号的 SF₆ 开关在定量测定泄漏之前均应进行漏点查找。无论是何种型号的检漏仪，测量前都先将仪器调试到工作状态，有些仪器根据工作需要可调节到一定的灵敏度，然后拿起探头，仔细探测 SF₆ 设备外部，特别注意那些易泄漏部位及检漏口，根据检漏仪所发生的声或光的报警信号，及仪器指针偏转的格数来确定泄漏及粗略浓度，也可进一步进行定量检查，对于泄漏超标部位必须采取措施，进行消漏处理。

（3）没有检漏仪时，或对于泄漏较大的设备，可用发泡液（如肥皂、洗发精）进行查漏，首先在设备中充入一定压力的气体，再用刷子将肥皂抹在可能泄漏的法兰面，根据鼓泡情况判断泄漏，严禁用含有腐蚀性的发泡液。此法有季节性限制，且灵敏度不高，大体上只能发现 0.1mL/min 以上程度的漏气量。

（4）在大风的环境中或极微量漏气时，可采用收集法，即用密封袋把怀疑部分包扎起来，待一定时间后再使用检漏仪测量袋内 SF_6 绝缘气体的浓度。

（5）密封电器的检漏，一般是采用灵敏度较高的专用仪器，如密封电器的允许泄漏量各国规定不一，现场使用中还经常监视 SF_6 的密度和压力。通常每年不大于 0.1%。实际运行设备的漏气量，每年最少的仅为 0.1%。

第四节　SF₆ 电气设备内部故障的诊断技术

变压器在运行中可能会发生过热、局部放电、闪络和电弧等故障，这些故障均以热的形式表现出来。在通常状态下纯净的 SF_6 是一种无色、无臭、无味、无毒、不燃的气体，纯 SF_6 绝缘气体在 $101.325kPa$ 下，在 $1000K$ 以上时才开始分解，$2000K$ 达到分解与导热高峰，分解产物为 SF_4、SF_2 等低氟化物以及 S、F 原子，是一个可逆的分解反应。若气体混有杂质后，在电弧作用下所产生的低氟化物大部分有毒性和腐蚀性，其中 HF 还能与瓷件反应。如果对 SF_6 绝缘气体使用管理不当就可能极大地损耗设备，降低设备的电气性能，严重时会造成事故甚至危及人身安全。因此，及时检测出 SF_6 开关设备内部缺陷，对保障设备和电网的安全运行具有重要意义。

对 SF_6 电气设备进行故障诊断，其主要依据之一，是设备内的放电故障类型不同会产生不同成分的 SF_6 分解产物。因此通过分析设备内 SF_6 分解产物，可以判断放电故障类型及故障程度。

一、分解产物含量诊断 SF₆ 电气设备内部故障

1. SF_6 电气设备内部故障的分类

SF_6 电气设备内部故障可分为放电和过热两大类。放电作用根据放电过程中所消耗能量由大到小又分为电弧放电、火花放电、电晕放电或局部放电。表 5-11 列出了 SF_6 电气设备放电类型与特点。

表 5-11　　　　　　　　　　SF₆ 电气设备放电类型与特点

放电类型	放电产生原因	放电特点
电弧放电	断路器开断电流；气室内发生短路故障	电弧电流 3~100kA，电弧持续时间为 5~150ms，释放能量为 1×10^5~1×10^7J
火花放电	低电流下的电容性放电、高压试验中出现闪络或隔离开关开断时产生	短时瞬变电流，火花放电能量持续时间微秒级。释放能量为 0.1~100J
电晕放电、局部放电	场强太高时，处于悬浮电位部件，由导电杂质引发	局部放电脉冲重复频率为 100~10000Hz，每个脉冲释放能量为 0.001~0.01J，放电量为 10~1000pC

除上述三种能引起 SF_6 分解的主要放电过程外，过热作用也会促使 SF_6 绝缘气体分解，如电触头接触不良引起的过热。通过测定热分解产物可判断设备内部过热状况。过热作用根据温度的高低又可分为低温、中温和高温过热。

2. SF_6 电气设备内部常见的故障部位

（1）导电金属对地放电。这种故障主要表现在 SF_6 绝缘气体中存在颗粒杂质、绝缘子和

拉杆缺陷引起导电杆等带电部件对地放电，放电性故障能量大，产生大量的 SO_2、SOF_2、H_2S 和 HF。

（2）悬浮电位放电。这类故障通常表现在断路器动触头与绝缘拉杆间的固定螺栓松动、TA 二次引出线电容屏上部固定螺栓松动和避雷器电阻片固定螺母松动引起悬浮电位放电。这种放电性故障能量不大，但持续时间长，分解物的含量高；一般情况下只有 SF_6 分解产物，主要生成 SO_2、HF 和金属氟化物。

（3）导电杆的连接接触不良。当接触点温度超过 500℃时，SF_6 绝缘气体和周围固体绝缘材料开始热分解，当温度达 700℃以上时，将造成动、静触头或导电杆连接处梅花触头的包箍蠕变、断裂，触头融化脱落，其主要产物为 SO_2、HF 等。

（4）互感器、变压器匝层间和套管电容瓶短路。当内部故障时，将使故障区域的 SF_6 绝缘气体和聚酯乙烯、纸和漆等绝缘材料裂解，主要产生 SO_2、SOF_2、HF、CO 和低分子烃。

（5）断路器重燃。断路器正常开断时，电弧一般在 1、2 个周波内熄灭，但当灭弧性能不好或电流不过零时，电弧不能及时熄灭，从而将灭弧室和触头灼伤，此时 SF_6 绝缘气体和聚四氟乙烯分解，主要产生 SO_2、SOF_2、HF 和 CF_4。

（6）断路器断口并联电阻、电容内部短路。因断口的并联电阻、电容受到的电场很强，当其质量不佳时，将引起短路、周围的 SF_6 绝缘气体裂解主要产生 SO_2、SOF_2 和 HF。

二、SF_6 电气设备内部的特征气体组分

SF_6 电气设备内部绝缘材料，包括 SF_6 绝缘气体和固体绝缘材料两类。

1. 固体绝缘材料特征气体组分

固体绝缘材料因不同设备有所不同，主要有热固型环氧树脂、聚酯尼龙、聚四氟乙烯、聚酯乙烯和绝缘漆等。断路器中的固体绝缘材料有环氧树脂、聚酯尼龙和聚四氟乙烯；其他设备除有环氧树脂外，还有聚酯乙烯和绝缘漆。

环氧树脂、聚酯尼龙、聚四氟乙烯、聚酯乙烯、绝缘纸和绝缘漆等固体绝缘材料主要由 C、H、F、O 等元素组成，当故障点温度达 130℃时，聚酯乙烯、纸和漆开始分解，主要产生 CO、CO_2、H_2 和低分子烃；当温度达到 400℃以上时，聚四氟乙烯开始分解，主要产生 CF_4 和 CO；当温度达到 500℃以上时，环氧树脂开始分解，主要产生 H_2S、CO、H_2 和低分子烃。

通过研究固体绝缘材料的裂解机理和统计分析各种故障实例表明：H_2S 组分含量大小可判断故障的放电能量及故障是否涉及固体绝缘；CO 是聚酯乙烯、绝缘纸和绝缘漆分解的特征组分；CF_4 是聚四氟乙烯裂解的特征组分。

2. SF_6 绝缘气体分解的特征气体组分

（1）SF_6 绝缘气体分解机制。在运行过程中，当存在故障电弧、火花放电、局部放电、过热故障时，由于高温或电子碰撞作用，SF_6 分子会发生离解，产生 SF_5、SF_2、F 等活性粒子以及 SF_4 分子和单质硫，同时，SF_6 绝缘气体中的杂质 O_2、H_2O 分子发生离解，生成 H、O 原子和 OH 活性粒子。这些活性粒子互相结合，最终生成氟、硫、氧、氢的各种化合物。按照 SF_6 分子离解起因的不同，可将 SF_6 分解机制分为热分解和电子碰撞分解。

1）热分解。SF_6 在温度不太高时，物理化学性质非常稳定，类似于惰性气体，但在高温下会发生离解。500℃时开始离解，700℃后会明显离解，温度高达 2000℃以上时，SF_6 大部分会分解为硫和氟的单原子。

SF_6 离解产物浓度与温度之间的关系如图 5 - 21 所示。

由图 5-21 可知，温度低于 3000K 时，SF₆ 的主要离解产物是 SF_4、SF_2 和 F，这 3 种活性粒子与 H_2O 和 O_2 发生的化学反应为

$$SF_4 + H_2O = SOF_2 + 2HF$$
$$SF_2 + O = SOF_2$$
$$SOF_2 + H_2O = SO_2 + 2HF$$
$$SF_4 + SF_6 = S_2F_{10}$$

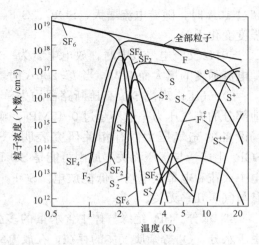

图 5-21 SF₆ 离解产物浓度与温度的关系

由以上式子可知，比较稳定的分解气体主要有 SOF_2、SO_2、HF，S_2F_{10} 在 200℃ 以上不稳定。

2) 电子碰撞分解。当 SF₆ 绝缘气体发生低温放电时，在强电场作用下将释放出高能量的电子，如在电晕放电情况下，电子平均动能高达 5～10eV，SF₆ 分子中 S—F 键的键能为 3.5～4.0eV。因此，在电晕等低温放电情况下，在高能电子轰击下，S—F 键断裂，SF₆ 分子逐步离解为硫的低氟化物，即

$$e^- + SF_6 = SF_x + (6-x)F + e, \quad x \leqslant 5$$
$$e^- + SF = SF_{x-1} + F + e$$

经过碰撞电离后，SF₆ 的离解产物将会与同时离解产生的 OH、O、O_2 和 H_2O 等活性粒子发生一系列反应，即

$$SF_5 + OH = SOF_4 + HF$$
$$SF_5 + O = SOF_4 + F$$
$$SF_4 + O = SOF_2 + F_2$$
$$SF_3 + O = SOF_2 + F$$
$$SF_2 + O = SOF_2$$
$$SF_4 + OH = SOF_2 + HF + F$$
$$SF_3 + O_2 = SOF_2 + F_2$$
$$SF_2 + O_2 = SO_2F_2$$
$$SF_4 + SF_6 = S_2F_{10}$$
$$SOF_2 + H_2O = SO_2 + 2HF$$

由以上式子可知，比较稳定的分解气体主要有 SOF_2、SO_2、SOF_4、SO_2F_2、HF 和 S_2F_{10}。

经对大量试验和故障实例统计分析研究表明：SO_2、SOF_2、HF 是 SF₆ 绝缘气体分解的特征组分。

（2）SF₆ 绝缘气体分解的影响因素。

1) 放电的能量。电弧能量是影响 SF₆ 绝缘气体分解物的最重要因素，电弧能量越大，弧区的温度高，气体分解物的生成率就越大。

2) 电流强度。电弧放电下，随着电流的增大，$SOF_2 + SO_2$ 的生成量迅速提高，而 CF_4 含量增加很缓慢，SO_2F_2 产量几乎与电流无关。

直流电晕放电时，$SO_2F_2 + SOF_4$、SOF_2 含量在电流为 0～4A 范围内迅速增加，当电流

超过 10A 时，随着电流增大，SOF_4、S_2F_{10} 增多，SO_2F_2 的含量逐渐减小，SOF_2 则与电流强度变化无关。

50Hz 交流电晕放电时，放电电量为一定值，则 SOF_2 与电流强度变化无关，而 SO_2F_2 随电流强度的增大而增大，当 $I \geqslant 20\mu A$ 时，SO_2F_2 则与电流强度无关。

3）气压。现代 SF_6 高压断路器均为单压式，气压在 0.7MPa 左右。GIS 除断路器外其他部分的充气压力一般不超过 0.45MPa，实验室用设备一般气压均为 100～400kPa，小于现场设备的充气压力。有相关研究表明：SOF_2、SiF_4 含量与能量/气压有关，而 SO_2F_2、SOF_4 生成量与气压无关，原因可能是 SO_2F_2 生成量与 SF_6 气压无关，原因可能是在电弧放电中火花和电晕放电均为低能放电。$SOF_2 + SO_2$ 的含量随气压升高略有增加，CF_4 的生成量与气压几乎无关。

4）水分。SF_6 绝缘气体中含水量的多少，对电弧分解物组成成分和含量有极大影响。由于水分、O_2 等杂质气体的存在，在放电结束后 SF_6 绝缘气体复合过程受到了阻碍，与 O 活性粒子结合生成 SOF_2、SO_2F_2、SOF_4 和 SO_2 等气体产物，水分对稳定气体产物的形成至关重要，水分参与反应的反应式为

$$SF_{x+1} + OH \longrightarrow SOF_x + HF \qquad x = 0, \cdots, 4$$
$$SF_4 + H_2O \longrightarrow SOF_2 + 2HF$$
$$SOF_2 + H_2O \longrightarrow SO_2 + 2HF$$
$$SOF_4 + H_2O \longrightarrow SO_2F_2 + 2HF$$

在放电区域，水分子被分解为 O 和 OH，OH 与低氟硫化物发生初级反应，生成 SOF_2、SOF_4 等稳定气体产物，并扩散到放电区外，与水继续发生缓慢的反应。同时，SO_2 和 HF 溶于吸附在电极或绝缘材料表面的水形成强酸，腐蚀固体材料的表面，影响设备的工作性能。

5）氧气。设备中的 O_2 可能来自安装检修等过程中渗入的空气，电极材料和绝缘材料也可能含有 O_2，O_2 是生成有毒气体产物的主要因素之一，吸附在电极表面的 O_2 分子可能是反应生成主要气体分解产物的主源。O_2 分子参与反应的主要反应式为

$$SF_{x+1} + OH \longrightarrow SOF_x + HF \qquad x = 0, \cdots, 4$$
$$SOF_x + H_2O \longrightarrow SO_2F_x \qquad x = 0, 2$$
$$SF_4 + O \longrightarrow SOF_4$$
$$SF_2 + O_2 \longrightarrow SO_2F_2 \text{ 或 } SOF_2 + O$$

一般来说，随着 O_2 含量的增加，SO_2F_2、SOF_4 的生成量显著增加，而 SOF_2 有微弱的变化，O_2 影响了 SO_2F_2、SOF_4 的形成机理。实验表明：SO_2F_2 中的 O_2 主要来自 O_2；SOF_2 中的 O_2 主要来自 H_2O；SOF_4 中的 O_2 来自 H_2O 或 O_2，含量多者即为主要的 O_2 源；当 H_2O 和 O_2 在气室内的含量极低时，主要气体分解产物的生成率对 H_2O 和 O_2 的变化不敏感。

6）电极材料。电极材料是决定副产物数量的重要因素。不同的电极材料，有不同的表面结构，吸附的水分和 O_2 分子也不同，造成不同的电极表面反应过程。常见的电极材料有银（Ag）、铜（Cu）、铝（Al）、不锈钢、Cu-Ni-W 和 Cu-W 等。

各种电极材料对主要气体分解产物的影响如下：

在电弧作用下 SF_6 绝缘气体分解物的生成与电极材料有直接关系，日本曾对 15 种不同

的电极材料进行过实验，SF_6 绝缘气体分解物数量最高的是铝电极，而最低的是银氧化镉（AgCdO）。

当温度大于 200℃时，水分、空气等杂质含量较高并在金属（例如铜）的作用下，SF_6 绝缘气体可能会产生以下的反应，即

$$2SF_6 + Cu = CuF_2 + S_2F_{10}$$
$$SF_6 + 2Cu = 2CuF_2 + SF_2$$
$$2SF_6 + 5Cu = 5CuF_2 + S_2F_2$$
$$S_2F_{10} = SF_4 + SF_6$$
$$2SF_2 = SF_4 + S$$
$$2S_2F_2 = SF_4 + 3S$$

从表 5-12 可知，对主要气体分解物影响较小的电极材料是银和铜，考虑到银较贵，从经济角度和技术条件考虑，还是选用钨铜（Cu-W）合金作为电极材料为宜。

表 5-12　　　　　　　　电极材料对主要气体分解物的影响（数据均为体积比）

含量＼电极材料	银	铜	不锈钢	Cu-Ni-W	Cu-W
O	0.25	0.3	0.3	0.4	0.45
水分	0.02	0.02	0.02	0.02	0.02
SOF_2	0.001	0.02	0.06	0.16	0.22
SOF_4	0.001	0.0008	0.0008	0.0006	0.0006
SO_2F_2	0.0008	0.0012	0.002	0.000 25	0.003
HF	—	—	—	0.12	0.135

此外，气体分解产物的形成与电极表面吸附的 H_2O 或 O_2 密切相关。由于 SO_2F_2、SOF_4 的形成与 SF_6 绝缘气体中 O_2 的含量无关，故认为与电极材料表面吸附的 O 分子有关，并且电极表面吸附的 O_2 分子越多，SO_2F_2、SOF_4 生成量越大，对于 Ag、Cu 和 Al₃ 种电极材料，SO_2F_2 的生成量：Al＞Cu＞Ag；SOF_4 的生成量：Cu＝Al≥Ag。

（3）SF_6 电气设备内部的特征气体组分。综上所述，SF_6 设备内部故障时，虽然分解产物很多，但是主要的分解产物为 SO_2、SOF_2、H_2S、CF_4、HF 和 CO。对于 HF 虽是内部故障的特征组分，但因其腐蚀性很强，传感器昂贵、寿命短，因此，现场检测的必要性不是很大。CF_4 虽聚四氟乙烯分解的特征组分，在 SF_6 生产过程中大量产生，虽然经过吸附精制处理，但是在国标的新气质量标准中，其浓度接近 $100\mu L/L$，若用这么大含量的增加值来评价其是否发生分解，显然可靠性不高。聚四氟乙烯主要用于断路器中压缩气缸和灭弧罩，只有发生电弧重燃时才会分解，其分解时除产生 CF_4 以外，还产生较多的 CO，而此时故障区域的 SF_6 绝缘气体也会发生分解，产生 SO_2，因此，检测 SO_2 和 CO 含量在一定程度上也能反映出灭弧室内部故障，而且 CF_4 的检测较复杂，现场难以实现，因此，现场检测 CF_4 的必要性不大。

作为预防性试验的主要目的是检出早期内部缺陷，而非进行综合诊断，因此，在现场没有必要，也不可能对各种分解产物都进行检测。在经过大量对 SF_6 设备内部绝缘材料的裂解机理的研究以及对各种故障实例进行统计分析，确定选择 SO_2、SOF_2、H_2S 和 CO 作为 SF_6

绝缘气体分解物特征组分进行检测，不仅能有效检出内部潜伏性故障，而且还能准确判断故障的可能部位。

三、SF₆ 电气设备分解产物的分析检测

1. SF₆ 电气设备分解产物的检测方法

通过检测 SF₆ 分解产物判断设备内部状况的方法因其具有不受外界噪声和振动的干扰的优点，适用于现场使用，且可能成为一种有效的在线监测手段。在 SF₆ 电气设备内部故障时，放电分解组分复杂，分解产物含量相对较少，且不稳定。SF₆ 气体物理、化学及复杂的分解特性均为现场 SF₆ 分解物检测造成了一定的困难。七种检测技术的优、缺点见表 5 - 13。

表 5 - 13　　　　　　　　　　　　七种检测技术的优、缺点

检测法	优　　点	缺　　点
检测管法	使用方便，快速定位故障	易受温度、湿度等影响，检测种类少
GC	检测组分多，灵敏度高	检测时间长，不能在线连续监测
IR	测定快速，不破坏试样，试样用量少	部分分解气体的吸收峰有交叉干扰现象
FTIR	高分辨率和快速响应，可形成在线监测	部分分解气体的吸收峰有交叉干扰现象
气体传感器	响应快，可实现自动在线连续监测	检测气体选择性差，部分传感器寿命较短
IMS	快速方便	不能对 SF₆ 分解物具体分析
GC-MS	检测组分多、高灵敏度、高分辨率	价格太高

为提高 SF₆ 绝缘气体分解产物检测准确度，需要根据不同试验目的和条件选择合适的检测方法。SF₆ 绝缘气体分解产物检测技术现在主要有气体检测管法、气相色谱法 (GC)、红外光谱法 (IR)、傅里叶变换红外光谱仪 (FTIR)、气体传感器、离子移动度计 (IMS) 及色谱－质谱法 (GC－MS) 等。

在实验室或现场试验时，可结合表 5 - 13 从试验要求、可行性、试验条件和检测技术经济性等方面综合考虑，以实现试验目的为准则，选取合适的 SF₆ 绝缘气体分解产物检测技术。

2. SF₆ 电气设备分解产物的正常含量范围

由于 SF₆ 电气设备内部的 SF₆ 绝缘气体和热固型环氧树脂等绝缘材料的分解温度较高，而故障初期的能量一般都较低，所产生的分解产物的浓度小，设备中又放置有能吸附水和分解产物的吸附剂，而且预防性试验周期又长，因此，要检出内部早期故障就必须严格控制分解产物的浓度。根据大量设备的检测数据和故障实例的统计分析，得出分解产物正常值参考指标，见表 5 - 14。

表 5 - 14　　　　　　　　　　　　分解产物正常值参考指标

设备名称	分解产物浓度 (μL/L)				备　　注
	$SO_2 + SOF_2$	H_2S	CO	HF	
断路器	≤2.0	≤1.0	≤200	≤1.0	距最近一次跳闸一周后测试时
其他设备	≤1.0	≤0.5	≤100	≤0.5	

3. SF₆ 电气设备分解产物的检测周期

应用分解物诊断 SF₆ 电气设备内部故障有效、方便、耗气量少，一般设备均可在运行状态下进行检测。分解物的检测周期按电压等级按表 5 - 15 进行。

表 5 - 15 　　　　　　　　　　SF₆ 电气设备分解产物检测周期

设备名称电压等级(kV)	检 测 周 期	备 注
35 及以下	(1) 新设备投运半年内测一次。 (2) 每 2～3 年测一次。 (3) 必要时	必要时系指： (1) 发生近区短路断路器跳闸时。 (2) 受过电压严重冲击时。 (3) 设备有异常声响时。 (4) 设备有异常电磁场时
66～220	(1) 新设备投运三个月内测一次。 (2) 每 1～2 年测一次。 (3) 必要时	
330～1000	(1) 新设备投运一个月内测一次。 (2) 每年测一次。 (3) 必要时	

4. 内部故障的诊断方法

SF₆ 电气设备的内部故障是一个复杂的物理、化学过程，在判断内部故障时必须结合设备运行、结构、体积、压力、检修、电气试验、继电保护动作和故障录波情况等作综合分析，从而提高对故障的分析判断水平。

在分析判断时必须了解设备内部结构和排气管长度，以利于判断测试数据的准确性。

第五节　SF₆ 绝缘气体的质量监督和管理

一、对 SF₆ 新气的质量验收

（一）SF₆ 绝缘气体的制备

在新气验收之前需要了解 SF₆ 绝缘气体制备的相关知识，以为新气的验收提供指导。

1. SF₆ 的合成和杂质来源

工业上普遍采用的制备 SF₆ 的方法是单质硫与过量气态氟直接化合，反应式为

$$S + 3F_2 \longrightarrow SF_6 + Q \text{（放热反应）}$$

氟硫直接化合成六氟化硫的方法很多，化工行业主要采用使硫磺保持在熔融状态（120～140℃），通入氟气与硫蒸汽反应的方法，来制备 SF₆ 绝缘气体。

气态氟的制取，通常用电解法，以 KF 和 HF 为电解质，放入专用的氟电解槽中，用无定形碳作阳极、碳钢作阴极，板间用隔膜隔开，电解制取气态氟。

制取 SF₆ 时产生的副产物有硫的低氟产物和氟、硫、氧的化合物。杂质含量取决于设备的结构和原料的纯度。在电解制作氟时可能带入 HF、SOF_2、CF_4 等杂质，氟硫反应时可能生成 S_2F_2、SF_2、SF_4、S_2F_{10} 等低氟化合物，若原料含有水分和空气，还能生成 SOF_2、SO_2F_2、SOF_4、SO_2 等，杂质含量可高达 5％。

工业化生产的 SF₆ 绝缘气体粗品必须进行一系列的净化精制才能用于 SF₆ 绝缘气体绝

缘电气设备。

2. 新气净化

净化工艺一般可分为热解、水洗、碱洗、吸附、干燥等流程。副产物中的某些可水解氟化物（如 S_2F_2、SF_4、SF_2 等）和 SO_2、HF 均可用水洗、碱洗除去。低氟化物水解产生酸性物质，即

$$2SF_2 + 3H_2O \longrightarrow H_2SO_3 + 4HF + S$$

$$SF_4 + 3H_2O \longrightarrow H_2SO_3 + 4HF$$

$$2S_2F_2 + 3H_2O \longrightarrow H_2SO_3 + 4HF + 3S$$

水解产生的酸性产物可采用碱中和，一般采用 KOH 溶液中和，即

$$H_2SO_3 + 2KOH \longrightarrow K_2SO_3 + 2H_2O$$

$$HF + KOH \longrightarrow KF + H_2O$$

SF_6 绝缘气体中微量的极毒物 S_2F_{10} 在室温下不与水和碱液作用，一般采用热解的方法清除，主要热解产物为 SF_6 和 SF_4，反应为

$$S_2F_{10} \xrightarrow{\Delta} SF_6 + SF_4$$

而 SF_4 可经水洗、碱洗除去。

经过洗涤后的 SF_6 绝缘气体，还需再经吸附净化处理。常用的干燥剂和吸附剂有硅胶、活性氧化铝和合成沸石、活性炭等。他们可以吸附 SF_6 绝缘气体中残余的有毒气体，如 SOF_2、SO_2F_2、SOF_4 等。这些吸附剂对水分也具有吸附作用。

经过干燥吸附处理后，SF_6 绝缘气体中残留的空气和 CF_4 可以采用加压冷冻或低温蒸馏的方法去除。生产的 SF_6 绝缘气体经过这一系列的净化处理才可以得到纯度在 99.8％以上的产品。

（二）SF_6 新气的质量监督

1. SF_6 新气的验收

除上述 SF_6 在生产过程中可能含有的若干杂质外，在 SF_6 充装和运输过程中还可能混入少量的空气、水分和矿物油等物质。故为了保证 SF_6 绝缘气体的纯度和质量，国际电工委员会（IEC）和许多国家、生产厂家都规定了 SF_6 绝缘气体的质量标准。我国 SF_6 绝缘气体按照国家标准 GB/T 12022—2006《工业六氟化硫》（主要用于电力工业、冶金工业和气象部门等）和 GB/T 8905—2012《六氟化硫电气设备中气体管理和检测导则》（适用于电力工业）的规定进行验收。

SF_6 新气和再生气体的质量标准见表 5-16。从表中可知，GB/T 8905 与 GB/T 12022 对新 SF_6 质量规定相同。

表 5-16　　　　　　　　　　　　　　SF_6 新气和再生气体的质量标准

序号	项目	IEC 60376—2005	GB/T 12022—2006	GB/T 8905—2012（包括再生气体）
1	空气（$N_2 + O_2$）	≤0.2％（质量分数）	≤0.04％（质量分数）	≤0.04％（重量比）
2	CF_4	≤0.24％（质量分数）	≤0.04％（质量分数）	≤0.04％（重量比）

序号	项目		IEC 60376—2005	GB/T 12022—2006	GB/T 8905—2012（包括再生气体）
3	湿度（20℃）	质量分数	≤25×10⁶（−36℃）	≤0.000 5%（质量分数）	≤0.000 5%（重量比）
		露点（101.325kPa）	—	≤−49.7℃	≤−49.7℃
4	酸度（用 HF 表示）		≤1×10⁶	≤0.000 02%（质量分数）	≤0.000 02%（重量比）
5	可水解氟化物（用 HF 表示）		—	≤0.000 10%	≤0.000 10%（重量比）
6	矿物油		≤10×10⁶	<0.000 4%（质量分数）	<0.000 4%（重量比））
7	纯度		≥99.7%（质量分数，液态时测试）	≥99.9%（质量分数）	≥99.9%（重量比）
8	生物毒性实验		无毒	无毒	无毒

2. SF₆ 新气的质量监督

（1）检验出厂。工业 SF₆ 出厂前应由生产厂的质量检验部门进行检验，应保证每批出厂的产品都符合国家标准的要求。每批出厂的 SF₆ 都应附有一定格式的质量证明书，内容包括生产厂名称、产品名称、批号、气瓶编号、净质量、生产日期和标准编号。

气瓶应喷涂油漆，标明生产厂名称、产品名称、批号、气瓶编号及产品商标。气瓶的漆色、字样应符合 GB 7144—1999 气瓶颜色标志。标签应符合 GB 16804—1997 规定的要求。

（2）用户检验。SF₆ 电气设备制造厂和使用单位，在 SF₆ 新气到货的一个月内，充入设备前均应按照《六氟化硫气瓶及气体使用安全技术管理规则》和 GB/T 12022—2006《工业六氟化硫》中的有关规定进行复核、抽样检验，检测项目有密度、四氟化碳、空气、湿度、酸度、可水解氟化物、矿物油、纯度和生物毒性试验。各项技术指标均能符合标准，才能使用。对国外进口的新气，应进行复检验收，可按 IEC 60376 及 GB/T 12022 新气质量标准验收。

取 SF₆ 新气样时，可按 GB 12022 取样规程操作。由于 SF₆ 在钢瓶中是呈液态储存的，液面上可能有少量蒸气，为能从液相取到有代表性的样品，通常将钢瓶斜置，以利于取样。现场生产中通常让钢瓶直立，从上部取样检测。

对于 SF₆ 新气质量抽检率，在 GB/T 8905 和 DL/T 596 标准中明确地做了具体规定，GB/T8905 规定参照 GB/T 12022 执行，但对于电力生产部门而言，如按 GB/T 12022 来执行，抽检率太低。按 DL/T596 的规定，抽检率为 3/10，同一批相同日期的，只测湿度和纯度；对变压器从同批气瓶抽检时，抽取样品的瓶数应能足够代表该批气体的质量，具体规定见表 5-17。

表 5-17　　　　　总气瓶数与应抽取的瓶数❶

项　目 ＼ 序　号	1	2	3	4*	5*
总气瓶数	1～3	4～6	7～10	11～20	20 以上
抽取瓶数	1	2	3	4	5

＊ 除抽检瓶数外，其余瓶数测定湿度和纯度。

❶ 摘自 DL/T 941—2005。

　　其质量标准应符合表 5 - 16 的要求。如经验收试验，新 SF_6 绝缘气体的质量不合格时，应进行退货，或由生产厂家负责处理至合格。

　　(3) 用户存储。验收合格的 SF_6 新气，应存储在带顶棚的库房中，库房应阴凉干燥，通风良好，防止造成窒息事故。气瓶应有防晒、防潮的措施，不得靠近热源及有油污的地方，不得有水分和油污粘在阀门上。气瓶的安全帽防震圈应齐全，安全帽应旋紧，气瓶要直立存放，标志向外，搬运时轻装轻卸，严禁抛滑。未经检验的新气不能同检验合格的气体存放一室，以免混淆。

　　SF_6 绝缘气体在气瓶中存放半年以上时，使用单位在将这种气体充入 SF_6 气室以前，应复检其中的湿度和空气含量，指标应符合新气标准。

　　二、运行中的 SF_6 绝缘气体质量监督与管理

　　1. 运行中 SF_6 绝缘气体的质量标准

　　根据生产实际和设备发展状况，我国运行 SF_6 电气设备用气体质量标准分为断路器、GIS 气体和运行变压器两个系列。其中，断路器、GIS、互感器及套管用气的监督检测，见表 5 - 18、表 5 - 19。运行变压器用气标准则主要针对变压器（电流互感器可参照）而制定，见表 5 - 20、表 5 - 21。运行变压器中 SF_6 检测项目和周期见表 5 - 22。

表 5 - 18　　　　　　投运前、交接时 SF_6 绝缘气体分析项目及质量标准 ❶
(不包括混合气体)

序号	项　　目	周期	指　　标
1	气体泄漏（%/年）	投运前	≤0.5
2	湿度（H_2O，20℃、101.325kPa，$\mu L/L$）	投运前	灭弧室≤150 非灭弧室≤250
3	酸度 [以 HF 计,%（重量比）]	必要时	≤0.000 03
4	空气[(N_2+O_2),%（重量比）]	必要时	≤0.05
5	四氟化碳[(CF_4),%（重量比）]	必要时	≤0.05
6	可水解氟化物[(以 HF 计),%（重量比）]	必要时	≤0.0001
7	矿物油 [%（重量比）]	必要时	≤0.001
8	气体分解产物（$\mu L/L$）	必要时	总量<5，或（SO_2+SOF_2）<2、HF<2

表 5 - 19　　　　　运行中 SF_6 绝缘气体分析项目及质量标准 ❷ (不包括混合气体)

序号	项目	周期	要　　求	说　　明
1	气体泄漏 （年泄漏率）	必要时	≤0.5%	按 GB/T 11023—1989 方法进行

❶　摘自 GB/T 8905—2012。

❷　摘自 GB/T 8905—2012、DL/T 596—1996。

续表

序号	项 目	周 期	要 求	说 明
2	湿度 (20℃，μL/L)	(1) 1～3 年/次 (35kV 以上)。 (2) 大修后。 (3) 必要时	(1) 断路器灭弧室气室：大修后≤150，运行中≤300。 (2) 其他气室：大修后≤250，运行中≤500	(1) 按 DL/T 914—2005 或 DL/T 915—2005 方法进行。 (2) 新装及大修后 1 年内复测 1 次，如湿度符合要求，则正常运行中 1～3 年 1 次。 (3) 周期中的必要时是指新装大修后 1 年内复测湿度不符合要求或年漏气超过 1‰时和设备异常时，按实际情况增加的检测
3	密度（标准状态下，kg/m³）	必要时	6.16	按 DL/T 917—2005 方法进行
4	生物毒性	必要时	无毒	按 DL/T 912—2005 方法进行
5	酸度[（以 HF 计），%（重量比）]	(1) 大修后。 (2) 必要时	≤0.00003	按 DL/T 916—2005 方法或用检测管进行测量
6	四氟化碳 [%（重量比）]	(1) 大修后。 (2) 必要时	(1) 大修后≤0.05。 (2) 运行中≤0.1	按 DL/T 920—2005 方法，电气试验有异常时进行
7	空气 [%（重量比）]	(1) 大修后。 (2) 必要时	(1) 大修后≤0.05。 (2) 运行中≤0.2	按 DL/T 920—2005 方法进行
8	可水解氟化物 [（以 HF 计），%（重量比）]	(1) 大修后。 (2) 必要时	≤0.0001	按 DL/T 918—2005 方法进行
9	矿物油 [%（重量比）]	(1) 大修后。 (2) 必要时	≤0.001	按 DL/T 919—2005 方法进行
10	气体分解产物	必要时	注意设备中的分解产物变化增量	

表 5-20   **SF₆ 变压器交接时、大修后的 SF₆ 的质量标准** ❶

序号	项 目	单位	指 标
1	泄漏（年泄漏率）	%	≤0.1（可按照每个检测点泄漏值不大于 30μL/L 执行）
2	湿度（H_2O，20℃、101 325Pa，露点温度）	℃	箱体和开关应≤−40 电缆箱等其余部位≤−35
3	空气（N_2+O_2，质量分数）	%	≤0.1
4	四氟化碳（CF_4，质量分数）	%	≤0.05

❶ 摘自 DL/T 941—2005。

续表

序号	项 目	单位	指 标
5	纯度（SF_6，质量分数）	％	≥97
6	有关杂质组分（CO_2、CO、HF、SO_2、SF_4、SOF_2、SO_2F_2）	$\mu g/g$	有条件时报告（记录原始数值）

表 5 - 21　　　　　　　　　运行变压器 SF_6 质量标准❶

序号	项 目	单位	指 标
1	泄漏（年泄漏率）	％	≤0.1（可按照每个检测点泄漏值不大于 $30\mu L/L$ 执行）
2	湿度（H_2O，20℃、101 325Pa，露点温度）	℃	箱体和开关应≤－35 电缆箱等其余部位≤－30
3	空气（N_2+O_2，质量分数）	％	≤0.2
4	四氟化碳（CF_4，质量分数）	％	比原始测定值大 0.01％时应引起注意
5	纯度（SF_6，质量分数）	％	≥97
6	矿物油	$\mu g/g$	≤10
7	可水解氟化物（以 HF 计）	$\mu g/g$	≤1.0
8	有关杂质组分（CO_2、CO、HF'、SO_2、SF_4、SOF_2、SO_2F_2）	$\mu g/g$	报告（监督其增长情况）

表 5 - 22　　　　　　　　运行变压器中 SF_6 检测项目和周期❷

序号	项 目	周期	方法
1	泄漏（年泄漏率）	日常监督，必要时	GB/T 11023
2	湿度（20℃）	1 次/年	DL/T 506 或 DL/T 915
3	空气	1 次/年	DL/T 920
4	四氟化碳	1 次/年	DL/T 920
5	纯度（SF_6）	1 次/年	DL/T 920
6	矿物油	必要时	DL/T 919
7	可水解氟化物（以 HF 计）	必要时	DL/T 918
8	有关杂质组分（CO_2、CO、HF、SO_2、SF_4、SOF_2、SO_2F_2）	必要时（建议有条件 1 次/年）	报告

2. 运行中的 SF_6 绝缘气体的监督和安全管理

GB/T 8905—2012《六氟化硫电气设备中气体管理和检测导则》规定：

在室内的 SF_6 设备应安装通风换气设施，运行人员经常出入的室内设备场所每班至少换气 15min，换气量应达 3～5 倍的空间体积，抽风口应安置在室内下部。对工作人员不经常出入的设备场所，在进入前应先通风 15min。

---

❶❷　摘自 DL/T 941—2005。

在室内的 SF₆ 设备安装场所的地面应安装带报警装置的氧量仪和 SF₆ 浓度仪。空气中氧含量应大于 18%，氧量仪在空气中氧含量降至 18% 时应报警。SF₆ 浓度仪在空气中 SF₆ 含量达到 $1000\mu L/L$ 时发出警报。发出警报时应通风、换气。

如发现运行设备表压下降应分析原因，必要时对设备进行全面检漏，若发现有漏气点应及时处理。如发现运行设备湿度超出标准，应进行干燥、净化处理。

DL T 595—1996《六氟化硫电气设备气体监督细则》规定如下：

对于使用中的 SF₆ 绝缘气体，应按照 DL/T 596—1996《电力设备预防性试验规程》中的有关规定进行检验。

SF₆ 电气设备制造厂在设备出厂前，应检验设备气室内气体的湿度和空气含量，并将检验报告提供给使用单位。SF₆ 电气设备安装完毕，在投运前（充气 24h 以后）应复验 SF₆ 气室内的湿度和空气含量。

设备通电后一般每 3 个月，也可 1 年复核 1 次 SF₆ 绝缘气体的湿度，直至稳定后，每1～3 年检测湿度一次。现场运行中若发现气体质量指标有明显变化时，应报请电力集团、省电力公司"六氟化硫监督检测中心"，取得一致意见后，由基层单位进行处理。

对充气压力低于 0.35MPa 且用气量少的 SF₆ 电气设备（如 35kV 以下的断路器），只要不漏气，交换时气体湿度合格，除在异常时外，运行中可不检测气体湿度。

三、设备在运行中的巡视检查和操作

1. 异常声音分析判断

（1）放电声。SF₆ 高压电器设备内部放电声类似小雨点落在金属壳上的声音，由于局部放电声频率比较低，且音质与其噪声也有不同之处，有时必须将耳朵贴在外壳上才能听到；如果是放电声微弱，分不清放电声来自 SF₆ 电器内部还是外部，或者无法判断是否放电声，可通过局部放电测量、噪声分析方法，定期对设备进行检查。

（2）励磁声。在巡视 SF₆ 高压设备时，如果发现励磁声不同于平时听到的变压器励磁的声音，说明存在螺栓松动等情况，应进一步检查。

2. 部件发热、异常气味

SF₆ 高压电器内外导体接触不良、振动过大（部件松动），会导致过热，并使相邻外壳出现温度异常升高。因此，巡视检查时注意辨别外壳、扶手、传动部件处温升是否正常，有无异常气味。温度异常时，应测量温度分布，查明发热部位，同时将发热部位的温度与入厂试验值或其他相关的温升值进行比较来判断是否正常。

3. 外部零件巡视检查

主要巡视检查金属外壳、台架、法兰、接地导体等连接部分，箱体密封情况、电动机等发热器件、防潮用加热器具投入使用情况。

4. 防止运行中误操作

SF₆ 高压电器必须安装防误连锁装置，出现误操作几率很小，但也有人为解除防误连锁，将接地刀闸合至带电相上，应杜绝此种问题发生。

5. 加强避雷器的运行维护

因为 SF₆ 高压电器的绝缘水平主要取决于雷电过电压，所以在其进线、引线入口装上金属氧化物避雷器，若此避雷器在运行中退出运行或故障，将直接承接雷电波电压，因此加强避雷器运行维护意义重大。

6. SF$_6$ 高压电器使用中的人身安全防护

SF$_6$ 气体在 600℃ 以上会发生分解，产生的低氟化合物（固态、气态两种）具有强烈腐蚀性和毒性，因此在 SF$_6$ 电器设备工作中，安全防护问题应给予充分重视。

（1）室内 SF$_6$ 高压电器，应注意与主控室之间作气密性隔离。

（2）SF$_6$ 设备室内必须装设通风设备，进入室内先通风。

（3）气体采样操作及处理一般渗漏时，要在通风条件下戴防毒面具进行；采样时，应防止 SF$_6$ 绝缘气体压力突然下降造成的闪络，当发生大量 SF$_6$ 逸出时，立即撤离现场，并启动室内通风设备达 4h 以上，抢修人员必须穿防护服、戴手套、护目镜和佩戴氧气呼吸器，完成工作后，必须先洗手、臂、脸部、颈部或洗澡后再穿另一套衣服。

（4）操作 SF$_6$ 设备时，由于外壳在瞬间可有较高感应操作过电压，因此操作人员应戴绝缘手套、穿绝缘鞋，与设备外壳保持一定距离，防止身体触及设备。

（5）回收设备内 SF$_6$ 绝缘气体时，应开启通风设备，保证工作现场空气新鲜。对隔室内残留气体，用高纯度氮气或干燥空气冲洗最少 2 次以上，使气态分解产物浓度符合安全要求；开启 SF$_6$ 绝缘气体隔室封盖后，立即撤离现场 30min，让残留的 SF$_6$ 绝缘气体及其气态分解产物排出工作现场。

（6）清扫 SF$_6$ 绝缘气体隔室内固态分解物，要用滤除小至 $0.3\mu m$ 颗粒粉尘的专用真空吸尘器。若检修人员在室内设备上检修时，必须穿防护服、戴手套、护目镜和佩戴氧气呼吸器，应保持通风。工作结束后，工作人员应彻底清洗。

（7）处理吸尘器过滤物、防毒面具中的吸附剂，以及活性氧铝、分子筛、小苏打等，要用强度较好的塑料袋装好，埋入较深地下；或用苏打粉与废物混合后，再注入水，放置 48h 后，可当做垃圾处理。

（8）防毒面具、专用器具、皮靴、手套以及其他防护用品必须用肥皂或苏打粉液洗涤后晒干备用。

对 SF$_6$ 高压电器设备使用中可能出现的不安全问题应事先分析，落实防范措施，做好自身、设备安全防护，就能够更好发挥新设备优点，提高设备安全运行可靠性。

四、设备解体时的 SF$_6$ 绝缘气体的监督和管理

1. GB/T 8905—2012《六氟化硫电气设备中气体管理和检测导则》规定

设备解体前应对气体进行全面分析，以确定其有害成分含量，制订防毒措施。通过气体回收装置将 SF$_6$ 绝缘气体全部回收。

工作人员在处理使用过的 SF$_6$ 绝缘气体时，应配备安全防护用具（手套、防护眼镜、防护服和专用防毒呼吸器）。

从事处理使用过的 SF$_6$ 绝缘气体的工作人员应熟悉 SF$_6$ 绝缘气体分解产物的性质，了解其对健康的危害性，对这些人员应给与专门的安全培训（包括急救指导）。

处理 SF$_6$ 绝缘气体时，应当明示工作场所注意事项，说明禁火、禁烟、禁止高于 200℃ 的加热和无专门预防措施的焊接。

2. DL/T 595—1996《六氟化硫电气设备气体监督细则》规定

设备解体大修前，应按 IEC 480《电气设备中六氟化硫气体检测导则》和 DL/T 596《电气设备预防性试验规程》的要求进行气体检验，设备内的气体不得直接向大气排放。

设备解体大修前的气体检验，必要时可由上一级气体监督机构复核检测并与基层单位共同商定检测的特殊项目及要求。

运行中设备发生严重泄漏或设备爆炸而导致 SF₆ 绝缘气体大量外溢时，现场工作人员必须按 SF₆ 电气设备制造、运行及试验检修人员安全防护的有关规定佩戴个体防护用品。

SF₆ 电气设备完成出厂试验后，如需减压装箱或解体装箱时，应参照相关的要求进行气体检验后，方可进行装箱或降压。

SF₆ 电气设备补气时，如遇不同产地、不同生产厂家的 SF₆ 绝缘气体需混用时，应参照 DL/T 596《电力设备预防性试验规程》中有关混合气的规定执行。

五、SF₆ 绝缘气体检测仪器的管理

按照 DL/T 595—1996 的规定验收。

（1）对 SF₆ 绝缘气体检测使用的仪表和仪器设备，应制定详细的使用、保管和定期校验制度，并应建立设备使用档案。

（2）对有关测试仪器、仪表应建立监督与标定传递制度。基层单位的仪器由电力集团、省电力公司"六氟化硫监督检测中心"负责定期校验和检定；电力集团、省电力公司"六氟化硫监督检测中心"仪器的标定计量由部属 SF₆ 计量传递站进行定期检定和计量传递，并建立校验档案。

（3）各类仪器的校验周期按国家检定规程要求确定，暂无规则的原则上每年 1 次。

（4）各级 SF₆ 监督检测中心只有取得计量部门的计量标准考核之后，方可对下属单位的仪器仪表开展定期校验和检定工作。

六、SF₆ 新气的充装

对新 SF₆ 按规定进行试验合格后，才能严格按照操作规程往设备中充装 SF₆ 新气。在充装过程中要严防外界杂质渗入，其流程如下：

（1）充气前，充气所用管道、连接部件均根据需要（其可能残存的污物和材质情况）用 5％稀盐酸（体积）或 5％稀碱（重量）浸洗，然后用水冲洗，再用蒸馏水冲洗风干后，用无水乙醇或其他有机溶剂洗涤干燥后备用。

（2）充高纯氮气至额定压力进行设备试漏，漏气量应符合规定。

（3）在设备充 SF₆ 绝缘气体前还需要进行抽真空净化检漏。具体步骤：抽真空 133.32Pa，然后继续抽 0.5h，停泵记下真空值（p_A），再隔 5h 读真空值（p_B），若 $p_B - p_A$ > 133.32Pa，则可认为合格，否则应继续抽气，直至合格为止。另外，在设备充 SF₆ 新气前，应复检新气湿度，当确认合格后，方可缓慢地充入。

（4）向设备充装 SF₆ 绝缘气体时，充气时气瓶应斜放，且瓶口应低于尾部，以减少瓶中的湿度、空气等进入设备的量。当气瓶压力降至 1 个表压（即 0.1MPa）时，应停止使用，因剩气中含湿度和杂质较多，气体充装时，周围环境湿度应小于 80％。

（5）设备充气结束后，要用灵敏度大于 $1\mu g/g$ 气体检漏仪对设备所有密封、焊接面及管路接头进行全面检漏，连续观察 3～5d，确认无漏点后即可认为充装作业完毕。

（6）充装完毕 24h 后，对设备中气体进行湿度和空气含量测量，必要时测定进气样中油含量，若超过标准，必须进行处理，直到合格。

七、SF₆ 绝缘气体的检漏和湿度监督

（1）当发现压力表在同一温度下相邻两次读数差值达到 $9.81 \times 10^3 \sim 2.94 \times 10^4$ Pa 时，应

立即分析原因，并用 SF_6 检漏仪进行全面检漏，查出漏点，作出记录，并进行有效的处理。

（2）当控制柜发出补充报警信号时，应首先检查压力表以确定漏气区，再用检漏仪确定漏气点，采用必要措施并按规定进行补气。设备有大量漏气点时，应立即停电处理。

（3）应严格按照监测周期、测试方法、质量标准进行。

（4）分析 SF_6 绝缘气体的湿度时，取样管一般采用不锈钢材料，不得采用橡皮管及其他材料，以提高测试质量。

八、SF_6 绝缘气体的吸附净化

纯度不够的 SF_6 及其放电后的分解产物属有毒物，这些化合物的毒性，主要表现为人体吸入中毒，造成肺的损伤。表 5-23 列举了 SF_6 绝缘气体中的主要杂质及其来源。

表 5-23　　　　　　SF_6 绝缘气体中的主要杂质及其来源（GB/T 8905—2012）

序号	气体使用状态	杂质来源	杂质种类
1	新的 SF_6 绝缘气体	生产过程中产生	空气、油、H_2O、CF_4、可水解氟化物、HF、氟烷烃
2	检修和运行维护	泄漏和吸附能力差	空气、油、H_2O
3	绝缘的缺陷	局部放电：电晕和火花	HF、SO_2、SOF_2、SOF_4、SO_2F_2
4	开关设备	电弧放电	H_2O、HF、SO_2、SOF_2、SOF_4、SO_2F_2、CuF_2、SF_4、WO_3、CF_4、AlF_3
		机械磨损	金属粉尘、微粒
5	内部电弧放电	材料的熔化和分解	空气、H_2O、HF、SO_2、SOF_2、SOF_4、SO_2F_2、SF_4、CF_4、金属粉尘、微粒、AlF_3、FeF_3、WO_3、CuF_2

对于运行 SF_6 电气设备内气体的管理，目前普遍的做法是在 SF_6 电气设备内装填吸附剂，用吸附剂对 SF_6 绝缘气体进行净化处理。

（一）对吸附剂的性能要求

SF_6 绝缘气体绝缘电气设备中一般都配装有吸附剂，吸附剂有控制 SF_6 绝缘气体中水分含量和吸附 SF_6 绝缘气体分解产物的双重作用。吸附剂应用在 SF_6 电气设备中的，根据其使用环境，需具有以下性能。

（1）吸附剂应具有良好的机械强度。SF_6 断路器在开断中会产生很大的机械振动，使设备中的吸附剂受到强烈的冲击力，吸附剂强度不高将产生掉粉现象而影响设备性能。

（2）吸附剂应具有足够的平衡吸附量。SF_6 电气设备一般只有解体时才能更换吸附剂，故吸附剂应具有足够的平衡吸附量，以保证设备解体前有可靠的净化能力。在多种杂质共存的气体中，更要求吸附剂对多种杂质和水同时有足够的吸附能力。

（3）吸附剂的组成成分应不含有导电性或介电常数低的物质，以防其粉尘影响 SF_6 绝缘气体的电气绝缘性能。

（4）SF_6 断路器在开断中会产生高温和电弧，故要求放在断路器中的吸附剂能耐高温和电弧的冲击。

（二）吸附剂的种类

针对 SF_6 电弧分解气中所含杂质的特点以及实际应用中对吸附剂的要求，目前国内外应用于 SF_6 电气设备的吸附剂主要是分子筛和活性氧化铝。SF_6 绝缘气体净化所用吸附剂的主

要物理参数见表 5 - 24。

表 5 - 24　　　　　　　　　**SF₆ 绝缘气体净化所用吸附剂的主要物理参数**

名称 ＼ 指标	粒度直径 (mm)	堆密度 (g/mL)	耐压（每粒） (kPa)	水吸附量 (mg/g)	比表面积 (m²/g)
日本某公司合成沸石	3～5	0.80	>176.5	178	405.7
美国某公司分子筛	1.5（条形）	0.60	>29.4	159	404.1
国前 5A 分子筛	3～5	0.72	>107.9	115	—
国产 13X 分子筛	3～5	0.65	—	—	—
国产活性氧化铝	3～5	0.7～0.8	>235.4	363	235.1

（1）活性氧化铝是由天然氧化铝或铝土矿经特殊处理制成的多孔结构物质，它的比表面积大，机械强度高、物理化学稳定性好、耐高温、抗腐蚀性能好。活性氧化铝对 SOF_2、SO_2F_2、SF_4、SOF_4、SO_2、$S_2F_{10}O$ 等 SF₆ 分解产物都具有较好的吸附性能，且基本上不吸附 SF₆，它能够通过真空干燥和加热实现重复利用，是较理想的吸附剂。但是热活性氧化铝能与 SF₆ 电弧气体副产物发生放热反应，比如与 SOF_2 或 SF_4 发生反应，从而导致活性氧化铝失去吸附能力。

（2）分子筛是一种人工合成沸石—硅铝酸盐晶体。它无毒、无味、无腐蚀性，不溶于水和有机溶剂，能溶于强酸和强碱。分子筛经加热失去结晶水后，晶体中即形成许多微孔，它可以根据分子的大小将比微孔直径小的分子吸入分子筛内部，从而分离各种分子直径大小不同的组分。分子筛（合成沸石）对 SOF_2、SF_4 等气体分解产物的吸附能力优于活性氧化铝，5A 分子筛还对 SO_2 有较好的吸附作用。在气体含水量较低时，分子筛对水分的吸附能力也优于活性氧化铝，但其吸附饱和时无明显迹象，更换频率不易确定。

活性氧化铝和 A 型分子筛的物理性能见表 5 - 25。

表 5 - 25　　　　　　　　　**活性氧化铝与 A 型分子筛的物理性能**

指标 ＼ 吸附剂名称	活性氧化铝	A 型分子筛
粒度	球形	球形
颜色	白	白
堆密度（g/mL）	800～900	650～750
平均孔隙度（%）	30	55～60
比热容 [J/(kg·k)]	1047	837～1047
热导率 [W/(mk)]	0.14	0.06
比表面积（m²/g）	300～400	700～900
相对机械强度（%）	90～95	>70
吸附热（J/g）	3017	3828

活性氧化铝和分子筛吸附性能的比较见表 5 - 26。

表 5 - 26　　　　　　　　　　　　活性氧化铝与分子筛吸附性能比较

吸附剂名称	耐压强度 (N/粒)	吸附杂质效果 ($\times 10^{-6}$)				
		SO_2F_2	SOF_2	SO_2	HF	$S_2F_{10}O$
日本铁兴社分子筛	17.65	未检出	3.00	4.0	0.10	150
日本曹达工业株式会社分子筛	17.65	400	4.30	0.47	0.11	270
美国某公司分子筛	正 2.94 侧 2.94	未检出	3.30	4.0	0.09	260
国产 5A 分子筛	10.8	370	5.20	0.803	0.11	320
国产 13X 分子筛	9.8	100	4.20	0.780	0.10	180
国产活性氧化铝	23.5	未检出	3.90	0.600	0.10	220
所有电弧分解气杂质含量	—	400	5030	100	51	400

对不同吸附剂的吸附特性的评价见表 5 - 27。

表 5 - 27　　　　　　　　　　　对不同吸附剂的吸附特性的评价

吸附剂	被吸附的杂质	评　价	备　注
活性炭	SOF_2、SO_2 对 SO_2F_2、SOF_4 也有一定吸附能力，能迅速定量吸附 $S_2F_{10}O$（基本除净）	3mg 活性炭能吸附 60mL SF_6 及其杂质。吸附能力量最强，吸附选择性差，对 SO_2F_2 吸附效果差，易吸附 $S_2F_{10}O$	国外认为十氟化物不易被吸附
活性氧化铝 (Al_2O_3)	SOF_2、SO_2、SO_2F_2、$S_2F_{10}O$、SOF_4（估计）	对 SO_2、$S_2F_{10}O$ 不能定量吸附，有选择吸附能力（即基本上不吸附 SF_6），吸附 SO_2F_2 较烧碱差	国外认为是较理想吸附剂；国内认为尚不能得此结论，SOF_4（估计）较易被静态吸附
烧碱 (NaOH)	SOF_2、SO_2、SO_2F_2、$S_2F_{10}O$、SOF_4（估计）	吸附效果稍优于 Al_2O_3，其他性能同 Al_2O_3，吸附 SO_2F_2 不如 CaO	SOF_4（估计）较易被静态吸附
石灰 (CaO)	SO_2F_2、$S_2F_{10}O$	吸附 SO_2F_2 最好，吸附 $S_2F_{10}O$ 效果差	粉状动态试验，SOF_2 未试验
分子筛 5A、4A	SO_2	仅 5A 对 SO_2 吸附效果好，是不太理想的吸附剂	

（三）吸附剂的使用

1. 吸附剂的预处理

吸附剂在使用前应进行预处理。预处理的目的是排除吸附剂使用前吸附的水分和其他物质，以免降低吸附剂的平衡吸附量，影响吸附剂的净化效果和使用寿命。吸附剂预处理的主要方法大致可分为常压干燥法和真空干燥法。

常压干燥法一般可在干燥炉内进行，小量的干燥可在干燥箱或高温炉内进行，对于活性氧化铝类一般干燥温度可控制在 180～200℃，分子筛类控制在 450～550℃。真空干燥法要在真空干燥炉内进行，当干燥温度低于 200℃ 并且活性氧化铝的量较少时可在真空干燥箱内进行预处理。真空度越高处理效果愈好。

两种预处理方法相比，真空干燥较常压干燥的处理效果好。但在没有真空干燥设备的情况下，常压干燥也能满足使用要求。预处理的关键是保证水分要去除干净。处理时间的长短要根据水分去除的速度而定。

水分已去净的标志：对于真空干燥法，真空表上读出的真空度可保持在一定时间内不下降；对于常压干燥法，吸附剂在天平上可称至恒重。

2. 吸附剂用量的计算

吸附剂的用量应该满足下列条件：

（1）可吸附规定次数的电流开断所产生的有害气体。

（2）把气体含水量规定在管理值以内。

（3）不为更换吸附剂而打开设备充气部分。

吸附剂的装入量是吸附分解气体和吸附水分需要量的总和。吸附分解气体的吸附剂需要量可按式（5 - 25）计算，即

$$m_A = \frac{A}{W_B} \tag{5 - 25}$$

式中　m_A——吸附剂用量，g；

A——分解气体量，mL；

W_B——吸附剂吸附量，mL/g。

吸附水分的吸附剂用量可按估算的设备内气体全部含水量，以及吸附剂的吸水量来计算。首先根据气体中水分的主要来源估算出气室中累计的水分含量，再除以单位质量吸附剂的水分吸附量，即可得出吸附剂的用量。

事实上，要精确计算出吸附分解气体和吸附水分的吸附剂的用量是比较困难的，一般可以根据经验，吸附剂的装入量以大于气室中 SF₆ 绝缘气体质量的 10% 为宜。

（四）使用过的吸附剂的处理

在 SF₆ 电弧分解气体净化中使用过的吸附剂，其中吸附的有害物质主要有 SO_2F_2、SOF_2、SO_2、HF、$S_2F_{10}O$ 等，这样的吸附剂如不作处理直接作为垃圾丢掉或埋入地下，就会因雨水对所含有害物质的溶解度或水解作用形成含酸废水而造成环境污染。

这些使用后的吸附剂可用下面的方法处理：取使用过的吸附剂置于容器中，按每克吸附剂加 20mL 浓度为 1mol/L 氢氧化钠的比例，加入适量的氢氧化钠溶液，搅拌放置 24h，此时吸附剂中所含可溶于水及可水解、碱解的物质绝大部分已转移到氢氧化钠溶液中，再用 0.2mol/L 硫酸中和此液至中性即可排放。排放后剩余的固体吸附剂用水冲洗已是无毒废物，可作为垃圾处理或埋入地下。

九、SF₆ 绝缘气体的回收处理及再利用技术

国内多年来已开展对 SF₆ 绝缘气体的回收及处理工作，近几年开始关注对 SF₆ 的再利用工作，如广东、安徽、河南、江苏等地开展的一些研究回收处理和再利用工作，华北电网正在进行的清洁发展机制（Clean Development Mechanism，CDM）项目，对减少温室效应气体的排放和保护环境起到积极的促进作用。

（一）回收 SF₆ 绝缘气体的质量指标

GB/T 8905—2012《六氟化硫电气设备中气体管理和检测导则》中规定：回收的 SF₆ 绝缘气体杂质最大允许含量应符合表 5 - 16 的要求。

对 SF_6 绝缘气体中含有的水或分解产物，能否在现场处理，完全取决于使用的再生处理装置的过滤性能。如果 SF_6 绝缘气体在现场无法回收再生时，应将 SF_6 绝缘气体送往生产厂家或送有资质处理 SF_6 绝缘气体的公司进行回收再生。

受到空气和四氟化碳污染的 SF_6 绝缘气体，如果空气和四氟化碳浓度超过 0.05%（质量比），应进行净化再生处理，清除空气和四氟化碳。

（二） SF_6 绝缘气体回收装置

SF_6 绝缘气体回收装置的主要用途是新设备安装调试时对设备进行抽真空处理，向设备内充 SF_6 新气，在 SF_6 电气设备检测或故障处理时回收运行设备中得气体，处理、净化使用过的 SF_6 绝缘气体，存储回收处理过的 SF_6 绝缘气体。

1. SF_6 绝缘气体回收装置组成

SF_6 绝缘气体回收装置组成上主要包括五部分。

（1）真空系统。包括高真空泵、真空阀门等。要求整个系统密封性能满足系统抽真空的要求，并可承受高真空。

（2）压缩系统。可采用二级压缩机，隔膜式压缩机，由压力表、阀门等共同组成压缩系统。

（3）净化系统。主要由各级过滤器组成。采用吸附净化或冷凝蒸发等不同的方式去除 SF_6 绝缘气体中的杂质。

（4）散热系统。由风扇、散热片等组成。

（5）控制系统。由各类表计、阀门组成。如真空表、压力表、温度表、截止阀、控制阀、减压阀、安全阀、止回阀等。

2. SF_6 绝缘气体回收装置功能

SF_6 绝缘气体回收装置功能上应具有以下能力。

（1）抽真空能力。极限真空应能达到 $13.3Pa$。

（2）净化气体的能力。处理后的气体经检验能到达 SF_6 新气的指标，可到达重新利用的目的。

（3）回收气体的能力。回收气体可采用气态或液态存储，采用压缩泵可提高回收率及存储能力。

（4）存储气体的能力。配置储气罐。存储气体量的大小取决于储气罐的大小及液化能力。

回收净化系统原理图（不包括对设备抽真空处理及对设备充气过程）如图 5-22 所示。

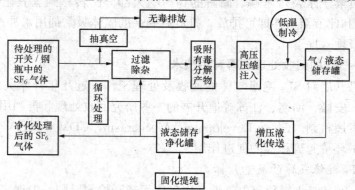

图 5-22　回收净化系统原理图

待回收的气体首先经过初级过滤器、压缩机进入气态储气罐（可留待处理），净化过程包括三级过滤处理和利用冷媒将气体液化或固化以去除杂质。SF₆储罐中气态的杂质由真空泵抽出到中和池处理排出。

（三）SF₆绝缘气体回收装置的技术要求

我国电力行业标准 DL/T 662—2009《六氟化硫气体回收装置技术条件》对回收技术装置有具体的要求，见表5-28，并对国内外有关装置的主要性能参数作了比较。

表5-28　　　　　　　　　　　SF₆绝缘气体回收装置技术参数比较表

序号	技术参数	单位	DL/T 662—2009	国内同类产品	国际同类产品
1	最高储气压力（20℃）	MPa	4.0	2.5	4.0
2	回收气体压力（20℃）	MPa	初压≤0.7 终压≤0.05 或≤0.001 33	初压≤0.7 终压≤0.001 33	初压≤0.7 终压≤0.001 33
3	回收气体速度	m³/h	0.5~2	1	1.5
4	充气速度	m³/h	5、2	12.2	13
5	抽真空速度	m³/h	1、2、5	40	64
6	极限真空度	Pa	≤10	≤400	≤400
7	真空度保持	Pa	24h，上升<400		
8	湿度控制	μL/L	<80	≤60	≤60
9	油分控制	μg/g	<4	≤10	≤10
10	尘埃控制（粒径）	μm	<1	无	1
11	年漏气率	%	<1	<1	<1
12	无故障运行时间	h	连续1000，累计10 000	连续1000	连续1300
13	噪声水平	dB（A）	≤75	≤75	≤75

思 考 题

1. 用 SF₆ 绝缘气体作绝缘介质的电气设备有哪些优点？
2. SF₆ 绝缘气体在使用中应注意什么问题？
3. 为什么 SF₆ 绝缘气体具有高的绝缘性能和优异的灭弧性能？
4. SF₆ 绝缘气体的电弧分解产物有何危害？
5. SF₆ 绝缘气体实验室检测的主要检测项目有哪些？
6. SF₆ 绝缘气体中水分的来源有哪些？
7. SF₆ 绝缘气体湿度的检测方法主要有哪几种？其基本原理是什么？

8. 为什么要对充有 SF_6 绝缘气体的电气设备进行检漏？现场检漏常用什么方法？

9. SF_6 电气设备的特征分解组分是什么？

10. 如何对新 SF_6 和运行中的 SF_6 进行监督和管理？

11. 设备中 SF_6 绝缘气体水分的交接试验值和运行中最高允许值规定为多少？试验周期规定为多少？

12. 用于吸附 SF_6 绝缘气体中杂质的吸附剂应具备哪些性能？

第六章　汽轮机油的监督与维护

本章主要介绍涡轮机油的质量标准、矿物汽轮机油监督与维护管理措施，包括新油的验收、运行油的监督和一些常用的维护措施，另外还介绍润滑油系统的防腐与清洗。

从前面的学习我们已经知道汽轮机油是电力系统中重要的润滑介质，主要用于汽轮发电机组、水轮发电机组及调相机的油系统中，起润滑、散热冷却、调速和密封等作用。为了油品能有效发挥如上作用，必须对油品的质量进行监督和维护，采取必要的措施防止运行中油质老化，延长油质的使用寿命，以确保用油设备的安全、经济运行。

第一节　涡轮机油的质量标准

一、新涡轮机油的质量标准

（一）GB 11120—2011《涡轮机油》

1. 技术要求

我国涡轮机油（Lubricating oils for turbines）的质量标准参见 GB 11120—2011，该标准规定了涡轮机油的产品品种及标记、要求和试验方法、检验规则、标志、包装、运输和储存。适用于以精制矿物油或合成原料为基础油，加入抗氧化剂、腐蚀抑制剂和抗磨剂等多种添加剂制成的，在电站涡轮机润滑和控制系统，包括蒸汽轮机、水轮机、燃气轮机和具有公共润滑系统的燃气—蒸汽联合循环涡轮机中使用的涡轮机油；也适用于其他工业或船舶用途的涡轮机驱动装置润滑系统使用的涡轮机油，但不适用于抗燃型涡轮机油及具有特殊要求的水轮机润滑油。

对于涡轮机油品质一般要求在室温可见光下，交货油品外观应清亮透明，不含任何可见颗粒物，且不含黏度指数改进剂。涡轮机油技术要求和试验方法见表 6-1～表 6-3。

表 6-1　　　　　　　　　L-TSA 和 L-TSE 汽轮机油技术要求❶

项　目	质量指标							试验方法
	A 级			B 级				
黏度等级（GB/T 3141）	32	46	68	32	46	68	100	
外观	透明			透明				目测
色度/号	报告			报告				GB/T 6540
运动黏度（40℃）/(mm²/s)	28.8～35.2	41.4～50.6	61.2～74.8	28.8～35.2	41.4～50.6	61.2～74.8	90.0～110.0	GB/T 265
黏度指数　　不小于	90			85				GB/T 1995ᵃ
倾点ᵇ（℃）	-6			-6				GB/T 3535

❶ 摘自 GB 11120—2011。

续表

项　目	质 量 指 标							试验方法
	A 级			B 级				
黏度等级 (GB/T 3141)	32	46	68	32	46	68	100	
密度 (20℃)/(kg/m³)　不高于	报告			报告				GB/T 1884 和 GB/T 1885[c]
闪点 (开口)/℃	186	195		186	195			GB/T 3536
[酸值 mg/g (KOH)]　不大于	0.2			0.2				GB/T 4945[d]
水分 (质量分数)/%　不大于	0.02			0.02				GB/T 11133[e]
泡沫性 (泡沫倾向/泡沫稳定)[f]/(mL/mL)　不大于 程序Ⅰ (24℃) 程序Ⅱ (93.5℃) 程序Ⅲ (后 24℃)	450/0 50/0 450/0			450/0 100/0 450/0				GB/T 12579
空气释放值 (50℃) /min　不大于	5	6		5	6	8	—	SH/T 0308
铜片腐蚀 (100，3h) /级　不大于	1			1				GB/T 5096
液相锈蚀 (24h)	无锈			无锈				GB/T 11143 (B法)
抗乳化性 (乳化液达到 3mL 的时间)/min　不大于 54℃ 82℃	15 —	30 —		15 —	30 —	—	30	GB/T 7305
旋转氧弹[g]/ (min)	报告			报告				SH/T 0193
氧化安定性 1000h 后总酸值 [mg/g (KOH)]　不大于	0.3	0.3	0.3	报告	报告	报告	—	GB/T 12581
总酸值达 2.0 [mg/g (KOH)] 的时间/h　不小于	3500	3000	2500	2000	2000	1500	1000	GB/T 12581
1000h 后油泥/mg　不大于	200	200	200	报告	报告	报告	—	SH/T 0565
承载能力[h] 齿轮机试验/失效级　不小于	8	9	10	—				GB/T 19936.1
过滤性 干法/%　不小于 湿法	85 通过			报告 报告				SH/T 0805

续表

项　目	质　量　指　标							试验方法
	A 级			B 级				
黏度等级（GB/T 3141）	32	46	68	32	46	68	100	
清洁度i/级　　　　不大于	−/18/15			报告				GB/T 14039

注　L-TSA 类分 A 级和 B 级，B 级不适用于 L-TSE 类。

a　测定方法也包括 GB/T 2541，结果有争议时，以 GB/T 1995 为仲裁方法。

b　可与供应商协商较低的温度。

c　测定方法也包括 SH/T 0604。

d　测定方法也包括 GB/T 7304 和 SH/T 0163，结果有争议时，以 GB/T 4945 为仲裁方法。

e　测定方法也包括 GB/T 7600 和 SH/T 0207，结果有争议时，以 GB/T 11133 为仲裁方法。

f　对于程序Ⅰ和程序Ⅲ，泡沫稳定性在 300s 时记录，对于程序Ⅱ，在 60s 时记录。

g　该数值对使用中油品监控是有用的。低于 250min 属不正常。

h　仅适用于 TSE，测定方法也包括 SH/T 0306，结果有争议时，以 GB/T 19936.1 为仲裁方法。

i　按 GB/T 18854 校正自动粒子计数器。（推荐采用 DL/T 432 方法计算和测量粒子）。

表 6-2　　　　　　　　　　L-TGA 和 L-TGE 燃气轮机油技术要求❶

项　目	质　量　指　标						试验方法
	L-TGA			L-TGE			
黏度等级（GB/T 3141）	32	46	68	32	46	68	
外观	透明			透明			目测
色度/号	报告			报告			GB/T 6540
运动黏度（40℃）/(mm²/s)	28.8~35.2	41.4~50.6	61.2~74.8	28.8~35.2	41.4~50.6	61.2~74.8	GB/T 265
黏度指数　　　　不小于	90			85			GB/T 1995ᵃ
倾点b/℃	−6			−6			GB/T 3535
密度（20℃）/(kg/m³)　　不高于	报告			报告			GB/T 1884 和 GB/T 1885ᶜ
闪点/℃　　　　不低于 开口 闭口	186 170			186 170			GB/T 3536 GB/T 261
酸值[mg/g (KOH)]　不大于	0.2			0.2			GB/T 4945ᵈ
水分（质量分数）/%　不大于	0.02			0.02			GB/T 11133ᵉ
泡沫性（泡沫倾向/泡沫稳定）f/(mL/mL)　　不大于 程序Ⅰ（24℃） 程序Ⅱ（93.5℃） 程序Ⅲ（后 24℃）	450/0 50/0 450/0			450/0 100/0 450/0			GB/T 12579

❶　摘自 GB 11120—2011。

续表

项 目	质 量 指 标						试验方法
	L-TGA			L-TGE			
	32	46	68	32	46	68	
黏度等级 (GB/T 3141)	32	46	68	32	46	68	
空气释放值 (50℃)/min　　　　不大于	5	6		5	6		SH/T 0308
铜片腐蚀 (100, 3h)/级　　　　不大于	1			1			GB/T 5096
液相锈蚀 (24h)	无锈			无锈			GB/T 11143 (B法)
旋转氧弹g/min	报告			报告			SH/T 0193
氧化安定性 　1000h 后总酸值 [mg/g (KOH)]　　　　　不大于	0.3	0.3	0.3	报告	报告	报告	—	GB/T 12581
总酸值达 2.0 [mg/g (KOH)] 的时间/h　　不小于	3500	3000	2500	2000	2000	1500	1000	GB/T 12581
1000h 后油泥/mg　　　不大于	200	200	200	报告	报告	报告	—	SH/T 0565
承载能力h 　齿轮机试验/失效级　不小于	—	8	9	10			GB/T 19936.1h
过滤性 　干法/%　　　　　　不小于 　湿法	85 通过			85 通过			SH/T 0805
清洁度i 级　　　　　不大于	—/17/14			—/17/14			GB/T 14039

a　测定方法也包括 GB/T 2541，结果有争议时，以 GB/T 1995 为仲裁方法。

b　可与供应商协商较低的温度。

c　测定方法也包括 SH/T 0604。

d　测定方法也包括 GB/T 7304 和 SH/T 0163，结果有争议时，以 GB/T 4945 为仲裁方法。

e　测定方法也包括 GB/T 7600 和 SH/T 0207，结果有争议时，以 GB/T 11133 为仲裁方法。

f　对于程序Ⅰ和程序Ⅲ，泡沫稳定性在 300s 时记录，对于程序Ⅱ，在 60s 时记录。

g　该数值对使用中油品监控是有用的。低于 250min 属不正常。

h　测定方法也包括 SH/T 0306，结果有争议时，以 GB/T 19936.1 为仲裁方法。

i　按 GB/T 18854 校正自动粒子计数器。(推荐采用 DL/T 432 方法计算和测量粒子)。

表 6-3　　　　　　　　　**L-TGSB 和 L-TGSE 燃气/汽轮机油技术要求**

项 目	质 量 指 标						试验方法
	L-TGSB			L-TGSE			
黏度等级 (GB/T 3141)	32	46	68	32	46	68	
外观	透明			透明			目测
色度/号	报告			报告			GB/T 6540
运动黏度 (40℃)/(mm²/s)	28.8～ 35.2	41.4～ 50.6	61.2～ 74.8	28.8～ 35.2	41.4～ 50.6	61.2～ 74.8	GB/T 265

续表

项 目	质 量 指 标						试验方法
	L-TGSB			L-TGSE			
黏度等级（GB/T 3141）	32	46	68	32	46	68	
黏度指数 不小于	90			90			GB/T 1995[a]
倾点[b]/℃ 不高于	-6			-6			GB/T 3535
密度（20℃）/(kg/m³)	报告			报告			GB/T 1884 和 GB/T 1885[c]
闪点/℃ 不低于 开口 闭口	200 190			200 190			GB/T 3536 GB/T 261
酸值［mg/g（KOH）］ 不大于	0.2			0.2			GB/T 4945[d]
水分（质量分数）/% 不大于	0.02			0.02			GB/T 11133[e]
泡沫性（泡沫倾向/泡沫稳定）[f]/(mL/mL) 不大于 程序Ⅰ（24℃） 程序Ⅱ（93.5℃） 程序Ⅲ（后24℃）	450/0 50/0 450/0			50/0 50/0 50/0			GB/T 12579
空气释放值（50℃）/min 不大于	5	5	6	5	5	6	SH/T 0308
铜片腐蚀（100，3h）/级 不大于	1			1			GB/T 5096
液相锈蚀（24h）	无锈			无锈			GB/T 11143（B法）
抗乳化性（乳化液达到3mL的时间）/min 不大于	30			30			GB/T 7305
旋转氧弹[g]/min	750			750			SH/T 0193
改进旋转氧弹[g]/% 不小于	85			85			SH/T 0193
氧化安定性 总酸值达 2.0［mg/g（KOH）］的时间/h 不小于	3500	3000	2500	3500	3000	2500	GB/T 12581
高温氧化安定性（175 ℃，72 h） 黏度变化/% 酸值变化［mg/g（KOH）］ 金属片重量变化/(mg/cm²) 钢 铝 镉 铜 镁	报告 报告 ±0.250 ±0.250 ±0.250 ±0.250 ±0.250			报告 报告 ±0.250 ±0.250 ±0.250 ±0.250 ±0.250			ASTM D4636[h]

续表

项　　目	质　量　指　标						试验方法
	L-TGSB			L-TGSE			
黏度等级（GB/T 3141）	32	46	68	32	46	68	
承载能力[i] 齿轮机试验/失效级 不小于	—			8	9	10	GB/T 19936.1
过滤性 干法/%　　　　不小于 湿法	85 通过			85 通过			SH/T 0805
清洁度[j]　　　　不大于	—/17/14			—/17/14			GB/T 14039

a　测定方法也包括 GB/T 2541，结果有争议时，以 GB/T 1995 为仲裁方法。

b　可与供应商协商较低的温度。

c　测定方法也包括 SH/T 0604。

d　测定方法也包括 GB/T 7304 和 SH/T 0163，结果有争议时，以 GB/T 4945 为仲裁方法。

e　测定方法也包括 GB/T 7600 和 SH/T 0207，结果有争议时，以 GB/T 11133 为仲裁方法。

f　对于程序Ⅰ和程序Ⅲ，泡沫稳定性在 300s 时记录，对于程序Ⅱ，在 60s 时记录。

g　取 300mL 油样，在 121℃下，以 3L/h 的速度通往清洁干燥的氮气，经 48h 后，按照 SH/T 0193 进行试验。用所得结果与未经处理的样品所得结果的比值的百分数表示。

h　测定方法也包括 GJB 563，结果有争议时，以 ASTM D4636 为仲裁方法，

i　测定方法也包括 SH/T 0306，结果有争议时，以 GB/T 19936.1 为仲裁方法。

j　按 GB/T 18854 校正自动粒子计数器。（推荐采用 DL/T 432 方法计算和测量粒子）。

涡轮机油与密封材料的兼容性用橡胶相容性指数表示，涡轮机油橡胶相容性指数，根据油品可能接触的橡胶种类按表 6-4 列出的条件，采用 GB/T 14832—2008 方法测定，适用橡胶由用户与涡轮机油供应方协商。

表 6-4　　　　　　　按照 GB/T 14832—2008 测定橡胶相容性指数的试验条件

液体	品种代号	适用橡胶	试验温度/℃	试验周期[a]/h	
矿物油	TSA、TGA TSE、TGE TGSB	NBR 1，2（丁腈橡胶）	100±1	168±2	1000±2
		HNBR1（氢化丁腈橡胶）	130±1		
		FKM2（氟橡胶）	150±1		

a　长周期使用液体会使橡胶发生变化，建议评定 1000h 的橡胶相容性。

表 6-5 给出了指导性的可接受的性能变化指标。也可由最终用户根据使用目的和实际使用条件规定其他限值。另外，涡轮机油应该与润滑系统的所有组成材料兼容。

表 6-5　　　　　　　按照 GB/T 14832—2008 方法评定，可接受的性能变化范围

浸入时间 （h）	最大体积膨胀 （%）	最大体积 收缩率（%）	硬度变化 （IRHD）	最大拉伸强度 变化率（%）	最大拉断伸长率 变化率（%）
168	15	4	±8	−20	−20
1000	20	5	±10	−50	−50

2. 检验规则

（1）检验分出厂检验和型式检验。出厂批次检验项目包括外观、色度、运动黏度、黏度指数、密度、闪点、酸值、水分、泡沫性、空气释放值、抗乳化性、铜片腐蚀、液相锈蚀、旋转氧弹和清洁度。在原材料、生产工艺没有发生可能影响产品质量的变化时，出厂周期检验项目包括过滤性、承载能力和高温氧化安定性每年至少测定一次。型式检验项目是表6-1～表6-3规定的所有检验项目。在下列情况下进行型式检验：新产品投产或产品定型鉴定时；原材料、生产工艺等发生较大变化，可能影响产品质量时；出厂检验结果与上次型式检验结果有较大差异时。

（2）在原材料和生产工艺不变的条件下，每生产一罐（釜）为一批。

（3）按GB/T 4756进行，取3L样品作为检验和留样。

（4）出厂检验和型式检验结果全部符合表6-1～表6-3技术要求时，则判定该批产品合格。

（5）如出厂检验和型式检验结果有不符合表6-1～表6-3技术要求规定，按GB/T 4756的规定自同批产品中重新抽取双倍量样品，对不合格项目进行复验，复验结果如仍不符合技术要求时，则判定该批产品为不合格。

（6）标志、包装、运输、储存及交货验收按SH 0164进行。

（二）ISO标准

ISO 8068—2006给出了涡轮机润滑油的标准，具体见表6-6～表6-9。

表6-6　　　　　　　　　L-TSA和L-TGA涡轮机油规格●

性　质	单位	黏度类别			试验方法
		32	46	68	
黏度类别	—	32	46	68	ISO 3448
颜色	评级	报告			ISO 2049
外观	评级	明亮清晰			目测
运动黏度（40℃） —最小 —最大	mm²/s	28.8 35.2	41.4 50.6	61.2 74.8	ISO 3104
黏度指数（最小）		90	90	90	ISO 2909
倾点（最大）a	℃	—6	—6	—6	ISO 3016
密度（15℃）	kg/m³	报告			ISO 12185 或 ISO3675
闪点（最小） —开口 —闭口	℃	186 170	186 170	186 170	ISO 2592 ISO 2719
总酸值（最大）b	mg/g（KOH）	0.2	0.2	0.2	ISO 6618 或 ISO 6619 或 ISO 7537

● 摘自ISO 8068—2006。

续表

性　质	单位	黏 度 类 别			试验方法
		32	46	68	
含水量（最大）	%（m/m）	0.02	0.02	0.02	ISO 6296 或 ISO 12937
起泡性（倾向/稳定性）（最大）c —24℃时序列 1℃ —93℃时序列为 2℃ —24℃时序列为 3℃到 93℃	mL/mL mL/mL mL/mL	450/0 50/0 450/0	450/0 50/0 450/0	450/0 50/0 450/0	ISO 6247
空气释放值 50℃）（最大）	min	5	5	6	ISO 9120
铜腐蚀（100℃，3h，最高）	评级	1	1	1	ISO 2160
耐腐蚀性（24h）	评级	通过			ISO 7120（B）
破乳化度 （54℃时达到 3mL 乳液的最长时间）d	min	30	30	30	ISO 6614
氧化稳定性（旋转压力容器）（最小）e	min	报告			ASTM D 2272-02
氧化稳定性（"涡轮机油氧化稳定性试验"）f —1000h 后的总酸值（最大） —总酸值为 2mg/g（KOH）所需时间（最短） —1000h 后的油泥（最大）	mg/g h mg	0.3 3500 200	0.3 3000 200	0.3 2500 200	ISO 4263-1
氧化稳定性f —总含氧产物，最大 —油泥，最大	%（m/m） %（m/m）	0.40 0.25	0.50 0.30	0.50 0.30	ISO 7624
滤过率（干燥）（最小）	%	85	85	85	ISO 13357-2
滤过率（湿润）	%	通过			ISO 13357-1
交付时的洁净度g（最大）	评级	— / 17 / 14			ISO 4406

a　较小的值可以协商最终用户和供应商。

b　如有任何争议，使用 ISO 6618。

c　第一个和第三个序列在 300s 时记录泡沫的稳定性，第二序列在 60s 时记录。

d　仅适用于 TSA。可指定更低限的乳化剂体积或时间。

e　这个值在后续工作中是有用的。但通常情况下不能低于 250min。

f　两种方法均可用。

g　根据 ISO 11171 [9]，使用一个根据 ISO 11500 [8] 校准的自动粒子计数器，是首选的颗粒计数及定尺寸的试验方法。

表 6 - 7　　　　　　　　　　　　**L-TSE 和 L-TGE 涡轮机油规格** ❶

性　　质	单位	黏　度　类　别			试验方法
		32	46	68	
黏度类别	—	32	46	68	ISO 3448
颜色	评级	报告			ISO 2049
外观	评级	明亮清晰			目测
运动黏度（40℃） —最小 —最大	mm²/s	28.8 35.2	41.4 50.6	61.2 74.8	ISO 3104
黏度指数（最小）		90	90	90	ISO 2909
倾点（最大）ᵃ	℃	—6	—6	—6	ISO 3016
密度（15℃）	kg/m³	报告			ISO 12185 或 ISO 3675
闪点（最小） —开口杯 —闭口杯	℃	186 170	186 170	186 170	ISO 2592 ISO 2719
总酸值（最大）ᵇ	mg/g（KOH）	0.2	0.2	0.2	ISO 6618 或 ISO 6619 或 ISO 7537
含水量（最大）	%（m/m）	0.02	0.02	0.02	ISO 6296 或 ISO 12937
起泡性（倾向/稳定性）（最大）ᶜ —24℃时序列 1℃ —93℃时序列为 2℃ —24℃时序列为 3℃到 93℃	mL/mL mL/mL mL/mL	450/0 50/0 450/0	450/0 50/0 450/0	450/0 50/0 450/0	ISO 6247
空气释放值（50℃）（最大）	min	5	5	6	ISO 9120
铜腐蚀（100℃，3h，最高）	评级	1	1	1	ISO 2160
耐腐性（24h）	评级	通过			ISO 7120（B）
破乳化度ᵈ （54℃时达到 3mL 乳液的最长时间）	min	30	30	30	ISO 6614
氧化稳定性（旋转压力容器）（最小）ᵉ	min	报告			ASTM D2272-02
氧化稳定性（涡轮机油氧化稳定性试验） 1000h 后的总酸值（最大） 总酸值为 2mg/g（KOH）所需最短时间 —1000h 后的最大油泥	mg/g（KOH） h mg	0.3 3500 200	0.3 3000 200	0.3 2500 200	ISO 4263-1
滤过率（干燥）（最小）	%	85	85	85	ISO 13357-2
滤过率（湿润）	%	通过			ISO 13357-1
承载力（FZG 测试）（A/8，3/90）失效级（最小）ᶠ	评级	8	9	10	ISO 14635-1

❶ 摘自 ISO 8068—2006。

续表

性 质	单位	黏 度 类 别			试验方法
		32	46	68	
交付时的洁净度g（最大）	评级	— / 17 / 14			ISO 4406

a 较小的值可以协商最终用户和供应商。

b 如有任何争议，使用 ISO 6618。

c 第一个和第三个序列在 300s 时记录泡沫的稳定性，第二序列在 60s 时记录。

d 仅适用于 TSE。可指定更低限的乳化剂体积或时间。

e 这个值在后续工作中是有用的。但通常情况下不能低于 250min。

f 高负荷阶段失败要求咨询制造商。

g 根据 ISO 11171 [9]，使用一个根据 ISO 11500 [8] 校准的自动粒子计数器，是首选的颗粒计数及定尺寸的试验方法。

表 6 - 8　　　　　　　　　　**L-TGB 和 L-TGSB 涡轮机油规格**❶

性 质	单位	黏度类别			试验方法
		32	46	68	
黏度类别	—	32	46	68	ISO 3448
颜色	评级	报告			ISO 2049
外观	评级	明亮清晰			目测
运动黏度（40℃） —最小 —最大	mm²/s	28.8 35.2	41.4 50.6	61.2 74.8	ISO 3104
黏度指数（最小）		90	90	90	ISO 2909
倾点（最大）a	℃	—6	—6	—6	ISO 3016
密度（15℃）	kg/m³	报告			ISO 12185 或 ISO 3675
闪点（最小） —开口杯 —闭口杯	℃	200 190	200 190	200 190	ISO 2592 和 ISO 2719
总酸值（最大）b	mg/g（KOH）	0.2	0.2	0.2	ISO 6618 或 ISO 6619 或 ISO 7537
含水量（最大）	%（m/m）	0.02	0.02	0.02	ISO 6296 或 ISO 12937
起泡性（倾向/稳定性）（最大）c —24℃时序列 1℃ —93℃时序列为 2℃ —24℃时序列为 3℃ 到 93℃	mL/mL mL/mL mL/mL	450/0 50/0 450/0	450/0 50/0 450/0	450/0 50/0 450/0	ISO 6247
空气释放值（50℃）（最大）	min	5	5	6	ISO 9120

❶ 摘自 ISO 8068—2006。

续表

性 质	单位	黏度类别			试验方法
		32	46	68	
铜腐蚀（100℃，3h，最高）	评级	1	1	1	ISO 2160
耐腐性（24h）	评级	通过			ISO 7120（B）
破乳化度[d]（54℃时达到 3mL 乳液的最长时间）	min	30	30	30	ISO 6614
氧化稳定性（旋转压力容器）（最小）	min	750	750	750	ASTM D 2272-02
氧化稳定性（旋转压力容器）（最小）[e]	%	85	85	85	ASTM D2272-02
高温时氧化稳定性（150℃，72h） —黏度变化（最大） —酸值变化（最大） —金属样品质量变化 —铁 —铝 —镉 —铜 —镁	% mg/g（KOH）　 　 　 mg/cm^2	报告 报告 　 ±0.250 ±0.250 ±0.250 ±0.250 ±0.250	报告 报告 　 ±0.250 ±0.250 ±0.250 ±0.250 ±0.250	报告 报告 　 ±0.250 ±0.250 ±0.250 ±0.250 ±0.250	ASTM D 4636 根据替代程序 2
氧化稳定性（涡轮机油氧化稳定性试验） 总酸值为 2mg/g（KOH）所需最短时间	h	3500	3000	2500	ISO 4263-1
滤过率（干燥）（最小）	%	85	85	85	ISO 13357-2
滤过率（湿润）	%	通过			ISO 13357-1
交付时的洁净度[f]（最大）	评级	—/17/14			ISO 4406

　a 较小的值可以协商最终用户和供应商。

　b 如有任何争议，使用 ISO 6618。

　c 第一个和第三个序列在 300s 时记录泡沫的稳定性，第二序列在 60s 时记录。

　d 仅适用于 TGSB。

　e 在 121℃ 条件，通过以 3L/h 的速率鼓吹洁净干燥的氮气 48h，用氮吹改进旋转氧弹（RPVOT）处理 300mL 油。结果表述为相对于未经处理的样品的使用期百分比。

　f 根据 ISO 11171 [9]，使用一个根据 ISO 11500 [8] 校准的自动粒子计数器，是首选的颗粒计数及定尺寸的试验方法。

表 6-9 　　　　　　　　　　　**L-TGF 和 L-TGSE 涡轮机油规格**❶

性 质	单位	黏 度 类 别			试验方法
		32	46	68	
黏度类别	—	32	46	68	ISO 3448
颜色	评级	报告			ISO 2049
外观	评级	明亮清晰			目测

---

❶ 摘自 ISO 8068—2006。

续表

性　　质	单位	黏 度 类 别			试验方法
		32	46	68	
运动黏度（40℃） —最小 —最大	mm²/s	28.8 35.2	41.4 50.6	61.2 74.8	ISO 3104
黏度指数（最小）		90	90	90	ISO 2909
倾点（最大）ᵃ	℃	−6	−6	−6	ISO 3016
密度（15℃）	kg/m³	报告			ISO 12185 或 ISO 3675
闪点（最小） —开口 —闭口	℃	200 190	200 190	200 190	ISO 2592 和 ISO 2719
总酸值（最大）ᵇ	mg/g（KOH）	0.2	0.2	0.2	ISO 6618 或 ISO 6619 或 ISO 7537
含水量（最大）	%（m/m）	0.02	0.02	0.02	ISO 6296 或 ISO 12937
起泡性（倾向/稳定性）（最大）ᶜ —24℃时序列 1℃ —93℃时序列为 2℃ —24℃时序列为 3℃到93℃	mL/mL mL/mL mL/mL	50/0 50/0 50/0	50/0 50/0 50/0	50/0 50/0 50/0	ISO 6247
空气释放值（50℃）（最大）	min	5	5	6	ISO 9120
铜腐蚀（100℃，3h，最高）	评级	1	1	1	ISO 2160
耐腐性（24h）	评级	通过			ISO 7120（B）
破乳化度ᵈ（54℃时达到 3mL 乳液的最长时间）	min	30	30	30	ISO 6614
氧化稳定性（旋转压力容器）（最小）	min	750	750	750	ASTM D 2272-02
氧化稳定性（旋转压力容器）（最小）ᵉ	%	85	85	85	ASTM D2272-02
高温时氧化稳定性（150℃，72h） —黏度变化（最大） —酸值变化（最大） —金属样品质量变化 　—铁 　—铝 　—镉 　—铜 　—镁	% mg/g（KOH） mg/cm²	报告 报告 ±0.250 ±0.250 ±0.250 ±0.250 ±0.250	报告 报告 ±0.250 ±0.250 ±0.250 ±0.250 ±0.250	报告 报告 ±0.250 ±0.250 ±0.250 ±0.250 ±0.250	ASTM D 4636 根据替代程序 2
氧化稳定性（"涡轮机油氧化稳定性试验"）总酸值为 2mg/g（KOH）所需时间（最短）	h	3500	3000	2500	ISO 4263 - 1
滤过率（干燥）（最小）	%	85	85	85	ISO 13357 - 2
滤过率（湿润）	%	通过			ISO 13357 - 1

续表

性　质	单位	黏度类别			试验方法
		32	46	68	
承载力（FZG 测试）（A/8，3/90）失效级[f]	评级	8	9	10	ISO 14635-1
交付时的洁净度[f]（最大）	评级		—/17/14		ISO 4406

a　如有任何争议，使用 ISO 6618。

b　第一个和第三个序列在 300s 时记录泡沫的稳定性，第二序列在 60s 时记录。

c　仅适用于 TGSE。

d　在 121℃条件，通过以 3L/h 的速率鼓吹洁净干燥的氮气 48h，用氮吹 RPVOT 处理 300mL 油。结果表述为相对于未经处理的样品的使用期百分比。

e　高负荷阶段失败要求咨询制造商。

f　根据 ISO 11171 [9]，使用一个根据 ISO 11500 [8] 校准的自动粒子计数器，是首选的颗粒计数及定尺寸的试验方法。

二、运行汽轮机油的质量标准

运行中汽轮机油和燃气汽轮机油的质量见表 6-10 和表 6-11。

表 6-10　　　　　　　　　　　运行中汽轮机油质量❶

序号	项　　目		设备规范	质量指标	检验方法
1	外状			透明	DL/T 429.1
2	运动黏度（40℃）/（mm²/s）	32[a]		28.8～35.2	GB/T 265
		46[a]		41.4～50.6	
3	闪点（开口杯）/℃			≥180，且比前次测定值不低于 10℃	GB/T 267 GB/T 3536
4	机械杂质		200MW 以下	无	GB/T 511
5	洁净度[b]（NAS 1638），级		200MW 及以上	≤8	DL/T 432
6	酸值/[mg/g（KOH）]	未加防锈剂		≤0.2	GB/T 264
		加防锈剂		≤0.3	
7	液相锈蚀			无锈	GB/T 11143
8	破乳化度（54℃）/min			≤30	GB/T 7605
9	水分/mg/L			≤100	GB/T 7600 或 GB/T 7601
10	起泡性试验/mL	24℃		500/10	GB/T 12579
		93.5℃		50/10	
		后 24℃		500/10	
11	空气释放值（50℃）/min			≤10	SH/T 0308
12	旋转氧弹值/min			报告	SH/T 0193

a　32、46 为汽轮机油的黏度等级。

b　对于润滑系统和调速系统共用一个油箱，也用矿物汽轮机油的设备，此时油中的洁净度应参考设备制造厂提供的控制指标执行。

---

❶ 摘自：GB 7596—2008。

表 6 - 11   运行中燃气轮机油质量[1]

序号	项 目		质量指标	检验方法
1	外状		清洁透明	DL/T 429.1
2	颜色		无异常变化	DL/T 429.2
3	运动黏度 (40℃)/(mm²/s)	32[a]	28.8～35.2	GB/T 265
		46[a]	41.4～50.6	
4	酸值/mg/g（KOH）		≤0.4	GB/T 264
5	洁净度（NAS 1638），级		≤8	DL/T 432
6	旋转氧弹值		不比新油低 75%	SH/T 0193
7	T501		不比新油低 25%	GB/T 7602

a 32、46 为汽轮机油的黏度等级。

第二节 汽轮机油的监督

运行汽轮机油的质量监督按照 GB/T 7596—2008 和 GB/T 14541—2005《电厂用运行矿物汽轮机油维护管理导则》进行检验。GB 7596—2008 规定了电厂运行中汽轮机（包括水轮机、调相机和燃气轮机）所有的矿物汽轮机油（以下简称汽轮机油）在运行中应达到的质量标准。适用于发电机组运行过程中汽轮机油（包括水轮机、调相机和燃气轮机用油）的质量监督。GB/T 14541—2005 规定了电厂汽轮机、水轮机和燃气轮机系统用于润滑和调速的矿物汽轮机油的维护管理；调相机及给水泵等电厂设备所用的矿物汽轮机油的维护管理，也可参照执行。适用于电厂汽轮机、水轮机和燃气轮机系统用于润滑和调速的矿物汽轮机油的维护管理。虽然这两个标准所规定的检测项目基本相同，因 GB/T 14541—2005 是修订的年代近些，所以其检测质量指标规定得更具体，更便于操作。

一、新油的验收工作

1. 新油交货时的监督与验收

对购进的新油，用户一定要严格把关，在新油交货时，应对接收的油品进行监督，防止出现差错或交货时带入污染物。所有的油品应及时检查外观，对于国产新汽轮机油应按 GB 11120—2011 标准验收，按照 GB/T 7597—2007 规定的取样标准取样。也可按有关国际标准或按 ISO 8068—2006 验收，或按双方合同约定的指标验收。验收试验应在设备注油前全部完成。验收时应注意使用的分析方法与所采用的油质验收标准相同。

为了保证运行中的汽轮机油的质量，即使新油有一项不符合标准，也不能注入设备，避免给运行带来麻烦。汽轮发电机组的运行条件比较苛刻，若油品的质量比较差，使用不久就要进行处理或更换，不仅影响机组的安全运行，还会造成经济损失。

2. 新油注入设备后的试验程序

当新油注入设备后进行系统冲洗时，应在连续循环中定期进行取样分析，直至油中洁净度经检查达到 NAS 1638 标准中 7 级的要求，方能停止油系统的连续循环。

---

[1] 摘自 GB/T 7596—2008。

　　在新油注入设备或换油后，应在经过 24h 循环后，取约 4L 样品按新机组投运前及投运一年内的要求检验。用这些样品的分析结果作基准，同以后的试验数据进行比较。若新油和 24h 循环后的样品之间能鉴别出有质量上的差异，就应进行调查，寻找原因并消除。

二、运行汽轮机油的监督

（一）新机组投运前及投运一年内的检验

1. 汽轮机油的检验及周期

新油注入设备后的检验项目和要求如下：

（1）油样：经循环 24h 后的油样，并保留 4L 油样。

（2）外观：清洁、透明。

（3）颜色：与新油颜色相似。

（4）黏度：应与新油结果相一致。

（5）酸值：同新油。

（6）水分：无游离水存在。

（7）洁净度：≤NAS 7 级。

（8）破乳化度：同新油要求。

（9）泡沫特性：同新油要求。

表 6-12 列出了大容量新汽轮机机组在投运后一年内的检验项目和时间间隔。

表 6-12　　　汽轮机组（100MW 及以上）投运 12 个月内的检验项目及周期

项目	外观	颜色	黏度	酸值	闪点	水分	洁净度	破乳化时间	防锈性	泡沫特性	空气释放值
检验周期	每天	每周	1～3 个月	每月	必要时	每月	1～3 个月	每 6 个月	每 6 个月	必要时	必要时

2. 燃气轮机油的检验及周期

新油注入设备后的检验项目和要求见表 6-13，该表列出了燃气轮机在投运 6 个月内的检验和要求。

表 6-13　　　　　燃气轮机在投运 6 个月内的检验项目及周期

检验项目	外观	颜色	黏度	酸值	洁净度	RBOT（残余氧化能力）试验
检验周期	100h	200h	500h	500h	500h	2000h
控制标准	清洁、透明	无异常变化	不超出新油±10%	增加值不大于 0.2mg/g（KOH）	≤NAS 7 级	不低于新油的 25%

　　注　检验周期为机组实际运行时间的累计小时数。

（二）正常运行期间的控制及检验周期

　　从理论上讲，运行汽轮机油的检测项目和周期，应与机组的运行工况、运行汽轮机油的质量相联系，既要考虑机组运行的安全可靠性，又要兼顾检测的经济性。因此，对所有运行汽轮机油规定一个统一的、适用的检测周期是不现实的，也难以做到。作为标准，只能给出一个正常运行条件下，保证机组安全运行的最低检测周期要求。表 6-14 和表 6-15 分别列出了运行中汽轮机油和燃气轮机油的质量指标及检验周期。

表 6 - 14　　　　　　　运行汽轮机油的质量指标及检验周期❶

项　　目	GB/T 7596—2008	GB/T 14541—2005 建议的指标	GB/T 14541—2005 建议周期	试验方法
外观[a]	透明，无机械杂质	透明，无机械杂质	每周	目测
颜色	—	无异常变化	每周	目测
运动黏度（40℃，mm²/s*）	32 号：28.8～35.5 46 号：41.1～50.6	与新油原始值相差：<±10%	6 个月	GB/T 265
闪点（开口杯）/℃[b]	≥180，且比前次测定值不低于 10℃	与新油原始值相比不低于 15℃	必要时	GB/T267 GB/T 3536
机械杂质	200MW 及以下：无	—	—	GB/T 511
洁净度（NAS1638）/级*[c]	200MW 及以上≤8	200MW 及以上 ≤8	3 个月	GB/T 313 DL/T 432
酸值 [mg/g(KOH)] 未加防锈剂	≤0.2	≤0.2	3 个月	GB/T 264
酸值 [mg/g(KOH)] 加防锈剂	≤0.3	≤0.3		
锈蚀试验	无锈	无锈	6 个月	GB/T 11143
破乳化度（54℃，min*）	≤30	≤30	6 个月	GB/T 7505
水分*	≤100mg/L	氢冷却机组≤80mg/kg 非氢冷却机组≤150mg/kg 水轮机（水岛部分除外）	3 个月	GB/T 7600 或 GB/T 7601
起泡沫试验（mL*）24℃	500/10	200MW 及以上 ≤500/10	每年或必要时	GB/T1 2579
起泡沫试验（mL*）93.5℃	50/10			
起泡沫试验（mL*）后 24℃	500/10			
空气释放值（min*）	≤10	200MW 及以上≤10	必要时	SH/T 0308
旋转氧弹（min）	报告	—	—	SH/T 0193

注　1. 机组在大修后和启动前，应进行全部项目的检测。
　　 2. 辅助设备用油及水轮机用油按上述标准参照执行。
　　 3. 密封油按 DL/T 705 执行。
　＊　GB/T 14541—2005 作为建议指标。
a　如外观发现不透明，则应检测水分和破乳化度。
b　如怀疑有污染时，则应测定闪点、破乳化度、起泡沫试验和空气释放值。
c　对于汽轮机润滑系统与调速系统共用一个油箱，此时油中洁净度指标应按厂商的要求执行。

表 6 - 15　　　　　　　燃气轮机油正常运行期间指标及检验周期

项目	GB/T 7596—2008 建议的质量指标	GB/T 14541—2005 建议质量指标	GB/T 14541—2005 建议检测周期（h）	试验方法
外观	清洁透明	清洁透明	100	DL/T 429.1、目测
颜色	无异常变化	无异常变化	200	DL/T 429. 2

❶ 摘自 GB/T 7596—2008 和 GB/T 14541—2005。

续表

项目	GB/T 7596—2008 建议的质量指标		GB/T 14541—2005 建议质量指标	GB/T 14541—2005 建议检测周期（h）	试验方法
黏度（40℃） mm²/s	32 号	28.8~35.5	不超出新油±10%	500	GB/T 265
	46 号	41.1~50.6			
酸值 [mg/g（KOH）]	≤0.4		≤0.4	500~1000	GB/T 264
洁净度 （NAS1638）/级	≤8		≤8	1000	DL/T 432、SD/T 313
旋转氧弹 RBOT 比值	不比新油低 75%		不比新油低 75%	2000	SH/T0193、GB/T14541 附录 C
T501 含量	不比新油低 25%		不比新油低 25%	2000	GB/T 7602

正常的检验周期是基于保证机组安全运行而确定的。但对于机组检修后的补油、换油以后的试验则应另行增加检验次数；如果试验结果指出油已变坏或接近它的运行寿命终点时，则检验次数应增加。

（三）运行中试验数据解释及推荐措施

运行中汽轮机油试验数据的解释及推荐的相应措施见表 6-16。保存试验数据的准确记录，用于同以前的结果进行比较。试验数据的解释还应考虑到补油（注油）或补加防锈剂等因素及可能发生的混油等情况。

表 6-16　　　　　　　　运行中汽轮机油试验数据解释及推荐措施❶

项目	警戒极限	原因解释	措施概要
外观	1. 乳化不透明、有杂质； 2. 油泥	1. 油中含水或有固体物质； 2. 油质深度劣化	1. 调查原因，采用机械过滤； 2. 投入油再生装置或必要时换油
颜色	迅速变深	1. 有其他污染物； 2. 油质深度老化	找出原因，必要时要投入油再生装置
酸值 mg/g(KOH)	增加值超过新油 0.1~0.2 时	1. 系统运行条件恶劣； 2. 抗氧化剂耗尽； 3. 补错了油； 4. 油被污染	查明原因，增加试验次数；补加 T501 投入油再生装置；有条件单位可测定 RBOT，如果 RBOT 降到新油原始值的 25% 时，可能油质劣化，考虑换油
闪点 （开口）℃	比新油高或低出 15℃ 以上	油被污染或过热	查明原因，并结合其他试验结果比较，并考虑处理或换油
黏度（40℃） mm²/s	比新油原始值相差 ±10% 以上	1. 油被污染； 2. 补错了油； 3. 油质已严重劣化	查明原因，并测定闪点或破乳化度，必要时应换油

---

❶　摘自 GB/T 14541—2005。

续表

项目	警戒极限	原因解释	措施概要
锈蚀试验	有轻锈	1. 系统中有水； 2. 系统维护不当（忽视放水或油已呈乳化状态）； 3. 防锈剂消耗	加强系统维护，并考虑添加防锈剂
破乳化度 min	>30	油污染或劣化变质	如果油呈乳化状态，应采取脱水或吸附处理措施
水分 mg/kg	氢冷机组>80 非氢冷机组>150 时	1. 冷油器泄漏； 2. 轴封不严； 3. 油箱未及时排水	检查破乳化度，并查明原因；启用过滤设备，排出水分；并注意观察系统情况消除设备缺陷
洁净度 NAS 级	>8	1. 补油时带入的颗粒； 2. 系统中进入灰尘； 3. 系统中锈蚀或磨损颗粒	查明和消除颗粒来源，启动精密过滤装置清洁油系统
起泡沫试验 mL	倾向>500 稳定性>10	1. 可能被固体污染或加错了油； 2. 在新机组中可能是残留的锈蚀物的妨害所致	注意观察，并与其他试验结果比较；如果加错了油应更换纠正；可酌情添加消泡剂，并开启精滤设备处理
空气释放值 min	>10	油污染或劣化变质	注意观察，并与其他试验结果相比较，找出污染原因并消除

注 表中除水分和锈蚀两个试验项目外，其余项目均适用于燃气轮机油。

第三节 汽轮机油的维护管理

GB/T 14541—2005 规定汽轮机油的维护包括库存油的维护措施、油系统在基建安装阶段的维护、油系统的冲洗、运行油系统的防污染控制、油净化处理和添加化学试剂六个方面。另外，若汽轮机油系统油量不足要及时补充油（如机组检修后的补油）。

一、库存油的维护措施

1. 库存油管理应严格做好油的入库、储存和发放三个环节

对新购进的油，须先验明油种、牌号，并按新油的相关标准检验油质是否合格。经验收合格后的油入库前须经过滤净化合格后，方可注入备用油罐。

库存备用的新油和合格的油，应分类、分牌号、分质量进行存放。所有的储油桶、油罐必须标志清楚，挂牌建账，并应做到账物相符，定期盘点无误。

严格执行库存油的油质检验。除按规定对每批入库、出库油作检验外，还要加强库存油移动时的检验与监督。油的移动包括倒罐、倒桶以及原来存有油的容器内再注入新油等。油在移动前后均应进行油质检验，并做好记录，以防油的错混与污染。对长期储放的备用油，应定期（一般 3～6 个月）检验，以保持油质处于合格的备用状态。

2. 防止油在储存和发放过程中发生污染变质

油桶、油罐、管线、油泵以及计量、取样工具等必须保持清洁，一旦发现内部积水、脏污或锈蚀以及接触过不同油品或不合格油时，均须及时清除或清洗干净。尽量减少倒罐、倒

桶及油移动次数，避免油品意外的污染。经常检查管线、阀门开关情况，严防串油、串汽和串水。准备再生的污油、废油，应用专门容器盛装并单独库房存放，其输油管线与油泵均与合格油品严格分开。油桶应严密上盖，防止进潮并避免日晒雨淋。

二、油系统在基建安装阶段的污染控制

对制造厂供货的油系统设备，交货前应加强对设备的监造，以确保油系统设备尤其是具有套装式油管道内部的清洁。

验收时，除制造厂有书面规定不允许解体的外，一般都应解体检查其组装的清洁程度，包括有无残留的铸砂、杂质和其他污染物，对不清洁部件应一一进行彻底清理。

常用的清理方法有人工擦洗、压缩空气吹洗、高压水力冲洗、大流量油冲洗、化学清洗等。清理方法的选择应根据设备结构、材质、污染物成分、状态、分布情况等因素而定。一般，擦洗只适于清理能够达到的表面；对清除系统内分布较广的污染物常需用冲洗法；对牢固附着在局部受污表面的清漆、胶质或其他不溶解污垢的清除，需用有机溶剂或化学清洗法。如果需用化学清洗法，事前须征得制造厂的同意，并做好相应的准备措施。

对油系统设备进行验收时，要注意检查出厂时防护措施是否完好。在设备停放与安装阶段，对出厂时有保护涂层的部件，如发现涂层起皮或脱落，应及时补涂，保持涂层完好；对无保护涂层的铁质部件，应采用喷枪喷涂防锈剂（油）进行保护。对于某些设备部件，如果采用防锈剂（油）不能浸润到全部金属表面，可采用（或联合采用）气相防锈剂（油）进行保护。实施时，应事先将设备内部清理干净，放入的药剂应能浸润到全部且有足够余量，然后封存设备，防止药剂流失或进入污物。对实施防锈保护的设备部件，在停放期内每月应检查一次。

清理与保护油系统所用的有机溶剂、涂料、防锈剂（油）等，使用前须检验合格，不含对油系统与运行油有害成分，特别是应与运行油有良好的相容性。有机溶剂或防锈剂在使用后，其残留物可被后续的油冲洗清除掉而不对运行油产生泡沫、乳化或破坏油中添加剂等不良后果。

油箱验收时，应特别注意检查其内部结构是否符合要求，如隔板、滤网设置合理，清洁、完好，滤网与框架结合严密，各油室间油流不短路等，保证油箱在运行中有良好的除污能力。油箱上的门、盖和其他开口处应能关闭严密。油箱内壁应涂有耐油防腐漆，漆膜如有破损或脱落，应补涂。油箱在安装时，作注水试验后，应将残留水排尽并吹干，必要时用防锈剂（油）或气相防锈剂保护。

齿轮装置在出厂时，一般已对减速器涂上了防锈剂（油），而齿轮箱内则用气相防锈剂保护。安装前，应定期检查其防护装置的密封状况，如有损坏，应立即更换；如发现防锈剂损失，应及时补加并保持良好密封。

对阀门、滤油器、冷油器、油泵等进行验收检查时，如发现部件内表面有一层硬质的保护涂层或其他污物，应解体，用清洁（过滤）的石油溶剂清洗，但禁止用酸、碱清洗。清洗干净后用干燥空气吹干，涂上防锈剂（油）后安装复原，并封闭存放。

对制造厂组装成件的套装油管，安装前仍须复查组件内部的清洁程度，有保护涂层的还应检查涂层的完好与牢固性。现场配制的管段与管件安装前须经化学清洗合格，并吹干密封。已经清理完毕的油管不得再在上面钻孔、气割或焊接，否则必须重新清理、检查和密封。油系统管道未全部安装接通前，对油管敞开部分应进行临时密封。

讲究施工工艺，保持施工现场干净，使已清理干净的油系统、设备，在此后的安装工序中不再受到污染或意外损伤。

三、油系统的冲洗

(一) 冲洗目的

由于在汽轮机油系统机组安装中，因质量控制不当，油系统内残留一些铁屑、毛刺、油污、焊渣、氧化皮等杂物。这些杂质在油循环过程中，遇到油管路弯头、变径、堵头等油流不畅通的死角区时，就会滞留并且堆积，破坏油系统清洁度，甚至损害转动机械的光洁表面，造成系统漏油，致使机组无法正常运行。因此，新机组在安装完成后、投运之前必须进行油系统冲洗。冲洗的目的是除去润滑系统中的机械杂质，将油系统全部设备和管道冲洗达到合格的洁净度，防止运行中因颗粒杂质损伤润滑部件。

运行机组油系统的冲洗，其冲洗操作与新机组基本相同，但由于新、旧机组油系统中污染物成分、性质与分布状况不完全相同，因此冲洗工艺应有所区别。新机组应强调系统设备在制造、储运和安装过程中进入污染物的清除，而运行机组油系统则应重视在运行和检修过程中产生或进入的污染物的清除。

(二) 冲洗技术要求

为了提高油系统的冲洗效果，在冲洗工艺上，首先，要求冲洗油应具有较高的流速，应不低于系统额定流速的两倍，并且在系统回路的所有区段内冲洗油流都应达到紊流状态。其次，要求提高冲洗油的温度，以利于提高清洗效果，并适当采用升温与降温的变温操作方式。在大流量冲洗过程中，应按一定时间间隔从系统取油样进行油的洁净度分析，直到系统冲洗油的洁净度达到 NAS 分级标准的 7 级。

对于油系统内某些装置，系统在出厂前已进行组装、清洁和密封的则不参与冲洗。为严防在冲洗中进入污染物，冲洗前应将其隔离或旁路，直到其他系统部分达到清洁为止。

冲洗技术具体要求如下:

1. 冲洗前的准备

(1) 冲洗前，油系统 (包括冲洗增设的全部设备) 所有可检查的区域均应彻底检查与清理。为冲洗装配的临时管道，事前须经化学清洗合格。增设的油容器应配上临时防尘盖，全部系统须经承压检查无渗漏。

(2) 拆除系统中所有湿度控制装置。拆除供油系统原有的一切不必要的限制油流的部件，如节流孔板、过滤器滤芯等。所有通向轴承的油管路应隔断，并装上临时旁路，系统上所有其他不予介入冲洗的区域均用挡板隔断；所有拆除部件与隔断用挡板均应编号或记录，冲洗结束后，再按编号与记录分别进行装复或拆除。

(3) 在冲洗油泵的吸入侧加装 0.18～0.15mm 孔径临时滤网；在重力与压力系统卸油侧加装细滤网；通向轴承箱供油管道及齿轮箱进口油管等处也应装设 0.15mm 孔径或更细的滤网。冲洗过程中，还可用不起毛的布滤袋或磁性分离元件临时放入油系统原有滤网的内侧。

(4) 冲洗中尽可能采用全流量的油净化方式，一般采用带有全流量过滤器的大流量冲洗设备。全流量过滤器分二级，一级为粗过滤器，装有 0.15mm 孔径滤网，可滤除 $150\mu m$ 以上尺寸的杂质颗粒；二级为精密过滤器，装有精滤芯，可滤除 $5\mu m$ 以上尺寸的杂质颗粒。两级过滤器均可在不停止冲洗情况下更换滤元。冲洗过滤设备系统连接方式如图 6-1 所示。

当冲洗油装入系统后，冲洗过滤设备应完成投运准备。在冲洗油系统的主系统前，应首先将冲洗过滤设备及油箱都冲洗干净，以便为系统供给干净的冲洗油。为使油箱内油充分过滤，必要时须装设再循环管路。为操作安全与方便，冲洗设备系统还应装设流量控制阀、防超压安全阀和手动旁路阀等。

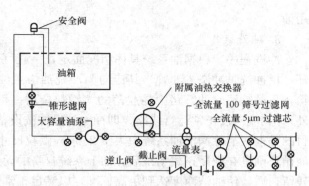

图 6-1 大流量冲洗装置的连接管道布置方式示意图

（5）为加热冲洗油，应增设油的热交换器。如未配热交换器，可采用油系统的冷油器，利用低压蒸汽（$p < 34\text{kPa}$）作热源，通入冷油器水侧进行加热的方法，但应注意，冷油器不超压而且不会使冲洗油过热。为方便冲洗油的变温操作，热交换器应兼有加热和冷却运行功能，最好是配置两台，1 台用作升温，1 台用作降温。如果使用电加热的热交换器，应特别注意不得超温，加热元件表面温度应使加热循环油流不超过 120℃；加热循环的静止油的表面温度不超过 66℃，以防油质过热裂解。

（6）在监督冲洗过程中，需监测冲洗油的洁净度。由于正常运行时用的固定取样点并不一定适合冲洗过程，因此，应增设临时取样点。取样点位置最好选在被冲洗的轴承或其他部件的上游或下游，直接监测被冲洗部件的洁净度。

在轴承旁路或轴承处取样不可能时，可在回油旁路上取样，但回油旁路有时油压低时取不出样，则只能在油箱或滤油器上游取样，此时应考虑油箱的稀释作用，特别是油箱在开始冲洗时装的是干净油。一般情况下，在滤油器下游取样，只反映直接进入冲洗部件的油的洁净度，对系统中污染物究竟除去多少无法知道。为此，应根据具体情况增设多个取样点，使取样具有代表性。

2. 冲洗油的选择与使用

冲洗用油可以是系统运行油，也可以使用特殊的冲洗油，应由有经验的专业人员根据油系统结构特点与污染物情况作出选择，并征得制造厂同意。

一般情况均采用系统运行油作为冲洗油。在实际应用中，系统运行油用作冲洗后，不能再用作系统运行油，而需要换上合格的备用油。

特殊冲洗油一般是防锈型的。这种冲洗油由于含有金属防锈剂和能除去一些难溶性污染物（如防锈剂降解产物、油泥等）的添加剂成分而兼有良好的溶解能力。禁止使用掺混含有水、苛性碱或其他活性物质的含有四氯化碳成分的冲洗油。特殊冲洗油的选择，应严格考虑冲洗油与全部油系统以及可能被油充满的机组的其他部件都应具有相容性，包括润滑系统与冲洗系统的所有部件、注油管线、所有冲洗用永久性与临时性的软管管线、轴承箱、套装油管、油箱等内部的防锈涂层，用作油管在安装阶段保护而在冲洗前不予拆除的防护物等。

冲洗油注入油箱前，须经精密过滤器净化。冲洗过程中也应在循环中不断过滤。应采用单程过滤，防止净化后的油再与脏油混合。净油加热后过滤，可延长滤元使用寿命。油箱最低油位要足以保障油泵的正常运行。

油系统冲洗后，冲洗油应趁热排放。排放时，应选在油管路最低点阀门处将油排尽，然后将油箱、轴承箱、滤油器等内部残油放尽，并对设备内部残留污染物进行清理。用过的冲洗油用油箱收集后进行彻底净化，净化后油如仍具有防锈性能与溶解能力还可用作冲洗备用油。

3. 冲洗操作

冲洗程序应根据油系统具体情况而定，一般可分为三个阶段。即反冲洗、正冲洗和油循环。反冲洗是冲洗进油管，其流向为冲洗油由主油箱经冲洗设备反向流经进油管再返回油箱，目的是清除油管路中易脱落的大颗粒杂质；正冲洗是冲洗整个油系统（轴承等部件除外），其流向按正常运行线路，即冲洗油经冲洗设备过滤流入油管，经过回油管再返回油箱，目的是彻底清除润滑油系统中大于 $250\mu m$ 颗粒尺寸的杂质，使油洁净度达到最低标准要求；油循环则是在恢复正式系统后，加上系统自身的动力对油进行循环和精密过滤，进一步清除残留杂质，使油洁净度达到更高标准，以满足正常运行要求。为加大冲洗油流，提高冲洗效果，可有顺序地对管路进行分段冲洗，每段冲洗时还可按正常流向进行反向冲洗。为加速冲洗进程，在对润滑油系统进行冲洗过程中，可结合调速油系统、发电机密封油系统和顶轴油系统一并进行冲洗。

冲洗油的变温操作条件，一般规定：高温 75℃ 左右，但不超过 80℃；低温 30℃ 以下，高、低温阶段各保持 2～3h，交替变温时间为 1～2h，冷、热交变冲洗时间以 8h 为一个循环周期。如果制造厂家对变温操作条件有不同规定，应按制造厂家规定执行。

冲洗中对油净化装置的维护实践表明：在冲洗过程的前几个小时，系统内进入的杂质颗粒绝大部分会被临时滤网或过滤器捕获。在这段时间内，应加强对过滤装置的检查，一旦发现滤网压降明显增加时应立即进行清扫或更换，一般每 15min 间隔检查一次。其他净油装置也应定期进行检查与清理。

为加速冲洗进程，除在冲洗管路中对油管焊口、弯头、死角等处进行振动、敲打和用压缩空气扰动等辅助措施外，还应注意冲洗后对冲洗死角采用辅助措施清洗以及在冲洗每一阶段结束时对油箱进行彻底清理。

油系统冲洗所需有效时间可能要几个到几十个工作日，特别是对于新系统冲洗，由于系统内一些杂质被冲洗油浸润和冲刷后，从管壁上剥离、脱落需要时间，不可能在较短时间内全部剥落，因而冲洗所需时间较长，一般为一个月或更长。某电厂 1 号和 2 号机组组润滑油系统 1998 年采用大流量热冲击法清洗，分别历时 39 天和 37 天，油质经化验达到 MOOG 标准 4 级洁净度。油系统冲洗实际需要时间，应视油系统各部分的洁净度达到标准要求而定。

4. 冲洗油洁净度监测与评定

监测冲洗油的洁净度是监督冲洗过程的重要手段的依据。洁净度检验与评定一般有四种方法，即称重检查法、颗粒计数检测法、NAS 污染等级检测法和 ISO 污染等级检测法。应按制造厂家要求与有关验收标准采用。

（1）称重检查法。在各轴承进油口处加装 0.125mm 孔径滤网，在全流量下冲洗 2h 后，取出全部滤网，在洁净环境下用溶剂汽油冲洗滤网，然后用 0.10mm 孔径滤网过滤清洗液，收集固体杂质，经烘干处理后称重，杂质总量不应超过 0.2g/h，且无硬质颗粒，认为被检测系统的洁净度合格。

（2）颗粒计数检测法。在任意一个轴承进油口处加装 0.10mm 孔径的锥形滤网，再用全流量冲洗 30min，取出滤网，在洁净环境下用溶剂汽油冲洗滤网，然后用 0.075mm 孔径滤网过滤冲洗液，收集全部固体杂质，用不低于 10 倍放大倍率的带刻度放大镜观测，对固体杂质进行分类计数，其杂质颗粒符合表 6-17 要求，认为被检测系统的洁净度合格。

表 6-17   汽轮机油洁净度要求

杂质颗粒尺寸（mm）	数量（颗）
＞0.25	无
0.13～0.25	＜5

注 杂质颗粒中大于 0.25mm 的纸屑、烟灰、石棉及软质物质等能用手捻成粉末的不视为有害颗粒。

（3）NAS 污染等级检测法。油系统处于运行状态，在回油母管（进入油箱前）底部取 100mL 油样，在合格的实验室中按规定方法，用颗粒计数仪检测油样中的杂质颗粒尺寸和数目，并按 NAS 标准评定污染等级，合格的为 NAS7 级，优良的为 NAS6 级。

（4）ISO 污染等级检测法。按 ISO 4021：1992 和 ISO 4406：1999 标准规定的取样、检测与评定方法。采用颗粒尺寸大于 $2\mu m$、大于 $5\mu m$ 和大于 $15\mu m$ 每毫升油的颗粒数评定污染等级。国外制造厂家对冲后汽轮机油洁净度要求一般为 ISO14/11—16/13 之间，相当于 NAS 标准 5～7 级。

5. 油系统冲洗后投运前工作

（1）油漂洗、置换。采用系统内运行油冲洗时不需要油漂洗；当使用轻质油作冲洗油或使用特殊冲洗油后，系统内尚有一定的残留时，则必须用油漂洗，以清除这些含有油溶性污染物的残留污油。漂洗油应对设备有相容性。漂洗油充入系统前，须对油净化装置（滤网、滤芯等）进行清理，充入后尽快启动循环泵，并将油加热至 60～70℃，首先对油循环净化至少 2h，然后再在系统中继续循环 24h 以上，直至滤网、滤袋元件无污染物为止。漂洗结束后，放出漂洗油并对油系统再次进行检查与清理后，尽快换上新汽轮机油，做好投运准备。

（2）临时性防锈措施。如果机组在油系统冲洗与投运间有较长闲置时间，可采用含有气相防锈剂的油作为系统的运行油，保护期间应随时检查，特别是对新充入油不能浸润到的系统部件或区域，必要时，还应对可能发生锈蚀的部位采用喷枪喷涂防锈剂（油）。

四、运行油系统的防污染控制

1. 运行中的防污染控制

对运行油油质进行定期检测的同时，应重点将汽轮机轴封和油箱上的油气抽出器（抽油烟机）以及所有与大气相通的门、孔、盖等作为污染源来监督。当发现运行油受到水分、杂质污染时，应检查这些装置的运行状况或可能存在的缺陷，如有问题应及时处理。为防止外界污染物的侵入，在机组上或其周围进行工作或检查时，应做好防护措施，特别是在油系统上进行一些可能产生污染的作业时，要严格注意不让系统部件暴露在污染环境中。为保持运行油的洁净度，应对油净化装置进行监督，当运行油受到污染时，应采取措施提高净油装置的净化能力。

2. 油转移时的防污染控制

当油系统某部分检修、系统大修或因油质不合格换油时，都需要进行油的转移。如果从系统内放出的油还需再使用时，应将油转移至内部已彻底清除的临时油箱。当油从系统转移出来时，应尽可能将油放尽，特别是将油加热器、冷却器与油净化装置内等含有污染的大量残油设法排尽。放出的全部油可用大型移动式净油机净化，待完成检修后，再将净化后的油返回到已清洁的油系统中。油系统所需的补充油也应净化合格后才能补入。

3. 检修时的防污染控制

油系统放油后应对油箱、油管道、滤油器、油泵、油气抽出器、冷油器等内部的污染物进行检查和取样分析，查明污染物成分和可能的来源，提出应采取的措施。

4. 油系统清洁

对污染物凡能够达到的地方必须用适当的方法进行清理。清理时所用的擦拭物应干净、不起毛，其管道应用蒸汽吹洗，油箱可用白面团粘净，清洗时所用有机溶剂应洁净，并注意对清洗后残留液的清除。清理后的部件应用洁净油冲洗，必要时需用防锈剂（油）保护。清理时不宜使用化学清洗法，也不宜用热水或蒸汽清洗。

5. 检修后油系统冲洗

检修工作完成后油系统是否进行全系统冲洗，应根据对油系统检查和油质分析后综合考虑而定。如油系统内存在一般清理方法不能除去的油溶性污染物及油或添加剂的降解产物时，采用全系统大流量冲洗是有必要的。某些部件，在检修时可能直接暴露在污染环境下，如果不采用全流量净化，一些污染物还来不及清除就可能从这一部件转移到其他部件。另外，还应考虑污染物种类，更换部件自身的清洁程度以及检修中可能带入的某些杂质等。如果没有条件进行全系统冲洗，至少应考虑采用热的干净运行油对这些检修过的部件及其连接管道进行冲洗，直至洁净度合格为止。

五、油净化处理

油净化处理在于随时清除油中颗粒杂质和水分等污染物，保持运行油洁净度在合格水平。净化处理的方法有机械过滤器（滤油器）、重力沉降净油器、离心分离式净油机、水分聚集/分离净油器、真空脱水净油器和吸附净油器等。不同形式的油净化装置各有各的局限性，如机械过滤器对水的去除效率不高，水分聚集/分离净油器主要是除水，但效率受油的黏度、油中的固体污染物与表面活性剂存在的影响。因此，大容量机组油净化系统常选用具有综合功能的净油装置，且要求所用的油净化装置与油系统及其运行油应有良好的相容性。

油净化系统的配置方式常用的有全流量净化、旁路净化和油槽净化三种。全流量净化是获得与维持油洁净度最有效的方式，但常会受到过滤工序的制约。对于旁路净化，虽然其效率不如全流量净化，但是易于安装，可连续使用，不会受到运行限制。旁路净化效率与旁路分流流量比率有关，分流比越高，对污染物清除效率越高。旁路分流比率一般为 10% ～ 75%。油槽净化方式不适用于运行系统。但当运行油在主油箱与储油系统之间进行转移时，常需要油槽净化方式。油净化系统与油系统的连接方式，应考虑有利于向机组提供最纯净的油，当油净化系统或管路事故可能危及机组安全时，能提供最大的保护。另外，还要能最大限度地延长净化装置滤芯的使用寿命。连接方式应力求做到合理化。

六、添加化学试剂

添加化学试剂是油质防劣的一项有效措施，其功能一是提高油的氧化安定性，抑制油的老化变质；二是改善油的某些性能，如防锈性能、抗泡沫性能、抗乳化性能等。化学添加剂种类繁多，对于矿物汽轮机油，目前适合运行油使用的主要有抗氧化剂和金属防锈剂两类。

为确保机组的安全运行，汽轮机油中严禁添加抗磨剂之类的物质。

添加剂对运行油和油系统应有良好的相容性，具体要求是：感受性良好，功能改善作用明显；能溶解于油，而不溶解于水，不易从油中析出；对油的其他使用性能无不良影响；化学稳定性好，在运行条件下不受温度、水及金属等作用发生分解；对油系统金属及其他材质无侵蚀性等。应按照上述要求，通过严格的规定试验选用添加剂。

添加剂的使用效果还与运行油的劣化程度、添加剂的有效剂量、油系统清洁状况、运行中补油率以及其他运行条件有关。因此，为提高添加剂的使用效果，除正确选用添加剂外，还应加强运行油的有关监督与维护，包括油中添加剂含量测定、油系统污染控制、补加添加剂等工作。

（一）添加抗氧化剂

T501 抗氧化剂是一种常见的抗氧化剂，学名 2.6-二叔丁基对甲酚，适合在新油（包括再生油）或轻度老化的运行油中添加使用。其有效剂量，对新油、再生油一般为 0.3%～0.5%；对运行油，应不低于 0.15%；当其含量低于规定值时，应进行补加。运行油添加（或补加）抗氧化剂应在设备停运或补充新油时进行。添加前，运行油须经净化，除去水分、油泥等杂质，添加后应对运行油进行循环过滤，使药剂与油混合均匀，并对运行油油质进行检测，以便及时发现异常情况。

（二）添加防锈剂

由于汽轮发电机组的轴封不严、运行中汽封压力调整不及时，以及机组的启停过于频繁等原因，汽轮机油中会漏入大量汽、水，从而造成油质乳化和油系统内金属表面的腐蚀，腐蚀严重者会使调整系统卡涩，直接威胁机组的安全运行。多年运行实践证明，在运行汽轮机油中添加防锈剂，可以有效地防止油系统的腐蚀。汽轮机油中的防锈剂能在金属表面形成牢固的吸附膜，以抑制氧及水、特别是水对金属表面的接触，使金属不致锈蚀。其作用机理如图 6-2 所示。防锈剂的分子结构应对金属有充分的吸附性，并且油溶性好。常用的防锈剂有十二烯基丁二酸、十七烯基咪唑烯基丁二酸盐、环烷酸锌、苯并三氮唑、石油磺酸钡等。

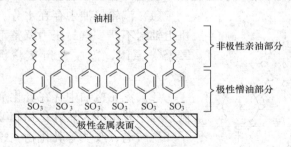

图 6-2　防锈剂的作用机理

目前，电厂普遍采用的是 T746 防锈剂。学名为十二烯基丁二酸，图 6-3 是其分子结构式。T746 是一种具有表面活性的有机二元酸。T746 防锈剂的分子由能被金属表面吸附的极性基因（羧基—COOH）和亲油介质的非极性基因（烃基—R）两个部分组成，具有极性基团的羧基易被金属表面吸附，而烃基则具有亲油性质，易溶于油中。因此，T746 防锈剂在油中遇到光洁的金属表面后，能被有规则地吸附在金属表面，形成致密的分子膜，有效地阻止水、氧和其他侵蚀性介质的分子或离子渗入到金属表面，因而起到防锈作用。

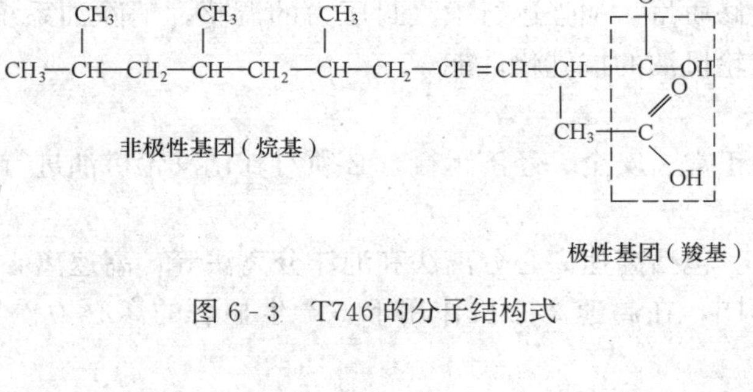

图 6-3　T746 的分子结构式

运行油中添加 T746 防锈剂前除进行液相锈蚀试验外，还应进行油的其他物理化学性能指标的分析。一般运行油中添加 0.02%～0.03% 防锈剂后，酸值会有所上升，但无不良影响，油品其他指标均符合规定要求，液相锈蚀试验的金属试棒无锈蚀斑点，此时可以添加防锈剂。为了使 T746 防锈剂更好地在金属表面形成牢固的保护膜，以便达到预期防锈的效果，第一次添加防锈剂之前应将油系统的各个管路、部件以及主油箱等各个部件进行彻底清扫或清洗，使油系统内表面露出原来的金属表面，并且做好金属表面状况的详细记录，以便以后检修时进行检查对比，考查防锈效果。同时，利用压力式滤油机净化准备添加防锈的运行油，清除杂质和水分。添加过程按照事先确定的添加量，根据油量计算出 T746 防锈剂的需要量。然后，将 T746 防锈剂先用运行油配制成 10% 的浓溶液（母液），配制时可将油温加热到 60～70℃，以便加快 T746 防锈剂的溶解。最后，将汽轮机油通过压滤机注入主油箱中循环搅拌，使母液与运行油混合均匀。此外，添加前后应对运行油质进行全面监测，以便及时发现异常情况。由于 T746 防锈剂在运行中会逐渐消耗，因此需要定期补加，补加期一般由运行油的液相锈蚀试验确定，只要试棒上出现锈斑就应及时补加，补加量可控制在 0.02% 左右，补加方法与添加时相同。

（三）添加破乳化剂

1. 运行汽轮机油乳化原因

汽轮机油在实际运行中容易发生乳化，引起汽轮机油乳化的主要原因有三个方面：

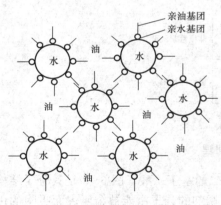

图 6-4　油包水状的乳化液

（1）汽轮机油中存在水分。油中水分是由于汽轮机组轴封不严、汽封压力调整不及时，外加机组启停频繁等原因，造成大量蒸汽漏入汽轮机油中凝结成水。

（2）汽轮机油中存在乳化剂。油中乳化剂包括炼制过程中残留的天然乳化物和油质老化时产生的低分子环烷酸皂、胶质等乳化物。这些乳化物通常都是表面活性物质，表面活性物质一般都具有极性基因（即亲水基因）和非极性基因（即亲油基因）。因此，乳化剂均能在油水之间形成坚固的保护膜，使油水交融、难于分离，汽轮机油的乳化往往形成油包水状的乳化液（W/O），如图 6-4 所示。

（3）汽轮机油、水、乳化剂，在机组运转时受到高速搅拌，最后形成油水乳浊液，上述三个原因相互联系，缺一不可。

乳化油不能形成均匀的润滑油膜，容易引起轴承磨损、机组振动及油系统锈蚀问题。为此，应该提高机组检修质量，加强运行中汽封压力的调整，消除油系统大量漏汽进水现象，同时必须设法提高汽轮机油的抗乳化性能。

2. 破乳化的方法

为了维护机组的正常、安全、经济运行，必须对乳化汽轮机油进行破乳化，破乳化的主要方法如下：

（1）机械破乳法。包括高速离心分离法和泡沫分离法等，高速离心分离法是利用分散相和分散介质的密度不同，在高速离心机作用下，产生显著的离心力差异，实现油和水的分离；泡沫分离法是利用起泡的方法，使分散相的油珠吸附于泡沫上，在随气泡浮至液面时实现油水分离。机械破乳法一般适用于含水少、还没有被乳化的油品。

（2）物理破乳法。包括高压电场法、加热法、电磁场破乳法、静电破乳法、电学破乳法、研磨破乳法、乳化液膜的润湿聚结破乳等，一般适用于轻度乳化的油品。

（3）化学破乳法。主要是向油品中添加乳化剂，不仅简单、方便、经济。同时对油品的理化性能一般无不良影响，当前已成为人们研究的重点。

（4）其他。还有生物破乳法和膜破乳法及联合破乳法。

运行中乳化的汽轮机油一般采用离心机分离，用压力式滤油机或真空滤油机等物理的方法破乳，若上述方法达不到要求，可以考虑运行中加破乳化剂。但是破乳化剂的破乳有着较强的针对性，至今人们还没有找到一种能够适合各种汽轮机油破乳的破乳化剂。

3. 破乳化剂的作用机理

破乳化剂和乳化剂一般均为表面活性物质。通常都由极性基团（亲水基团）和非极性基团（亲油基团）两个部分组成的化合物，在汽轮机油中起乳化作用的乳化剂如低分子环烷酸皂和低分子沥青质酸盐、胶质和高分子沥青质等，能在油、水之间形成坚固的保护膜，使油水交融乳化、难以分离，汽轮机油乳化后，一般形成油包水状的乳化液，这是由于水分与界面膜之间的张力大于油与界面膜之间的张力，所以收缩成水滴，均匀地分布在油箱中，形成油包水状乳化液。破乳化剂是与汽轮机油中存在乳化剂性能相反的另一类表面活性物质。它能够使水与界面膜之间的张力变小或者使油与界面膜之间的张力变大，待加入一定量的破乳化剂后，水与界面膜之间的张力将等于油与界面膜之间的张力，这时界面膜被破坏，水滴析聚，乳化现象消失，这就是破乳化的简单机理，其示意图如 6-5 所示。添加破乳化剂可以大大缩短汽轮机油的破乳化时间，增强其抗乳化性能。

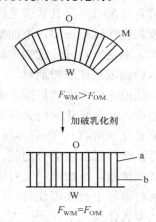

$F_{W/M} > F_{O/M}$

加破乳化剂

$F_{W/M} = F_{O/M}$

图 6-5　乳化和破乳化示意图
W—水相；O—油相；M—界面膜；
$F_{W/M}$—水与界面膜之间张力；
$F_{O/M}$—油与界面膜之间张力；
a—乳化剂；b—破乳化剂

4. 破乳化剂的种类

化学破乳化剂的研究经历了 3 个阶段。20 世纪 20 年代，出现了以阴离子表面活性剂为主的第一代 W/O 原油破乳化剂，主要有羧酸盐型表面活性剂、磺酸盐（包括石油磺酸盐）及硫酸酯盐型表面活性剂；20 世纪 40 年代以后，出现了以低分子非离子表面活性剂为主的第二代 W/O 原油破乳化剂，如 OP 系列、平平加型及 Tween 系列等；20 世纪 60 年代至今，又发展了以高分子非离子表面活性剂为主的第三代 W/O 原油破乳化剂，同时发展了兼具缓蚀效果的两性离子破乳化剂。目前，主要以非离子的聚氧乙烯、聚氧丙烯嵌段聚合物为主，在传统破乳化剂的基础上加以改性，方法有改头、换尾、加骨、扩链、接枝、交联、复配等。从环保角度考虑，还出现了硅氧烷系列绿色破乳化剂。

目前，国内使用的汽轮机油破乳化剂大致分为三种。

（1）高分子氧化烯烃聚合物。通常称为 UH 型破乳化剂，其分子量在 500 万左右，此类破乳化剂加入油中效果较好，但因其分子量高，为黏稠状固态，不能直接溶于油中，需要用有机溶剂如苯、二甲苯等溶解后使用。而这些有机溶剂，加入油中后，会使油品的闪点、黏度等降低很多，因此，不宜用于汽轮机油。

（2）采用十八醇或丙二醇作引发剂的氧化烯烃聚合物。通常称 SP 或 BP 型破乳化剂，这类破乳化剂可直接溶于油中，有一定的破乳化效果，但易溶于水，能随分离出来的水而流失，在汽轮机油中难以持久地发挥作用，故在使用中因其随水排出，而消耗量大。

（3）以甘油为引发剂的聚氧化烯烃甘油硬脂酸酯类。通常称 GPES 型破乳化剂，这类破乳化剂的分子量为 3000~4000，可在室温下直接溶于油中，溶解度可以达到 0.5%，且不溶于水。添加量少，效果较好。

5. 添加方法

任何一种破乳化剂添加前均应进行破乳化度效果试验，以便确定破乳化剂的破乳化能力、破乳化剂对油品其他理化性能的影响程度以及破乳化剂添加后油中是否出现油泥沉淀。如果破乳化度试验证实，添加破乳化剂后能够提高油的抗乳化性能，并且对油品的其他理化性能均无不良影响（注意油中添加破乳化剂后绝对不应有油泥沉淀析出），方可进一步通过小型试验确定最佳添加剂量。

添加前先应彻底清扫油系统，同时还应清除被加油中的杂质和水分，然后根据已确定的添加剂量，将破乳化剂用运行油配制成适当浓度的母液（如需要配制时可考虑将油稍加温，促使破乳化剂溶解）。最后再将母液通过压力滤油机注入主油箱，并利用压力滤油机循环搅拌使母液能与运行油混合均匀。

必须注意，添加前后应对运行油质进行全面检测，以便及时发现异常情况。由于破乳化剂在运行过程中会逐渐消耗，因此需要定期补加。补加时间应根据破乳化度试验结果来确定，当破乳化度大于 30min 时应补加。补加量为首次添加剂量的 2/3，补加方法与添加方法相同。

（四）添加抗泡剂

1. 抗泡剂的作用机理

在润滑油中通常加入的抗泡剂是二甲基硅油，实践证明这种抗泡剂并不能预防润滑油产生气泡，而硅油的主要作用是吸附在油中泡沫的表面，使泡沫膜局部表面张力下降；或者浸入泡沫膜，使泡沫破裂。

2. 润滑油对抗泡剂的要求

润滑油对抗泡剂的要求如下：

（1）表面张力要小。

（2）具有较好的化学稳定性，同时在空气中高温情况下氧化安定性要好。

（3）凝点低，黏温性要好。

（4）蒸汽压低，挥发性要小。

（5）几乎不溶于水和润滑油。

3. 抗泡剂的种类

润滑油的抗泡剂主要有二甲基硅油、二甲基聚硅氧烷、二甲基硅酮和非硅型抗泡剂等。

4. 二甲基硅油抗泡剂的应用

二甲基硅油是在润滑油中应用最多的一种抗泡剂，常用的硅油 25℃ 运动黏度为 1000~100 000mm²/s，二甲基硅油的使用量一般为 5~50mg/kg。实际应用中为了取得较好的抗泡效果，比较有效的做法是对黏度大的润滑油选择黏度小的二甲基硅油，而对于黏度小的润滑油则要选用黏度大的二甲基硅油。通过试验来确定二甲基硅油的黏度。在确定二甲基硅油黏度时，要考虑抗泡效果，但是也要考虑使用方便，如果选用的二甲基硅油黏度过高，不利于在油中分散。

汽轮机油目前以二甲基硅油为抗泡剂，其用量为 10mg/kg 左右。

将二甲基硅油在润滑油中进行良好的分散是应用抗泡剂的关键问题。二甲基硅油的分散状态对润滑油的抗泡效果和储存中抗泡稳定性都有很大的影响。实践证明只有将二甲基硅油的粒子分散到 10μm 以下才能得到良好的抗泡效果，如果二甲基硅油的粒子大于 10μm，由于大的粒子使硅油产生沉降，而会使润滑油的抗泡性变差。

为了使二甲基硅油在润滑油中良好的分散，在实际应用中先将二甲基硅油配成 10% 左右的二甲基硅油汽轮机油溶液（配在煤油溶液中，抗泡剂分散性比较好，但用煤油是否会影响润滑油的黏度和闪点，需经过试验，才能确定）。再将这种溶液用机械搅拌的方法分散在润滑油中，机械搅拌的转速越高，硅油的粒子分散越小。例如，有一种高速搅拌机的转速为 6000r/min，30℃时搅拌 10min 能得到直径为 1～3μm 的硅油粒子，这样得到的润滑油抗泡沫稳定性比较好。

5. 非硅抗泡剂的应用

近年来发展较快，应用较多的非硅抗泡剂是丙烯酸酯的聚合物。非硅抗泡剂最突出的优点是在一些酸值较高的润滑油中抗泡效果好，而且比较稳定。丙烯酸酯型的非硅抗泡剂用于汽轮机油中具有比硅油抗泡剂明显的优点，空气释放值小，这对于解决液压系统因油中的雾沫空气所引起的噪声和振动具有重要意义。

（五）各类添加剂的复合添加

为了改善汽轮机油的多种使用性能，需要同时添加两种或两种以上的添加剂，这一措施通常称为复合添加。

复合添加前，除按常规进行复合添加油品的感受性试验外，还应与单加一种添加剂的油品进行理化性能和使用性能的比较，以便全面判断添加效果和对油品性能的影响程序，从而还可确定添加剂量。通常要求，复合添加后对油的理化性能、抗氧化性能、防锈性、抗乳化性能等无不良影响，而且绝对不允许有沉淀物产生。复合添加后的效果不应低于单一添加剂相同剂量时添加的效果。

目前，已经应用的复合添加剂是 T501 抗氧化剂和 T746 防锈剂的复合剂。

运行中汽轮机油含有抗氧化剂和防锈剂，若运行中机组漏水，造成油质乳化，还需要添加破乳化剂等添加剂。复合添加和补加的方法，可以每种添加剂单独配制母液，然后分别加入；也可以混合配制母液，一起加入。添加前应清扫油系统，油的处理及添加前后油质的检测等均可参照使用各种添加剂时的有关要求。

七、油品的补加及汽轮机严重度

1. 混油补油规定

正常情况下，汽轮机油的补油率每年应小于 10%，补油要遵守补用规定的相容性（混油）。

（1）汽轮机、水轮机等发电设备需要补充油时，应补加与原设备相同牌号及同一添加剂类型的新油，或曾经使用过的符合运行油标准的合格油品。由于新油与已劣化的运行油对油泥的溶解度不同，为了防止补油后导致油泥析出，在补油前必须预先进行混合样的油泥析出试验（DL/T 429.7—1991《油力系统油质试验方法——油泥析出测定法》）确认无油泥析出，无油泥析出时方可允许补油。

（2）参与混合的油，混合前其各项质量均应检验合格。

（3）不同牌号的汽轮机油原则上不宜混合使用。在特殊情况下必须混用时，应先按实际混合比例进行混合油样黏度的测定后，再进行油泥析出试验，以最终决定是否可以混合使用。

（4）对于进口油或来源不明的汽轮机油，若需与不同牌号的油混合时，应先将混合前的单个油样和混合油样分别进行黏度检测，如黏度均在各自的黏度合格范围之内，再进行混油试验。混合油的质量应不低于未混合油中质量最差的一种油，方可决定混合使用。

（5）试验时，油样的混合比例应与实际比例相同；如果无法确定混合比例时，则试验时一般采用 1∶1 比例进行混油。

（6）矿物汽轮机油与用作润滑、调速的合成液体（如磷酸醋抗燃油）有本质上的区别，切勿将两者混合使用。

2. 汽轮机严重度

汽轮机严重度是指油每年丧失的抗氧化能力占原有新油抗氧化能力的百分率。汽轮机严重度是对汽轮机油运行寿命影响因素的综合评价。汽轮机严重度要考虑以下三因素：

（1）每年注入系统的补充油量。

（2）油的运行时间的长短。

（3）抗氧化能力［用旋转氧弹（RBOT）试验方法测定］。

汽轮机严重度的计算公式为

$$B = \frac{M\left(1 - \frac{x}{100}\right)}{\left(1 - e^{\frac{-Mt}{100}}\right)} \tag{6-1}$$

式中　B——汽轮机严重度，以百分率表示；

M——每年注入系统的油补充率，以占初始装入系统新油总量的百分率表示；

x——油中残余抗氧化能力的数量，以占初始装入系统新油的抗氧化能力的百分率表示；

t——最初装入系统中新油已使用了的年数。

测定汽轮机油的氧化安定性的方法很多，但这些方法用时较长，有的约需 2000h 以上（约三个多月），而旋转氧弹（RBOT）方法只需几个小时就可得出结果。油补充率 M 对油变质的影响如图 6-6 所示。

对一个特定的润滑系统的严重度，从最初装入新油开始运行起，经过一段时间后，就应该进行测定，同时完整地保存补充油量的准确记录，是这一工作开展的重要环节。一般在运行的第一、二年内每隔 3～6 个月进行一次旋转氧弹方法试验。当知道了每年的补充油量和随运行时间而变化的油变质的程度后，则可从图 6-7 中查到该台汽轮机的严重度，此图虚线表示查找汽轮机严重度 B 的数字顺序。表明该汽轮机油已使用了 5 年，年油补充率为 15%。油的变质的旋转氧弹方法试验从起始时的 1700min 降到仅为 350min，氧化寿命的丧失率为 79.5%。从时间坐标轴上的第 5 年开始，向上与 15% 的油补充率的曲线相交于一点，

再向左投影到 $B/(100-x)$ 坐标轴上的一点，从这点与油变质坐标轴线上的 79.5 连一直线，直线与汽轮机严重度 B 标尺线相交在 22% 点上，即为该台汽轮机严重度 B 值。

一个有着高严重度的润滑油系统，需要经常补充油或更换油。反之，一个只有低严重度的润滑油系统，则只需作例行的油补充就可以了。现在设计的汽轮机组比以前安装的机组有较高的汽轮机严重度。润滑系统温度的增高被认为是汽轮机组存在较高严重度的原因。现在大容量机组的主轴、盘车齿轮和联轴器都较大，主油箱的容量又较小，这些都增加了单位体积的油量每小时必须向冷油器传送的热量。另外，运行现场的环境影响也很大，如煤灰、灰尘侵入油系统，造成对油的污染变质也是一个因素。

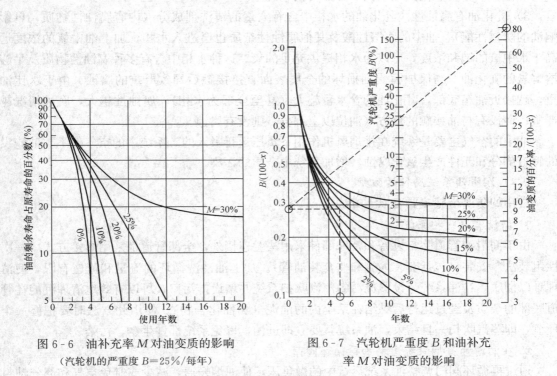

图 6-6　油补充率 M 对油变质的影响
（汽轮机的严重度 $B=25\%$/每年）

图 6-7　汽轮机严重度 B 和油补充
率 M 对油变质的影响

第四节　汽轮机润滑油系统的防腐与化学清洗

一、润滑油系统的腐蚀

润滑油系统腐蚀会造成油质颗粒度不合格，严重时可导致调速系统卡涩，致使轴颈划伤，因此，分析引起腐蚀的原因和作用过程，并提出处理措施和建议是非常重要的。

（一）润滑油系统腐蚀的原因

油系统的腐蚀的原因是多方面的，主要是由于油中含有机械杂质、水分、空气等。

1. 油中的机械杂质

（1）油中的机械杂质来源如下。

1）设备制造安装中固有的杂质，如管道、油泵、油箱、阀门、轴承等。

2）系统运转、流体变质生成的杂质。

3）油箱及系统在微负压运行时侵入的污染物。

4）系统在检修时或油的补充过程中带入的杂质。这些杂质在系统中使得轴承、油泵等设备产生磨损，若不及时过滤，将产生链式反应，造成磨损的恶性循环。

（2）这些杂质，特别是清洗过程中的杂质，会导致以下后果。

1）破坏油箱及管道内壁的保护层。碱性介质或强力渗透剂及某些特殊溶剂和表面活性剂都可以对该涂层造成损害。

2）油的严重乳化。油系统清洗后没有冲洗干净，清洗液中的表面活性剂促进油的乳化，使得残留在系统中的大量清洗液与油混合形成较稳定的乳浊液，导致开机后油在很长一段时间内混浊，油中含水量大增（大部分是游离水）。

3）乳化油有腐蚀性。乳化油的水相中含有大量的清洗剂成分（内有腐蚀性物质，可影响油的防锈性能），油中的水溶性酸及其他腐蚀性杂质也会进入水相，加上油中氧的浓度远高于水中氧的饱和浓度，可以为水相提供充足的氧。这种水相中含有多种腐蚀性物质及足够溶解氧的乳化油，与保护膜受到损坏的金属表面直接接触后导致严重的腐蚀。由于水比油重，越接近油箱底部，乳化油的含水量越大（甚至全部为水相），腐蚀性越大，腐蚀情况越严重；而没有与油接触的地方（油位以上部分）则没有腐蚀。

油中的空气主要是系统在排烟风机作用下负压运行吸入的。系统中的空气使不被油淹没的管道部分和元件产生氧化腐蚀，增加系统中杂质的污染。

（二）润滑油系统腐蚀的防护

常用的防腐措施主要有以下方法：

1. 增设蒸汽吹扫系统

由于润滑油管道除与设备和特殊部件采用法兰连接外，全部管道都采用焊接方式"一次性组装法"安装（包括套装油管和非套装油管）。加上油冲洗循环的流量和流速有限，使清理难以彻底。在油系统旁设置灵活的蒸汽吹扫系统并增设排污口，可以有效地清理沉淀在管道底部的杂质及经过运行后黏结在系统内的油泥（黏性化合物）。使用此方法时要把握一个环节，即蒸汽吹扫一旦结束，油系统就要立即进油，以免系统部件生锈、污染。

2. 在润滑油排烟系统上增加再循环阀门

通过再循环阀门调整油系统运行中的微负压，使油烟畅通，减少或避免空气和部分轴封漏汽漏入油系统，污染油质。

3. 采用磁性过滤器

经分析油中颗粒 80%～90% 为铁杂质，虽然通过各种方法保证了油的清洁度，但这种清洁度是相对的，那些很微小的颗粒仍然存在，并且系统在运行中的磨损和腐蚀会不断地产生杂质。在油系统中装磁性过滤器能进一步有效地减少油中杂质。一般磁性过滤器应装在油泵、注油器进口滤网周围以及回油滤网和轴承箱内，或在油箱中悬吊部分磁棒，也会收到很好的效果。

4. 采用合格无水油

虽然氧在油中的溶解度远远大于在水中的溶解度，因而似乎有利于金属氧腐蚀的阴极过程，但由于金属腐蚀的阳极产物 Fe^{2+} 及 Fe^{3+} 在油中的溶解度极小，严重阻碍了阳极过程，使腐蚀反应不易进行，阳极过程（铁的溶解）成为腐蚀反应的控制步骤，所以控制铁的溶解，即控制油中水的溶解对于防腐很有利。

5. 添加防锈添加剂

由于润滑油系统不可能完全密封，为防止漏水、漏汽现象及油水分离不完全所导致的油中水分超标（特别是油箱底部），国产油一般都加有油溶性的防锈剂（如 T746 等），以在金属表面吸附，形成保护膜，阻止水分接触金属表面，达到防止和减轻金属腐蚀的目的。

6. 油箱内壁涂敷保护涂层

在油箱内壁涂上保护涂层，以物理方法阻止腐蚀性介质与金属表面的直接接触，从而达到防腐的目的。

二、润滑油系统的化学清洗

为了保证润滑油的清洁度的要求，按 GB 50235—2010《工业金属管道工程施工规范》和 SH 3538—2005《石油化工机械安装工程施工及验收通用规范》中规定：润滑、密封、控制油管道，应在机械及酸洗合格后，机组运转前进行油循环。不锈钢管道，应用蒸汽吹净后进行油循环；碳素钢管道，应进行酸洗钝化处理，若管内有油污应进行碱洗后再进行油循环。实践证明：若清洗系统未经过化学清洗，就用冷、热油交替冲洗的方法，很难使油系统达到规定的清洁度要求。所以，润滑油系统在施工完毕后、油循环前，应进行化学清洗。某汽轮机润滑油系统的化学清洗系统如图 6-8 所示。

（一）化学清洗的必要性

润滑油系统是输送润滑油的渠道，对设备机组正常运转至关重要。油体统的清洁与否直接关系到机组的安全运行。如果系统中有有害杂物，不仅影响轴承润滑，降低机组自动化投

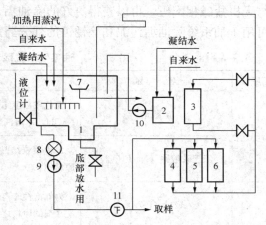

图 6-8　汽轮机润滑油系统的化学清洗系统
1—主油箱；2、10—配药箱；3—监视管；
4—1 号冷油器；5—2 号冷油器；6—3 号冷油器；
7—排油漏斗；8—滤网；9—润滑油泵；11—温度计

入率，还将影响调节系统的功能，造成机组运行中发生事故。化学清洗是解决润滑油系统油质污染的最佳办法。润滑油系统采用化学清洗的具体原因如下所述：

（1）由于水汽大量漏入油路系统，助长了有机酸的腐蚀能力，加速了对金属部件、管道的腐蚀。

（2）油中含水量越多，油质本身劣化、金属部件的腐蚀速度越快。金属腐蚀产物如金属皂类会对油质劣化起催化作用，造成恶性循环。

（3）使主油箱滤网前、后油位发生显著变化。一方面，由于水汽漏入，使油中起乳化作用的表面活性剂（如环烷酸皂、胶质、沥青质等）破坏了油的憎水性能，使漏进油中的水呈细小的水粒在油中均匀分布，并在水粒周围形成一层坚固的膜，使水粒的稳定性增强而难以从油中自然分离出来，进而使油位提高。另一方面，由于水汽的漏入使油箱、管道被加剧腐蚀及其产物剥落，与水、油混合，形成灰褐色糊状物，堵住部分滤网孔，使其前、后油位差超出了规定数值。

总之，在如此恶劣的油质环境中，除应彻底解决严密性问题、运行轴封汽压调整和油再生处理外，应对油系统进行彻底清洗。

（二）化学清洗的方式

1. 油系统化学清洗的范围

润滑油系统化学清洗范围包括润滑油系统、调速油系统、密封油系统及顶轴油系统。润滑油系统主要由管道、设备和仪表组成。管道是指连接设备和机组之间的供油管、回油管和仪表管；设备是指油箱、油泵、滤油器、高位油箱、蓄势器以及机组本身的各润滑点轴瓦、变速器、曲轴箱和油孔、油槽等。

2. 化学清洗的药剂与方式

化学清洗所用药剂包括除油污垢剂、除锈蚀剂和缓蚀剂等。系统内所积存的油脂及油垢污泥必须在酸洗前彻底除去。无机盐碱如 Na_3PO_4、$NaOH$ 具有除油垢效果好、货源广泛等优点，是常用的除油剂。有机表面活性剂是一种用量少、低温条件下也能较好除油的溶剂，与无机盐碱相配伍，可以获得更好的除油垢、污泥的效果。表 6-18、表 6-19 分别列出了可用于油系统除油垢污泥和除锈蚀的部分药剂。

表 6-18　　　　　　　　　　　油系统清洗除油污垢的部分药剂

序号	名　称	性　能
1	磷酸钠	无色或白色结晶，在空气中风化，在水溶液中几乎全部离解为 Na_2HPO_4 及 $NaOH$，水溶液呈强碱性反应
2	三聚磷酸钠（$Na_5P_5O_{10}$）	白色颗粒结晶，不宜潮解，水溶液呈碱性反应，为生产洗涤用品的主要原料
3	聚醚（P-75）	为低泡性非离子表面活性剂，主要用于金属表面油污的洗涤，是生产工业洗涤剂的原料之一
4	聚醚（P-62）	具有良好的润湿性、低泡性，与其他溶液配伍，用于金属表面油污的洗涤
5	脂肪醇聚氧乙烯（AES）	是一种阴离子表面活性剂，具有良好的生物降解性，有较强的乳化性能
6	601 及 602 洗涤剂	具有高效的除油性能，为机械加工工业常用的金属洗涤剂

表 6-19　　　　　　　　　　　油系统清洗除锈蚀剂的部分药剂

序号	名称	性　能	用　途
1	柠檬酸（$C_6H_8O_7$）	为无色或白色结晶，味酸，用做清洗剂时使用其单氨或二氨盐	电厂热力设备常用的清洗剂
2	氨基磺酸（NH_2SO_3H）	别名固体硫酸，不挥发，无臭味，对人体毒性极小。水溶液具有与 HCl、H_2SO_4 等同的酸性，使用温度小于 60℃	美国农业部允许作为副食品工业设备的清洗剂
3	羟基乙叉二膦酸（HEDP）（$C_2H_8O_7P_2$）	一种有机二膦酸，既是阴极型缓蚀剂，又是良好的阻垢剂。对铁、铜等金属离子有良好的络合作用	电厂常用的循环水处理药剂
4	羟基乙酸（$C_2H_4O_3$）	无色液体，具有腐蚀性，有刺激性臭味。与金属离子 Fe、Cu 等有很强的络合作用	国外已将其应用于大型锅炉的清洗

化学清洗包括煤油清洗法、喷砂除锈法、酸洗除锈法。

（1）煤油清洗法。适用于铜管、阀门和零配件的清洗，不适用于钢管。

（2）喷砂除锈法。压缩空气的压力为 0.4～0.6MPa，砂子粒径为 3mm 左右的石英砂。此法简便，对直管除锈效果好。缺点是对弯头和小管较难除净，喷砂后管子内壁表面常有细微毛刺，在油洗和运转中可能脱落，污染润滑油。

（3）酸洗除锈法。可以除去油管中大量的铁锈和其他一切污物。酸洗时，各种阀门和仪表都要拆下，螺纹用聚氯乙烯带包扎保护，以免损伤。酸洗液可用浓度为 10％稀硫酸溶液，温度加热到 60～80℃，每根油管放在槽中浸泡 15min。管壁发出金属光泽。随着使用次数的增加，浸洗时间应适当延长，最多约 1h。然后浸在浓度为 5％的碱溶液槽里中和，取出在清水中洗 10min。最后用压缩空气吹干。在有条件的地方，最好用过热蒸气吹干。油系统循环酸洗示意图如图 6-9 所示。

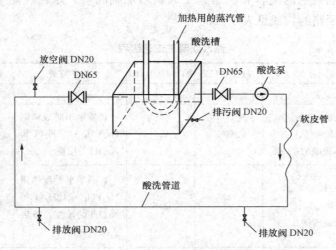

图 6-9　油系统循环酸洗示意图

化学清洗的方式一般可分为静态浸泡和强制循环两种。静态浸泡主要是在机组润滑油系统施工中进行，效率低、成本高、效果差。强制循环主要是机组润滑油系统配管施工完毕后，根据机组施工方案中油循环流程采取一些措施，使其构成循环回路，用泵强制循环，此方法清洗效果好、效率高、成本低，还可根据实际情况把回路用泵注满清洗液进行浸泡，再循环，效果更好。

（三）化学清洗系统设计要求及清洗前准备

（1）清洗系统要尽量保证操作简单并最大限度地减少死区。

（2）清洗系统的端部和最高点加装排空气门，防止气塞现象的发生。

（3）临时系统尽量采用法兰连接方式，连接焊口需采用全氩弧焊接工艺，以防止恢复系统时造成二次污染。

（4）将调速系统部套全部取出，进行短接，润滑油系统的射油器、油泵、带铜部件的设备、冷油器及油滤网等取下，将管路进行短接。

（5）汽轮机轴承进出油管路短接，空气、氢气侧密封油的滤网、冷油器、油泵等取下，将管路短接。

（6）为保证各回油管路内充满酸液，将回主油箱的各回油管路分别加装孔板，各拆除部套处加联箱，联箱加装排放空气门。

（7）选用合适的清洗泵。

（8）为防止清洗过程中杂物再返回油系统中，在主油箱中加装一道 40 目的白钢滤网。

（9）油系统中拆下的较小并规则的部件，吊入主油箱中，进行浸泡处理。

（10）准备好化学清洗及废液处理所需的化学药品，并进行质量检验。

（11）化学清洗前，准备好清洗所用监视管段及化学监督试验药品、表计等。

（四）化学清洗的程序

化学清洗工艺流程为水压试验→热水冲洗→碱洗→水冲洗→酸洗→水冲洗→漂洗→钝化→水冲洗→空气吹扫→镀油膜。

根据机组润滑油系统的流程和机组施工方案增加临时管、水箱、短节等，构成系统回路。化学清洗系统回路的构成见表 6-20。

表 6-20　　　　　　　　　　　　　　油系统清洗工艺流程

工艺流程	洗液配方	温度（℃）	循环时间（h）	化学监测	本程序完应做到
热水油洗	工业水	90	2.5		排干
稀碱去油	$Na_3PO_4 \cdot 12H_2O$ 0.6%、NaOH0.2%、十二烷基苯磺酸钠 0.2%	90	2.5	每隔半小时取样测 $Na_3PO_4 \cdot 12H_2O$ 和 NaOH 的浓度	排干、留样
浓碱除油	$Na_3PO_4 \cdot 12H_2O$ 0.2%、NaOH0.5%、十二烷基苯磺酸钠 0.6%	90	2.5	每隔半小时取样测 $Na_3PO_4 \cdot 12H_2O$ 和 NaOH 的浓度，最后去除铜管样	排干、留样，用工业水冲洗到 pH＜8，再排干水，退出冷油器
柠檬酸酸洗	柠檬酸 0.8%、天津若丁 0.12%、用 $NH_3 \cdot H_2$ 调 pH=3.5～3.7	85～90	1.5	每隔 10min 取样测总铁和 pH	排干、留样。用凝结水冲洗至总铁小于 $50\mu g/L$
漂洗钝化	三聚磷酸钠 0.25%，用磷酸调 pH=2.9	45～50	1		钝化之后趁热排干，使其表面自然烘干，之后再用热凝结水冲洗一次
	用浓氨水调 pH=9.3～9.7	80～85	9	每隔半小时测 pH 一次	

（五）化学清洗的安全及施工质量保证技术措施

油管路化学清洗所用的溶液是腐蚀溶液，清洗时稍有疏忽，容易发生人身事故，故对酸洗的管路在循环酸洗前必须对组装好的每一趟管路按照其水压检查的要求分别进行水压实验，以检查系统的严密可靠性。

1. 安全措施

安全措施在实际工作当中要严格执行以下安全措施。

（1）直接接触酸的人员，需穿工作服、胶皮鞋，戴防护眼镜、胶皮手套和口罩，必须注意裤脚不可直接放在鞋内。

  (2) 在搬运酸液时使用专门工具，禁止将容器放在肩上和抱在怀里搬运。

  (3) 配置酸液时只允许将酸倒入水中并不断搅拌，倒入时必须缓慢以防酸液溅出。

  (4) 在酸洗场所应备有装满清水的小桶，2‰～3‰的碳酸钠溶液、2‰的硼酸、5‰的重碳酸钠以及石灰、凡士林等以备急救时用。

  (5) 酸洗时严禁明火，并禁止吸烟，酸洗场所空气要畅通，非酸洗人员一律不得靠近酸洗区域。

  (6) 加氨时，应戴防毒面具。

  (7) 化学清洗合格后及时进行油循环。

  (8) 化学清洗的管道，应符合设计和施工方案的规定。

  (9) 采用柠檬酸酸洗钝化浸泡 12h 后再循环 6h。

  (10) 为了使汽轮机润滑油系统化学清洗工作能够安全顺利地进行，应该成立清洗小组，且分工明确，各负其责。

  (11) 由于汽轮机润滑油系统管道复杂，有许多重要设备相连。所以，对与清洗系统相连，但又不参加化学清洗的所有设备、管道等必须进行彻底隔离，必要时加堵板，并经汽轮机和化学专业人员分别检查核对无误后，才可进行化学清洗。

  (12) 临时系统的焊接质量必须可靠，否则清洗时的泄漏会造成周围设备腐蚀、损坏。

  (13) 化学清洗前，应对参加清洗人员进行技术交底，掌握清洗要领，熟悉清洗用药性能。

  (14) 蒸气加热管的安装位置要考虑不会烫伤人，否则应包扎好，清洗现场应挂警示牌。

  (15) 在清选过程中，因设备故障或其他原因而使清洗工作无法进行时，应转为浸泡。

  (16) 在清洗过程中，必须保证水源、汽源不断。

  2. 施工质量保证技术措施

  现场进行油系统的化学清洗时，施工质量保证技术应该采取以下措施。

  (1) 酸洗用的循环泵最好采用耐酸泵。

  (2) 在酸洗的每一个步骤完成后，要用排放阀排除管道内的积水，再进行下一步的冲洗工作。

  (3) 酸洗时用 pH 试纸检验酸液及冲洗后的除盐水的浓度，以防止酸液过浓而腐蚀油管及焊缝。

  (4) 上道工序需检查确认合格后方可进入下道工序，不得盲目蛮干。

  (5) 酸洗前仔细检查油管路，油管路的所有临时管路都必须配齐。

  (6) 酸洗液严格按照规范要求配制。

  (7) 清洗后的清洁度按相关要求进行检查。

  (六) 化学清洗应注意的其他问题

  (1) 对汽轮机润滑油系统是否要进行化学清洗，应根据机组运行年限、系统污染程度以及油质情况等综合因素加以考虑。一般当汽轮机油样颜色明显加深、外状不透明并经常含有机械杂质时，就应该在下次大修期间，对润滑油系统进行化学清洗。

  (2) 润滑油系统化学清洗效果的好坏主要取决于碱洗、酸洗和钝化方法的选择。一般碱洗时多采用磷酸盐加洗涤剂法，因为这种方法的除油效果较好。就酸洗方法而言，主要有两种方法可供选择，一种是盐酸酸洗法，另一种是柠檬酸酸洗法。盐酸酸洗法具有清洗效果好的特点，但其缺点是侵蚀性大，对临时系统要求苛刻。一方面要增加一台临时清洗泵，耗资大，如果仍选用润滑油泵作为清洗泵，则可能会对该泵产生较大侵蚀，导致今后无法正常运行；另一方面对临时系统的焊接质量和隔离措施要求更加严格，否则一旦泄漏，将会导致严重后果。此外，加酸系统复杂，操作不安全。选用柠檬酸酸洗法，则临时系统极为简单，几乎不需要增加临时设备和管道，安装工作量小，而且加药方便、清洗操作安全可靠。因此，大多更倾向于选用柠檬酸酸洗法。钝化方法虽然较多，但建议选用磷酸三钠钝化法较好，因为它除了具有钝化作用外，还能进一步除去系统内残留的油泥杂质。

（3）应根据安全要求，尽量扩大清洗范围，提高整个油系统的清洁度，更好地保证油质合格。

（4）由于汽轮机油系统有效容积较小，加上临时系统简单，因此清洗一次所需费用极少。

（5）化学清洗结束后，建议用氮气将系统吹扫干净。在润滑油系统投运之前，最好先用少量透平油冲洗系统，然后再加入正常使用的透平油，并加强滤油处理。

（6）油系统中如含有翻砂铸铁阀门，碱洗浓度可降低至 $0.1\% \sim 0.5\%$ NaOH、$0.5\% \sim 0.6\%$ Na$_2$CO$_3$，碱洗温度降为 $65 \sim 75℃$，但碱洗时间可延长至 $16 \sim 20h$，同时碱洗完后，应增加水冲洗流量和冲洗时间，直到无固体颗粒。

（七）化学清洗实例

某电厂 2 号汽轮发电机组在运行期间油中水分含量阶段性超标，使油系统表面的防腐保护层被损坏，金属表面产生锈蚀。同时由于长期运行，致使油系统死区（特别是回油系统）有积渣、油泥等沉积物附着，在运行期间不同程度地影响油质颗粒度。由于该电厂 2 号汽轮机组低压缸通流部分进行改造，调节系统改为电液调节，对系统油质要求很高，油质颗粒度不能大于 4 级，因此，对油系统内的铁锈及复杂沉积物的化学清洗是非常必要的，否则，改造后的机组会因油系统问题出现卡涩现象，造成机组故障。

该电厂汽轮机供油系统化学清洗系统图如 6 - 10 所示，主要是对回油系统和部分进油系统进行清洗、镀膜。主油箱作为化学清洗箱，以润滑油供油母管回油母管为主要循环系统，对其他部分系统进行隔离，如密封油系统、调节系统、排烟系统、主油箱补及排油系统、事故放油系统、油净化、主冷油器等均加堵隔离。通过将系统部分管样取下进行小型试验，选择最佳清洗效果作为正式清洗方案。汽轮机油系统化学清洗各阶段化验监督项目见表 6 - 21。化学清洗运后，经检查，清洗效果很好，原有的铁锈、油泥、积渣全部清洗干净，在新鲜的油系统金属表面镀上了一层致密的银灰色的保护膜。

表 6 - 21　　　汽轮机油系统化学清洗各阶段化验监督项目（加药量按系统容积 30m³ 计算）

阶段	介质要求	加药量	温度	流速	清洗时间及标准	监督项目	监督时间
热水冲洗	除盐水	—	$70 \sim 80℃$	$\geqslant 0.6$m/s	$2 \sim 3h$		
碱洗	除盐水配制 NaOH 2.0% Na$_3$PO$_4$ 1.0%	最初加入量 NaOH 600kg Na$_3$PO$_4$ 300kg	$95 \sim 97℃$	保证各系统充满清洗液，流动	约 8h 以维持药品浓度不降为止	碱度	30min/次

续表

阶段	介质要求	加药量	温度	流速	清洗时间及标准	监督项目	监督时间
水冲洗	工业水		常温	≥0.6m/s	出水澄清 pH<8.4	pH	30min/次
酸洗	除盐水配制 二邻甲苯硫脲 0.2% 柠檬酸 3.0% 用氨水调 pH=3.5~4.0	最初加入量 二邻甲苯硫脲 60kg 柠檬酸 900kg 适量氨水	90~95℃	保证各系统充满清洗液，流动	4~6h，以维持药品浓度	酸度 pH	15min/次
水冲洗	除盐水		常温	≥0.6m/s	出水澄清 pH=5~6	pH	30min/次
漂洗	除盐水配制 二邻甲苯硫脲 0.01% 柠檬酸 0.1%~0.2% 用氨水调 pH=3.5~4.0	二邻甲苯硫脲 3kg 柠檬酸 30~60kg, 适量氨水	60~90℃	保证各系统充满清洗液，流动	2~3h	pH	15min/次
钝化	漂洗液中加入亚硝酸钠，维持浓度 1.0%~1.5%，用浓氨水调 pH=9~10	亚硝酸钠 300~450kg, 适量氨水	60~90℃	保证各系统充满清洗液，流动	8h	pH	30min/次
水冲洗	除盐水		常温	≥0.6m/s	出水澄清	pH	

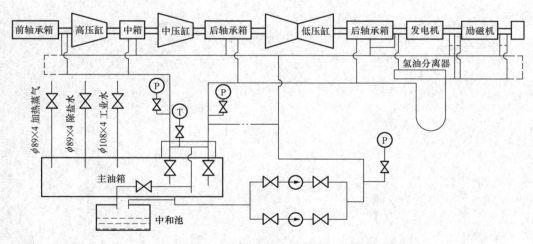

图 6-10　某电厂 2 号汽轮机油系统化学清洗系统图

思 考 题

1. 运行汽轮机油与新油监督指示有何不同？

2. 试述防锈剂的防锈作用机理。

3. 运行汽轮机油为什么容易形成乳化油？破乳化剂的破乳化机理是什么？

4. 添加防锈剂主要有哪几个步骤？

5. 运行汽轮机油混油和补油时应遵守哪些规定？

6. 试论述运行汽轮机油各主要维护措施。

7. 某电厂从 1991 年开始，汽轮机轴封开始有蒸汽渗漏现象发生，油水的长期作用，使油质逐渐乳化、酸值增高、黏度发生变化，运行中汽轮机油质量下降。特别是 1992 年 6 月 8 日汽轮机轴封漏汽严重，使渗漏的蒸汽沿着油系统进入了油箱，从油箱底部排出游离水竟多达 20kg，使汽轮机油严重乳化、酸值增高，黏度降低，对机组的安全经济运行带来严重的威胁。根据此段文字分析其原因并提出解决方案？

8. 简述油系统冲洗的过程。

9. 润滑油系统的防腐方法有哪些？

10. 简述润滑油系统化学清洗的方式及流程。

第七章　磷酸酯抗燃油的监督与维护

本章主要介绍矿物汽轮机油的替代品磷酸酯抗燃油的性能、检测方法、应用的监督与维护措施。

随着我国电力工业的迅速发展，大容量（300～1000MW）、高参数（高温、高压）的汽轮发电机组投运越来越多。过热蒸汽的温度已达到 540℃以上，超超临界参数机组的蒸汽温度甚至达 600℃。这就要求调速系统的工作介质—调节液的工作压力越来越高，最高可达14.5MPa 以上。汽轮机调节系统大多靠近过热蒸汽管道，一旦某处压力油管道破裂就会在短时间内喷出大量调节液，喷射距离远，散布面积广。如果调节液仍是矿物型的汽轮机油（自燃点约 350℃），当其接触到炙热的蒸汽管道时引起火灾的危害大大增加。据美国一家主要的保险公司报道，电厂中 3/4 的火灾事故源于汽轮发电机组的油系统；西德一家著名的保险公司也称，电厂因油发生火灾 49% 来源于液压系统，43% 来源于润滑系统，余下的两者兼有；另有报道称所有的电厂火灾 94% 源于汽轮机的油系统。为了解决这种潜在的火灾隐患，自 20 世纪 50 年代初开始，国外汽轮机制造厂家和有关的研究部门就开始致力于寻找自燃点和着火点高、综合性能好的抗燃液来替代矿物汽轮机油用作调速系统的工作介质。目前，国内外公认性能优良的三芳基磷酸酯抗燃油液已广泛用于大机组的调节系统。

第一节　抗燃油的基础知识

液压油是液压传动与控制系统中用来传递能量的工作介质，在液压系统中起着能量传递、润滑机械、减少摩擦磨损、防止机械锈蚀和腐蚀、密封、冷却、冲洗等作用，因此，应具有适宜的黏度及良好的黏温性能、良好的氧化安定性、良好的防锈性、良好的水解安定性、良好的润滑抗磨性、良好的抗泡沫性和空气释放值、良好的抗剪切性能（在剪切力的作用下，保持其黏度和与黏度有关的性质不变的能力。采用 SH/T 0505—1992《含聚合物油剪切安定性测定法（超声波剪切法）》测定）、良好的过滤性（在规定的条件下，一定量的油品通过特定滤膜所需的时间，采用 SH/T 0210—1992《液压油过滤性试验法》测定）、良好的密封材料的相容性。

抗燃性是抗燃液压油的重要性能之一，也是这类油品的特征标志。所谓抗燃是相对易燃而言的，并非绝对不燃。抗燃性包含两层含意：一是在明火或高温热源处不易燃烧，有低的助燃性和较好的阻止燃烧的能力，典型抗燃油在 700～800℃下不着火；二是在十分充裕的着火条件下即使燃烧，火焰也不扩散，当火源撤离时具有自熄能力。为了更好地区分各类抗燃油抗燃

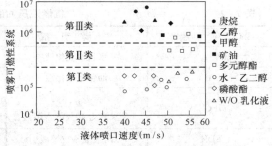

图 7-1　喷雾可燃性系数与液体出口速度函数图（喷口压力为 6.9MPa）

能力的大小，国外液压油可燃性采用喷雾点火模拟试验方法对不同油品和液体进行点火，根据喷雾可燃性参数的大小，将试验油品分成三类：第Ⅰ类是难以着火的，第Ⅲ类是容易着火的，第Ⅱ类是介于中间的，实验结果如图 7-1 所示。

由图 7-1 中可以看到：磷酸酯、水-乙二醇、W/O 乳化液属第Ⅰ类产品，多元醇酯属第Ⅱ类产品，而矿油、庚烷等属第Ⅲ类产品。用其他试验方法进行抗燃性评价，也得到类似的结果，见表 7-1。

表 7-1　　　　　　　　　　　　各种油品抗燃性评定

实验方法	水-乙二醇	W/O 乳化液	磷酸酯	多元醇酯	矿物油
热歧管试验（704℃）	不着火	不着火	不着火	着火	立刻着火
热板试验（750℃）	不着火	不着火	不着火	400℃着火	250℃着火
灯芯扫描（回）	66	50	80	27	3

一、抗燃油的分类

抗燃液压油种类颇多，根据其组成及性能分为合成液压油和含水液压油，具体分类如图 7-2 所示。

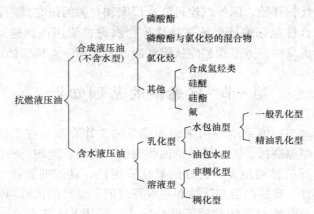

图 7-2　抗液压油的一般分类

根据国际标准化组织 ISO 6743/4—2002 分类，抗燃液压油分类见表 7-2。不同类型液压油的优缺点见表 7-3。

表 7-2　　　　　　　　　　　　抗燃液压油的 ISO 分类

ISO 代号	主要组成	ISO 代号	主要组成
HFA	水包油乳化液	HFDS	卤代烃基抗燃液
HFB	油包水乳化液	HFDT	磷酸酯和卤代烃的混合物
HFC	水-乙二醇，含水量为 40% 的水溶液	HFDU	脂肪酸酯合成的抗燃液
HFDR	磷酸酯基抗燃液		

表 7 - 3 　　　　　　　　　　　液 压 油 的 优 缺 点

项目	矿物油	HFA、HFB	HFC	HFDR	HFDU
优点	性能全面、易得、价廉	冷却性好，价廉，抗燃	冷却性好，价格适中，抗燃	抗燃，性能全面	抗燃，性能好，可降解
缺点	不抗燃，生物降解性差	抗磨差，仅用于低压系统，乳液不稳定	用于中压系统	有毒，价高	

目前，高压调节系统中采用的抗燃油，多以磷酸酯为基础油，加入适量的抗氧化和抗腐蚀等添加剂调制而成。磷酸酯具有良好的抗燃性，特别是三芳基磷酸酯可喷在 800℃ 的金属表面不着火，并具有良好的热氧化安定性、润滑性、低挥发性，且对大多数金属不腐蚀等优点。

二、磷酸酯抗燃油

早在 1952 年，爱迪生电力机构的精英们就在委员会上提议应把精力投入当时在能源工程中最棘手的问题：寻找性能具备矿物基汽轮机油特点的抗燃液。随着汽轮机、发电机单机容量的增大，水蒸气温度超过了矿物基油的自燃点——680 °F。能源系统面临着火灾的威胁，已发生了因润滑油接触蒸汽管道着火引发的大量的灾难事故。多年来，人们对抗燃油的研究和应用经历了冷热交替的过程，筛选出了多种液体作为汽轮机调速系统的抗燃液。如乙二醇-水、硅油、氯化烃类、磷酸酯等，并将这些物质与矿物汽轮机油作对比实验，从物理化学性能方面进行比较，将效果较好的替代物投入生产实践，应用到主油泵和老机组中，取得了一些成功的经验。但因硅油价格昂贵，乙二醇-水溶液中水易挥发，氯化烃类影响机件润滑和对伺服阀的腐蚀有利，所以磷酸酯就成为替代矿物汽轮机油的最佳选择。

美国 GE 公司在 1958 年，就研制出了磷酸酯抗燃液。到了 20 世纪 60 年代，形成了磷酸酯和氯代联苯型液体（PCB）两者竞争替代矿物基汽轮机油用于调速系统的局面，最后，氯代联苯液体因技术问题（如因加入大量的黏度促进剂造成的液体的剪切应力稳定性极差）和环保问题（有毒、对环境造成污染）被磷酸酯击败。由于抗燃油价格昂贵（7～11 美元/升），进口需要耗用大量的外汇，故我国从 1973 年开始研制抗燃油，至今已取得了较大的成就。起初，北京石油化工科学研究院先后配制出三种抗燃油：4613-1、4614、4621，但因这三种抗燃油产品氯含量超标，没能推广使用。之后，从改进合成抗燃油的原料和工艺着手，西安热工研究院和天津滨海化工厂共同研制出 ZR-881 型抗燃油。1988 年，ZR-881 型抗燃油通过了评审。随后分别在山西太原第一热电厂 11 号机组、山东黄台电厂 8 号机组调速系统上，对 ZR-881 型抗燃油进行工业试验。实践验证，ZR-881 型抗燃油性能稳定，抗氧化性能好，可以在火力发电厂汽轮机中压调速系统上应用。

为了进一步改善抗燃油的物理化学性能，在选择合成性能较好的基础油基础上，加入适量的几种添加剂，进一步改良成品抗燃油的性能。目前，抗燃油的种类繁多，但基础油是三芳基磷酸酯。如美国 AKZO 化学公司的 FYRQUEL EHC 及 Stauffer 化学公司的 FYRQUEL EHC，是天然型和合成型磷酸酯的混合物，主要成分是三—二甲酚磷酸酯，含有三苯基磷酸酯；日本 Cosmo 石油公司的 FRP46，主要成分是三甲苯基磷酸酯和三—二甲酚磷酸酯及三丙苯基磷酸酯；法国阿尔斯通公司 Hydran FR-32，主要成分是三甲酚磷酸酯；前苏联 ОМТИ 抗燃油的主要成分是三—二甲酚磷酸酯，还有英国的 CIBA-GEIGY 工业化学公司的 RT-46 和 GEC 公司的 Anvol PE46HR 等抗燃油。

作为抗燃油的磷酸酯主要是正磷酸酯，其结构式如图 7-3 所示。

图 7-3　正磷酸酯的结构式

磷酸酯的基本结构通式，可以看成磷酸分子中的"—OH"上的氢被"—R"有机基团所取代，其中 R 可以是相同的，也可以是不相同的。因此，正磷酸酯按其取代基（R）的不同，有三芳基磷酸酯、三烷基磷酸酯和烷基芳基磷酸酯三种类型。其特性也随取代基的不同而不同。如烷基酸酯的黏温特性较好，而芳基磷酸酯的热安定性较好。一般认为烷基芳基磷酸酯或由三烷基磷酸酯和三芳基磷酸酯，按一定的比例调合制成的混合酯，比较适合于航空抗燃液压油。通常只有叔磷酸酯才适合做抗燃液压油。由于分子中引入苯环，会提高热稳定性，电厂用的抗燃油选择三芳基磷酸酯，是因芳基磷酸酯的物理化学性能决定的。

1. 三芳基磷酸酯抗燃油制备

（1）试验室合成法。即用酚类（或醇类）与五氯化磷反应，最终产品即为要求的磷酸酯。其反应式（以下式中 Ar 为苯基或烷基苯基）为

$$3ArOH + PCl_5 \xrightarrow{-3HCl} \begin{array}{c} Ar-O \\ Ar-O-P \\ Ar-O \end{array}\begin{array}{c}Cl\\ \\Cl\end{array} \xrightarrow[-HCl]{+H_2O} \begin{array}{c}Ar-O\\Ar-O-P=O\\Ar-O\end{array}$$

选用此方法来合成，条件较简单，反应温度不高，而且不需加入催化剂，但是第一阶段的反应需要在完全密封的设备中运行，因此迄今此方法未能在工业上大规模推广应用。

用酚类（或醇类）与三氯化磷反应，则

$$3ArOH + PCl_3 \xrightarrow{-3HCl} \begin{array}{c}Ar-O\\Ar-O-P\\Ar-O\end{array} \xrightarrow[+H_2O]{+Cl_2} \begin{array}{c}Ar-O\\Ar-O-P=O\\Ar-O\end{array} + 2HCl$$

（2）磷酸酯法。用酚类（或醇类）与磷酸反应得到。由于磷酸的反应能力比五氯化磷差，所以此反应需要较高的温度，并需在催化剂存在下进行，因而在工业上推广应用也不太理想。其反应式为

$$3ArOH + H_3PO_4 \longrightarrow \begin{array}{c}Ar-O\\Ar-O-P=O\\Ar-O\end{array} + 3HCl$$

工业上制取三芳基磷酸酯方法通常用酚类（或醇类）为原料，一般以酚和三氯氧磷已 3:1 投料，有时也可用过量酚，在氯化钾和氯化镁为催化剂的条件下进行反应制得成品磷酸酯。在生产过程中，采用中和反应除去副产物氯化氢，再通过蒸馏除去未反应完的残余苯酚。生产磷酸酯的反应式为

$$3ArOH + PCl_3 \xrightarrow[MgCl_2]{KCl} \begin{array}{c} Ar{-}O \\ Ar{-}O{-}P{=}O + 3HCl \\ Ar{-}O \end{array}$$

2. 三芳基磷酸酯抗燃油的性能

几种常用抗燃油的基本理化性能与矿物基汽轮机油性能和特性的比较见表 7 - 4 和表 7 - 5。

表 7 - 4　　　　　　　　　抗燃油与矿物基汽轮机油的性能

基本理化性质	ZR-881 （中国）	FYRQUEl. EHC （美国）	OMTи （前苏联）	L-TSA32 （中国，汽轮机油）
密度（kg/m³）	1.154	1.150	1.170	0.8788
运动黏度（40℃，mm²/s）	32.54	39.4	36	28.8～35.2
水分（%）	0.0300	0.0445	<0.1	无
氯含量（mg/L）	15	10		
倾点（℃）	−28	−24	−17	<−7
酸值（℃）	0.017	0.013	0.03	0.03
闪点（开口，℃）	262	270	>240	180
热板着火点（℃）	>700	>700	720	～500

表 7 - 5　　　　　　　　　抗燃油和矿物基汽轮机油的特性对比

油名称	黏温性	挥发性	抗燃性	润滑性	热 安定性	氧化 安定性	水解 安定性	添加剂 的感受性
矿物基汽轮机油	好	差	差	尚可	好	尚可	优	优
磷酸酯抗燃油	好	尚可	优	优	尚可	好	尚好	好

（1）抗燃性。普通汽轮机油的热板着火温度仅为 500℃ 左右，抗燃油热板着火温度一般在 700℃ 以上，大大高于 300MW 大型机组的过热蒸汽温度，而且抗燃油不沿油流传递火焰，甚至由分解产物构成的蒸汽燃烧后也不引起整个液体的着火，使得由于油管破裂造成液体溅落在汽轮机高温外表面而发生火灾的可能性大大减小。某电厂 600MW 机组运行中，4 号调速汽门油动机 12MPa 的动力油管接头脱扣，短时间喷油 500kg 以上，一时机头油雾弥漫，大量的油滴接触到过热器管道，但没有发生明火，运行人员及时打闸停机，避免了一次重大事故。

（2）密度。抗燃油的密度一般大于水，数值大于 1.13g/cm³。在生产三芳基磷酸酯时，由于原料的纯度和反应过程等因素可能会混杂一些三甲苯磷酸酯，此类酸必需除去，它有毒，且密度较大，为此在生产三芳基磷酸酯抗燃油时一般控制其密度小于 1.2g/cm³。

（3）介电性。磷酸酯的介电性能主要以电阻率来表示。抗燃油的介电性比矿物基汽轮机油差，电阻率为 $10^9 \sim 10^{10} \Omega \cdot cm$。汽轮机电液调节系统用的抗燃油，要求电阻率不小于 $5 \times 10^9 \Omega \cdot cm$。磷酸酯抗燃油应具有较高的电阻率。提高磷酸酯抗燃油的电阻率可以减少因电化学腐蚀而引起的伺服阀等部件的损坏。运行磷酸酯抗燃油的电阻率降低，可能是由于可导电物质的污染或油变质而造成的，此时应检查酸值、水分、氯含量、颗粒污染度和油的颜色等项目，分析导致电阻率降低的原因。

（4）抗氧化安定性。抗燃油具有比矿物基汽轮机油优良的抗氧化安定性，其对比数据见表 7 - 6。磷酸酯抗燃油的氧化安定性取决于基础油的成分、合成工艺以及油中是否添加抗氧化剂。

表 7 - 6　　　　　　　抗燃油抗氧化安定性（30g 油经 120℃，200mL/min 空气）

油品	氧化后的酸值 [mg/g（KOH）]	氧化后的沉淀物（%）
三甲苯磷酸酯	0.040	0.000
三（二甲苯）磷酸酯	0.030	0.010
石油基汽轮机油	0.200	0.050

（5）水解安定性。水解安定性是液压油的一项重要指标，它表示油品在受热条件及在水和金属（主要是铜）的作用下的稳定性。液压油中的添加剂是保证油品使用性能的关键成分，如果液压油的抗水解性差，油中的添加剂容易被水解，则液压油的主要性能不可能是好的。当油品酸性较高或含有遇水易分解的酸性物质添加剂时，常会使此项标准不合格。试验按 SH/T 0301—1993《液压油水解安全性测定法（玻璃瓶法）》。

磷酸酯是一种合成液，有较强的极性，在空气中容易吸潮，与水作用发生水解，可生成酸性磷酸二酯、酸性磷酸—酯和酚类物质等。水解产生的酸性物质对油的进一步水解产生催化作用，完全水解后生成磷酸和酚类物质。水解稳定性与分子量和分子结构有密切关系。如混合酯比同一取代酯稳定性高。取代基在间位和对位比邻位稳定性高。其水解安定性也按 SH/T 0301—1993 方法进行试验。主要用于评定磷酸酯抗燃油的抗水解能力，如果运行油的颜色没有发生显著变化，而酸值升高，则可能是油的水解所致。此时应考虑测定油的水解安定性和水分含量，必要时测定油中的游离酚含量，分析酸值升高的原因。

（6）抗腐蚀性。抗燃油本身的腐蚀性很小，但其热氧化分解产物对有些金属、特别是对铜极其合金有腐蚀作用。此外油中的水分含量、氯含量、颗粒杂质、电阻率、酸值等超出标准，也都会促进伺服阀腐蚀和磨损，甚至造成阀的黏滞和卡涩，造成不可修复的破坏。其腐蚀性试验操作如下：将规定牌号和尺寸的金属片用玻璃钩挂好放入润滑油中，在 100℃ 或其他规定温度下，保持一定时间（通常为 3h），然后取出金属片，用溶剂（1：4 乙醇-苯）冲洗，擦干后，观察金属片的颜色变化，以判断油品的腐蚀性。在金属片上如果没有铜绿、斑点、小点，则认为试油的腐蚀试验合格。在用铜合金试验时，允许金属片颜色有轻微变化。若有绿色、深褐色或钢灰色的斑点或薄膜，则认为试油的腐蚀试验不合格。

（7）润滑性。抗燃油本身就是一种良好的润滑材料，常常被用作其他润滑剂或其他润滑剂的抗磨添加剂。许多机械、轴承等采用这种抗燃润滑油后，设备的使用寿命都比采用矿物油时间长。

（8）泡沫特性和空气释放值。由于磷酸酯抗燃油系统的运行压力较高（14MPa 以上），如果运行油中夹带有较多的空气，会对油系统的安全运行构成较大的危害：

1）改变油的压缩系数，会导致电液控制信号失准，危及汽轮机组的安全运行。

2）在高压下，油中气泡破裂，造成油系统压力波动，引起噪声和振动，对油系统设备产生损坏。

3）高压下，气泡破裂时在破裂区域产生的高能及气体中的氧会使油发生氧化劣化。

4）油中泡沫容易在油箱中造成假油位，严重时导致跑油事故。因此，运行中应严格控制油的泡沫特性和空气释放值。

磷酸酯抗燃油的空气释放特征性和泡沫特性变差一般是由于油的老化、水解变质或油被污染而造成的。在运行中应避免在油中引入含有钙镁离子的化合物，因为钙、镁离子与油劣化产生的酸性产物作用生成的皂化物会严重影响油的空气释放特性和抗泡沫特性。

（9）溶剂效应。磷酸酯抗燃油的分子极性很强，对非金属材料有较强的溶解或溶胀作用，对许多有机化合物和聚合材料有很强的溶解能力，能渗透刺激皮肤，能溶解很多有机化合物和聚合材料。一般来说，金属材料钢、铜、镁、铝、银、锌、镉和巴氏合金等能适应磷酸酯抗燃油。对某些特殊的金属材料，需通过专门的实验方可投入使用。因此，在油的储存、运输及选择使用抗燃油系统的材料部件时，应特别注意。一般，用于矿物油的部分密封材料如耐油橡胶、涂料等不适用于磷酸酯，如磷酸酯系统选用不合适的材料，将会发生溶胀、腐蚀现象，导致液体泄漏、部件卡涩。目前，使用磷酸酯抗燃油的电液调节系统的橡胶密封材料一般选用氟橡胶。评价材料相容性的方法：取适当体积的某材料浸入磷酸酯抗燃油中，100℃时在烘箱中保持 168h，体积变化在－5%～＋15%之间，硬度变化为 0～10IRHD，则认为该材料与磷酸酯相容。有关实验表明，石棉橡胶板、聚乙烯、聚氯乙烯、氯丁橡胶和有机玻璃等都不耐磷酸酯抗燃液，而丁基橡胶、乙橡胶、硅橡胶、氟橡胶等可以使用；环氧树脂、酚醛树脂或热固性树脂等高度交联的聚合物通常也能耐磷酸酯。但是应注意，目前橡胶的产品牌号较多，使用前应做相容性实验。磷酸酯抗燃油及矿物油对密封材料的相容性见表 7 - 7。

表 7 - 7　　　　　　　　　　　磷酸酯抗燃油及矿物油对密封材料的相容性

材料名称	氯丁橡胶	丁腈橡胶（耐油橡胶）	皮革	橡胶石棉垫	硅橡胶	乙丙橡胶	氟橡胶	聚四氟乙烯	聚乙烯	聚丙烯
磷酸酯抗燃油	不适应	不适应	不适应	适应	适应	不适应	适应	适应	适应	适应
矿物油	适应	适应	适应	适应	适应	适应	适应	适应	适应	适应

（10）清洁度。磷酸酯抗燃液作为电液调节系统介质，因电液调节系统的油压高，执行机构部件间隙小，机械杂质污染会引起伺服阀等部件的磨损、卡涩，严重时会造成伺服阀卡死而被迫停机，故运行中磷酸酯抗燃油应保持较高的清洁度。

（11）氯含量。磷酸酯抗燃油中氯含量过高，会对伺服阀等油系统部件产生腐蚀，并可能损坏某些密封材料。如果发现运行油中氯含量超标，说明磷酸酯抗燃油可能受到含氯物质的污染，应查明原因，采取措施进行处理。

（12）三芳基磷酸酯抗燃油的毒性问题。三芳基磷酸酯因其结构组成的不同，毒性差异也很大。有的完全无毒，有的低毒，有的甚至高毒。国内外许多工业用的磷酸酯抗燃油起初是用三甲酚磷酸酯配制的，是邻位、间位、对位异构体的混合物。其中，邻位异构体的毒性比其他异构体约高 10 倍。因此，工业上严格限制三甲酚磷酸酯中的邻位异构体的含量。俄罗斯已将工业三甲酚磷酸酯邻位异构体的总含量降低到 1.5%～2.0%，日本的工业三甲酚磷酸酯中邻位异构体含量在 1.0% 以下，我国石化部门生产的"4613—1"磷酸酯抗燃油中邻位异构体的含量进仅为 0.1% 以下。为了降低毒性，增加品种，国外又研制生产出三（二甲酚）磷酸酯，如美国的 FRQUEL EHC 和俄罗斯的 OMTИ 等。这种三（二甲酚）磷酸酯毒性很低，使用性能与三甲酚磷酸酯相近，现已得到广泛应用，是新一代抗燃油的主要成分。除了邻位三甲酚磷酸酯外，其他几种三芳基磷酸酯大多是高沸点、低挥发性、微毒或无毒的化合物。在使用温度范围内挥发性很小，在普通压力下使用没有问题。但为安全起见，在操作时应戴手套，如溅到皮肤上，应立即用热水和肥皂清洗；误入眼内，立即用大量清水冲洗，再到医院治疗；吸入蒸汽，立即脱离污染气源，送往医诊治；一旦吞进磷酸酯抗燃油，应立即采取措施将其呕吐出来，然后到医院进一步诊治。运行中油箱要密封，应用试验场所应保持良好的通风。

3. 新磷酸酯抗燃油质量标准

国产新抗燃油质量标准见表 7-8，国外几种新抗燃油质量标准见表 7-9。

表 7-8　　　　　　　　　　　　新磷酸酯抗燃油质量标准❶

序号	项目		指标	试验方法
1	外观		无色或淡黄，透明	DL/T429.1
2	密度，20℃（g/cm³）		1.13～1.17	GB/T 1884
3	运动黏度，40℃（mm²/s）ᵃ		41.4～50.6	GB/T 265
4	倾点（℃）		≤−18	GB/T 3535
5	闪点（℃）		≥240	GB/T 3536
6	自燃点（℃）		≥530	DL/T 706
7	颗粒度污染（NAS 1638）ᵇ（级）		≤6	DL/T 432
8	水分（mg/L）		≤600	GB/T 7600
9	酸值［mg/g（KOH）］		≤0.05	GB/T 264
10	氯含量（mg/kg）		≤50	DL/T 433
11	泡沫特性（mL/mL）	24℃	≤50/0	GB/T 12579
		93.5℃	≤10/0	
		24℃	≤50/0	
12	电阻率，（20℃）Ω·cm		≥1×10¹⁰	DL/T 421
13	空气释放值（50℃）min		≤3	SH/T 0308
14	水解安定性	油层酸值增加［mg/g（KOH）］	≤0.02	SH/T 0301
		水层酸度［mg/g（KOH）］	≤0.05	
		铜试片失重（mg/cm²）	≤0.008	

a　按 ISO 3448—1992 规定，磷酸酯抗燃油属于 VG46 级。

b　NAS 1638 颗粒污染度分级标准参见第二章。

❶　摘自 DL/T 571—2007《电厂用磷酸酯抗燃油运行与维护导则》。

表 7 - 9　　　　　　　　　　　　国外几种新抗燃油质量标准

试验项目	通用电力公司 (GE公司)	西屋公司	AKZO 化学公司	英国 CIBA— GEIGY 公司 RT—46	原苏联电 气化动力部 OMTИ	日本 FRY—46	日本 cosmo 有限公司
密度 20℃ (g/cm³)	1.13	1.142	1.130 ～1.170	1.12	1.14	1.125 ～1.165	1.14
运动黏度 37.8℃ (mm²/s)	43.2～49.7	47.4	44.2 ～49.8	43.0 (40℃)	23 (50℃)	37.9 ～43.5	40.2
倾点 (℃) ≤	−17.8	−17.8	−17.8	−18		−18	−17.5
含水量 W_t,%<	0.10 (VOL)	0.1	0.1	0.06		0.1	
含氯量 (μg/g) <	100	50	50	25		20	
酸值 [mg/g (KOH)] <	0.1	0.1	0.05	0.06	0.03	0.1	
闪点 (℃) ≥	235	235	235	250	240	235	260
燃点 (℃) ≥	352	352	352	335			350
自燃点 (℃) ≥	566	593	566	530			590
热板，热管 (℃) ≥				704	720		
颗粒度 SAE-A-6D 级	6		3	3		NAS 7	
电阻率 20℃ (Ω·cm)	5×10⁹		10×10⁹	5×10⁹			5×0⁹
泡沫体积 24℃ (mL)		25	25	90/0			
空气释放值 50℃ (min)							
乳化度 (s)				300			
水解安定性							
沉淀物 (%)				<0.15			
酸值 [mg/g (KOH)]				<0.50			
水溶性酸 pH 值				中性			
机械杂质 (%)				<0.01			

第二节　磷酸酯抗燃油劣化因素和机理

一、抗燃油劣化因素

三芳基磷酸酯抗燃油与矿物基的汽轮机油一样，抗燃油劣化的显著特征也表现为颜色加深、酸值升高，严重时产生沉淀物。从影响运行矿物油劣化的几个重要的外界因素着手，结合运行抗燃油的实际运行情况，将抗燃油置于不同的试验条件下氧化规定的时间，观察试样的颜色和测定其酸值，根据颜色深浅及酸值的大小研究温度、油品中的酸值、水含量及金属杂质对抗燃油劣化的影响程度。

（一）温度对抗燃油劣化速度的影响

温度对抗燃油劣化速度的影响结果见表7-10~表7-12。分析表7-10~表7-12中的数据可知：抗燃油的酸值随温度的升高而增大，当温度超过120℃时，酸值增长的幅度特别大。抗燃油的劣化速度与受热的温度和受热的时间有关。同一温度下，抗燃油的劣化随受热时间的延长而加深。相同试验条件下，不同厂家的抗燃油劣化的速度不同，这与抗燃油本身的抗氧化性能有关，即与油品本身的组成成分有关。

表7-10　　　不同温度条件下抗燃油经96h劣化后酸值［mg/g（KOH）］及颜色

油样	温度（℃）	25	105	120	140	150
A电厂 新抗燃油	酸值	0.011	0.013	0.054	0.178	0.185
	颜色	浅黄	橙色	深橙	橘红	橘红
B电厂 新抗燃油	酸值	0.009	0.010	0.048	0.098	0.099
	颜色	淡黄	淡橙	淡橙	橙色	橘红

表7-11　　　150℃条件下抗燃油酸值［mg/g（KOH）］及颜色随时间变化

油样	时间（h）	0	24	48	72	96
A电厂 新抗燃油	酸值	0.011	0.039	0.085	0.112	0.185
	颜色	浅黄	橘黄	—	深橙	橘红
B电厂 新抗燃油	酸值	0.009	0.039	0.058	0.079	0.099
	颜色	淡黄	深黄	—	淡橙	橙色

表7-12　　　不同温度条件下对抗燃油酸值［mg/g（KOH）］随时间变化

油样	时间 （h） \ 温度 （℃）	25	60	70	80	90
C电厂 运行油	48	0.1404	0.1543	0.1559	0.1668	0.1815
	72		0.1584	0.1632	0.1873	0.2189
B电厂 运行油	48	0.2415	0.2571	0.2615	0.2904	0.3180
	72		0.2593	0.2715	0.3072	0.3353

（二）酸值对抗燃油劣化速度的影响

酸值对抗燃油劣化速度的影响见表 7 - 13。运行油样比新油的酸值随时间增长率大得多，这主要是因为运行油起始酸值比新油酸值大。油品的酸值越大，表明油中的酸性成分越多，而酸性成分对油品劣化起催化作用，能促进油品的进一步劣化，劣化又产生更多的酸性成分，造成恶性循环，危害极大。因此，为了防止运行抗燃油的劣化速度，应严格控制抗燃油的酸值，且抗燃油的酸值控制得越低越好。

表 7 - 13　　　　酸值［mg/g（KOH）］不同的抗燃油在同一试验条件下劣化对比数据

油样	时间（h）	0	24	48	72	96
石门电厂新抗燃油	酸值	0.011	0.039	0.085	0.112	0.185
	颜色	浅黄	橘黄	—	深橙	橘红
石门电厂运行抗燃油	酸值	0.126	0.173	0.368	0.638	0.900
	颜色	黄色	橙色	深橙	深橙	浅棕

（三）水含量对抗燃油劣化的影响

抗燃油水解稳定性对比实验数据见表 7 - 14，水分能加速抗燃油的劣化进程。随着氧化时间的延长，油品的酸值变化率越大，而劣化生成的酸性产物又会进一步促进油品的劣化进程，同油品中酸性成分一样造成恶性循环，危害极大。

表 7 - 14　　　　抗燃油水解稳定性对比实验数据［$T=105℃$，mg/g（KOH）］

油样	时间（h）	0	24	48	72	96	192
抗燃油样（未加水）	酸值	0.011	0.011	0.011	0.011	0.013	0.016
	颜色	浅黄	深黄	深黄	橘黄	淡橙	橙色
抗燃油样（加入5%水）	酸值	0.011	0.014	0.016	0.022	0.029	0.037
	颜色	浅黄	深黄	深黄	橘黄	淡橙	橙色

（四）金属杂质含量对抗燃油劣化的影响

大多数金属对运行抗燃油的劣化都有不同程度的催化加速作用，表 7 - 15～表 7 - 17 分别是 Fe_2O_3 粉、Al 粉及铜丝对抗燃油的劣化的影响，结果表明 Fe_2O_3 粉、Al 粉及铜丝对抗燃油的劣化都有催化加速作用，Fe_2O_3 粉对抗燃油劣化的催化加速强于 Al 粉。

表 7 - 15　　　　Fe_2O_3 粉对抗燃油劣化的影响（$T=70℃$）

油样	酸值 [mg/g（KOH）] 时间（h）	0	48	72
国产 ZR-881	空白油样	0.1404	0.1495	0.1632
	加入 Fe_2O_3 粉		0.1729	0.1868
美国 FYRQUEL	空白油样	0.2415	0.2615	0.2715
	加入 Fe_2O_3 粉		0.2999	0.3059

表 7 - 16　　　　　　　　　　Al 粉对抗燃油劣化的影响 （$T=70℃$）

油样	时间 （h） 酸值 [mg/g （KOH）]	0	48	72
国产 ZR-881	空白油样	0.1404	0.1495	0.1632
	加入 Al 粉		0.1713	0.1840
美国 FYRQUEL	空白油样	0.2415	0.2615	0.2715
	加入 Al 粉		0.2824	0.2876

表 7 - 17　　　　　　　　　　铜丝对抗燃油劣化的影响 （$T=120℃$）

油样	时间 （h） 酸值 [mg/g （KOH）]	0	24	48	72	96
空白油样			0.0183	0.0212	0.0240	0.0269
加入铜丝		0.0156	0.0240	0.0255	0.0297	0.0339

大多数金属对运行抗燃油的劣化都有不同程度的催化加速作用，如 Fe_2O_3 粉、Al 粉及铜丝对抗燃油的劣化都有催化加速作用，Fe_2O_3 粉比 Al 粉对抗燃油劣化的催化加速作用强些。

二、抗燃油劣化机理

三芳基磷酸酯抗燃油是人工合成油，其主要成分是三芳基磷酸酯，运行中其劣化机理与矿物基油有所不同。三芳基磷酸酯是酯类，在一定条件下易水解；由于其结构含有大量的烃类分子，故推测可用烃类的自由基的链锁反应来解释其劣化机理。

1. 三芳基磷酸酯抗燃油的水解

磷酸酯抗燃油属于酯类，根据酯类的通性，在酸、碱及盐催化条件下易水解。磷酸酯水解是自动催化降解的过程，即水解产物加速水解的进程。磷酸酯在低水含量酸催化反应如下：

$$(ArO)_3PO + H_2O \xrightarrow{H^+} (ArO)_2PO \cdot OH + ArOH$$

这里的 Ar 替代 C_6、C_7、C_8 芳香烃或烷基苯，这个反应还能产生二元酸单酯 $ArOPO \cdot (OH)_2$ 和最终产物磷酸。在磷酸酯抗燃油运行环境下一旦有水分侵入，亲核试剂 （H_2O）与亲电试剂（磷原子）发生反应，并且置换出可分离基团（酚）。这种水解通常包含有双分子亲核反应，反应与 SN2 机理相似（而不是 SN1），发生在饱和的磷原子上。其反应机理为

若有路易斯酸如 $SnCl_2$、$FeCl_3$ 存在会催化酯水解速度，催化能力比无机酸如盐酸或磷酸更强，其反应机理为

$$(ArO)_3PO+SnCl_2 \longrightarrow (ArO)_3P^+\!—O—Sn^-Cl_2 \xrightarrow{H_2O} [(ArO)_3P—O—SnCl_2] \longrightarrow$$
$$[(ArO)_3\overset{+}{\underset{OH}{P}}OSnCl_2] \longrightarrow (ArO)_2OH \cdot PO+SnCl_2+ArOH$$

若用硅藻土过滤，硅藻土中的 MgO 和 $Mg(OH)_2$ 与油品中的酸性成分发生反应为

$$(ArO)_2 \cdot HO \cdot PO+Mg/Mg(OH)_2 \longrightarrow (ArO)_2PO \cdot OMgOH+[(ArO)_2PO \cdot O]_2Mg$$

这些镁盐能从油样中分离出来，利用红外 IR 光谱可以识别。有研究者采用磷的同位素的核磁共振波谱（$_1^{31}PNMR$）对新、废的 Anovel PE46HR 抗燃油进行研究，结果如图 7-4 所示。由图 7-4（a）中可知，新抗燃油中只有一个峰，即只有含磷的基体出峰，$(ArO)_3PO$ 的化学位移在 $\delta=-16\times10^{-6}$ 附近，不含磷的组分都不出峰；由图 7-4（b）可知，废油谱图中多一个峰，这就是水解产物二芳基磷酸酯。$(ArO)_2POOH$ 的化学位移在 $\delta=-10\times10^{-6}$ 附近。

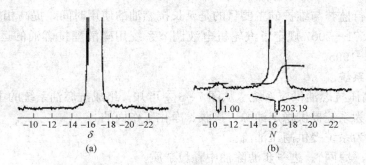

图 7-4　抗燃油核磁共振波谱
（a）新抗燃油的（$_1^{31}P_{NMR}$）；（b）废抗燃油的（$_1^{31}P_{NMR}$）

2. 磷酸酯抗燃油的烃类氧化

同矿物基的汽轮机油一样，磷酸酯抗燃油中也含有烃类，运行环境与矿物基的汽轮机油有些类似，故推测劣化机理也可用自由基的链锁反应来解释。链锁反应包括链的引发、链的发展以及链的终止三个过程。

使用美国 Nicolet510P 型 FTIR 仪测试的 FYRQUEL EHC 抗燃油劣化（劣化方法采用加温法）前后的 IR 光谱，样品的制备方式采用溴化钾液膜法。试验的结果如图 7-5 所示。

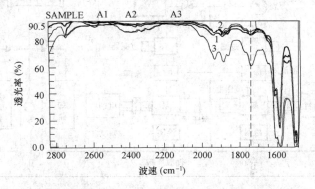

图 7-5　FYRQUEL　EHC 抗燃油劣化前后的 IR 谱
1—酸值为 0.035[mg/g(KOH)]；2—酸值为 0.033[mg/g(KOH)]；3—酸值为 0.405[mg/g(KOH)]

　　分析图 7-5 波数在 1650～1800cm⁻¹ 的吸收峰，发现三种样品在 1745cm⁻¹ 附近吸收峰值有变化，这是羧基（COOH）特征吸收峰位置。从图 7-5 中可以看出：劣化前的抗燃油〔酸值为 0.033mg/g（KOH）〕和轻度劣化的抗燃油〔酸值为 0.035mg/g（KOH）〕在 1745cm⁻¹ 处的吸收峰强度相当，而劣化严重的抗燃油〔酸值为 0.405mg/g（KOH）〕在 1745cm⁻¹ 处的吸收峰比前两者强得多。这一试验结果表明：磷酸酯抗燃油的劣化发生在芳香环上的烃类取代基上，磷酸酯抗燃油的劣化机理可以用烃类链锁反应来解释。

　　综上所述，磷酸酯抗燃油的劣化机理主要是酯类水解和烃类的自由基链锁反应。抗燃油在正常的运行环境下，要求油中水分含量控制在 1000mg/L 以下。抗燃油在正常运行条件下，其劣化机理主要以烃类自由基的链锁反应为主。

第三节　运行磷酸酯抗燃油的维护管理

　　抗燃油的运行监督与维护的主要目的是延长抗燃油的使用时间，提高相关运行设备的使用寿命。DL/T 571—2007 规定了汽轮机电液调节系统用磷酸酯抗燃油的运行与维护方法，替代 DL/T 571—1995。

一、抗燃油系统

图 7-6 为高压抗燃油供应系统。从图 7-6 中可知，组成抗燃油系统的主要部件如下：

（1）油箱。为系统提供稳定油源，接收、净化工作回油。

（2）油泵。为系统提供高压油流。

（3）过滤器（滤网）。进一步滤除油中颗粒杂质。

（4）蓄压器。稳定工作油的工作压力。

（5）冷油器。必要时，交换油中热量，降低油温。

（6）还有若干管道、阀门。

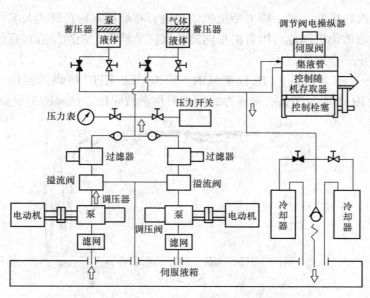

图 7-6　高压抗燃油供应系统

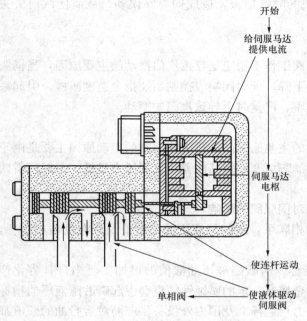

图 7 - 7　单相信号转换伺服阀

液压调节系统一般有两种调节方式，即机械液压式调节和数字式电液调节。现代机组中，普遍采用自动化程度更高的数字式电液调节方式。

数字式电液调节控制系统（DEHC）由电子调节装置和液压执行机构两部分组成。电子调节装置根据机组运行状态和外负荷变化的要求发出调节阀开度指令，再转变为可变的控制电流，送至电液转换伺服阀，再转换为液压控制信号，单相信号转换伺服阀如图 7 - 7 所示。通过液压执行机构中油动机控制调节阀的开度按指令变化可以满足机组启动、调频、负荷调度、甩负荷和停机等各种运行工况对调节功能的要求。由此可见，伺服阀是液压调节系统的心脏。伺服阀的作用通过控制液压油流进和流出油动机活塞，反馈电子调节装置传输过来的电信号；通过油动机活塞的进程，操纵调节汽轮机调节汽阀的开度。因此，抗燃油液压调节系统的监督维护工作主要是围绕保护伺服阀而展开的。抗燃油作为电液调节系统中介质主要起传递调节信号的作用。因此，抗燃油系统是电液调节控制系统（EHC）重要执行机构。抗燃油液压系统设计、安装得是否合理，对抗燃油的使用寿命有很大的影响。

二、伺服阀故障与 DEHC 系统故障的关系

伺服阀是汽轮机 DEHC 系统中最重要的转换元件，其性能直接影响调节系统的安全运行。根据国内外有关资料介绍及现场经验，伺服阀的常见故障见表 7 - 18。

表 7 - 18　　　　　　　　　　　伺服阀常见的故障

分类	设备故障	故障原因	故障现象
阀芯及阀套部分	滑阀的刃边缺口	磨损、冲蚀、腐蚀	泄漏、流体噪声增大，系统零偏增大，逐渐不稳定
	滑阀径向阀芯磨损	磨损	泄漏逐渐增大，零偏增大，增益下降
	滑阀卡涩	污染、变形	波形失真、卡死
伺服阀的驱动部分	球头磨损	长期使用磨损	伺服阀性能下降，不稳定，频繁调整
	喷嘴或节流孔局部或全部堵塞	油液污染	系统零偏增大，系统频响大幅下降，系统不稳定
伺服阀净化部分	滤芯堵塞		逐渐堵塞，引起频响下降，伺服阀的分辨性能下降，严重的可引起系统摆动

由表 7 - 18 可见，伺服阀的故障原因主要是由磨损、腐蚀及颗粒污染造成的，这也是抗燃油系统存在的主要问题。

1. 汽门失控

机组在正常运行过程中，有时会出现在没有任何指令的情况下，汽门突然关闭或打开的现象。这主要是由于脏物突然堵塞伺服阀的喷嘴挡板，造成伺服阀误动，从而使汽门失去控制。

2. 汽门动作迟缓或摆动

在排除热工信号故障的前提下，伺服阀工作不稳定是导致汽门摆动的主要原因，当伺服阀内漏增加时，其分辨率增大，分辨能力下降，伺服阀响应控制系统指令速度减慢，引起系统超调，使系统在一定的范围内不停地调整，严重时会导致汽门的摆动。

3. 油动机拒动

伺服阀卡涩、堵塞是导致油动机拒动的主要原因。运行中伺服阀的拒动原因主要是由于油质老化或颗粒度超标，引起伺服阀内部滤芯堵塞，使其前置级控制压力过低，不能使滑阀运动，致使汽门拒动。

三、磷酸酯液压抗燃油主要性能指标对伺服阀的影响

磷酸酯液压油的性能与伺服阀的故障相联系，磷酸酯液压油的酸值及颗粒度两项指标，是使伺服阀失效的最重要因素。

油品的酸值是磷酸酯抗燃油的重要指标。磷酸酯液压油酸值的增加主要来自其劣化产物。当劣化物多至一定程度时，不仅对金属有一定的腐蚀性，更会引起磷酸酯液压油指标丧失其应有的物理、化学性能。这也是电力行业标准及国内外设备供应商对运行油的酸值都有明确规定的原因。

固体颗粒的种类繁多，软质的有纤维、凝胶沉淀物等，硬质的有金属、灰尘、硅藻土碎屑等，它们都会造成伺服阀的卡涩、堵塞，硬质的还会造成伺服阀的冲蚀和磨损。

四、运行磷酸酯抗燃油的监督

1. 新机组投运前的试验

新机组出厂前，制造厂家应保证系统部件的清洁度，并用磷酸酯抗燃油冲洗至颗粒污染度小于或等于 6 级（NAS 1638）后密封。安装前应严格检查验收，合格后方可安装。设备安装完毕后，应按照 DL 5190.3—2012《电力建设施工技术规范 第 3 部分：汽轮发电机组》及制造厂编写的冲洗规程制订冲洗方案，使用新磷酸酯抗燃油对系统进行循环冲洗过滤，以滤除系统内的颗粒杂质。在冲洗过程中取样测试颗粒污染度，直至测定结果达到设备制造厂要求的颗粒污染度后，停止冲洗过滤。取样进行油质全分析，试验结果应符合表 7-8 的要求。其中电液调节系统磷酸酯抗燃液颗粒污染度应小于或等于 6 级（NAS 1638），经启动委员会检查合格，方可启动运行。在清洗和滤油的过程中，由于抗燃油具有溶剂性能，必须注意整个系统中，与抗燃油接触的材质（如密封、绝缘材料等）的相容性，以避免抗燃油受污染。滤油时所使用的管道，最好是金属管，不用胶管。

2. 运行人员巡检项目

运行人员巡检的项目如下：

（1）定期记录油温、油箱油位。

（2）记录油系统及旁路再生装置精密过滤器的压差变化情况。

（3）记录每次补油量、油系统及旁路再生装置精密过滤器滤芯、旁路再生装置的再生滤芯或吸附剂的更换情况。

3. 运行中抗燃油的监督项目与周期

DL/T 571—2007 中规定了国产抗燃油的运行质量标准，见表 7-19。进口抗燃油的运行

标准原则上可参照国产高压抗燃油的运行标准执行。

表 7 - 19　　　　　　　　　　　运行磷酸酯抗燃油质量标准❶

序号	项目		指标	试验方法
1	外观		透明	DL/T 429.1
2	密度，20℃（g/cm³）		1.13～1.17	GB/T 1884
3	运动黏度，40℃（mm²/s）		39.1～52.9	GB/T 265
4	倾点（℃）		≤−18	GB/T 3535
5	闪点（℃）		≥235	GB/T 3536
6	自燃点（℃）		≥530	DL/T 706
7	颗粒度污染（NAS 1638）（级）		≤6	DL/T 432
8	水分（mg/L）		≤1000	GB/T 7600
9	酸值（mg/g（KOH））		≤0.15	GB/T 264
10	氯含量（m/m）		≤100	DL/T 433
11	泡沫特性（mL/mL）	24℃	≤200/0	GB/T 12579
		93.5℃	≤40/0	
		24℃	≤200/0	
12	电阻率，(20℃)（Ω·cm）		≥6×10⁹	DL/T 421
13	矿物油含量（%）		≤4	参见标准附录 C
14	空气释放值（50℃）min		≤10	SH/T 0308

机组正常运行情况下，抗燃油的监督项目与周期见表 7 - 20，每年至少进行一次油质全分析。机组检修重新启动前应进行油质全分析测试，启动 24h 后再次取样，测定颗粒污染度。

表 7 - 20　　　　　　　　　　　　试验室试验项目及周期❷

序号	试验项目	第一个月	第二个月后
1	电阻率、颜色、外观、水分、酸值	每周一次	每月一次
2	颗粒污染度	两周一次	三个月一次
3	闪点、倾点、密度、运动黏度、氯含量、泡沫特性、空气释放值	四周一次	—
4	闪点、倾点、密度、运动黏度、氯含量、泡沫特性、空气释放值、矿物油含量、自燃点	—	六个月一次

注　1. 补油后应测定颗粒污染度。
　　2. 每次检修后，启动前应做全分析，启动 24h 后测定颗粒污染度。

每次补油后应测定颗粒污染度、运动黏度、密度和闪点。如发现某指标不合格或接近不合格时，应及时查明原因并消除；如果油质异常，应缩短试验周期，必要时取样进行全分析；如果油质超标，应进行评估并提出建议，并通知有关部门，查明油质指标超标原因，并

❶❷　摘自 DL/T 571—2007。

采取相应措施。表 7-21 为运行中磷酸酯抗燃油油质超标的原因及处理措施。

表 7-21　运行中磷酸酯抗燃油油质超标的原因及处理措施 ❶

试验项目	极限值	超标原因	处理措施
外观	混浊	(1) 被其他液体污染； (2) 老化程度加深； (3) 油温升高，局部过热	(1) 更换旁路吸附再生滤芯或吸附剂； (2) 调节冷油器阀门； (3) 考虑换油
颜色	颜色迅速加深		
密度，20℃ (g/cm³)	<1.13	被子矿物油其他液体污染	换油
矿物油含量 (m/m) (%)	>4		
运动黏度，40℃ (mm²/s)	比新油差±20%		
酸值 [mg/g (KOH)]	>0.25	(1) 运行油温度升高，导致老化； (2) 混入水分油水解； (3) 含氯杂质污染； (4) 强极性质污染	(1) 调节冷油器开口控制油温； (2) 更换吸附再生滤芯或吸附剂，每隔 48h 进行取样分析，直至正常； (3) 检查冷油器等是否有泄漏
氯含量 (m/m) (%)	>0.015		
电阻率，20℃ (Ω·cm)	高压油<5×10⁹		
水分 (V/V) (%)	>0.1		
空气释放值 50℃ (min)	>10.0		
颗粒污染 SAE749D (级)	中压油>6 级 高压油>3 级	(1) 被机械杂质污染 (2) 精密过滤器失效	(1) 检查油箱密封及系统部件是否有腐蚀、磨损； (2) 检查精密过滤器是否破损、失效； (3) 消除污染源、更换滤芯； (4) 进行旁路过滤，直至合格
泡沫特性，24 (mL)	>200	(1) 油被污染； (2) 老化； (3) 添加剂不合适	(1) 查明原因，消除污染源； (2) 更换旁路再生装置吸附再生装置吸附再生滤芯或吸附剂

五、运行磷酸酯抗燃油的维护

1. 调整汽轮机电液调节系统的结构

汽轮机电液调节系统的结构对磷酸酯抗燃油的使用寿命有直接影响，电液调节系统安装时应考虑以下因素：

1) 系统应安全可靠。磷酸酯抗燃油应采用独立的管路系统，管路中应尽量减少死角，便于冲洗系统。

2) 油箱容量大小适宜，可存储系统的全部用油，其结构应有利于分离油中空气和机械杂质。

3) 回油速度不宜过高。回流管路出口应位于油箱液面以下，以免油回到油箱时产生冲击、飞溅，形成泡沫，影响杂质和空气的分离。

4) 油系统应安装精密过滤器、磁性过滤器，随时除去油中的颗粒杂质。

5) 抗燃油系统的安装布置应尽量远离过热蒸汽管道，避免对抗燃油系统部件产生热辐射，引起局部过热，加速油的老化。

---

❶ 摘自 DL/T 571—2007。

6) 选择高效的旁路再生系统，可随时将油质劣化产生的有害物质除去，保持运行油的酸值、电阻率符合标准要求。

2. 使用相容性材料

抗燃油具有很强的溶剂性，对多数非金属材料是不相容的。因此，在抗燃油液压系统的安装、检修过程中，要特别注意材料的相容性问题，如使用了不相容的垫圈等密封材料，抗燃油就会短期内因材料的溶解，导致颜色迅速变深，理化指标变差，甚至导致系统油品泄漏等问题。

使用体外滤油机时，也要注意滤油机上所用的垫圈材料、滤油机进油、出油管路材料的相容性问题，否则会出现油品越滤越差的状况。

3. 启动前后油质要求应达标

设备出厂前，制造厂应严格检查各部件的清洁度，去掉焊渣、污垢、型砂等杂物，并用磷酸酯抗燃油冲洗至颗粒污染度小于或等于 6 级（NAS 1638）后密封。安装前应严格检查验收，合格后方可安装。设备安装完毕后，应按照 DL 5190.3—2012 及制造厂编写的冲洗规程制订冲洗方案，使用磷酸酯抗燃油对系统进行循环冲洗过滤。冲洗后，电液调节系统磷酸酯抗燃油的颗粒污染度应小于或等于 6 级（NAS 1638），方可启动运行。

机组启动运行 24h 后，按规定从设备中取两份油样，一份作全分析，一份保存备查。油质全分析结果应符合表 7-19 的要求。

4. 保证油系统的检修质量

对油系统进行检修时，除保证检修质量外，还应注意以下问题：

（1）不能用含氯量大于或等于 1mg/L 的溶剂清洗系统部件；

（2）按照制造厂规定的材料更换密封材料；

（3）检修结束后，应进行油循环冲洗过滤，颗粒污染度指标应符合表 7-19 的规定。

5. 防止运行油温过高

为了减缓运行抗燃油的劣化速度，延长抗燃油的使用寿命。应采取有效措施保证抗燃油的正常使用温度在 35～55℃ 之间。油温低于 10℃，油泵不能启动，需投入电加热器；油温高于 60℃，会加速油品的水解、劣化，甚至损坏部件。为了避免抗燃油运行油温过高，对来自汽轮机高温阀门、蒸汽管道的热辐射对抗燃油劣化的影响应引起高度的重视。一方面，必须及时排除抗燃油管道、油动机周围高温辐射点；另一方面，应注意防止油箱温控装置失灵，以免造成油箱超温，注意冷油器的阀门开度，确保冷却效果。

6. 对运行磷酸酯抗燃油进行在线过滤和旁路再生处理

磷酸酯抗燃油旁路再生，系统示意图如图 7-8 所示。

（1）抗燃油旁路再生系统应具备以下功能：

1) 再生功能。主要靠吸附剂的吸附作用将油中的酸性成分和极性杂质除去，从而达到降低酸值和提高电阻率的目的。

2) 除水功能。主要靠吸水剂选择性地将油中水分吸附，从而保证油中水分合格。

3) 过滤功能。系统中应设置最少两级过滤器，随时将油中的机械杂质过滤，保证油的颗粒污染度合格。

4) 补油功能。可以通过旁路再生装置向油系统补入合格的抗燃油。

5) 压力报警。旁路再生系统应设置具有自动保护功能的压差报警装置。当系统过滤器压力超过规定值时，自动报警停机，提醒运行或检修人员换滤芯。

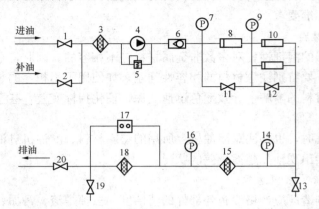

图 7-8　磷酸酯抗燃油旁路再生系统示意图

1—进油阀；2—补油阀；3—吸油滤油器；4—油泵；5—溢流阀；6—单向阀；

7—系统压力表；8—脱水器；9—再生器前压力表；10—再生器；11—脱水旁通阀；

12—再生旁通阀；13—放油阀；14—粗滤前压力表；15—粗滤器；16—精滤前压力表；

17—压力报警器；18—精滤器；19—取样阀；20—排油阀

（2）为了延长磷酸酯抗燃油的使用寿命，在运行中应对磷酸酯抗燃油进行在线过滤和旁路再生处理。

1）系统中精密过滤器的绝对过滤精度应在 $3\mu m$ 以内，以除去运行中由于磨损等原因产生的机械杂质，保证运行油的清洁度。对油系统进行定期检查，如发现精密过滤器压差异常，应及时查明原因，及时更换。

2）定期检查油箱呼吸器的干燥剂，如发现干燥剂失效，应及时更换，以免空气中水分进入油中。

3）在机组启动的同时投入旁路再生装置是防止油质劣化的有效措施，以便及时除去运行磷酸酯抗燃油老化产生的酸性物质、油泥、水分等有害物质。

4）在旁路再生装置投运期间，应定期从其出口取样测试酸值、电阻率；如果油的酸值升高或电阻率降低，说明吸附剂失效，需要更换再生滤芯及吸附剂；一般情况下，半年更换一次。

7. 添加油品添加剂

由于磷酸酯抗燃油是人工合成液，为了改善其性能，合成中已添加某些成分，所以在使用中人们没有像使用矿物基的油品那样进行各类添加剂的筛选和复配。

运行磷酸酯抗燃油中需加添加剂时，应做相应的评价试验，并对油质进行全分析。添加剂不应对油品的物理化学性能造成不良影响。

8. 及时补油和换油

运行中要补充抗燃油时，补油应注意以下问题：

（1）运行中的电液调节系统需要补加磷酸酯抗燃油时，应补加经检验合格的相同品牌、相同规格的磷酸酯抗燃油。当运行油的酸值大于或等于 $0.15mg/g(KOH)$ 时，补油前应进行混油试验，油样的配比应与实际使用的比例相同，试验合格方可补加。

（2）当要补加不同品牌的磷酸酯抗燃油时，除进行混油试验外，还应对混合油样进行全分析试验，混合油样的质量应不低于运行油的质量标准。补油时，应通过抗燃油专用补油设备补入（如抗燃油旁路再生装置），确保补入油的颗粒污染度合格。

（3）补油后还应从油系统取样进行颗粒污染度分析，确保油系统颗粒污染度合格。

（4）磷酸酯抗燃油与矿物油有着本质的区别，不能混合使用。

当油质严重劣化，不能满足生产需要，且再生成本较高时才换油。换油工作最好结合大、小修进行。换油时，应将油系统中的劣化油排放干净，将系统中的过滤器、伺服阀、油箱等部位进行彻底清理，把杂质清除干净。

六、安全措施及废磷酸酯抗燃油的处理

1. 安全措施

磷酸酯抗燃油具有良好的抗燃性，但不等于不燃烧，如有泄漏迹象，应采取以下措施：

（1）消除泄漏点。

（2）采取包裹或涂敷措施，覆盖绝热层，消除多孔性表面，以免磷酸酯抗燃油渗入保温层中。

（3）将泄漏的磷酸酯抗燃油通过导流沟收集。

（4）如果磷酸酯抗燃油渗入保温层并着火，应使用二氧化碳及干粉灭火器灭火，不宜用水灭火；磷酸酯抗燃油燃烧会产生有刺激性的气体，除产生二氧化碳、水蒸气外，还可能产生一氧化碳、五氧化二磷等有毒气体，因此，现场应配备防毒面具，防止吸入对身体有害的烟雾。

2. 废磷酸酯抗燃油的处理

由于磷酸酯抗燃油是人工合成的化学液体，对环境有污染，不应随意排放。对报废以及洒落的磷酸酯抗燃油应妥善进行。

（1）对于退出运行的磷酸酯抗燃油，应进行全面评价，尽可能地再生利用，如果确实没有再生利用价值，采取制造厂回收或高温焚烧的方法处理。

（2）对于洒落的抗燃油应尽量收集，如果难以收集，用锯末或棉纱汲取收集，采取高温焚烧的措施处理。

思 考 题

1. 何谓抗燃油？它有哪几种类型？

2. 磷酸酯抗燃油应具有哪些优良性能？

3. 如何对运行中磷酸酯抗燃油进行油质监督工作？

4. 如何对运行中磷酸酯抗燃油进行维护工作？

5. 绘出磷酸酯抗燃油旁路再生装置并说明其功能。

第八章　电厂辅机用油的监督与维护

第一节　电厂辅机用油的质量标准

　　火力发电厂、水力发电厂及核电厂等除输变电系统和汽（气）轮机、水轮机等主要的设备用油外，还有水泵、风机、磨煤机、空气预热器、空气压缩机等各种辅机用油。根据 DL/T 290—2012《电厂辅机用油运行及维护管理导则》，可知电厂辅机及用油类型，见表 8-1。汽轮机油已经在前面介绍过，这里主要介绍液压油、液力传动油、齿轮油和空气压缩机油等油品。

表 8-1　　　　　　　　　　　　　电厂辅机及用油类型

序号	辅机名称	用油名称	用油黏度等级（40℃）
1	水泵	汽轮机油	32、46
		液压油	32、46
		6 号液力传动油	6（100℃）
2	风机	汽轮机油	32、46、68、100
		液压油	22、46、68
3	磨煤机 湿磨机	齿轮油	150、220、320、460、680
		液压油	46、100
4	空气预热器	齿轮油	100、150、320、680
5	空气压缩机	空气压缩机油	32、46

一、液压油

　　液压油是工业润滑油的一大类，磷酸酯抗燃油是一种特殊的人工合成的液压抗燃油。液压油用于液压传动系统中作中间介质，起到传递和转换能量的作用，同时还起着液压系统内各部件的润滑、防腐蚀、冷却和冲洗作用。

　　根据 GB/T 7631.2—2003《润滑剂、工业用油和相关产品（L 类）的分类　第 2 部分：H 组（液压系统）》将液压油分为抗氧防锈液压油（L-HL）、抗磨液压油［（高压、普通）（L-HM）］、低温液压油（L-HV）、超低温液压油（L-HS）和液压导轨油（L-HG）五个品种。这里只介绍 L-HL 抗氧防锈液压油的质量标准，其余品种液压的质量标准参见 GB 11118.1—2011《液压油（L-HL、L-HM、L-HV、L-HS、L-HG）》。

二、液力传动油

　　液力传动油又称自动变速器油（ATF）或自动传动油，用于由液力变矩器、液力耦合器和机械变速器构成的车辆自动变速器中作为工作介质，借助液体的动能起传递能量的作用。

　　我国的炼油企业生产的液力传动油根据 100℃运动黏度分为 6 号和 8 号两个规格，其中 6 号液力传动油主要用于内燃机车、载货汽车的液力变扭器和液力耦合器，以及工程机械的液力传动系统；而 8 号液力传动油主要用于各种小轿车、轻型卡车的液力自动传动系统。

表 8 - 2   **L-HL 抗氧防锈液压油的技术要求和试验方法 [1]**

项 目	质 量 指 标							试验方法
黏度等级（GB/T 3141）	15	22	32	46	68	100	150	
密度（20℃）[a]/(kg/m³)	报告							GB/T 1884 和 GB/T 1885
色度/号	报告							GB/T 6540
外观	透明							目测
开口闪点/℃ 不低于	140	165	175	185	195	205	215	GB/T 3536
运动黏度/(mm²/s) 40℃	13.6~16.5	19.8~24.2	28.8~35.2	41.4~50.6	61.2~74.8	90~110	135~165	GB/T 265
0℃ 不大于	140	300	420	780	1400	2560		
黏度指数[b] 不小于	80							GB/T 1995
倾点[c]/℃ 不高于	—12	—9	—6	—6	—6	—6	—6	GB/T 3535
酸值[d]/[mg/g（KOH）]	报告							GB/T 4945
水分（质量分数）/ % 不大于	痕迹							GB/T 260
机械杂质	无							GB/T 511
清洁度	e							DL/T 432 和 GB/T 14039
铜片腐蚀（100℃，3h）/级 不大于	1							GB/T 5096
液相锈蚀（24h）	无锈							GB/T 11143（A 法）
泡沫性（泡沫倾向/泡沫稳定性)/(mL /mL) 程序Ⅰ（24℃） 不大于 程序Ⅱ（93.5℃） 不大于 程序Ⅲ（后 24℃） 不大于	150/0 75/0 150/0							GB/T 12579
空气释放值（50℃）/min 不大于	5	7	7	10	12	15	25	SH/T 0308
密封适应性指数 不大于	14	12	10	9	7	6	报告	SH/T 0305
抗乳化性（乳化液到 3mL 的时间)/min 54℃ 不大于 82℃ 不大于	30 —	30 	30 	30 	30 	30 	30 	GB/T 7305
氧化安定性 1000h 后酸总值 [mg/g（KOH）] 不大于	— 	2.0						GB/T 12581
1000h 后油泥/mg	报告							SH/T 0565
旋转氧弹（150℃)/min	报告	报告						SH/T 0193

---

[1] 摘自 GB 11118.1—2011。

项 目	质 量 指 标							试验方法
黏度等级（GB/T 3141)	15	22	32	46	68	100	150	
磨斑直径（392N，60min，75℃，1200r/min）/mm	报告							SH/T 0189

a 测定方法也包括用 SH/T 0604。

b 测定方法也包括用 GB/T 2541，结果有争议时，以 GB/T 1995 为仲裁方法。

c 用户有特殊要求时可与生产单位协商。

d 测定方法也包括 GB/T 264。

e 由供需双方协商确定。也包括用 NAS 1638 分级。

f 黏度等级为 15 的油不测定，但所含抗氧化剂类型和量应与产品定型时黏度等级为 22 的试验油样相同。

　　液力传动油实际上是一种高质量的液压油，它具有更高的黏度指数、热氧化稳定性和抗磨性以及更高的清洁度。TB/T 2957—1999《内燃机车液力传动油技术要求》规定了由深度精致的石蜡基基础油和多种添加剂组成的内燃机车液力传动油，其技术指标见表 8-3。

表 8-3　　　　　　　　　　　内燃机车液力传动油技术要求和试验方法[1]

项 目		质量指标	试验方法
运动黏度（100℃），mm^2/s		5.5~7	GB/T 265
黏度指数，　　　　　　　不小于		110	GB/T 2541
凝点，℃　　　　　　　　不高于		−25	GB/T 510
倾点，℃　　　　　　　　不高于		−23	GB/T 3535
闪点（开口），℃　　　　不低于		180	GB/T 267 或 GB/T 3536
机械杂质，%　　　　　　不大于		0.01	GB/T 511
水分，%　　　　　　　　不大于		痕迹	GB/T 260
起泡性（泡沫倾向、泡沫稳定性），mL/mL 24℃　　　　　　　　　不大于 93℃　　　　　　　　　不大于 后 24℃　　　　　　　　不大于		10/0 20/0 10/0	GB/T 12579
抗氧化性性能，min　　　不小于		240	SH/T 0193
四球试验	P_BN　　　　不小于	784	GB/T 3142
	D_{60}^{40}，min　不大于	0.05	SH/T 0189
腐蚀试验（A 法）		无锈	GB/T 11143
剪切安定性 40℃黏降，%　不大于		18	SH/T 0505

三、齿轮油

　　齿轮油是一种较高的黏度润滑油，专供保护传输动力零件，通常伴随着强烈的硫磺气味。齿轮油分为车用齿轮油和工业齿轮油两类。车用齿轮油用于润滑各种汽车手动变速箱和齿轮传动

---

[1] 摘自 TB/T 2957—1999《内燃机车液力传动油》。

轴；工业齿轮油用于润滑冶金、煤炭、水泥和化工等各种工业的齿轮装置。

1. 齿轮油的作用

(1) 降低齿轮及其他运动部件的磨损，延长齿轮寿命。

(2) 降低摩擦，减少功率损失。

(3) 分散热量，起一定的冷却作用。

(4) 防止腐蚀和生锈。

(5) 降低工作噪声、减少振动及齿轮间的冲击作用。

(6) 冲洗污物，特别是冲去齿面间污物，减轻磨损。

GB 5903—2011《工业闭式齿轮油》规定了以深度精制矿物油或合成油馏分为基础油，加入功能添加剂调制而成的，在工业闭式齿轮传动装置中使用的工业闭式齿轮油。该标准包括 L-CKB（抗氧化防锈型，普通工业齿轮油）、L-CKC（极压型，中负荷工业齿轮油）和 L-CKD（极压型，重负荷工业齿轮油）三个工业闭式齿轮油品种，其技术要求和实验方法分别见表 8-4～表 8-6。

表 8-4　　　　　　　　　　　L-CKB 的技术要求和试验方法❶

项　目		质量指标				试验方法
黏度等级（GB/T 3141）		100	150	220	320	
运动黏度（40℃）/(mm²/s)		90.1～110	135～165	198～242	288～352	GB/T 265
黏度指数	不小于	90				GB/T 1995ᵃ
闪点（开口）/℃	不低于	180	200			GB/T 3536
倾点/℃	不高于	−8				GB/T 3535
水分（质量分数）/%	不大于	痕迹				GB/T 260
机械杂质（质量分数）/%	不大于	0.01				GB/T 511
铜片腐蚀（100，3h）/级	不大于	1				GB/T 5096
液相锈蚀（24 h）		无锈				GB/T 11143（B法）
氧化安定性　总酸值达 2.0mg/g(KOH)的时间/h	不小于	750		500		GB/T 12581
旋转氧弹（150℃）/min		报告				SH/T 0193
泡沫性（泡沫倾向/泡沫稳定性）/(mL/mL)　程序I（24℃）　程序II（93.5℃）　程序III（后 24℃）	不大于　不大于　不大于	75/10　75/10　75/10				GB/T 8022
抗乳化性（82℃）　油中水（体积分数）/%　乳化层/mL　总分离水/mL	不大于　不大于　不小于	0.5　2.0　30.0				GB/12579

a　测定方法也包括 GB/T 2541。结果有争议时，以 GB/T 1995 为仲裁方法。

❶　摘自 GB 5903—2011

表 8 - 5　　　　　　　　　　　　**L-CKC 的技术要求和试验方法**❶

项　目		质　量　指　标											试验方法
黏度等级 (GB/T 3141)		32	46	68	100	150	220	320	460	680	1000	1500	
运动黏度 (40℃)/(mm²/s)		28.8~35.2	41.4~50.6	61.2~74.8	90.0~110	135~165	198~242	288~352	414~506	612~748	900~1100	1350~1650	GB/T 265
外观		透明											目测ª
运动黏度 (100℃)/(mm²/s)		报告											GB/T 265
黏度指数　不小于		90						85					GB/T 1995ᵇ
表观黏度达 150 000mPa.s 时的温度/℃ᶜ													GB/T 11145
倾点/℃　不高于		−12				−9			−5				GB/T 3535
闪点 (开口)/℃　不低于		180					200						GB/T 3536
水分 (质量分数)/%　不大于		痕迹											GB/T 260
机械杂质 (质量分数)/%不大于		0.02											GB/T 511
泡沫性 (泡沫倾向/泡沫稳定性)/ (mL/mL)													GB/T 12579
程序 I (24℃)　不大于		50/0						75/10					
程序 II (93.5℃)　不大于		50/0						75/10					
程序 III (后 24℃)　不大于		50/0						75/10					
铜片腐蚀 (100℃，3h) /级　不大于		1											GB/T 5096
抗乳化性 (82℃)													GB/T 8022
油中水 (体积分数)/%　不大于		2.0						2.0					
乳化层/mL　不大于		1.0						4.0					
总分离水　不小于		80.0						50.0					
液相锈蚀 (24h)		无锈											GB/T 11143 (B法)
氧化安定性 (95℃，312h)													SH/T 0123
100℃ 运动黏度增长/%　不大于		6											
沉淀值/mL　不大于		0.1											
极压性能 (梯姆肯试验机法)													GB/T 11144
OK 负荷值/N (1b)　不小于		200 (45)											
承载能力													SH/T 0306
齿轮机试验/失效级　不小于		10				12			>12				
剪切安定性 (齿轮机法)													SH/T 0200
剪切后 40℃ 运动黏度 (mm²/s)		黏度等级范围内											

　a　取 30mL~50mL 样品，倒入洁净的量筒中，室温中静置 10min 后，在常光下观察。

　b　测定方法也包括 GB/T2541，结果有争议时以 GB/T 1995 为仲裁标准。

　c　此项目根据客户要求进行检测。

---

❶　摘自 GB 5903—2011。

表 8-6　　　　　　　　　　　　　L-CKD 的实验要求和试验方法❶

项　　目	质　量　指　标								试验方法
黏度等级（GB/T 3141）	68	100	150	220	320	460	680	1000	
运动黏度（40℃）/(mm²/s)	61.2～74.8	90.0～110	135～165	198～242	288～352	414～506	612～748	900～1100	GB/T 265
外观	透明								目测a
运动黏度（100℃）/(mm²/s)	报告								GB/T 265
黏度指数　　　　不小于	90								GB/T 1995b
表观黏度达 150 000mPa.s 时的温度/℃c									GB/T 11145
倾点/℃　　　　　　不高于	—12			—9			—5		GB/T 3535
闪点（开口）/℃　　不低于	180		200						GB/T 3536
水分（质量分数）/%　不大于	痕迹								GB/T 260
机械杂质（质量分数）/%　不大于	0.02								GB/T 511
泡沫性（泡沫倾向/泡沫稳定性）/(mL/mL)									GB/T 12579
程序I（24℃）　　不大于	50/0			75/10					
程序II（93.5℃）　不大于	50/0			75/10					
程序III（后 24℃）　不大于	50/0			75/10					
铜片腐蚀（100℃，3h）/级　　　　　　　　不大于	1								GB/T 5096
抗乳化性（82℃） 油中水（体积分数）/% 　　　　　　　不大于	2.0						2.0		GB/T 8022
乳化层/ml　　　　不大于	1.0						4.0		
总分离水　　　　　不小于	80.0						50.0		
液相锈蚀（24h）	无锈								GB/T11143（B 法）
氧化安定性（121℃，312h） 100℃运动黏度增长/% 　　　　　　　不大于	6						报告		SH/T 0123
沉淀值/mL　　　　不大于	0.1						报告		
极压性能（梯姆肯试验机法） OK 负荷值/N(1b)　不小于	267（60）								GB/T 11144

---

❶　摘自 GB 5903—2011。

续表

项　目	质 量 指 标								试验方法
黏度等级（GB/T 3141）	68	100	150	220	320	460	680	1000	
承载能力 齿轮机试验/失效级　不小于	12						>12		SH/T 0306
剪切安定性（齿轮机法） 剪切后40℃运动黏度（mm²/s）	黏度等级范围内								SH/T 0200
四球机试验 烧结负荷（P_D）/N（kgf） 　　　　　　不小于 综合磨损指数/N(kgf)不小于 磨斑直径（196N，60min， 54℃，1800r/min)/mm　不大于	2450（250） 441（45） 0.35								GB/T 3142 SH/T 0189

　a　取 30mL～50mL 样品，倒入洁净的量筒中，室温中静置 10min 后，在常光下观察。

　b　测定方法也包括 GB/T2541，结果有争议时以 GB/T 1995 为仲裁标准。

　c　此项目根据客户要求进行检测。

　　　L-CKB、L-CKC 和 L-CKD 的检验分出厂检验和型式检验，L-CKB、L-CKC 和 L-CKD 的出厂周期检验项目见表 8-7。在原材料和生产工艺没有发生可能影响产品质量的变化时，L-CKB、L-CKC 和 L-CKD 的出厂周期检验项目见表 8-8，出厂周期检验项目每年至少检测一次。

表 8-7　　　　　　　　**L-CKB、L-CKC 和 L-CKD 的出厂批次检验项目**

项目	L-CKB	L-CKC	L-CKD
外观		•	•
运动黏度（40℃）	•	•	•
运动黏度（100℃）		•	•
黏度指数	•	•	•
倾点	•	•	•
闪点（开口）	•	•	•
水分	•		
机械杂质	•		•
抗泡沫性	•	•	•
铜片腐蚀	•	•	•
抗乳化性（82℃）	•		•
液相锈蚀（B法）	•		•

注　• 表示要检验的项目。

表 8 - 8   **L-CKB、L-CKC 和 L-CKD 的出厂周期检验项目**

项　　目	L-CKB	L-CKC	L-CKD
氧化安定性（GB/T12581） 酸值达 2.0mg/gKOH	·		
氧化安定性（SH/T0123） 100℃运动黏度增长 沉淀值		·	
承载能力（齿轮机试验）		·	·
剪切安定性（齿轮机法）		·	
极压性能（梯姆肯试验机法）		·	·
四球机试验			·

注 · 表示要检验的项目。

2. 型式检验

在下列情况下进行型式检验。

（1）新产品投产或产品定型鉴定时。

（2）原材料、生产工艺等发生较大变化，可能影响产品质量时。

（3）出厂检验结果与上次型式检验结果有较大差异时。

在原材料、生产工艺不变的条件下，产品每生产一罐或釜为一批。

取样按 GB/T 4756—1998《石油液体手工取样法》进行，取样量应满足出厂检验或型式检验和留样所需数量。

出厂检验或型式检验结果符合 GB 5903—2011 对应品种的技术要求的规定时，则判定该批产品合格。如出厂检验或形式检验结果中有不符合相应技术要求的规定时，按 GB/T 4756—1998 规定自同批产品中重新抽取双倍样品对不合格项目进行复检，复检结果仍不符合技术要求时，则判该批产品为不合格。标志、包装、运输、储存及交货验收按 SH 0146—1992《石油产品包装、贮运及交货验收规则》进行。

四、空气压缩机油

空气压缩机油的作用就是在两摩擦副之间形成一种保护膜，避免金属与金属之间直接接触，从而缓冲了摩擦力作用，起到润滑作用，减少磨损，保护机械正常运转。这种保护膜可以是物理吸附膜、化学吸附膜或氧化膜，膜的厚度及强度直接影响润滑作用。同时，空气压缩机油还起防锈、防腐、密封和冷却的作用。

普通空气压缩机油的润滑作用主要是在摩擦面间形成一层油膜作保护，空气压缩机油的润滑理论是依靠添加剂在摩擦面形成吸附膜起保护作用，基础油本身仅起到添加剂载体和摩擦面间密封作用，油膜的润滑作用已退到次要地位

空气压缩机油按压缩机的结构形式分往复式空气压缩机油和回转式空气压缩机油两种，每种各分有轻、中、重负荷三个级别。空气压缩机油按基础油种类又可分为矿油型压缩机油和合成型压缩机油两大类，GB 12691—1990《空气压缩机油》列出 L-DAA 和 L-DAB 两个品种的技术要求，参见表 8 - 9。L-DAA 适用于轻负荷空气压缩机；L-DAB 用于中负荷空气压缩机。其产品都适用于有油润滑的活塞式和油滴回转式空气压缩机。

表 8 - 9　　　　　　　　　　空气压缩机油技术要求❶

项　目 品种	质　量　指　标										试验方法
	L-DAA					L-DAB					
黏度等级 （按 GB 3141）	32	46	68	100	150	32	46	68	100	150	—
运动黏度，mm²/s 40℃	28.8~ 35.2	41.6~ 50.6	61.2~ 74.8	90.0~ 110	135~ 165	28.8~ 35.2	41.6~ 50.6	61.2~ 74.8	90.0~ 110	135~ 165	GB/T 265
100℃	报告					报告					
倾点，℃　　　　　不高于	−9			−3		−9			−3		GB/T 3535
闪点（开口），℃ 不低于	175	185	195	205	215	175	185	195	205	215	GB/T 3536
腐蚀试验（铜片， 100℃，3h）级　不大于	1					1					GB/T 5096
抗乳化性（40-37-3），min 54℃　　　　　　不大于	—					30			—		GB/T 7305
82℃　　　　　　不大于	—					—			30		
液相腐蚀试验（蒸馏水）	—					无锈					GB/T 11143
硫酸盐灰分，%	—					报告					GB/T 2433
老化特性： a.200℃，空气 蒸发损失，%　　不大于	15					—					SH/T 0192
康氏残炭增值，%　不大于 b.200℃，空气，三氧化 二铁	1.5		2.0			—					
蒸发损失，%　　　不大于	—					20					
康氏残炭增值，%　不大于	—					2.5		3.0			
减压蒸馏蒸出 80% 后残留物 性质：											GB/T 9168
a.残留物康氏残炭，%不大于								0.3		0.6	GB/T 268
b.新旧油 40℃黏度比 不大于	—					5					GB/T 265
中和值，mg/g（KOH） 未加剂	报告					报告					GB/T4945
加剂后	报告					报告					
水溶性酸或碱	无					无					GB/T 259
水分，%　　　　　不大于	痕迹					痕迹					GB/T 260
机械杂质，%　　　不大于	0.01					0.01					GB/T 511

❶ 摘自 GB 12691—1990。

第二节　电厂辅机用油的监督与维护

一、新油的验收

测定洁净度的取样按照 DL/T 432—2009 的要求进行，其他项目试验的取样按照 GB/T 7597—2007 的要求进行。

在新油交货时，应对油品进行取样验收。

汽轮机油按照 GB 11120—2011 验收，液压油按照 GB 11118.1—2011 验收，齿轮油按照 GB 5903—2011 验收，空气压缩机用油按照 GB 12691—1990 验收，液力传动油按照 TB/T 2957—1999 验收。

必要时可按有关国际标准或双方合同约定的指标验收。

二、运行监督

1. 用油量大于 100L 的辅机用油在新油注入设备后的监督

当新油注入设备后进行系统冲洗时，应在连续循环中定期进行取样分析，直至油的清洁度经检查达到运行油标准要求，且循环时间大于 24h 后，方能停止油系统的连续循环。

在新油注入设备或换油后，应在经过 24h 循环后，取油样按照运行油的检测项目进行检验。

2. 正常运行期间的监督及检验周期

定期记录油温、油箱油位；记录每次补油量、补油日期以及油系统各部件的更换情况。

用油量大于 100L 的辅机用油按照表 8 - 10～表 8 - 12 中的检验项目和周期进行检验。汽轮机油按照 GB/T 7596—2008 执行。

表 8 - 10　　　　　　　　　运行液压油的质量指标及检验周期❶

序号	项　　目	质量指标	检验周期	试验方法
1	外观	透明，无机械杂质	1 年或必要时	外观目视
2	颜色	无明显变化	1 年或必要时	外观目视
3	运动黏度（40℃） mm²/s	与新油原始值相差＜±10%	1 年、必要时	GB/T 265
4	闪点（开口杯） ℃	与新油原始值比不低于 15℃	必要时	GB/T 267 GB/T 3536
5	洁净度（NAS 1638） 级	报告	1 年或必要时	DL/T 432
6	酸值 ［mg/g（KOH）］	报告	1 年或必要时	GB/T 264
7	液相锈蚀（蒸馏水）	无锈	必要时	GB/T 11143
8	水分	无	1 年或必要时	SH/T 0257
9	铜片腐蚀试验（100℃，3h） 级	≤2a	必要时	GB/T 5096

---

❶ 摘自 DL/T 290—2012。

表 8-11   **运行齿轮油的质量指标及检验周期❶**

序号	项 目	质量指标	检验周期	试验方法
1	外观	透明，无机械杂质	1年或必要时	外观目视
2	颜色	无明显变化	1年或必要时	外观目视
3	运动黏度（40℃） mm²/s	与新油原始值相差＜±10%	1年、必要时	GB/T 265
4	闪点（开口杯） ℃	与新油原始值比不低于15℃	必要时	GB/T 267 GB/T 3536
5	机械杂质 %	≤0.2	1年或必要时	GB/T 511
6	液相锈蚀（蒸馏水）	无锈	必要时	GB/T 11143
7	水分	无	1年或必要时	SH/T 0257
8	铜片腐蚀试验（100℃，3h） 级	≤2b	必要时	GB/T 5096
9	Timken机试验（OK负荷） N（1b）	报告	必要时	GB/T 11144

表 8-12   **运行空气压缩机油的质量指标及检验周期❷**

序号	项 目	质量指标	检验周期	试验方法
1	外观	透明，无机械杂质	1年或必要时	外观目视
2	颜色	无明显变化	1年或必要时	外观目视
3	运动黏度（40℃） mm²/s	与新油原始值相差＜±10%	1年、必要时	GB/T 265
4	洁净度 （NAS 1638） 级	报告	1年或必要时	DL/T 432
5	酸值 mg/g（KOH）	与新油原始值比增加≤0.2	1年或必要时	GB/T 264
6	液相锈蚀（蒸馏水）	无锈	必要时	GB/T 11143
7	水分 mg/L	报告	1年或必要时	GB/T 7600
8	旋转氧弹（150℃） min	≥60	必要时	SH/T 0193

　　用油量小于100L的各种辅机，运行中只需要现场观察油的外观、颜色和机械杂质。如外观异常或有较多肉眼可见的机械杂质，应进行换油处理；如无异常变化，每次大修时或按照设备制造商要求做换油处理。

　　正常的检验周期是基于保证机组安全运行而制订的，但对于机组补油及换油以后的检测应另行增加检验次数。

三、运行油的维护

（一）油系统冲洗

　　新装辅机设备和检修后的辅机设备在投运之前必须进行油系统冲洗，将油系统全部设备及管道冲洗达到合格的清洁度。

（二）运行油系统的污染控制

1. 运行期间

运行中应加强监督所有与大气相通的门、孔、盖等部位，防止污染物直接侵入。如发现运行油受到水分、杂质污染时，应及时采取有效措施予以解决。

2. 油转移过程中

当油系统检修或因油质不合格换油时，需要进行油的转移。如果从系统内放出的油还需要再使用时，应将油转移至内部已彻底清理干净的临时油箱。当油从系统转移出来时，应尽可能将油放尽，特别是将加热器、冷油器内等含有污染物的残油设法排尽。放出的油可用净油机净化，待完成检修后，再将净化后的油返回到已清洁的油系统中。油系统所需的补充油也应净化合格后才能补入。

3. 检修前油系统污染检查

油系统放油后应对油箱、油泵、过滤器等重要部件进行检查，并分析污染物的可能来源，采取相应的措施。

4. 检修中油系统清洗

对油系统解体后的元件及管道进行清理。清理时所用的擦拭物应干净、不起毛，清洗时所用的有机溶剂应洁净，并注意对清洗后残留液进行清除。清理后的部件应用洁净油冲洗，必要时需用防锈剂（油）保护。清理时不宜使用化学清洗法，也不宜用热水或蒸汽清洗。

（三）油净化处理

辅机用油的品种和规格较多，在净化处理时同种油品、相同规格油宜使用一台油处理设备。如果混用，会造成不同油品相互污染。

对于用油量较大的辅机设备，在运行中，可以采用旁路油处理设备进行油净化处理。当油中的水分超标时，可采用带精过滤器的真空滤油机进行处理；当颗粒杂质含量超标时，可采用精密滤油机进行处理；当油的酸值和破乳化度超标时，可以采用具有吸附再生功能的设备进行处理，也可以采用具有脱水、再生和净化功能的综合性油处理设备进行处理。

辅机设备检修时，应将油系统中的油排出，检修结束清理完油箱后，将经过净化处理合格的油注入油箱，进行油循环净化处理，使油系统清洁度达到规范要求。

（四）补油

运行中需要补加油时，应补加经检验合格的相同品牌、相同规格的油。补油前应进行混油试验，油样的配比应与实际使用的比例相同，试验合格后方可补加。

当要补加不同品牌的油时，除进行混油试验外，还应对混合油样进行全分析试验，混合油样的质量应不低于运行油的质量标准。

（五）换油

由于油质劣化，需要换油时，应将油系统中的劣化油排放干净，用冲洗油将油系统彻底冲洗后排空，注入新油，进行油循环，直到油质符合运行油的要求。

1. L-HL 液压油换油标准

按 SH/T 0476—1992《L-HL 液压油换油指标》的规定，L-HL 液压油换油指标的技术要求和试验方法见表 8-13，当使用中的 L-HL 液压油有一项指标达到标准中换油指标时，应更换新油。

表 8 - 13　　　　　　　　**L-HL 液压油换油指标的技术要求和试验方法❶**

项　　目		换油指标	试验方法
外观		不透明或浑浊	目测
40℃ 运动黏度变化率，%	超过	±10	GB/T 265
色度变化（比新油），号	等于或大于	3	GB/T 6540
酸值/[mg/g（KOH）]	大于	0.3	GB/T 260
水分（质量分数）/%	大于	0.1	GB/T 260
机械杂质（质量分数）/%	大于或等于	0.1	GB/T 511
铜片腐蚀/(100℃，3h)，级	大于或等于	2	GB/T 5096

　　取样应在机床正常运转停止 15～20min 内，于油箱上、中、下三点各取相同数量的油样作为分析油样。取样前不得向油箱内补加新油。采样器要清净，盛样容器要清净并带盖。

　　机械设备种类多，各有其特点，L-HL 液压油使用时间不尽一致，一般实际运转时间不超过 2500h，最长可达 4000h 以上（计时器计数），因而建议更换周期不少于 2500h。

　　2. 工业闭式齿轮油换油标准

　　按 NB/SH/T 0586—2010《工业闭式齿轮油换油指标》的规定，工业闭式齿轮油换油指标的技术要求和试验方法见表 8 - 14，当其中一项指标达到标准中换油指标规定值时，应更换新油。取样应在机床正常运转停止 10min 中内于油箱的代表性部位取得所需试样。取样前的 24 工作小时内不得向油箱内补加新油。取样器和盛样容器（带盖）要清洁、干燥。

表 8 - 14　　　　　　　**工业闭式齿轮油换油指标的技术要求和试验方法❷**

项　　目		L-CKC 换油指标	L-CKD 换油指标	试验方法
外观		异常[a]	异常[a]	目测
运动黏度（40℃）变化率/%	超过	±15	±15	GB/T 265
水分（质量分数）/%	大于	0.5	0.5	GB/T 260
机械杂质（质量分数）/%	大于或等于	0.5	0.5	GB/T 511
铜片腐蚀/(100℃，3h)，级	大于或等于	3b	3b	GB/T 5096
梯姆肯 OK 值/N	小于或等于	133.4	178	GB/T 11144
酸值增值/[mg/g（KOH）]	大于或等于	—	1.0	GB/T 7304
铁含量（mg/kg）	大于或等于	—	200	GB/T 17476

　　a　外观异常是指使用后油品颜色与新油相比变化非常明显（如由新油的黄色或棕黄色等变为黑色）或油品中能观察到明显的油泥态或颗粒状物质等。

　　（六）油质异常原因及处理措施

　　根据运行油质量标准，对油质检验结果进行分析，如果油质指标超标，应查明原因并采取相应处理措施。油质异常原因及处理措施见表 8 - 15。

---

❶　摘自 SH/T 0476—1992。
❷　摘自 SH/T 0476—1992。

表 8 - 15　　　　　　　　　　辅机运行油油质异常原因及处理措施

异常项目		异常原因	处 理 措 施
外观		油中进水或被其他液体污染	脱水处理或换油
颜色		油温升高或局部过热，油品严重劣化	控制油温、消除油系统存在的过热点，必要时滤油
运动黏度（40℃）		油被污染或过热	查明原因，结合其他试验结果考虑处理或换油
闪点		油被污染或过热	查明原因，结合其他试验结果考虑处理或换油
酸值		运行油温高或油系统存在局部过热导致老化、油被污染或抗氧化剂消耗	控制油温、消除局部过热点、更换吸附再生滤芯作再生处理，每隔 48h 进行取样分析，直至正常
水分		密封不严，潮气进入	更换呼吸器的干燥剂、脱水处理、滤油
清洁度		被机械杂质污染、精密过滤器失效或油系统部件有磨损	检查精密过滤器是否破损、失效，必要时更换滤芯、检查油箱密封及系统部件是否有腐蚀磨损、消除污染源，进行旁路过滤，必要时增加外置过滤系统过滤，直至合格
泡沫特性①	24℃	油老化或被污染、添加剂不合适	消除污染源、添加消泡剂、滤油或换油
	93.5℃		
	后 24℃		
液相锈蚀		油中有水或防锈剂消耗	加强系统维护，进行脱水处理并考虑添加防锈剂
破乳化度①		油被污染或劣化变质	如果油呈乳化状态，应采取脱水或吸附处理措施

①　泡沫特性和破乳化度适用于汽轮机油。

四、油品管理及安全要求

1. 库存油的管理

对库存油应认真做好油品入库、储存、发放工作，防止油的错用、混用及油质劣化。

（1）新购油验收合格方可入库。

（2）库存油应分类存放，油桶标记清楚。

（3）库存油应严格执行油质检验。除应对每批入库、出库油做检验外，还要加强库存油移动时的检验与监督。

（4）库房应清洁、阴凉干燥，通风良好。

2. 建立健全技术管理档案

（1）设备卡。包括机组编号、容量、辅机类型、油量、油品规格、设备投运日期等。

（2）油的质量台账。包括新油、补充油、运行油、再生油的检验报告等。

3. 安全措施

（1）油库、油处理站设计必须符合消防与工业卫生有关要求。油罐安装间距及油罐与周围建筑的距离应具有足够的防火间距，且应设置油罐防护堤。为防止雷击和静电放电，油罐及其连接管线应装设良好的接地装置，必要的消防器材和通风、照明、油污废水处理等设施。油再生处理站还应根据环境保护规定，妥善处理油再生时的废渣、废水。

（2）油库、油处理站及其所辖储油区应严格执行防火防爆制度，杜绝油的渗漏和泼洒，地面油污应及时清除，严禁烟火。对使用过的粘油棉织物及一切易燃易爆物品应清除干净。

油罐输油操作应注意防止静电放电。查看或检查油罐时，应使用低压安全行灯并注意通风等。

（3）从事接触油料工作必须注意有关保健防护措施，尽量避免吸入油雾或油蒸汽；避免皮肤长时间过多地与油接触，必要时操作过程中应戴防护手套、穿防护服。操作后应将皮肤上的油污清洗干净，油污衣服也应及时清洗等。更换旧油应根据环保要求进行处理。

 思 考 题

1. 电厂辅机用油有哪些？其作用是什么？
2. 对辅机用油在新油注入设备后的监督有何规定？
3. 工业闭式齿轮油换油指标的技术要求有哪些？
4. 辅机运行油油质异常原因及处理措施有哪些？

第九章 油的净化与再生处理

第一节 油 的 净 化 处 理

所谓油品的净化处理，就是通过简单的物理方法的分离过程（如沉降、过滤等），清除油中存在的水分、机械杂质和其他老化产物，使油品某些指标（如绝缘油的耐压、微水含量和 tanδ）等达到要求。一般，新油在运输、保存过程中，不可避免的被污染，油中混入杂质和水分，使油品的某些性能变坏并加速油的氧化。因此，注入设备前必须进行净化处理。油的净化方法见表 9-1，可根据油品的污染程度和质量要求选择适当的净化方法。

表 9-1　　　　　　　　　　　油 的 净 化 方 法

净化方法	原　　　　理	应　　　　用
过滤	利用多孔可渗透介质滤除油液中的不溶性物质	分离固体颗粒（1μm 以上）
离心	通过机械能使油液作环行运动，利用产生的径向加速度分离与油液密度不同的不溶性物质	分离固体和游离水（离心机）
惯性	通过液压能使油液作环行运动，利用产生的径向加速度分离与油液密度不同的不溶性物质	分离固体颗粒和游离水（旋流器）
聚结	利用两种液体对某一多孔介质湿润性（或亲和作用）的差异，分离两种不溶性液体的混合液	从油液中分离水
静电	利用静电场力使绝缘油中非溶性污染物吸附在静电场内的集尘体上	分离固体颗粒和胶状物质等
磁性	利用磁场力吸附油液中的铁磁性颗粒	分离铁磁性颗粒（金属屑）
真空	利用负压下饱和蒸汽压的差别，从油液中分离其他的液体和气体	分离水、空气和其他挥发性物质
吸附	利用分子附着力分离油液中的可溶性物质和不可溶性物质	分离固体颗粒、水和胶状物等

一、沉降法

沉降法也称重力沉降法，是利用在浊液中固体或液体的颗粒受其本身的重力作用而沉降的原理，除去油中悬浮的混杂物和水分等。混杂物的密度通常都比油品大，当油品长时间处于静止状态时，利用重力作用的原理，可使大部分密度大的混杂物从油中自然沉降而分离。

液体中旋风颗粒的沉降速度可根据斯托克斯定律计算，即

$$W_O = \frac{d^2(\rho_1 - \rho_2)g}{18\eta} \qquad (9-1)$$

式中　W_O——悬浮颗粒沉降速度，m/s；

　　　d——悬浮颗粒沉降的直径，m；

　　　ρ_1——悬浮颗粒沉降的密度，kg/m³；

ρ_2——液体密度，kg/m^3；

g——重力加速度，m/s^2；

η——液体动力黏度，$Pa \cdot s$。

从式（9-1）可以看出：液体中悬浮颗粒的沉降速度与颗粒大小、密度以及液体的密度和黏度有关。当悬浮颗粒的密度和直径越大，液体的密度和黏度越小时，悬浮颗粒的沉降速度越大，所需的沉降时间越短。当颗粒直径小于 $100\mu m$ 时，则成为胶体溶液，分子的布朗运动阻碍了颗粒的沉降。在该情况下，也可能生成较稳定的乳化液，此时应加破乳化剂，否则无法沉降。

沉降与油的温度有关。绝缘油最好在 $25\sim35℃$，汽轮机油在 $40\sim50℃$ 范围内。油的黏度适宜，有助于沉降。如果油品的黏度很大，沉降温度可高些，但不要太高，一方面能促使油品老化，另一方面因热对流厉害，不利于沉降。沉降的速度与油层的高度有关，油层高沉降需要的时间长。沉降槽直径与高度之比，最好为 $1.5\sim2$ 倍，但由于直径过大，占地面积大，一般采用直径与高度比为 $1:1$。沉降过程可以在卧式罐或立式罐内进行，如图9-1所示。立式沉降罐下部应作成锥形，以利排放污物。沉降法净化油比较简单，但不彻底。只能除去油中大量水分和能自然沉降下来的混杂物。一般先将油品沉降后，再选择其他净化方法。这样可省药剂，缩短净化时间，能保证净化质量，降低成本。

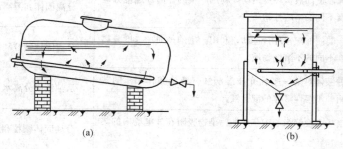

图9-1 沉降罐示意图

(a) 卧式罐；(b) 立式罐

图9-2是使用重力沉淀油处理设备的工作原理图，常用于运行中汽轮机油的净化处理，以清除油内的游离水分和杂质颗粒。

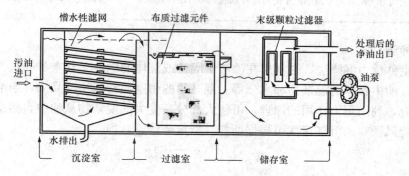

图9-2 重力沉淀油处理设备的工作原理图

二、过滤法

过滤是利用多孔可渗透介质滤除油液中的不溶性物质的方法。过滤介质有许多类型，

表9-2列举了几种类型的过滤介质及性能。

表 9 - 2 过滤介质的类型及性能

类 型	实 例	可消除的最小颗粒（μm）
金属元件	片式、线隙式	5
金属编织网	金属网式	5
多孔刚体介质	陶瓷	1
	金属粉末烧结式	3
微孔织品	泡沫塑料	3
	微孔滤膜	0.005
纤维织品	天然和合成纤维织品	10
非织品纤维	毛毡、棉丝	10
	滤纸	5
	合成纤维	5
	玻璃纤维	1
	不锈钢毛毡	3
	失眠纤维、纤维素	0.1
松散固体	硅藻土、膨胀珍珠岩、非活性炭	0.1

　　为了满足不同的工作条件和对油液过滤的不同要求，需要有各种类型和结构的过滤器。过滤器一般可以根据过滤精度、结构特点和使用条件等来分类，如图9-3所示。这里简单介绍压力过滤。

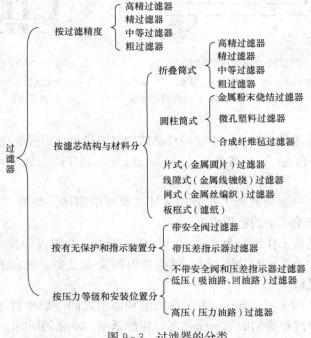

图 9 - 3 过滤器的分类

利用油泵压力将油通过具有吸附及过滤作用的滤纸（或其他滤料），除去油中混杂物，达到油净化的目的，称压力式过滤净化。常用的压力滤油机的结构如图9-4所示。

过滤材料有滤纸（粗孔、细孔和碱性）、致密的毛织物、钛板和树脂微孔膜等。这些过滤材料的毛细孔必须小于油中颗粒的直径。压力式滤油多采用滤纸作过滤材料，它不仅能除去机械杂质，而且吸水性强，能除去油中少量水分。若采用碱性滤纸还能中和油中微量酸性物质。

钛板和树脂微孔膜是近年发展起来的过滤材料，对除去油中微细混杂物（过滤精度为$0.8\sim5\mu m$）和游离碳有明显效果。

压力式过滤机的工作情况是：污油首先进入由框架组成的空间，在油压作用下使油强迫通过滤纸透入铸铁滤板（在一块铸铁的方铁板上具有许多突出的方块）的槽沟内，在各突出小方块之间所形成的沟槽，恰好成为许多并联油路。油在滤油器内的流动情况如图9-5所示。

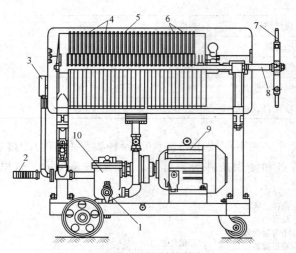 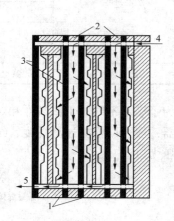

图9-4　典型压力滤油机的结构

1—污油进口；2—净油出口；3—压力表；4—滤板；5—滤纸；
6—滤框；7—摇柄；8—丝杆；9—电动机；10—网状过滤器

图9-5　油在滤油器内的流动情况

1—铸铁滤板；2—滤框；3—滤纸；
4—污油进油孔；5—净油出油孔

滤纸一般采用工业用吸附纸。由于它的纤维结构组织稀松，形成纵横交错的多孔状，水分就可渗透入滤纸孔内。在不太高的压力下（$0.15\sim0.3MPa$），以毛细作用始终附着于孔内。

当油通过滤纸时，一方面滤掉了水分，又可滤除油中固体污染物，如机械杂质、游离碳、油泥等，从而提高绝缘油的绝缘强度。

压力式滤油机的正常工作压力为$0.1\sim0.4MPa$（视油品与温度而异）。在过滤中，如果压力逐渐升高，当超过$0.5\sim0.6MPa$时，说明油内污染物过多、填满了滤纸空隙。因此，必须更换新鲜的干燥滤纸。

滤纸的厚度通常是$0.5\sim2.0mm$。由于在滤纸和滤框之间一般放置2~4张滤纸，所以在更换滤纸时，最好以滤框两侧的第一张换起，在滤纸抽出一张的同时，可将更换的一张滤纸放入靠近滤板的一面。实践证明，与每层滤纸同时更换相比，这种更换方法可节省滤纸，效果良好。

采用压力滤油机净化油，提高电气用油绝缘强度，与空气湿度有关。湿度大，滤油效果不好，最好在晴天和湿度不大的情况下进行。

压力滤油机不能有效地除去油中溶解的或呈胶态的杂质，也不能脱除气体。使用时应注意下列事项：

（1）压力滤油机的过滤介质在使用前应充分干燥。滤纸的干燥程度也很关键，因为它决定滤油的工作效率和清除水分是否彻底。滤纸的干燥是在专用的烘干箱内进行的。当干燥温度为80℃时，干燥时间为8～16h；温度为100℃时，时间为2～4h。

（2）为了使滤纸更好地滤去水分，油的加温预热温度最好为35～45℃（汽轮机油要高些）。当过滤含有水的油时，应在较低温度（一般低于45℃）下过滤，有利于脱水效果的提高。但温度不能过低，当油流经滤纸但油温过低时，油的黏度较大及水分在油内形成结晶分子将导致水分子不易被滤纸吸收。只能当油的温度增加时，使水的活性增加，水分才易被滤纸吸收。如果油的预热温度达到80～100℃，则由于水分活度特别强，在油压的作用下，所能流动的力完全大于水分的毛细吸附力。油中的水分就可直接通过滤纸，而不被滤纸所吸附。

（3）滤油机的工作状况，主要通过观察滤油机的进口油压和测定滤油机出口油的水分含量或击穿电压值来进行监督。当发现过滤器油压增加、滤出油的水分含量增加或击穿电压值降低时，应采取更换滤纸等措施。

（4）当过滤含有较多油泥或其他固体杂质时，应增加更换滤纸的次数。必要时，可采用滤网预滤装置。

（5）处理超高压设备油时，可将机械过滤和真空过滤配合使用。

压力式滤油机主要用于滤去油中的水分和污染物，用来提高电气用油的绝缘强度，目前广为采用，效果很好。但随着高电压大容量设备的出现，对超高压用油的绝缘强度、微水含量、含气量和tanδ有更高的要求，单靠压力式滤油机净化油，远不能满足要求，为此要与真空滤油配合使用，才能收到良好效果。

三、离心分离法

当油内含有过多水分，特别含有乳化水分时，利用压力式滤油机不能达到高效率的净化，必须采用离心分离法：离心分离法是通过离心分离机来实现的。

离心分离法是基于油、水及固体杂质三者密度不同，在离心力的作用下，其运动速度和距离也各不相同的原理。油最轻，聚集在旋转鼓的中心；水的密度稍大，被甩在油质的外层；油中固体杂质最重，被甩在最外层，并在鼓中不同分层处被抽出，从而达到净化油之目的。离心分离法对含有乳化水的油品效果更显著。

离心滤油机主要靠高速旋转的鼓体来工作；它是一些碗形的金属片，上、下叠置，中间有一薄层空隙，金属片装在一根主轴上。操作时，由电动机带动主轴，高速旋转（3000～40 000r/min），产生离心力，使油、水和杂质分开。

在正常工作时，脏油从离心滤油机的顶部油盘进入（一般离心滤油机有开口和闭口两种）。向下流到轴心四周，由于轴的高速旋转，产生离心力，混入油中的水分和杂质与油分离，向外飞出，油升入碗形金属片的空隙中经过各个薄层逐渐向上移动，如果这时杂质与油分离后，由不同出口排除，这样就达到了净化的目的。离心机旋转鼓截面如图9-6所示。

锥形截面如图 9-7 所示。

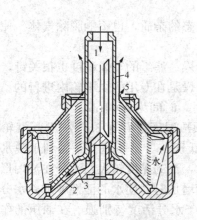

图 9-6　离心机旋转鼓截面

1—旋转鼓中心管；2—旋转鼓底；3—油孔道；

4—环状油道；5—环状油道

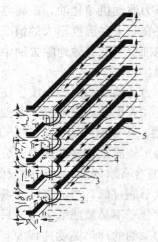

图 9-7　锥形截面图

1—水和杂质；2—进盘通道及油水分离区域；

3—杂质与水的流程；4—清洁油层；

5—离盘的清洁油层

　　当处理含有大量水分、固体颗粒、油泥等悬浮物的油时，须先采用离心分离方式进行净化。离心分离要求转速大于 5000r/min。它能清除较大浓度的污染物，但不能除去油中的溶解水分。离心分离法只能作为含有大浓度污染物油的一种粗滤处理方式。

　　离心分离主要用于汽轮机油的净化，其特点如下：

　　（1）方法简单，操作方便。

　　（2）可以安装在油系统管路上，在汽轮机正常运行中使用。

　　（3）离心分离旋转速度快，能甩掉油中大量的水分和固体污染物（包括氧化产物——油泥），因而延缓了油品的氧化。

四、真空过滤法

　　真空过滤法借助于真空滤油机，油在高真空和不太高的温度下雾化，脱去油中微量水分和气体；因为真空滤油机也带滤网，所以也能除去杂质污染物，如果与压力式滤油机串联使用，除杂效果更好。

　　真空过滤法适用范围很广，不仅能满足一般电气设备用油的净化需要，而且对高电压、大容量电气设备用油的净化效果尤其明显。对脱出油中气体（包括可燃气体），也同样具有明显效果。

　　真空滤油机的构造和流程如图 9-8 所示，它是由一级滤网（粗滤）、进油泵、加热器、真空罐、出油泵、二级滤网（精网）、真

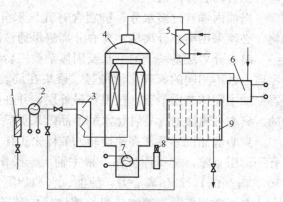

图 9-8　真空滤油机的构造和流程

1——级滤网；2—进油泵；3—加热器；

4—真空罐；5—冷却器；6—真空泵；

7—出油泵；8—电磁阀；9—二级滤网

空泵和冷却器等组成。真空罐由罐体、喷嘴、进出油管及填充物（瓷环）所组成。配有两个真空罐的真空滤油机，称二级真空滤油机，其脱水和脱气效果更好。

真空滤油机的工作原理：按油路流程，当热油流经真空罐的喷雾管，喷出极细的雾滴后，油中水分（包括气体）便在真空状态下因蒸发随负压抽出，而油滴落下又回到下部油室由出油泵排出。油中水分的气化和气体脱除效果取决于真空度和油的温度，真空度越高，水的气化温度越低，脱水效果越好。水的沸点与真空度的关系见表 9 - 3。

表 9 - 3　　　　　　　　　　　　水的沸点与真空度的关系

真空度（mmHg）	755	751	742	728	705	667	610	526	405	230	0
温度（℃）	0	10	20	30	40	50	65	70	80	90	100

目前，国内生产的真空滤油机，均采用两级真空，一般压强不超过 1.33×10^2 Pa（几乎全真空）；并且带有加热装置。油温可控制在 $30 \sim 80$℃，由于这些设备都具有加热和高真空的功能，所以对油中脱气、提高闪点和油中脱水都具有较好的效果。

进行真空过滤时应注意以下事项：

（1）用冷态机械过滤处理方式去除油泥和游离水分效果好；而用热态真空处理去除溶解水和悬浮水的效果好。

（2）油温应控制在 70℃ 以下，以防油质氧化或引起油中 T501 和油中某些轻组分的损失。

（3）处理含有大量水分或固体物质的油时，在真空处理过程之前，应使用离心分离或机械过滤，这样能提高油的净化效率

（4）对超高压设备的用油进行深度脱水和脱气时，采用二级真空滤油机，真空度应保持在 133Pa 以下。

（5）在真空过滤过程中，应定期测定滤油机的进、出口油的含气量、水分含量或击穿电压，以监督滤油机的净化效率。

对超高压电气设备用油，只有采用真空净化处理，才能达到使用要求。

五、联合方法净化油

以上介绍的几种净化油的方法，各有其特点。至于采用哪种方法净化油，一方面要看油的污染程度，另一方面还要考虑对处理后油质的要求。如大型变压器用绝缘油，对油中含水量、含气量要求较严格，在采用净化油的方法时，可采用压力过滤法（主要去掉杂质）和真空过滤或二级真空过滤法（去掉水分和气体）联合净化，才能达到满意的效果。又如汽轮机含水量较多时可采用离心分离净化法（先甩去大量水分）和压力过滤净化法联合净化，既经济又可以得到较好效果。

第二节　废油的再生处理

油在使用过程中，由于长期与空气中氧接触，逐渐氧化变质，生成一系列的氧化产物；使其原来优良的理化性能和电气性能变坏，以致不能使用，将这氧化变质的油称为废油。

在废油中氧化产物只占很少一部分，一般总量为 1%～25%，其余 75%～99%，都是理

想组分。如能将这部分氧化产物用简单的工艺方法，从油中除掉，重新恢复油品原有的优良性能，废油将变成好油并可重新使用。通常把废油变成好油的工艺过程称为油的再生处理。

废润滑油的再生率一般可达 50% 以上，1000kg 原油只能提炼油 300kg，而 1000kg 废润滑油可再生 700～900kg 基础油。各种废润滑油的再生率见表 9-4。

表 9-4　　　　　　　　　　　　各种废润滑油的再生率

品　　种	再生率（%）
内燃机油	75～85
机械油	85～90
变压器油	90～92
各种杂油	68～80

电力系统用油量很大，每年全国换下的废油数量相当可观。油的再生处理既可节省能源，又能提高经济效益，而且又能保证电力设备的安全运行。

一、再生方法的分类及选择

1. 再生方法的分类

废油的再生方法较多，按净化原理可分为以下三种。

（1）物理净化法。主要包括沉降、过滤、离心分离和水洗等。具体再生时可根据油的劣化程度，设备条件等，选择其中一种或几种作为油的净化处理。严格说来，这种方法不属油再生范畴，主要是净化油，除去油中污染物；也可作为废油前的预处理。

（2）物理、化学方法净化油。主要包括凝聚、吸附等。

（3）化学再生法。主要包括硫酸处理，硫酸—白土处理和硫酸—碱—白土处理等。其处理工艺流程见图 9-9。

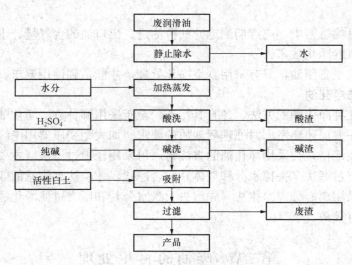

图 9-9　废润滑油再生工艺流程

2. 再生方法的选择

合理再生废油是选择再生方法的基本原则。根据废油的劣化程度、含杂质情况和再生油的质量要求等，选用操作简便、材料耗用少、再生质量高的方法，以提高其经济效益，一般原则如下：

（1）油的氧化不太严重，仅出现酸性和极少的沉淀物质等，以及某一项指标变坏，如油的 $\tan\delta$、抗乳化度等，可选用过滤和吸附处理等方法。

（2）当油的氧化较严重、含杂质较多、酸值较高、采用吸附处理方法无效时，可采用化学再生法中的硫酸—白土处理方法。

（3）酸值很高、颜色较深、沉淀物多、劣化严重的油品，可采用化学再生法。

二、吸附剂再生法

吸附剂再生法是利用吸附剂较大的活性表面积，对废油中的氧化产物和水等有较强的吸附能力的特点，使吸附剂与废油充分接触，从而除去油中有害物质，达到净化再生的目的。

吸附再生法通常有两种：一种是接触法，另一种是渗滤法。接触法只适合处理从设备上换下来的油；而渗滤法既适合处理换下来的油，也适合于处理运行中油。在处理过程中由于温度过高或加入了吸附剂会使油中原有的某些添加剂发生损失。常用吸附剂及其性能见表 9 - 5。

表 9 - 5　　　　　　　　　　　　　常用吸附剂及其性能

名称	型号	化学成分	形状	孔径（nm）	活性比表面积（m^2/g）	活化温度（℃）	最佳工作温度（℃）	能吸附的组分
硅胶	细孔、粗孔、变色	$mSiO_2 \cdot xH_2O$ 变色硅胶侵有 $CoCl_2$	干燥时呈乳白色块状或球状结晶	粗孔胶：8～10 细孔胶：2	300～500	450～600 变色硅胶 120	30～50	水、气体、有机酸等氧化产物（细孔硅胶多用于吸附水、粗孔硅胶多用于油处理，变色硅胶作吸附水指示用）
活性氧化铝	改性氧化铝	mAl_2O_3、xH_2O	块状、球状或粉状结晶	2.5～5.5	180～370	300	50～70	有机酸及其他氧化物等，可用于油处理
分子筛（沸石）	A 型（常用）、X 型、Y 型	通式为 $a \cdot M_{2/n} \cdot Al_2O_3 \cdot b \cdot (SiO_2) \cdot c(H_2O)$，$M$ 一般为 K、Na、Ca，n 为阳离子系数，a、b、c 均为系数	条状或球形	0.3～1.0	300～400	450～550	25～150	水、气体、不饱和烃、有机酸等氧化物（A 型多用于吸水，5A 型可用于油处理，X、Y 型用于油处理）

续表

名称	型号	化学成分	形状	孔径 (nm)	活性比表面积 (m²/g)	活化温度 (℃)	最佳工作温度 (℃)	能吸附的组分
活性白土 (硅藻土)		通式为 $MSiO_2 \cdot NAl_2O_3$ (含少量 FeO、Fe_2O_3、SiO_2、MgO 等)，M、N 为系数	无定形或结晶状的白色粉末或粒状	50～80	100～300	450～600	100～150	不饱和烃、树脂及沥青有机酸、水分等 (用于油接触法再生处理)
高铝微球	801	$SiO_2 \cdot Al_2O_3$ (单体为稀土 Y 型分子筛)	微球状	0.8～0.9	530	120	50～60	酸性组分及其他氧化产物 (用于接触法再生油)

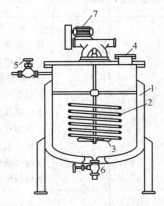

图 9-10　接触法再生搅拌罐
1—蒸汽夹套；2—蒸汽盘管；
3—搅拌桨；4—吸附剂进料口；
5—进油阀；6—油与吸附剂排出阀；
7—电动机

1. 接触法

废油与吸附剂在搅拌条件下混合，使油与吸附剂充分接触并在一定温度下保持一定时间，以达到预期的再生效果，这种方法称为接触法。

接触法主要采用粉状或微球状的吸附剂，如活性白土、801 和 XD 吸附剂等。使用的主要设备为接触再生搅拌罐，如图 9-10 所示。

接触法的再生效果与接触温度、搅拌时间、吸附剂的性能及其用量等因素有关，实际操作中应根据油质劣化程度，通过小型试验确定处理时的最佳工艺条件。实践证明，在油劣化不太严重，油色不深，酸值在 0.1mg/g（KOH）以下，油中出现水溶性酸或 tanδ 明显升高时，可采用此种方法进行再生。

2. 渗滤法

将吸附剂装入柱形渗滤器内，废油连续地通过渗滤器与吸附剂接触并反复循环，已获得较好效果的再生效果的方法成为渗滤法。

渗滤法采用颗粒状的吸附剂。在渗滤再生过程中，油流动的动力可以依靠位差自流，也可以泵送，强迫油流动，其再生系统如图 9-11 和图 9-12 所示。

渗滤再生处理装置的结构原理和强制环流净油器一样，不同之处是它不是附加在运行设备上的连续再生装置，而是在需要时才连接于设备上使用，在特殊情况下，它可以对运行油进行带电再生。运行变压器油带电再生处理原理流程如图 9-13 所示。

渗滤器是渗滤法的主体设备，吸附剂装入渗滤器中必须充填均匀。渗滤器应设计得高一些，高度与直径之比宜在 4 以上。泵送废油应从渗滤器底部进入，再生后的油从上部或顶部引出，这样才能保证油与吸附剂有足够的接触时间并防止油短路。

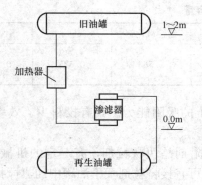

图 9-11　油自流渗滤法再生系统

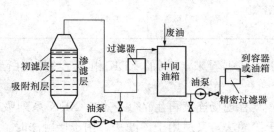

图 9-12　泵送油流渗滤法再生系统

渗滤法应根据吸附剂性能选择处理时的油温，如硅胶吸附柱，温度为30～50℃，使用 801 或活性氧化铝时，温度为 50～70℃。XDK 系列吸附剂，温度为50～55℃。

为保证再生效果，油通过吸附罐的流速不应超过 2000L/h，这样油与吸附剂有足够的接触时间。为防止吸附粉末带入设备内，吸附罐出口应装有铁纱网和毛毡，再生变压器油时，吸附罐出口一定串上过滤机。各种吸附剂在使用前按规定进行干燥脱水。

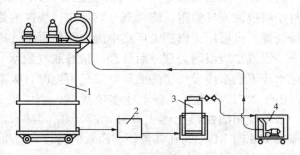

图 9-13　运行变压器油带电再生原理流程
1—变压器；2—电热预热器；
3—吸附剂渗滤器；4—过滤机

一般，活性氧化铝除酸效果比硅胶好，再生变压器油近几年多采用活性氧化铝吸附。渗滤吸附再生也可采用粒状 801 或 XDK 吸附剂。

XDK 系列吸附剂化学成分主要是 $x\mathrm{M_2O} \cdot y\mathrm{SiO_2} \cdot z\mathrm{H_2O}$（其中 M 为几种助剂的元素名称），其活性比表面积（300～600）$\mathrm{m^2/g}$，能吸附极性分子和异类化学键，XDK 为颗粒状，用于渗滤法再生。用此吸附剂处理电力用油的优势有以下几点。

（1）绝缘油劣化和被污染的杂质多为大分子和大粒径的物质，如由氮、氧、硫等原子与不饱和烃结合组成，通常称为胶质的化合物，粒子线径为 1～100nm，金属粉尘和悬浮炭粒线径为 10～10 000nm，而目前一般工业用滤纸的滤度为 20000～30 000nm，最精密的滤件其滤度约为 500nm，因此，上述微粒物质需用吸附剂吸附除去。由于 XDK 系列吸附剂平均孔径达到 10～15nm（有 10％的孔径在 50nm 以上），比粗孔硅胶的孔径还要大，特别利于油中大线径杂质的内扩散，保证了吸附作用在内孔表面发生，使吸附潜能充分发挥。

（2）吸附容量大。吸附容量表征吸附剂净化油的能力大小。通常用 1g 吸附剂所能吸附相当于多少毫克氢氧化钾的酸性物质来表示，单位 mg/g（KOH）。一些吸附剂的吸附容量见表 9-6。

表 9 - 6　　　　　　　　　　　　　　　　　一些吸附剂的吸附容量

吸附剂	801	XDK	高效吸附粉	活性氧化铝	硅胶	活性白土
吸附剂容量 [mg/g(KOH)]	4.553	4.445	2.206	2.563	0.625	0.467

从以上数据看来, 1% 的 XDK 相当于 9% 的白土的吸附能力。具有投料少、效率高的特点。

(3) 具有现场连续再生的工艺性。XDK 系列吸附剂是块状粒剂, 有一定的机械强度, 既适用于接触法, 又适用于渗滤法。用于接触法时, 可直接将粒剂置于油罐中加热搅拌。和粉状吸附剂 801 或白土相仿, 工艺流程为被净化前处理→预热升温→搅拌罐吸附→固液分离→后处理 (除细微粒等)。用于渗滤法时, 以一级或二级吸附柱方式接入油处理系统, 采用封闭强迫油循环吸附, 能收到连续稳定、快速的处理效果。生产效率高, 既适用于变电站现场处理, 也可用于修造工厂集中废油污油再生处理。其工艺流程为被净化前处理→预热升温→一级或二级吸附处理→后处理 (精滤脱气脱水)。若前处理时油中有油泥, 大量杂质和乳化水或沉积水应设法事先滤除, 避免再生时, 吸附剂 "中毒" 而影响处理效果。

由于 XDK 吸附剂具备上述多项优点, 所以受到电力系统发供电单位采用和好评。例如, 某单位用活性白土再生处理, 270t 油 504h, 油介损降到 0.5%, 颜色暗红变化不大。许多实例说明 XDK 的确具备新型高效的特性, 值得采用。

3. 硫酸—白土再生法

硫酸—白土再生法是目前再生处理废油中普遍采用的一种再生方法。实践证明: 当废油酸值在 0.5mg/g (KOH) 左右时, 采用这种方法较为适宜, 只要操作条件选择适宜, 并严格遵守, 再生油的质量一般比较好, 其油品可以达到新油标准。

硫酸—白土再生油适应范围较广, 不仅是绝缘油的再生处理, 就是汽轮机、机油和润滑油等再生处理大都采用这种方法。再生条件的选择和药品用量的确定, 一般根据劣化程度和再生油质量要求, 通过小型试验确定。

(1) 再生反应原理。硫酸与油品中的某些成分极易发生反应。甚至在一定条件下对油中所有组分都能起反应, 因此, 硫酸—白土再生法效果的好坏, 关键在硫酸处理过程。

浓硫酸为无色油状液体, 具有强烈的吸水能力, 工业上常用来作干燥剂。油在处理过程中, 浓硫酸的作用是多方面的, 归结如下:

1) 对油中含氧、含硫和含氮等化合物, 起磺化、氧化、脂化和溶解等作用, 生成沉淀的酸渣。各种氧化物如醇、醛、酮、低分子有机酸和高分子有机酸等的结构不同, 可分别被浓硫酸磺化、氧化或溶解, 酚和环烷酸可被硫酸溶解而除去一部分。

2) 对油中的沥青及胶质主要起溶解作用, 发生溶解的同时, 也发生氧化、磺化、缩合等复杂的化学反应, 并放出二氧化硫。温度升高时反应更加激烈。溶解产物随酸渣一起从油中除去。

3) 对油中各种悬浮的固体杂质起凝聚作用。

4) 与不饱和烃 (油高温裂化产生的) 发生酯化、叠合等反应, 生成硫酸和聚合产物, 随酸渣一起从油中除去。

5) 在常温下浓硫酸基本不与烷烃、环烷烃起作用, 与芳香烃的作用很缓慢。因此, 酸处理基本不会除去油中理想组分。

硫酸—白土还能除掉酸处理后残留于油中的硫酸、磺酸、酚类、酸渣及其他悬浮的固体杂质等，能进一步改善油品的性能，使油品的颜色、安定性和电器性能都有明显的提高。

（2）再生操作条件。在硫酸—白土再生法中，影响因素很多。主要如下：

1）硫酸浓度。再生时硫酸必须有足够的浓度，否则影响硫酸对油中各种杂质的溶解、缩合和磺化作用，甚至不起作用。例如对一劣化至一定程度的绝缘油见表 9-7。

表 9-7   **再生某劣化绝缘油时硫酸浓度与酸渣体积关系**

硫酸浓度（%）	71	75	87	92	95	100
酸渣体积 增加量（%）	0	5	10	15.5	20	25

不难看出，硫酸浓度越大，再生能力越强，当硫酸浓度低于 95% 时，其再生效果明显下降。硫酸浓度不能过高，浓度过高（如用发烟硫酸），虽有利于磺化反应，废油可以得到深度再生，但油中理想组分芳香烃遭到破坏。芳香烃具有天然的抗氧化性，芳香烃含量降低，意味着油品的抗氧化安定性降低。从 20 世纪 60 年代合成抗氧化剂（T501 等）应用的经验证明，油品可以深度再生（过度精制）后添加 T501 抗氧化剂，抗氧化作用得到发挥，油品的抗氧化安定性得到很好改善。

硫酸最适宜的浓度为 98%，比重为 1.84，无色油状，具有强烈的吸水性、腐蚀性和氧化性。

2）硫酸、白土用量。应根据废油的污染劣化程度和再生油质量要求，通过试验确定硫酸、白土用量。废油质量好，硫酸和白土用量就少些；再生油要求质量高，酸量就要多些；酸浓度高，白土量要多些。

经验认为：硫酸用量一般为废油质量的 2%～6%，白土用量一般为 7%～15%。

3）加硫酸、白土方式。正确掌握加硫酸和白土的操作方法，对充分发挥其作用，提高再生效果很有意义。加硫酸时，两次加较一次加效果好，尤其对劣化较严重的油，再生效果更加明显。酸以雾状加入比直接加入好，这样便于硫酸与油充分接触，反应完全，效果好。当废油劣化严重时第一次加入总量的 3/5，其余部分第二次加入，再生效果好。加白土，两次加比一次加效果好。

4）温度。硫酸处理时，要求在低温下进行。温度过高会破坏油中理想组分，同时产生较多的磺酸，溶于油中，使再生油的安定性和颜色变差。硫酸处理温度过高，碱洗处理易乳化。

一般硫酸处理温度保持在 25～30℃。白土处理温度不宜太低，一般为 70～80℃。

5）搅拌方式与搅拌时间。搅拌是加速反应的一种有效措施。在硫酸和白土处理中，一般有机械搅拌、循环搅拌和压缩空气搅拌等几种，搅拌的作用是使油与硫酸（或白土）充分地混合与接触，使之完全反应。

搅拌时间的长短对废油再生效果影响很大；时间短，硫酸、白土与杂质接触时间不够，反应不完全，油中杂质除不干净。时间长，反应后的酸渣会重新溶于油中；正在形成的酸渣或白土渣也会被打碎，影响沉淀效果。白土处理时，温度较高，因此搅拌时间长，还会使油加速氧化和颜色变深。

一般加酸搅拌时间为 20~30min；加白土搅拌时间为 30~40min。

6）助凝剂。为了加速酸渣的沉降，可加助凝剂使一些很难沉降的酸渣颗粒凝聚为较大的颗粒。常用的助凝剂为白土，其加入量为 2%~3%，助凝效果显著。

7）沉降分渣条件。指酸渣的沉降与分渣条件。在相同温度下如果酸渣颗粒细小而且油的黏度大，则酸渣的沉降速度较慢，沉降分渣的时间就需要长些。

沉降时间长，固然酸渣分离好，但酸渣本身是一个不断起着复杂化学变化的不稳定体系，在变化过程中，会有一些有害物质进入油中，大量酸渣长期与油接触，影响油品质量。不可等到沉降终了再排渣，而是根据情况进行定期排渣或不定期排渣。沉降后，上层酸性油打入白土槽内进行白土处理。

沉降时间主要因分渣时间而定，在保证酸渣分离完全的情况下，沉降时间越短越好。再生变压器油，沉降时间一般为 4~6h，汽轮机油可适当长一些。分渣后酸性油中残留酸渣的多少是个关键问题，它直接关系到白土处理（或其他处理）的难易，以及再生油的质量。硫酸处理得好，白土处理和碱中和就会顺利，再生油的质量就高。

（3）再生工艺系统和设备。在电力系统中，废油的硫酸—白土再生工艺流程，主要包括沉降、加酸处理、白土处理和过滤四步。其硫酸再生设备及工艺流程示意图如图 9-14 所示。

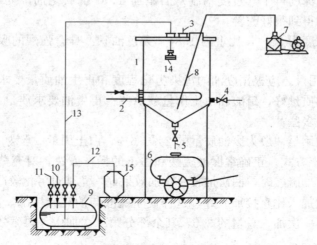

图 9-14　硫酸再生设备及工艺流程示意图

1—硫酸再生罐；2—蒸汽加热盘管；3—进油管；4—放油管；5—排酸渣管；
6—排酸渣的钢制小车；7—空气压缩机；8—吹空气管；9—硫酸储存罐；10—真空管线；
11—压缩空气管线；12—抽酸管；13—压酸罐；14—喷头（将管端砸扁而成）；15—酸坛子

再生工艺流程如下：

1）首先将废油抽入沉降槽中，静置、沉降，分离、排出油中水及杂物；而后用泵将槽的上层油抽入酸处理槽中，进行酸处理。

2）开动酸槽中的搅拌器，常温下将所用硫酸以雾状慢慢加入油中，边加边搅拌，这时油色逐渐变成乌黑色，产生颗粒状的酸渣，并有二氧化硫气味；加硫酸时算起搅拌 30min，而后加入 2%~3%的白土助凝剂，再搅拌 5min。停止搅拌，分离 4~6h。沉降过程中定期从排渣门排出酸渣。沉降结束，观察酸油中基本无渣。

　　3）用泵将槽的上层油抽入白土槽中进行第一次白土处理。在白土槽中，由加热器将酸性油加温至 70～80℃，开始搅拌。在不断搅拌下加入干燥白土（加入是总量的 3/5），搅拌 30min 后，静止沉淀 1～2h。将上层油用泵打入白土处理槽中，进行第二次白土处理。

　　4）给白土处理槽加热，使油温升至 70～80℃，再开动搅拌器，边搅拌边加入干燥白土（总量的 2/5），搅拌 30min 后停止搅拌，取上面油，过滤除掉白土渣，作苛性钠验证。如果苛性钠试验达到 1～2 级，认为油处理的合格；静止一夜（或更长），用滤油机将处理好的油抽到成品槽中，过滤杂质，分析化验合格，即得再生油。当苛性钠试验不合格（三级以上）时，开动槽的搅拌器，适当增加白土用量，直到苛性钠试验合格为止。所用白土事先要干燥，除去表面水分，增强吸附能力。

　　随着全球性能源危机和环境污染的日趋严重，开发高效、节能、洁净的废油处理关键技术的需求越来越迫切。传统的废油催化裂解工艺和硫酸—白土精制工艺虽然处理废油的效果明显，适用性广，但是产生的二次污染危害也很大，不容忽视；加氢—蒸馏工艺在国内尚不成熟，且其耗能大，投资大，存在安全隐患，传统的废油处理工艺最终会被更先进、无污染的新技术所代替。

　　目前，新的废油处理技术有震动膜处理工艺、分子蒸馏处理技术和水击谐波破乳技术等。

　　震动膜处理工艺的原理是利用超频震动在震动膜表面产生剪切力，从而减少淤塞，提高浓缩比。根据膜的选择透过性和膜孔径大小不同，可以将不同粒径的轻油、重质油分开，轻油得到分离，重质油则被浓缩，在废油分离浓缩过程中不发生相变和化学反应。

　　分子蒸馏处理技术采用短程蒸馏加白土补充精制工艺对废润滑油再生进行实验研究，蒸馏后的再生润滑油达到了新润滑油技术指标。分子蒸馏工艺是目前运用在废油处理中最新的技术，回收率高，再生周期短，清洁环保，不产生二次污染，具有很好的经济效益和社会效益。

　　水击谐波破乳技术是利用油液系统内部的能量进行油水乳化液的破乳，在特定的管段形成水击驻波场，根据油中水滴所受浮升力、拖曳力、重力和驻波强迫振动力以及分散相间作用力（范德华力、连续相运动阻力等），在重力作用下水滴相互接近，共同于最近的波腹（或波节）处聚集，水滴间的聚结力使其产生碰撞和变形，最终出现回弹、稳定聚结、瞬态聚结。

　　新的震动膜处理工艺、分子蒸馏处理技术、水击谐波破乳技术等一系列的废油处理新技术虽然达到了无污染、低能耗的要求，但是这些技术也只是针对废油处理的单一环节。因而从环境保护的角度出发，就要科学合理地对废油处理产业进行绿色的集群规划，形成废油收集、储运、处理一体的产业模式，最终达到废油处理的绿色低碳化要求，实现可持续发展，这将是废油处理产业发展的主要方向。

三、废物的处理和回收

　　无论采用哪种方法再生的油品，都应按有关规定，进行再生油的全分析实验。其质量指标均应达到各油质标准中新绝缘油或新汽轮机油的质量标准。

　　目前，随着国产油品质量的提高，以及防止油劣化工作的加强，深度劣化油品很少；加上油再生工艺的改进，只要再生方法选择得当，操作正确，再生油的质量均可达到新油标准。

废油经处理后，油中抗氧化剂含量减少，要对再生油作"T501"含量测定；一般新油"T501"含量为 0.3%～0.5%；如再生油低于这个含量测定值，应予补加，以提高油品的抗氧化安定性，延长油的使用寿命。

废油处理中的废物主要有废渣（酸和白土）、残油、污水等。这些废物如果不加控制和治理，能够严重污染环境，危害很大。为此对这些废物必须严加管理，不能任意排放。

1. 酸渣处理

酸渣加 20%～40% 水后用热蒸汽吹，使酸渣加热到 80～90℃，然后沉降分离，酸渣即分为三层。上层为褐色残油，收集起来，用热水洗 2～3 次，作为废油重新再生。中层是酸渣，可以用来铺设路面等；下层是棕色浓度为 20%～60% 的稀硫酸，用来清洗再生罐等，再用水冲稀，排放地沟。

2. 白土渣的处理

白土渣中含有 10%～20% 的油，其余为胶质、沥青质和白土等混合物，呈黑色。

首先采用压榨机进行回收处理。用厚布将白土渣包好，放进漏斗中，然后搬动设在上部的螺旋压杆，残油即可被挤压出来。压出来的残油，可以再生或作为废油用。

榨过的干白土渣，再用干净的沸腾水进行搅拌、清洗，清洗后沉淀几小时，将上层黑色泥浆水倒出，再重新用沸腾水清洗白土渣至洗到白色为止。然后用 500～600℃ 的温度烘烤，时间不超过 6h，回收的白土可以再用。回收时间不能太长，否则白土活性减退。

3. 吸附剂的回收处理

用过的硅胶、活性氧化铝和 801 吸附剂等，应放置在废油中保存，严禁光照和雨浇。然后通过适当的方法回收再用。实践证明，如果回收方法得当，吸附剂可回收使用 20 余次。

废硅胶或活性氧化铝，放入回收炉中，以 500～600℃ 的高温进行燃烧，回收时控制时间和温度；一般烧至吸附剂外观颜色变白。回收后的吸附剂可重新使用。

801 吸附剂也可回收使用，回收方法在研究之中。

4. 污水的处理

因为废油再生用水量不大，所以污水不多。但也要重视处理问题。一般用隔油槽将上部漂浮的杂质、油除不净时，再经生化处理后就可达到排放标准。

 思 考 题

1. 废油的再生方法有哪些？一般的原则有哪些？
2. 如何选择废油的再生方法？
3. 用接触法再生废油的影响因素有哪些？
4. 常用油的净化方法有几种？如何选择油的净化方法？
5. 吸附剂再生法的原理是什么？通常有几种方式？
6. 碱处理为什么会发生乳化？如何防止？
7. XDK 吸附剂再生电力用油的优势有哪几点？

附录　电力用油（气）标准汇编

1. DL/T 929—2005 矿物绝缘油、润滑油结构族组成的红外光谱测定法
2. SH/T 0793—2007 烃类油品中芳碳含量测定法（高分辨核磁共振法）
3. SH/T 0806—2008 中间馏分芳烃含量的测定 示差折光检测器高效液相色谱法
4. NB/SH/T 0829—2010 沸程范围174℃～700℃石油馏分沸程分布的测定 气相色谱法
5. SH/T 0729—2004 石油馏分的碳分布和结构族组成（n-d-M法）
6. GB/T 498—2014 石油产品及润滑剂　分类方法和类别的确定
7. GB/T 763 1.1—2008 润滑剂、工业用油和有关产品（L类）的分类　第一部分：总分组（ISO 6743—99：2002，IDT）
8. GB 11120—2011 涡轮机油（ISO 80068：2006，MOD）
9. GB 2536—2011 电工流体变压器和开关用的未使用过的矿物绝缘油
10. SH/T 0389—1992（1998年确认）石油添加剂分类
11. GB/T 1884—2000 原油和液体石油产品　密度实验室测定法（密度计法）
12. GB/T 13377—2010 原油和液体或固体石油产品密度或相对密度的测定毛细管塞比重瓶和带刻度双毛细管比重瓶法
13. SH/T 0604—2000 原油和石油产品密度测定法（U形振动管法）
14. NB/SH/T 0870—2013 石油产品的动力黏度和密度的测定及运动黏度的计算 斯塔宾格黏度计法
15. GB/T 7602.1—2008 变压器油、汽轮机油中T501抗氧化添加剂含量测定法　第1部分：分光光度法
16. GB/T 7602.2 —2008 变压器油、汽轮机油中T501抗氧化剂含量测定法　第2部分：液相色谱法
17. GB/T 7602.3—2008 变压器油、汽轮机油中T501抗氧化剂含量测定法　第3部分：红外光谱法
18. SH/T 0792—2007 电器绝缘油中2，6-二叔丁基对甲酚和2，6-二叔丁基苯酚含量测定法（红外吸收光谱法）
19. SH/T 0802—2007 绝缘油中2，6-二叔丁基对甲酚测定法
20. GB/T 261—2008 闪点的测定 宾斯基-马丁闭口杯法
21. GB/T 3536—2008 石油产品闪点与燃点的测定　克利夫兰开口杯法
22. GB/T 7601—2008 运行中变压器油、汽轮机油水分测定法（气相色谱法）
23. GB 7600—1987 运行中变压器油水分含量测定法（库仑法）
24. NB/SH/T 0207—2010 绝缘液中水含量的测定 卡尔·费休电量滴定法
25. GB/T 511—2010 石油和石油产品及添加剂机械杂质测定法
26. GB/T 3535—2006 石油产品倾点测定法
27. GB/T 6541—1986 石油产品油对水界面张力测定法（圆环法）
28. GB/T 12579—2002 润滑油泡沫特性测定法

29. SH/T 0308—1992（2004）润滑油空气释放值测定法

30. GB 264—1983 石油产品酸值测定法

31. GB/T 28552—2012 变压器油、汽轮机油酸值测定法（BTB）

32. GB/T 4945—2002 石油产品和润滑剂酸值和碱值测定法（颜色指示剂法）

33. GB/T 7304—2000 石油产品和润滑剂酸值测定法（电位滴定法）

34. GB/T 12580—1990 加抑制剂矿物绝缘油氧化安定性测定法

35. GB/T 12581—2006 加抑制剂矿物油氧化特性测定法

36. SH/T 0206—1992 变压器油氧化安定性测定法

37. SH/T 0790—2007 润滑脂氧化诱导期测定法（压力差示扫描量热法）

38. SH/T 0565—2008 加抑制剂矿物油的油泥和腐蚀趋势测定法

39. SH/T 0193—2008 润滑油氧化安定性的测定旋转氧弹法

40. SH/T 0124—2000 含氧化剂的汽轮机油氧化安定性测定法

41. NB/SH/T 0811—2010 未使用过的烃类绝缘油氧化安定性测定法

42. GB/T 7605—2008 运行中汽轮机油破乳化度测定法

43. GB/T 11143—2008 加抑制剂矿物油在水存在下防锈性能试验法

44. GB/T 5096—1985 石油产品铜片腐蚀试验法

45. SH/T 0304—1999 电气绝缘油腐蚀性硫试验法

46. SH/T 0804—2007 电气绝缘油腐蚀性硫试验银片试验法

47. GB/T 25961—2010 电气绝缘油中腐蚀性硫的试验法

48. DL /T 285—2012 矿物绝缘油腐蚀性硫检测法 裹绝缘纸铜扁线法

49. DL/T 429.1—1991 透明度方法

50. DL/T 429.2—1991 颜色方法

51. DL/T 429.3—1991 水溶性酸测定法（酸度计）

52. DL/T 429.4—1991 水溶性酸定量测定法

53. DL/T 429.5—1991 挥发性水溶性酸测定法

54. DL/T 429.6—1991 运行油开口杯老化测定法

55. DL/T 429.7—1991 电力系统油质试验方法——油泥析出测定法

56. DL/T 429.8—1991 腐蚀测定法

57. DL/T 429.9—1991 绝缘油介电强度测定方法

58. DL/T 418—1991 绝缘液体雷电冲击击穿电压测定法

59. DL/T 421—2009 电力用油体积电阻率测定法

60. GB/T 5654—2007 液体绝缘材料相对电容率、介质损耗因数和直流电阻率的测量

61. DL/T 432—2007 电力用油中颗粒污染度测量方法

62. GB/T 507—2002 绝缘油击穿电压测定法

63. GB/T 10065—2007 绝缘液体在电应力和电离作用下的析气性测定方法

64. DL/T 1095—2008 变压器油带电度现场测试导则

65. GB/T 7597—2007 电力用油（变压器油、汽轮机油）采样方法

66. DL/T 1094—2008 电力变压器用绝缘油选用指南

67. GB/T 7596—2008 电厂运行中汽轮机油质量标准

68. GB/T 7605—2008 运行中汽轮机油破乳化度测定法

69. GB/T 7595—2008 运行中变压器油质量标准

70. GB/T 7598—2008 运行中变压器油水溶性酸测定法

71. DL/T 1096—2008 变压器油中颗粒度限值

72. IEC 60296—2012 Fluids for electrotechnical applications-Unused mineral insulating oils for transformers and switchgear

73. DL/T 984—2005 油浸式变压器绝缘老化判断导则

74. NB/SH/T 0812—2010 矿物绝缘油中 2-糠醛及相关组分测定法

75. GB/T 14542—2005 运行变压器油维护管理导则

76. GB 1094.1—2013 电力变压器 第 1 部分：总则

77. SH 0164—1992（1998）石油产品包装、贮运及交货验收规则

78. DL/T 1031—2006 运行中发电机用油质量标准

79. DL/T 703—1999 绝缘油中含气量的气相色谱测定法

80. DL/T 423—2009 绝缘油中含气量测定方法真空压差法台票

81. GB/T 17623—1998 绝缘油中溶解气体组分含量的气相色谱测定法

82. DL/T 722—2000 变压器油中溶解气体分析和判断导则

83. GB/T 7252—2001 变压器油中溶解气体分析和判断导则

84. DL/T 1032—2006 电气设备用六氟化硫气体取样方法

85. DL/T 921—2005 六氟化硫气体毒

86. DL/T 920—2005 六氟化硫气体中空气、四氟化碳的气相色谱测定法性生物试验方法

87. DL/T 919—2005 六氟化硫气体中矿物油含量测定法（红外光谱分析法）

88. DL/T 918—2005 六氟化硫气体中可水解氟化物含量测定法

89. DL/T 917—2005 六氟化硫气体密度测定法

90. DL/T 915—2005 六氟化硫气体湿度测定法（电解法）

91. DL/T 914—2005 六氟化硫气体湿度测定法（重量法）

92. GB/T 12022—2006 工业六氟化硫

93. DL/T 941—2005 运行变压器用六氟化硫质量标准

94. DL/T 595—1996 六氟化硫电气设备气体监督细则

95. DL/T 639—1997 六氟化硫电气设备运行、试验及检修人员安全防护细则

96. JJG 914 —96 六氟化硫检漏仪

97. GB/T 8905—1996 六氟化硫电气设备中气体管理和检测导则

98. DL /T 506—2007 六氟化硫电气设备中绝缘气体湿度测量方法

99. DL/ T 393—2010 输变电设备状态检修试验规程

100. GB T 8905—2012 六氟化硫电气设备中气体管理和检测导则

101. DL/T 662—2009 六氟化硫气体回收装置技术条件

102. ISO 8068—2006《润滑剂、工业用油及有关产品（L 类）—涡轮机（T 组）—涡轮机润滑油规格》（Lubricants，industrial oils and related products（class L）—Family T（Turbines）—Specification for lubricating oils for turbines）

103. GB/T 14541—2005 电厂运行中汽轮机用矿物油维护管理导则
104. DL/T 571—2007 电厂用磷酸酯抗燃油运行与维护导则
105. GB 11118.1—2011 液压油 (L-HL、L-HM、L-HV、L-HS、L-HG)
106. GB 5903—2011 工业闭式齿轮油
107. GB 12691—1990 空气压缩机油
108. TB/T 2957—1999 内燃机车液力传动油
109. SH/T 0476—1992 L-HL 液压油换油指标
110. NB/SH/T 0586—2010 工业闭式齿轮油换油标准
111. DL/T 290—2012 电厂辅机用油运行及维护管理导则

参 考 文 献

[1] 何志. 电力用油 [M]. 北京：水利电力出版社，1986.

[2] 温念珠. 电力用油实用技术 [M]. 北京：水利电力出版社，1998.

[3] 汪红梅. 电力用油（气）[M]. 北京：化学工业出版社，2008.

[4] 水天德，龙显烈. 现代润滑油生产工艺 [M]. 北京：中国石化出版社，1997.

[5] 田松柏. 油品分析技术 [M]. 北京：化学工业出版社，2011.

[6] 河南电力技师学院. 油务员 [M]. 北京：中国电力出版社，2008.

[7] 关子杰，钟光飞. 润滑油应用技术问答 [M]. 北京：中国石化出版社，2012.

[8] 姚志松. 变压器油的选择、使用和处理 [M]. 北京：机械工业出版社，2007.

[9] 熊云，李蓝东，许世海. 油品应用及管理 [M]，北京：中国石油化工出版社，2007.

[10] 操敦奎，许维宗，阮国方. 变压器运行维护与故障分析处理 [M]. 北京：中国电力出版社，2008.

[11] 罗竹杰，杰殿平. 火力发电厂电力用油技术 [M]. 北京：中国电力出版社，2006.

[12] 钱旭耀. 变压器油及相关故障诊断处理技术 [M]. 北京：中国电力出版社，2006.

[13] 电力工业部电厂化学标准技术委员会油分专业委员会. 电力用油质量及试验方法标准汇编 [M]. 北京：中国标准出版社，1994.

[14] 山西电力工业局. 电厂化学设备运行 [M]. 北京：中国电力出版社，1997.

[15] 郝有明，温念珠，范玉华. 电力用油（气）实用技术问答 [M]. 北京：中国电力出版社，2000.

[16] 孙坚明，李荫才. 运行变压器油维护与监督 [M]. 北京：中国标准出版社，2006.

[17] 王九，熊云. 液压油产品及应用 [M]. 北京：中国石油化工出版社，2006.

[18] 孟玉禅，朱芳菲. 电力设备用六氟化硫的检测与监督 [M]. 北京：中国电力出版社，2010.

[19] 罗竹杰. 电力用油与六氟化硫 [M]. 北京：中国电力出版社，2007.

[20] 邱毓昌. GIS 装置及其绝缘技术 [M] 西安：西安交通大学出版社，2007.

[21] 谭志龙，周东平，王淑德. 电力用油（气）技术问答 [M]. 北京：中国电力出版社，2006.